"十四五"普通高等教育本科部委级规划教材

复合材料与工程国家一流本科专业建设教材

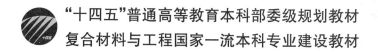

聚合物基复合材料

滕翠青　孙泽玉　董　杰　编著

中国纺织出版社有限公司

内 容 提 要

本书全面系统地阐述了聚合物基复合材料的基本概念、基本原理,从组分材料到复合材料制品的成型工艺都做了详细介绍,主要包括复合材料概述、聚合物基体材料、增强材料、复合材料的界面及聚合物基复合材料的成型工艺等内容。

本书为高等学校复合材料与工程专业以及相关专业的教材,也可作为相关领域工程技术人员的参考用书。

图书在版编目(CIP)数据

聚合物基复合材料/滕翠青,孙泽玉,董杰编著 .
—北京:中国纺织出版社有限公司,2021.12
"十四五"普通高等教育本科部委级规划教材
ISBN 978 - 7 - 5180 - 8818 - 8

Ⅰ.①聚… Ⅱ.①滕… ②孙… ③董… Ⅲ.①聚合物—复合材料—高等学校—教材 Ⅳ.①TB333

中国版本图书馆 CIP 数据核字(2021)第 171406 号

———————————————————————————

责任编辑:孔会云　朱利锋　　　责任校对:王花妮
责任印制:何　建

———————————————————————————

中国纺织出版社有限公司出版发行
地址:北京市朝阳区百子湾东里 A407 号楼　邮政编码:100124
销售电话:010—67004422　传真:010—87155801
http://www.c-textilep.com
中国纺织出版社天猫旗舰店
官方微博 http://weibo.com/2119887771
三河市宏盛印务有限公司印刷　各地新华书店经销
2021 年 12 月第 1 版第 1 次印刷
开本:787×1092　1/16　印张:18.25
字数:400 千字　定价:52.00 元

———————————————————————————

凡购本书,如有缺页、倒页、脱页,由本社图书营销中心调换

前言

　　复合材料因其优异的综合性能在航空航天以及民用领域获得越来越多的应用，而聚合物基复合材料是目前应用具有很好发展前景的一类复合材料。近年来，聚合物基复合材料得到迅猛发展，性能优异的新基体、新纤维、界面控制新方法、先进的制备工艺等不断涌现，应用领域也进一步拓展。

　　我国很多高等院校复合材料与工程专业的特色定位为聚合物基复合材料，也大多开设"聚合物基复合材料"课程及其他相关课程。聚合物基复合材料的快速发展以及一流本科课程建设的新形势对该课程的教材建设提出了越来越高的要求。根据聚合物基复合材料的特点以及相关专业的定位和人才培养目标，本教材全面系统地阐述了聚合物基复合材料的基础知识、基本原理及其最新的研究进展，从聚合物基复合材料的组分材料、界面控制到复合材料制品的成型工艺都做了详细介绍。

　　本书共分五章。第一章复合材料概述，主要介绍了复合材料的定义、组成、分类、特性以及主要的应用领域和发展方向。第二章聚合物基体材料，详细介绍了三大传统热固性树脂（环氧树脂、酚醛树脂和不饱和聚酯树脂）的性能、合成原理以及固化原理，除此之外，还介绍了近年来发展迅速的聚酰亚胺树脂、聚苯腈树脂、聚苯并噁嗪树脂、氰酸酯树脂、聚芳硫醚、聚醚醚酮等高性能树脂。第三章增强材料，主要介绍了玻璃纤维、碳纤维、芳香族聚酰胺纤维（芳纶）、聚酰亚胺纤维等常用增强纤维的制备方法、结构与性能等，同时增加了纳米材料增强体的相关内容。第四章复合材料的界面，主要内容包括界面效应、界面理论、常用的界面控制方法、增强纤维的表面处理以及界面的表征方法。第五章聚合物基复合材料的成型工艺，主要介绍了聚合物基复合材料常用的制备工艺方法，包括手糊成型、树脂传递模塑成型、真空辅助树脂灌注成型、缠绕成型、热压罐成型、模压成型和拉挤成型，对每一种成型工艺的特点、原材料选择、工艺流程以及发展趋势做了详细介绍。

　　本书由东华大学滕翠青、孙泽玉和董杰编著。其中，第一章、第二章的第一节至第四节、第三章的第一节至第三节、第四章由滕翠青编写，第五章由孙泽玉编写，第二章的第五节至第七节、第三章的第四节至第六节由董杰编写，全书由滕翠青统稿。

　　在本书编写过程中，辽宁诺科碳材料有限公司姚远、东华大学李琇廷对本书部分内容的撰写提供了很多帮助和指导性意见，东华大学研究生李猛猛、肖杰、杨晨和徐小尘在化学方程式以及示图处理方面做了很多工作，在此向他们致以最诚挚的感谢。此外，本书得到复合材料与工程国家一流本科专业（东华大学）建设项目、东华大学本科重点教材建设计划以及纤维材料改性国家重点实验室的大力支持，在此一并表示感谢。

由于编著者水平有限，同时聚合物基复合材料的发展日新月异，书中存在不妥之处在所难免，恳请读者批评指正。

编著者

2021 年 6 月

目录

第一章 复合材料概述

人类社会的发展与人们对材料的认识、开发和应用密切相关。目前,传统的单一材料主要有金属、无机非金属、聚合物三种。随着科学技术的发展,人们对材料提出了更为严格的要求,特别是一些特殊的应用领域,对材料的要求更为苛刻,任何一种单一材料已无法满足其需要。因为任何一种材料都有其突出的优点,但也存在一些明显的本质上的缺点,而且对这些材料性能上存在的缺陷加以改进往往都比较困难。如制备应用于航空航天领域的承载构件时,对其材料性能的要求有很多,其中强度和模量高、重量轻(即比强度和比模量高)是衡量其力学性能优劣的重要参数。但传统的单一材料很难满足这一要求。如即使强度远高于普通钢的高强度钢,由于比重大,其比强度仍然很低;而聚合物虽然比金属材料重量轻,但强度低、耐热性差,不能满足航空航天结构件的使用要求。

科学家们经过大量的研究发现,将两种或两种以上的单一材料通过一定的方法复合可制得新材料,既保留了原有组分的优点,克服或弥补了各自的缺点,也可以赋予材料一些新的性能。如在聚合物中加入一定含量的高强度纤维,如玻璃纤维、碳纤维、芳纶等,会对聚合物起到很显著的增强作用,从而达到轻质高强,满足航空航天材料的要求。这种纤维增强聚合物就是最为经典的复合材料。20 世纪 40 年代初,美国首次用玻璃纤维增强不饱和聚酯树脂制造军用雷达罩和远航飞机油箱,开辟了复合材料在军事、航空航天领域的应用,也标志着现代意义上的复合材料科学正式诞生。

复合材料一经产生就引起了人们的高度重视,并得到迅速发展,这是因为复合材料具有很强的性能可设计性。所谓的性能可设计性,就是按照使用要求的性能来设计和制造新材料,也就是需要什么性能的材料,就能做出符合要求的材料,这正是长期以来人们梦寐以求的。复合材料由于由两种或两种以上的材料复合而成,因此,不仅可以根据复合材料结构件在实际使用中的受力分布进行组分选材设计,而且可以进行复合结构设计,如增强纤维的比例、分布、排列和取向等的设计,充分发挥组成材料性能的优势,获得满足使用要求的复合材料产品。

随着复合材料的不断发展和复合材料相关的科学问题的深入研究,复合材料制品的性能不断提高,制备成本下降,应用领域也从最初的军事、航空航天领域扩展到民用领域的方方面面,特别是聚合物基复合材料,现在已发展成集原材料选择、制备工艺、结构设计、界面控制、性能测试等一体的现代化工业体系,产品广泛应用于军事、航空航天、交通运输、石油化工、建筑工程、电气工业、机械工业、体育用品等领域,被誉为最有应用前景的新一代材料。

第一节　复合材料的定义和组成

一、复合材料的定义

复合材料是一种成分复杂的多相材料,关于其定义,有多种说法,这些说法分别从不同的角度对复合材料进行了阐述。

复合材料是由两个或两个以上独立的物理相,包含黏结材料和粒料、纤维或片状材料所组成的一种固体产物。上述定义是从组成复合材料的物理相的角度来诠释复合材料。组成复合材料的物理相至少包括两种,其中一相是连续相,是黏结材料,在复合材料中称为基体材料;另一相是非连续相,是分散于连续相中的粒料、纤维、片状材料或者它们的组合,因为它们绝大多数能对基体材料起到增强的作用,所以称为复合材料的增强材料。因此,复合材料至少包括一种连续的物理相与一种非连续的物理相,可以是一个连续相和一个分散相的复合,也可以是多个连续相和一个或多个分散相的组合。此外,该定义还明确了复合后的产物是固体材料才能称为复合材料。

在国家标准 GB/T 3961—2009《纤维增强塑料术语》中,复合材料的定义为:由黏结材料(基体)和纤维状、粒状或其他形状材料,通过物理或化学的方法复合而成的一种多相固体材料。该定义与前一个定义具有基本相同的内涵。

中国标准出版社编写出版的《复合材料标准汇编》中将复合材料定义为:复合材料是由两种或两种以上不同性质的材料,通过物理或化学的方法组成具有新性能的材料。各种材料在性能上互相取长补短,产生协同效应,使复合材料的综合性能优于原组成材料而满足各种不同的要求。该定义强调了复合材料在性能上的协同效应,也就是说,复合材料的性能并不是组分材料的简单加和,而是产生了"1+1>2"的效果,这是复合材料区别于简单混合材料的一个主要特征。

二、复合材料的组成

从复合材料的定义可以看出,复合材料一般由基体和增强材料组成。它们在复合材料中所起的作用不同。增强材料一般强度和模量比较高,是复合材料主要的承力组分。而基体是一种黏结材料,可以把分散的纤维黏结成一个整体,并保持纤维间的相对位置固定;而且基体可以起到保护增强材料的作用,使增强材料免受化学腐蚀和机械损伤;同时,基体又能起到均衡外部施加应力和传递应力的作用,将应力传递到增强材料上,使增强材料真正起到承力的作用,从而产生复合效应,使复合材料的性能大大优于组分材料的性能。

除了基体和增强材料两种组分材料外,复合材料中还存在着与基体材料和增强材料的结构和性能不同的区域,那就是界面。界面是增强材料和基体之间的过渡区域,其结构由增强材料和基体两相的表面层及两相之间的相互作用区组成,具有传递应力、阻断裂纹扩展等多种功能,是复合材料中的重要结构。如基体材料将外力通过界面传递到增强材料上,良好的界面黏结性可以有效地传递载荷,使得增强材料的性能得到充分发挥,复合材料的力学性能得到提高。因此,界面对复合材料的性能起着重要的作用。

第二节　复合材料的分类和特性

一、复合材料的分类

复合材料品种很多,为了更好地研究和使用复合材料,常对其进行分类。复合材料常用的分类方法有以下几种。

1. 按基体材料分类

复合材料按基体材料的不同可分为聚合物基复合材料、金属基复合材料和无机非金属基复合材料。聚合物基复合材料又可分为热固性树脂基复合材料和热塑性树脂基复合材料,金属基复合材料按金属种类可分为铝基复合材料、镁基复合材料、钛基复合材料等,无机非金属基复合材料中比较重要的是陶瓷基复合材料和碳基复合材料。

聚合物基复合材料的密度低,通过结构设计可以达到高的比强度和比模量,生产工艺成熟,应用广泛,价格比较便宜,但使用温度较低。

金属基复合材料与传统的金属材料比,具有较高的比强度和比模量,与树脂基复合材料相比,具有高的工作温度和优良的导电、导热性,而与陶瓷材料相比,又具有高韧性和高抗冲击性能,是一种性能优异的新材料。但耐腐蚀性较差,且制备工艺较为复杂,价格相对昂贵。

无机非金属基复合材料如纤维增强陶瓷保持了陶瓷基体原有的优异性能如耐高温、耐腐蚀、耐老化、耐磨、硬度大等,并且比陶瓷材料具有较好的韧性和力学性能,而且比耐高温的金属基复合材料的密度低,是比较理想的高温结构材料,但制备工艺复杂,价格昂贵。

2. 按增强材料的形态分类

按增强材料的形态来分,复合材料可分为纤维增强复合材料、片状材料增强复合材料和颗粒增强复合材料。

在这三类复合材料中,纤维增强复合材料是增强效果最好、目前应用最广泛的一类复合材料,常用作结构复合材料。纤维增强复合材料在纤维方向上具有增强作用,是各向异性的材料,增强效果与纤维材料的铺层顺序、铺层方向和铺层结构有关,可以根据结构件的实际受力情况进行增强纤维的铺层设计。

纤维增强复合材料根据纤维的长短可分为短纤维增强复合材料和连续纤维增强复合材料。而短纤维增强复合材料又可分为单向短纤维增强复合材料和杂乱短纤维增强复合材料,其中单向短纤维增强复合材料是各向异性的材料,在纤维方向的强度和刚度最大,而杂乱短纤维增强复合材料在宏观上表现出性能各向同性。连续纤维增强复合材料又可分为单向纤维增强复合材料、二维织物增强复合材料和三维织物增强复合材料。各种纤维增强复合材料都有其性能特点和最适用的范围。

3

根据增强纤维的种类来分，纤维增强复合材料可分为碳纤维增强复合材料、玻璃纤维增强复合材料、有机纤维(如芳纶)增强复合材料、硼纤维增强复合材料、碳化硅纤维增强复合材料、混杂纤维增强复合材料等。

3. 按使用性能和用途分类

按使用性能和用途来分，复合材料可分为结构复合材料和功能复合材料。结构复合材料主要用于制造受力的结构件，具有良好的力学性能，常为纤维增强复合材料。功能复合材料不强调其力学性能，而是利用其特殊的热、电、声、磁等方面的功能性作为主要用途，一般为颗粒增强复合材料。但随着科学技术的发展，特别是一些特殊领域(如航空航天领域)对材料的苛刻要求，复合材料正在向着结构/功能一体化的方向发展。

二、复合材料的特性

在众多复合材料中，聚合物基复合材料是目前发展最完善、应用最广泛的一类复合材料，下面重点介绍这类复合材料的特性。

1. 比强度和比模量高

比强度是材料的强度与密度的比值，比模量是材料的模量与密度的比值，是在质量相等的前提下衡量材料承载能力和刚度的一种指标，对于航空航天结构材料来说，这是非常重要的指标。如果材料的比强度和比模量高，就意味着在强度和刚度相同的情况下，用该种材料制成的结构件可以大大减轻质量。

聚合物基复合材料最显著的特性是比强度和比模量高，特别是纤维增强聚合物基复合材料。由于增强纤维的高性能以及对聚合物的显著增强效果，使得纤维增强聚合物基复合材料的强度和模量较高，而又因为其本身的低密度，所以使其比强度和比模量比传统的金属材料高出很多。表 1-1 列出了常见的纤维增强复合材料与金属材料的力学性能对比。

表 1-1　常见的纤维增强复合材料与金属材料的力学性能对比

材料	密度/(g/cm³)	拉伸强度/GPa	弹性模量/($\times 10^2$GPa)	比强度/($\times 10^6$cm)	比模量/($\times 10^8$cm)
钢	7.8	1.03	2.1	1.3	2.7
铝合金	2.8	0.47	0.75	1.7	2.7
钛合金	4.5	0.96	1.14	2.2	2.6
玻璃纤维增强复合材料	2.0	1.06	0.4	5.4	2.0
碳纤维Ⅱ/环氧树脂复合材料	1.45	1.50	1.4	10.6	9.8
碳纤维Ⅰ/环氧树脂复合材料	1.6	1.07	2.4	6.8	15.3
有机纤维/环氧树脂复合材料	1.4	1.40	0.8	10.2	5.8
硼纤维/环氧树脂复合材料	2.1	1.38	2.1	6.7	10.2

从表 1-1 可以看出，纤维增强复合材料的比强度都超过了传统的金属材料，特别是碳纤维增强复合材料和有机纤维增强复合材料，由于其具有更高的强度和更低的密度，所以具有更高的比强度。除了玻璃纤维增强复合材料外，其他纤维增强复合材料的比模量也都超过了传统的金属材料，玻璃纤维增强复合材料由于其模量相对较低，其比模量略低于金属材料。

值得注意的是，我们强调材料的比强度和比模量，有一个前提，就是只有在材料的强度和模量满足使用要求的情况下，比强度和比模量越高越好。

2. 耐疲劳性能好

疲劳破坏是指的材料在交变载荷作用下，由于裂纹的形成和扩展而造成的低应力破坏。金属材料的疲劳破坏是突发性的，事先没有明显的预兆，裂纹一旦达到临界尺寸就突然断裂，来不及检测和维修。纤维增强聚合物基复合材料存在着大量的界面，疲劳破坏一般从纤维或基体的薄弱环节开始，逐渐向界面处扩展，而界面能够有效阻止裂纹的扩展或改变裂纹扩展的方向，使材料不容易发生破坏，而且在材料破坏之前，裂纹较多且尺寸较大，有明显的预兆，可以及时发现并维修。

大多数金属材料的疲劳极限强度是其拉伸强度的 30%～50%，而碳纤维/树脂基复合材料的疲劳极限强度可达到其拉伸强度的 70%～80%，玻璃纤维增强树脂基复合材料的疲劳极限强度介于上述两者之间。

3. 减振性能好

结构件的自振频率与其材料的比模量有很大的关系，前者与后者的平方根成正比。复合材料的比模量较高，因此由其制成的结构件具有较高的自振频率，在工作状态下不易产生共振。此外，复合材料中的界面具有良好的吸振能力，阻尼特性好，结构件中若有振动产生，会很快衰减并停止。因此，高的自振频率和阻尼决定了聚合物基复合材料具有很好的减振性能。

4. 性能可设计性良好

聚合物基复合材料是一种由基体树脂和增强材料组成的多相材料，其性能的影响因素有很多，如基体树脂和增强材料的种类和含量、复合方法、成型工艺、界面情况等。除此之外，对于纤维增强聚合物基复合材料来说，由于纤维是主要的承力组分，因此增强纤维的排列方向、铺层顺序以及铺层层数等对复合材料的性能影响很大，是一种性能各向异性的材料。根据这种各向异性的性能特点以及复合材料的性能影响因素，可以灵活地进行产品设计。如可以根据复合材料结构件的实际承受载荷的种类、大小、分布和具体的使用要求，选择合适的基体树脂、增强纤维的种类、几何形态及铺层结构等，同时调控基体树脂和增强纤维两者的比例，选择合适的成型工艺方法以及界面控制，得到满足使用要求的复合材料产品。因此，聚合物基复合材料具有良好的性能可设计性。

5. 加工工艺性良好

树脂基复合材料从 20 世纪 40 年代发展至今，其制备工艺方法不断完善，新的制备工艺方法也不断被开发出来，目前常用的成型方法有手糊成型、喷射成型、真空袋压成型、树脂传递模塑成型(RTM)、模压成型、层压成型、缠绕成型、拉挤成型、注射成型、挤出成型等，可以根据基体树脂的种类、增强材料的形态、制品的性能要求以及制品的形状、尺寸和数量等来选择不同的成型工艺方法。树脂基复合材料制品可一次成型,减少了装配零部件的数量,减少了制造工序,缩短了生产周期,降低了生产成本,同时使材料质量减轻,并且减少材料内部的应力集中。

6. 具有多种功能性

树脂基复合材料由于其组成的多样性,为制备具有某种和多种功能性(如声、光、电、磁、热等)的复合材料产品创造了条件,复合材料可拥有吸波、透波、耐热、耐烧蚀、隔热、绝缘、耐腐蚀、阻燃等多种功能。如玻璃纤维增强的树脂基复合材料具有优良的电绝缘性能以及良好的高频介电性能,可作为电机、电器的绝缘材料,同时,该种复合材料还具有优良的透波性能,可用于制造雷达罩;由具有吸波功能的增强纤维和树脂基体可以组成吸波结构复合材料,用于隐身飞机中;碳纤维增强酚醛树脂基复合材料具有良好的耐烧蚀性能,可作为航天飞行器如火箭的喷管喉衬和远程导弹的头锥等的耐烧蚀防热材料。随着复合材料的不断进步和发展,同时与其他先进技术如纳米技术、生物科学等相结合,各种具有特殊功能的复合材料不断被开发出来,并成功应用于各个领域。

正是聚合物基复合材料具有以上的性能特点,使得复合材料的应用不断扩展。但不可否认的是,聚合物基复合材料也存在着一些缺点,如耐温性差,不能在高温下长期使用;耐环境老化性能不好,在紫外线、湿热、化学侵蚀的作用下,复合材料的性能会变差;材料性能的分散性较大,可靠性还有待进一步提高;材料的横向强度和层间剪切强度较低等,而这些问题的不断研究、改进和解决,必将推动复合材料持续向前发展。

第三节　复合材料的应用领域和发展方向

一、复合材料的应用领域

自从复合材料产生以来,随着树脂基体、增强材料、复合材料成型技术及设备、界面控制等的不断发展,复合材料的应用领域也得到不断地扩展,从最初的军工和航空航天领域到民用领域的各个方面,都得到了广泛的应用,成为非常重要的工程材料。

1. 在航空航天和国防军工领域的应用

航空航天工业的发展和需求推动了复合材料的发展,而复合材料的发展和应用又促进了航空航天工业的进步。而且由于该领域对材料的性能要求高,因此,应用于该领域的复合材料基本都是性能优异的先进复合材料,代表了复合材料最先进的技术,先进复合材料已发展成为航空航天结构的基本材料,其用量成为航空航天结构的先进性标志之一。

先进树脂基复合材料的轻质高强的特性,可以使航空航天飞行器在满足强度的要求下减轻质量,减轻飞行器本身的结构质量就意味增加运载能力、提高机动性能、加大飞行距离或射程、减少燃油或推进剂的消耗。

在航空方面,复合材料主要用于各种战斗机和民用飞机上。在战斗机上,复合材料已广泛应用于飞机的主、次承载结构件,如国外最新研制的歼击机全部采用复合材料机翼,而且在机身上也大量采用先进复合材料,占结构总重量的 $25\%\sim50\%$,起到了明显的减重作用。在民用飞机上,复合材料的使用也日益增多,如波音787和A350XWB飞机的主机身结构所用复合材料分别占总结构重量的50％和53％,显著减轻了飞机的重量。中外大型飞机的复合材料用量如表1-2所示。

表1-2　中外大型飞机的复合材料用量(占总重量的百分比)

飞机型号	B777	B787	A380	A350XWB	C919
复合材料用量/％	10	50	25	53	11.5

C919大型客机是先进复合材料首次在我国民用飞机上大规模应用,复合材料结构占全机结构总重的11.5％,在雷达罩、机翼前后缘、翼身整流罩、后机身、尾翼等主承力和次承力结构上以及内装饰部分使用了复合材料。如后机身和平垂尾等受力较大的结构件使用了T800级碳纤维增强环氧树脂复合材料,雷达罩使用了玻璃纤维增强复合材料,客机舱门和客货仓地板使用了芳纶蜂窝复合材料。复合材料在C919大型客机上的应用探索具有非常重要的意义,相信随着我国复合材料的不断发展,复合材料在民用飞机领域的成熟应用已为时不远。

在航天方面,复合材料主要应用于火箭发动机壳体、航天飞机的结构件、导弹和运载火箭的结构部件、导弹的整流罩结构、导弹防热材料以及各种卫星结构件等。提高复合材料用量对航天结构和武器装备的轻量化、小型化和高性能化起到了重要作用。如战略导弹固体火箭发动机第三级结构重量减少1kg,可增程16km,弹头重量减少1kg,可增程20km;导弹发射筒采用复合材料可以减轻重量20％以上,这不仅带来相当大的经济效益,而且可以增加武器装备的机动性,还可以提高其抗疲劳和耐腐蚀性能。

2. 在其他工业领域的应用

目前,除航空航天和军工领域外,复合材料也广泛应用于民用的众多领域。其主要应用领域如下:

(1)在陆路交通上的应用。轻量化、环保化、安全化和智能化是汽车未来的发展方向,其中,轻量化是汽车产业的核心技术。纤维增强树脂基复合材料具有轻质高强、耐腐蚀、减振性能好、安全性好等特点,是汽车轻量化的最佳材料。汽车轻量化在减轻质量的同时,可以降低油耗、减少尾气排放,而且在受到撞击时,树脂基复合材料能大幅度吸收冲击能量,保护人员的安全,同时,复合材料的减振特性可以提高汽车的舒适性。复合材料应用于新能源汽车上,在汽车轻量化的同时显著提高续航里程。复合材料主要用于制作整体车身、车顶、车门、底盘、保险杠、轮毂、传动轴、发动机罩盖、引擎盖、挡泥板、仪表盘、座椅等。

近年来,随着我国高铁的飞速发展及列车时速的不断提高,越来越多的树脂基复合材料运用到了高铁列车中。除列车转向架、制动系统、司机台、车门窗、水箱、座椅、地板等列车构件外,许多列车生产商已经开始使用纤维增强复合材料来制作列车车体。

(2)在造船工业中的应用。在造船工业上,树脂基复合材料可以用于制造巡逻艇、渔船、游船、摩托艇、救生艇等各种船艇的船体,复合材料的应用可以减轻船体的重量、提高船艇的航行速度和承载能力、延长船艇的使用寿命。

与水面舰船相比,潜艇的结构特点、工作环境、作战环境等具有鲜明的特点,对材料的高强、减重、防腐、隐身等性能需求明显,树脂基复合材料具有明显的优势。目前,树脂基复合材料在潜艇声呐导流罩、指挥室围壳、上层建筑、非耐压壳体、螺旋桨、升降桅杆、方向舵、升降舵、稳定翼等部位实现了应用。

(3)在石油化工方面的应用。利用其耐化学腐蚀性能好的特点,聚合物基复合材料广泛用于制备石油化工工业中的各种防腐蚀产品,如各种大型储罐、化工管道、冷却塔、反应器的防腐内衬、泵、阀门等,具有较长的使用寿命和较低的维修费用。

(4)在建筑工业中的应用。纤维增强树脂基复合材料具有优良的力学性能、良好的隔热、隔音、耐腐蚀等性能,且吸水率低,是一种理想的建筑材料,广泛用于建筑承重结构、各种轻型结构房屋、围护结构、建筑装饰、建筑雕塑、卫生洁具、储水箱、门窗以及作为建筑修补材料来使用。

(5)在电子电器工业中的应用。聚合物基复合材料优异的电绝缘性能使其在电子电器工业中得到了广泛的应用,可用于生产各种电绝缘器材,如电缆输送管道、高压绝缘子、电机护环、绝缘板、绝缘管、印刷线路板、带电操作工具、各种开关装置等。

(6)在风力发电领域的应用。纤维增强树脂基复合材料是制备风机叶片的首选材料。目前,各种风力发电机叶片基本都是由复合材料制造的,常用的是玻璃纤维增强复合材料或碳纤维增强复合材料。对于功率5MW(长度40m)以上的大型风机叶片,玻璃纤维增强复合材料已不能满足其性能要求,可在风机叶片的梁帽、主梁上使用碳纤维增强复合材料,在减轻风机叶片的同时,提高叶片的抗疲劳性能,提高输出功率。

(7)在体育休闲领域的应用。纤维增强树脂基复合材料广泛用于制备体育休闲领域的各种产品,如钓鱼竿、自行车、高尔夫球杆、曲棍球杆、滑雪板、撑杆、网球拍、羽毛球拍、赛艇、皮艇等,应用最多的是碳纤维增强树脂基复合材料。如碳纤维增强树脂基复合材料制备的鱼竿占市场总量的90%以上;采用碳纤维增强复合材料制备的高端网球拍、羽毛球拍等不仅具有良好的刚度和弹性,而且球拍的舒适度高,不易变形,有利于提高运动员的比赛成绩。

(8)在医疗器械领域的应用。碳纤维增强树脂基复合材料化学性质稳定,不会与体液发生化学反应,并具有良好的血液相容性,因此,可以用来制作人工骨、关节、韧带、假肢等人体器官。此外,利用树脂基复合材料轻质高强的性能优势,还可以生产头枕、腰板、护脚、担架等医疗设备。

应该说明的是,上面列出的仅仅是聚合物基复合材料的部分应用实例,由于聚合物基复合材料性能上的优势以及性能的可设计性,其应用领域十分广泛,实际的应用远远不止这些,而且随着复合材料技术的不断进步,其应用领域也会进一步得到拓展,具有很好的发展前景。

二、复合材料的发展方向

1. 高性能化

在航空航天等国家安全领域的高端产品需求的导向下,聚合物基复合材料持续向高性能化发展。通过提高强度、韧性、耐热性能等实现复合材料的结构承载能力、耐冲击性能以及耐环境性能的提高,以保证航天飞行器在苛刻环境下的正常运行。树脂基复合材料的长期耐高温性差,不能在高温下长期使用,因此,兼具优异力学性能和耐高温性能的高性能复合材料是未来重点发展的方向,如聚酰亚胺树脂基复合材料。在增强材料方面,高性能碳纤维以及高性能对位芳纶仍然是研发和应用的重点。

除航空航天外,很多重点产业如海洋工程装备及高技术船舶、先进轨道交通、新能源汽车、电力装备、机械制造等领域的技术升级也迫切需要高性能复合材料,研究开发适合各领域的新的高性能树脂基体和增强纤维以及复合材料制备技术也是未来发展的重点。

2. 低成本化

树脂基复合材料的成本一直是制约其在民用领域规模化应用的主要原因之一。而且,随着复合材料在航空航天领域应用比例的增加,直接导致产品成本的增加,因此,不论是民用领域还是军用领域,复合材料的低成本化与高性能化同样重要,低成本化成为复合材料的主要发展方向之一。

树脂基复合材料低成本化的重点是:

(1)降低原材料的成本。如碳纤维是一种性能优异的增强纤维,但其昂贵的价格限制了碳纤维复合材料的应用,特别是在民用领域的应用。大丝束碳纤维的生产对原丝的要求低,可以降低碳纤维的成本,开发非聚丙烯腈基的原丝也可以降低碳纤维的价格。此外,在原丝聚合物聚合、原液纺丝成形、预氧化、碳化等各个碳纤维制备环节中开发各种新技术,可以有效提高生产效率,降低能耗和成本。在树脂基体方面,开发新型的低温固化树脂以及快速固化树脂体系也有利于降低复合材料产品的成本。

(2)降低复合材料的制造工艺成本。大力发展低成本制造技术和制备技术的优化,如自动铺带技术和自动纤维丝束铺放技术、树脂传递模塑(RTM)成型和树脂膜熔渗(RFI)工艺、新型非热压罐固化成型技术(如电子束固化技术)以及改进的纤维缠绕和多维编织技术等,可以显著降低复合材料的生产成本。

3. 多功能化及结构功能一体化

复合材料是一种多组分的材料,为了满足航空航天等高科技领域对材料的多种功能性的需求,必然由单功能复合材料向着多功能复合材料的方向发展。同时,高端应用领域通常需要复合材料兼具优异的力学性能与某些特殊的功能性,因此,发展结构功能一体化也是复合材料的必然趋势。

树脂基结构功能一体化复合材料主要包括结构吸/透波、防弹和防热复合材料等。如吸波复合材料常应用于隐身飞机中,传统的吸波材料一般由树脂基体和电磁损耗介质复合而成,但这种吸波材料实际是涂料,不属于结构复合材料,虽然制备工艺简单、使用方便,但却增加了飞行器质量,而且容易脱落。吸波结构复合材料通常由具有吸波功能的增强纤维和树脂基体组成,而且通过结构设计,使复合材料兼具优异的力学性能和吸波功能,是各国竞相研发的尖端军事材料。

4. 绿色化

从可持续发展和环境保护的角度出发,发展绿色复合材料是大势所趋,因此,绿色化是复合材料未来重点发展的方向之一。复合材料的绿色化主要包括两个方面的内容:

(1)发展全降解的复合材料,如采用可降解的高性能天然植物纤维与可降解的生物高性能树脂制备全降解的绿色复合材料,这种全绿色复合材料的废弃料和"退役"产品可以全部降解,不对环境造成污染,而且所采用的原材料都是天然可再生的资源,如麻纤维、竹纤维、再生纤维素纤维等作为增强材料以及聚乳酸(PLA)、聚己内酯(PCL)、聚羟基脂肪酸酯(如 PHBV)等生物基高分子作为基体,这类复合材料具有很大的资源优势。

(2)高性能复合材料绿色化技术,涉及复合材料设计、选材、制造、应用、回收等很多方面。如大力发展"并行式"设计模式的绿色化设计技术、发展可回收的高性能热塑性树脂基复合材料和可降解的热固性树脂、开发能耗小成本低的绿色制造技术以及绿色化回收再利用技术等。

参考文献

[1]倪礼忠,陈麒. 聚合物基复合材料[M]. 上海:华东理工大学出版社,2007.

[2]周祖福. 复合材料学[M]. 武汉:武汉工业大学出版社,2002.

[3]中国标准出版社. 复合材料标准汇编[M]. 北京:中国标准出版社,2012.

[4]王汝敏,郑水蓉,郑亚萍. 聚合物基复合材料[M]. 北京:科学出版社,2011.

[5]尹洪峰,任耘,罗发. 复合材料及其应用[M]. 西安:陕西科学技术出版社,2003.

[6]王善元,张汝光,等. 纤维增强复合材料[M]. 上海:中国纺织大学出版社,1998.

[7]刘雄亚,谢怀勤. 复合材料工艺及设备[M]. 武汉:武汉工业大学出版社,1997.

[8]成来飞,梅辉,刘永胜,等. 复合材料原理及工艺[M]. 西安:西北工业大学出版社,2018.

[9]杜善义. 先进复合材料与航空航天[J]. 复合材料学报,2007,24(1):1-12.

[10]赵稼祥. 民用航空和先进复合材料[J]. 高科技纤维与应用,2007,32(2):6-10.

[11]喻媛. C919上用了哪些新材料[J]. 大飞机,2018(1):29-31.

[12]焦立冰. 复合材料在汽车领域应用浅析[J]. 新材料产业,2017(12):14-17.

[13]李春晓. 复合材料及其复合材料在汽车领域的应用[J]. 新材料产业,2019(1):5-7.

[14]于海宁,高长星,王艳华. 碳纤维增强树脂基复合材料的应用及展望[J]. 合成纤维工业,2020,43(1):55-59.

[15]王德龙. 复合材料在高铁上的应用[J]. 中国高新区,2017(10):18.

[16]魏征,杜度,杨坤. 树脂基复合材料在潜艇装备领域的应用现状[J]. 材料开发与应用,2020,35(2):82-86.

[17]邢丽英,包建文,礼嵩明,等. 先进树脂基复合材料发展现状和面临的挑战[J]. 复合材料学报,2016,33(7):1327-1338.

[18]曹维宇,杨学萍,张藕生. 我国高性能高分子复合材料发展现状与展望[J]. 中国工程科学,2020,22(5):112-120.

[19]唐见茂. 航空航天复合材料绿色化发展浅析[J]. 航天器环境工程,2015,32(5):457-463.

第二章 聚合物基体材料

第一节 概述

聚合物基复合材料是迄今为止发展最为成熟、应用最为广泛的一类复合材料,其中尤以纤维增强聚合物基复合材料的增强效果最好,应用最多。

在聚合物基复合材料的成型过程中,增强材料的形态和性能保持不变,而树脂基体经过一系列复杂的物理、化学变化过程,与增强材料复合成为具有一定形状的复合材料产品。因此,复合材料的成型方法与工艺参数的选择主要是由基体的工艺性决定的。基体树脂胶液的黏度、凝胶速度、适用期等直接影响着对增强材料的浸润以及复合材料制备过程中的操作工艺性。

此外,基体材料的性能对整体复合材料的性能也有着重要影响。增强材料是复合材料的承力组分,在纤维铺层方向的拉伸性能主要决定于增强材料,但基体树脂将分散的增强材料黏结成一个整体,并且将外力通过两者形成的界面传递给增强纤维,才能充分发挥出增强材料的作用。而且复合材料的压缩性能、横向拉伸性能、耐热性能和耐化学腐蚀性能等,则主要决定于基体树脂的性能。

一、聚合物基体材料的加工特点

在复合材料制备过程中,基体树脂与增强材料的复合过程如图 2-1 所示。

图 2-1　基体树脂与增强材料复合过程示意图

图 2-1 中清楚地显示了聚合物基体在复合材料成型过程中的变化。基体树脂要首先通过溶解或熔融配制成黏度适合的树脂胶液,对增强材料进行充分浸渍,然后两者通过模具复合成一定形状,再经固化把形状固定下来,脱模后成复合材料产品。

聚合物基体主要包括热固性树脂和热塑性树脂两类,两类树脂在成型过程中的变化以及加工特点有很大的不同,下面分开讨论。

(一)热固性树脂

热固性树脂是指在加热或外加小分子的情况下会发生化学交联而转变成不熔融、不溶解的体型网状结构的树脂。这类树脂在固化前是一种线型或支链型结构的预聚物,相对分子质量较低,为几百到几千之间,可溶解可熔融,能够非常容易地配制成黏度适合的胶液,很好地浸渍玻璃纤维、碳纤维等增强材料,待基体树脂与增强材料复合完成后,再给予适当的条件固化。

1. 热固性树脂的固化特性

热固性树脂在固化过程中,会经历三个阶段:

(1)黏流态。树脂分子是线型或支链型结构,可溶、可熔,树脂胶液可以流动;

(2)凝胶态。树脂分子高度支链或轻度交联,溶解性变差,但可熔融,树脂胶液呈现具有弹性的凝胶态;

(3)固化态。树脂分子已交联成体型网状结构,不溶、不熔,呈现坚硬的固态。

因此,热固性树脂的固化是一个发生化学变化的过程,固化过程中,树脂的相对分子质量逐步增大,分子结构发生变化,最终由线型结构转变成不溶解不熔融的三维体型网状结构,理论上相对分子质量无限大,使复合材料具有较高的使用强度,整个固化反应过程是不可逆的。以上从可溶、可熔的线型分子转变为不溶、不熔的体型网状结构是各种不同的热固性树脂的共同特征,但是,不同的热固性树脂由于其固化反应机理不同,因此反映在固化过程中的三个阶段上具有各自的特点。如酚醛树脂的固化原理是缩聚反应,反应是逐步进行的,因此,酚醛树脂固化的三个阶段具有明显的界限。而不饱和聚酯树脂的固化原理是与交联单体的自由基共聚,具有连锁反应的特点,即慢引发、快增长,固化反应一经引发开始,分子链便快速增长,因此,它的固化过程中的三个阶段不如酚醛树脂明显。

热固性树脂在固化前是一种相对分子质量较低的预聚物,根据其结构不同,可分为两类。一类为结构预聚物,这类预聚物具有特定的活性基团或侧基,是一种线型低聚物,加热只能熔融,而不能使其进一步交联固化,需加入催化剂或其他反应性物质,这些加入的小分子物质能够与树脂中的活性基团或侧基发生化学反应,最终固化交联生成三维体型网状结构。这类热固性树脂常见的有环氧树脂、不饱和聚酯树脂以及热塑性酚醛树脂等。另一类为无规预聚物,这类预聚物一般是指体型缩聚控制反应程度(P)低于凝胶点(P_c)时冷却、停止反应所得到的产物,预聚物中未反应的官能团无规排列,经加热可进一步反应,无规交联起来,其固化实质是体型缩聚的继续。这类树脂常见的有热固性酚醛树脂、脲醛树脂等。

2. 树脂胶液的配制及工艺性

在复合材料成型过程中,树脂胶液的配制是非常重要的一个环节。在制备复合材料时,除了增强材料外,其余的所有组分都要加入基体树脂中调配成树脂胶液来使用,因此,树脂胶液的配方要满足树脂在固化时的反应性、成型加工过程中的操作工艺性以及复合材料产品的特殊功能性。因此,树脂胶液的基本组分包括基体树脂、固化剂(或引发剂、促进剂等)、稀释剂、各种作用的填料(如增韧剂、触变剂、阻燃剂、颜料等)。

树脂胶液的工艺性对整个复合材料的成型加工工艺起着决定性的影响。树脂胶液的工艺性指标主要有黏度和凝胶时间。

（1）黏度。调配好的树脂胶液要具有适合的黏度，黏度太大不能很好地浸润增强纤维；但黏度太小又起不到黏结的作用，树脂和增强材料易分离，而且在成型产品的垂直面时，树脂胶液的流动性太大，胶液会发生从上到下流动，使复合材料的树脂分布不均匀。不同的成型工艺对胶液黏度的要求不同，树脂胶液黏度主要由稀释剂的加入量来决定。

（2）凝胶时间。凝胶时间是指在一定的温度下，从树脂中加入固化剂、引发剂或促进剂算起，树脂胶液从黏流态到凝胶态所需要的时间，代表了树脂的凝胶反应速度，其决定着树脂胶液的适用期。树脂发生凝胶后就不能再浸渍增强纤维，因此要在树脂发生凝胶之前完成复合材料的成型操作，凝胶时间对于在室温固化成型的树脂系统特别重要。一般来说，树脂胶液的凝胶时间由固化剂或引发剂、促进剂的用量来调控。

3. 热固性树脂的加工特点

从以上分析可知，热固性树脂在与增强材料复合时，相对分子质量较低，只有几百到几千，在室温下能够很容易地溶解在适当的溶剂中，配成黏度适宜的胶液并润湿增强纤维，因此一般采用溶液加工，属于低黏度加工，加工工艺性好。

目前，热固性树脂仍是复合材料主要的聚合物基体材料，常用的有环氧树脂、酚醛树脂、不饱和聚酯树脂、聚酰亚胺树脂、脲醛树脂、三聚氰胺甲醛树脂、有机硅树脂等，其中环氧树脂、酚醛树脂、不饱和聚酯树脂的应用最多，称为复合材料的三大热固性树脂。

（二）热塑性树脂

热塑性树脂是指具有线型或支链型结构的一类有机高分子化合物，可以反复受热熔化（或软化）和冷却变硬。在复合材料的加工成型和固化过程中不发生任何化学变化，分子结构与相对分子质量保持不变，仅发生物理变化，即加热熔化、冷却变硬。

一般来说，聚合物的强度随聚合度的增大而增加，每种聚合物初具强度的最低相对分子质量不同，但基本都在一万以上，因此，要想具有很好的使用强度，热塑性树脂一般具有很高的相对分子质量。

热塑性树脂的高相对分子质量使得热塑性树脂基复合材料与热固性树脂基复合材料的成型加工是完全不同的。热固性树脂在低相对分子质量也就是在低黏度下加工，而热塑性树脂是在高相对分子质量也就是在高黏度下加工，这种黏度的差别是巨大的。在与增强材料复合时，热固性树脂只有几百到几千的相对分子质量，而热塑性树脂一般是几万，甚至高达几十万。当分子链在一定长度以上时，黏度一般与相对分子质量的 3.4 次方成正比。因此，在相同的温度和剪切速率下，热塑性树脂的黏度比未固化的低相对分子质量热固性树脂高许多个数量级。在复合材料的成型过程中，热固性树脂可以容易地配成黏度适宜的胶液并润湿增强纤维，而热塑性树脂由于加工前就是高相对分子质量的长链段，高黏度使得它对增强纤维的浸润成为问题，同时在室温下很难找到适合的溶剂配制成胶液，通常采用加热熔融后再与增强材料进行浸渍复合的方法来成型加工，因此热塑性树脂必须加热到比热固性树脂高很多的温度才能成型，这需要专用的加工设备。因此，相对于热固性树脂，热塑性树脂一般采用熔融加工，属于高黏度加工,加工较为困难。

加工热塑性复合材料时,树脂被加热、成型然后冷却成固体,和热固性树脂基复合材料相比,不需要较长的固化周期,因此具有快速加工的潜力。同时,热塑性树脂基复合材料另一个主要潜在的优点是可回收利用,因此,热塑性树脂基复合材料近几年发展很快,其增长速度超过了热固性树脂基复合材料的增长速度。

用于复合材料的热塑性聚合物的典型代表有聚乙烯、聚丙烯、聚氯乙烯、聚苯乙烯及其共聚物(如 ABS 等)、聚酰胺、聚碳酸酯、聚甲醛、聚酯以及聚砜、聚苯硫醚、聚醚醚酮等。

二、聚合物基体材料的基本性能

1. 力学性能

聚合物的强度取决于其分子内和分子间的相互作用力,一般与其分子结构以及相对分子质量大小有关。对于热固性树脂来说,在未固化前,通常处于黏流态,相对分子质量很小,此时内聚强度很低。随着固化反应的进行,相对分子质量增加,分子间的相互作用力增强,强度有所升高。当树脂转变成凝胶状态时,树脂的相对分子质量迅速增加,机械强度也随之提高,当交联固化程度不断提高,则树脂强度逐渐增大到比较稳定的程度。但也不是固化程度越高越好,若继续增加树脂的交联固化到很高的程度,树脂的耐冲击性能下降,呈现脆性。因此,通常热固性树脂的力学性能指的是树脂充分固化后的浇铸体的性能。

不同的聚合物树脂,即使在相对分子质量相同的情况下,由于其化学结构不同,其分子间的相互作用力也不同,因此力学性能也不同。表 2-1 列出了三大热固性树脂的力学性能。

表 2-1　三大热固性树脂的力学性能

性能	环氧树脂	酚醛树脂	不饱和聚酯树脂
密度/(g/cm³)	1.11~1.23	1.30~1.32	1.10~1.46
拉伸强度/MPa	约 85	42~64	42~71
伸长率/%	5.0	1.5~2.0	5.0
拉伸弹性模量/GPa	约 3.2	约 3.2	2.1~4.5
压缩强度/MPa	约 110	88~110	92~190
弯曲强度/MPa	约 130	78~120	60~120

从表 2-1 中的数据可以看出,三大热固性树脂中,环氧树脂的综合力学性能相对较好。

2. 耐热性

树脂基体的耐热性能比玻璃纤维、碳纤维等增强材料低得多,通常在 300℃以下就会发生氧化降解而使得性能下降。在三种常用的热固性树脂中,酚醛树脂固化后因其芳香环结构和高度交联而具有优良的耐热性,其玻璃化转变温度、马丁耐热温度等均比环氧树脂和不饱和聚酯树脂高,模量在 300℃内变化不大。

酚醛树脂在 300℃ 以上开始分解,逐渐炭化,残留量可达 60% 以上,在高温下酚醛树脂表面形成炭化层,从而起到保护内部材料的作用,因此酚醛树脂广泛用于航空航天耐烧蚀材料。

3. 耐化学腐蚀性

热固性树脂的交联固化程度对其耐化学腐蚀性能有一定程度的影响。一般来说,交联固化程度越高,耐化学腐蚀性能越好,所以热固性树脂固化时必须控制一定的固化度。

对树脂的耐化学腐蚀性能影响最大的是其化学结构。环氧树脂分子链上的苯环和仲羟基不易受碱的侵蚀,而且耐酸性很好。而酚醛树脂分子链上的酚羟基易受到碱的侵蚀,如受氢氧化钠侵蚀后,所生成的酚钠很容易溶解,从而使酚醛树脂分子链发生断裂。对于不饱和聚酯树脂来说,其分子链上的酯键在碱的侵蚀下会发生水解反应,从而使不饱和聚酯树脂分子链断裂。因此,在三大热固性树脂中,环氧树脂的耐化学腐蚀性能最好,详见表 2-2。

表 2-2 三大热固性树脂的耐化学腐蚀性能

性能	环氧树脂	酚醛树脂	不饱和聚酯树脂
吸水率(24h)/%	0.10~0.14	0.12~0.36	0.15~0.60
弱酸的影响	无	轻微	轻微
强酸的影响	被侵蚀	被侵蚀	被侵蚀
弱碱的影响	无	轻微	轻微
强碱的影响	非常轻微	降解	降解
有机溶剂的影响	耐侵蚀	某些溶剂侵蚀	某些溶剂侵蚀

4. 电绝缘性能

树脂是一种优良的电绝缘材料,其电绝缘性能与树脂分子链的极性以及树脂中的杂质有关。一般来说,树脂分子链中极性基团越多,极性越大,则电绝缘性能越差,因此,一些非极性的热固性树脂具有非常好的电绝缘性能。树脂中有无增塑剂等添加剂,都会影响其电绝缘性能。三大热固性树脂的电性能见表 2-3。

表 2-3 三大热固性树脂的电性能

性能	环氧树脂	酚醛树脂	不饱和聚酯树脂
体积电阻率/(Ω·cm)	10^{16}~10^{17}	10^{12}~10^{13}	10^{14}
介电强度/(kV/mm)	16~20	14~16	15~20
介电常数(60Hz)	3.8	6.5~7.5	3.0~4.4
介电损耗(60Hz)	0.001	0.10~0.15	0.003
耐电弧性/s	50~180	100~125	125

5. 固化收缩率

热固性树脂在固化后会发生体积收缩,这是其固有的特性,主要是因为热固性树脂在固化过程中,由于化学反应产生交联结构、分子链段靠近使结构紧凑或由于低分子物的逸出等所引起的不可逆的体积收缩。与酚醛树脂和不饱和聚酯树脂相比,环氧树脂的收缩率最小,这是由于环氧树脂固化前的密度就比较大,固化后的网络结构也不是很紧密,因此固化前后密度变化比较小,而且环氧树脂与固化剂之间的固化原理是加成反应,固化过程中无低分子物放出,其收缩率一般为1%~2%,而不饱和聚酯树脂的固化收缩率为4%~6%,酚醛树脂的固化收缩率为8%~10%。

热固性树脂的收缩性对制品的性能及尺寸具有不利的影响,因此,对于收缩率大的树脂,经常在树脂胶液中加入一定量的低收缩添加剂,以消除树脂体积收缩的影响。

三、聚合物基体材料的选择原则

对于复合材料制品来说,聚合物基体材料的选择是非常重要的,选择时应遵循下列原则:

(1)能够满足产品的性能使用要求。首先要考虑复合材料产品的使用场合对产品性能如力学性能、使用温度、耐化学腐蚀性等的要求。比如,若产品是结构件,对力学性能要求较高,优先选择环氧树脂作为基体树脂;若复合材料产品用于航天航空的耐烧蚀材料,则优先选择酚醛树脂作为基体材料。

(2)能够满足成型工艺的要求。首先,树脂要具有良好的操作工艺性,如能够配成黏度适合的胶液,胶液具有足够长的适用期,预浸料具有足够长的储存期等。其次,树脂的固化原理要满足成型工艺的要求。如手糊成型是一种常温常压的复合材料成型工艺,在选择基体树脂时,就不能选择酚醛树脂。因为酚醛树脂一般在高温下固化,且固化过程中有小分子放出,需要加压固化,因此酚醛树脂适合高温高压的成型方法,如模压成型。而环氧树脂可以适用于手糊成型,但在配制树脂胶液时要选择室温固化的固化剂。因此,要根据产品成型工艺条件来选择基体树脂以及配制适合的胶液。

(3)价格合理。在满足性能使用要求以及成型工艺的基础上,选择的树脂尽量原料来源丰富,具有较低的成本,价格合理。这一点对于民用领域的产品来说更为重要,因为价格往往决定了该产品能否推广使用,是否具有打入市场的竞争力等。从成本来考虑的话,三大热固性树脂中,环氧树脂价格最高,酚醛树脂最低,不饱和聚酯树脂价格居中。

综上所述,对于具体的复合材料产品要具体分析,综合使用场合、性能要求、成型工艺以及成本等方面来考虑,从而选择出最适合的基体树脂。

第二节　环氧树脂

一、概述

环氧树脂是指分子中含有两个或两个以上环氧基团（ —CH—CH— ）的一类有机高分子

$$\underset{O}{\diagdown}$$

预聚物或化合物。环氧基团非常活泼,能与许多小分子发生反应,因此,含有环氧基团的环氧树脂能与多种类型的固化剂发生化学反应,从而由可溶、可熔的线型结构转变成不溶、不熔的三维体型网络结构。

1. 环氧树脂的性能

(1)适应性广且工艺性优良。环氧树脂的品种和固化剂类型多种多样,选择不同的环氧树脂和固化剂的组合,能够适合各种场合对环氧树脂系统的需求。环氧树脂的溶剂种类也很多,选择适当的溶剂,可以在室温下配制成黏度适合的胶液,有利于成型操作。环氧树脂的固化温度和固化周期可以调节,通过选用各种不同的固化剂,环氧树脂体系可以实现低温、常温、中温及高温固化。环氧树脂的固化过程中没有小分子放出,因此可以选择常压成型,也可选择高压成型,适应于多种复合材料成型工艺。

(2)力学性能优良。固化后的环氧树脂分子之间具有很强的内聚力,具有优良的力学性能。

(3)耐化学腐蚀性好。环氧树脂的化学结构决定了其固化后具有良好的耐碱性、耐酸性和耐有机溶剂性能。

(4)电绝缘性能优良。环氧树脂固化物吸水率低,不再具有活性基团和游离的离子,在宽广的频率和温度范围内具有良好的电性能,是一种具有高介电性能、耐电弧、耐表面漏电的优良的电绝缘材料。

(5)黏结力强。由于环氧树脂分子结构中含有仲羟基、醚键以及环氧基等极性基团,使环氧树脂的分子与黏结件分子之间易产生较强的物理吸附、氢键或化学键等,使其对各种物质具有很强的黏结力。作为复合材料的基体材料时,与增强纤维如玻璃纤维、碳纤维等的黏附力较强。

(6)固化收缩性小。环氧树脂的固化原理以及固化前后的密度变化决定了其固化收缩率较小,一般小于 2%。

正是由于环氧树脂具有以上优异的综合性能及良好的加工工艺性,因此自 20 世纪 40 年代后期在工业上获得应用后发展迅速,可用作涂料、黏合剂、浇铸料和各类复合材料的基体树脂等,广泛应用于航空航天、汽车、铁道车辆、船舶、机械、电气、化工、建筑以及体育用品等工业领域。

2. 环氧树脂的品种

根据环氧树脂的分子结构,其主要有以下 5 大类品种。

(1)缩水甘油醚类环氧树脂。其结构式如下所示:

$$R-O-CH_2-CH-CH_2$$
$$\diagdown O \diagup$$

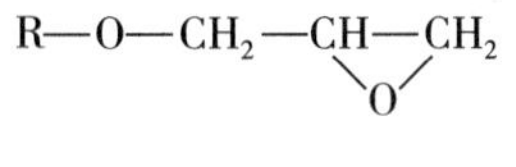

(2)缩水甘油酯类环氧树脂。其结构式如下所示:

$$R-\overset{O}{\overset{\|}{C}}-O-CH_2-CH-CH_2$$
$$\diagdown O \diagup$$

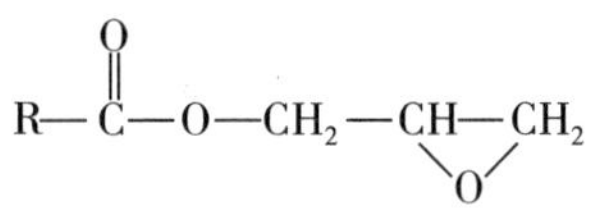

(3)缩水甘油胺类环氧树脂。其结构式如下所示:

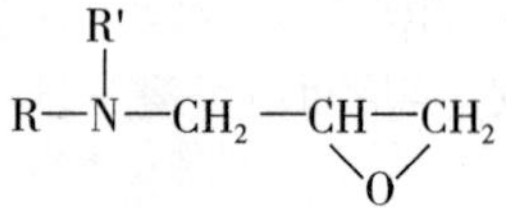

$$R-N-CH_2-CH-CH_2$$

（4）线型脂肪族类环氧树脂。其结构式如下所示：

$$R-CH-CH-R'-CH-CH-R''$$

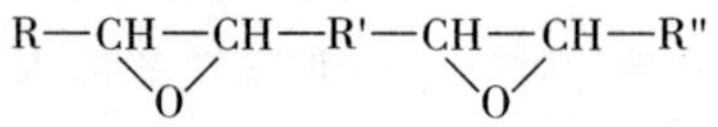

（5）脂环族类环氧树脂。其结构式如下所示：

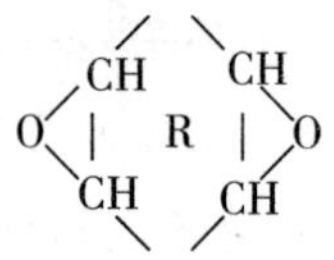

3. 环氧树脂的型号

环氧树脂以一个或两个汉语拼音字母与两位数字的组合作为型号，以表示不同的类别及品种。其中，型号的第一位字母代表主要的组成物质，取其主要组成物质汉语拼音的第一个字母，该型号字母若与其他型号相同，则加取第二个字母，以此类推；型号的第二位字母代表改性物质，若有，则也用改性物质的汉语拼音首字母表示，若未改性则用"—"标记；型号的第三位和第四位两位数字代表该树脂的环氧值的算术平均值。

环氧值是环氧树脂的一个最主要的性能指标，它是指每 100g 环氧树脂中所含环氧基团的物质的量。例如，有一环氧树脂，相对分子质量为 390，每个分子中含有 2 个环氧基，则该环氧树脂的环氧值为 $2 \div 390 \times 100 = 0.51$，若该环氧树脂是二酚基丙烷型环氧树脂，则型号记为 E—51。

环氧树脂的主要类别及代号见表 2-4。

表 2-4　环氧树脂的主要类别及代号

代号	环氧树脂类别	代号	环氧树脂类别
E	二酚基丙烷型环氧树脂	J	间苯二酚环氧树脂
ET	有机钛改性二酚基丙烷型环氧树脂	S	四酚基环氧树脂
EG	有机硅改性二酚基丙烷型环氧树脂	A	三聚氰酸环氧树脂
EX	溴改性二酚基丙烷型环氧树脂	R	二氧化双环戊二烯环氧树脂
EL	氯改性二酚基丙烷型环氧树脂	Y	二氧化乙烯基环己烯环氧树脂
F	酚醛多环氧树脂	YJ	二甲基代二氧化乙烯基环己烯环氧树脂
B	丙三醇环氧树脂	D	环氧化聚丁二烯环氧树脂
L	有机磷环氧树脂	W	二氧化双环戊烯基醚树脂
G	硅环氧树脂	Zg	脂肪族缩水甘油酯
N	酚酞环氧树脂	Ig	脂环族缩水甘油酯

二、环氧树脂的合成

环氧树脂主要有 5 大类品种,按照合成机理来分,这 5 大类品种的环氧树脂主要有两种合成方法。

(1)环氧氯丙烷$\left(\begin{array}{c}ClH_2C-CH-CH_2\\ \diagdown O \diagup\end{array}\right)$与含有活泼氢原子的化合物如酚类$\left(-\bigcirc-OH\right)$、醇类(—OH)、有机羧酸类(—COOH)、胺类(—NH$_2$)等发生反应,主要合成上述第 1～3 类环氧树脂,其中,第 1 类缩水甘油醚类环氧树脂是由环氧氯丙烷与酚类或醇类反应得到的;第 2 类缩水甘油酯类环氧树脂是由环氧氯丙烷与有机羧酸类反应制得的;第 3 类缩水甘油胺类环氧树脂是由环氧氯丙烷与胺类反应得到的。

(2)带双键的烯烃$\left(\begin{array}{c}\diagdown\\C=C\\\diagup\end{array}\right)$用过醋酸(CH$_3$COOOH)或过氧化氢(H$_2O_2$)进行环氧化从而得到环氧树脂,这种方法主要合成第 4 类线型脂肪族类环氧树脂和第 5 类脂环族类环氧树脂。

下面介绍各类环氧树脂的合成方法及基本性能。

(一)缩水甘油醚类环氧树脂

缩水甘油醚类环氧树脂是由含活泼氢的酚类或醇类与环氧氯丙烷反应得到的,是工业上用量最大的一类环氧树脂,而其中又以二酚基丙烷型环氧树脂(又称双酚 A 型环氧树脂)用量为最大。除此之外,还有酚醛多环氧树脂、其他的酚类缩水甘油醚型环氧树脂以及脂肪族多元醇缩水甘油醚型环氧树脂等。

1. 二酚基丙烷型环氧树脂

(1)结构及性能特点。二酚基丙烷型环氧树脂是由二酚基丙烷与环氧氯丙烷在氢氧化钠的催化下合成得到的,控制不同的合成条件可以制得不同相对分子质量的树脂,平均相对分子质量一般是在 340～7000,其结构通式如下所示:

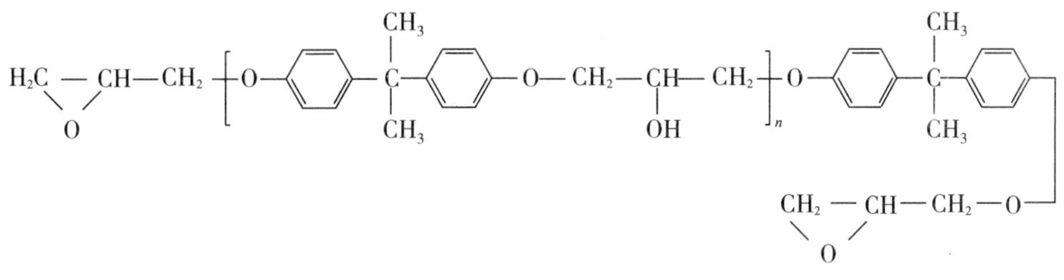

式中,通常 $n=0～19$,当 $n=0～0.5$ 时,得到的是琥珀色或浅黄色液态树脂;当 $n=0.5～1.8$ 时;得到的树脂在室温下是半固体,当 $n>1.8$ 时,得到的是固体树脂。一般认为,相对分子质量在 400 以下的称为低相对分子质量环氧树脂;相对分子质量在 1400 以上的称为高相对分子质量环氧树脂;相对分子质量介于两者之间的称为中相对分子质量环氧树脂。

二酚基丙烷型环氧树脂具有如下的结构特点和性能特点:

①二酚基丙烷型环氧树脂分子两端是反应性很强的环氧基,可以与多种固化剂发生固化反应。除环氧基外,二酚基丙烷型环氧树脂分子结构中(n 不等于零的情况下)还含有仲羟基,也

在一定的条件下参与树脂的固化反应。因此,环氧基和仲羟基赋予了树脂很强的反应性,而且使树脂固化物具有很强的内聚力。

②二酚基丙烷型环氧树脂分子中的仲羟基和醚键,有助于提高树脂对增强纤维的浸润性和黏附力,形成较强的界面黏结。

③二酚基丙烷型环氧树脂分子结构中含有很多的苯环和异丙基,赋予环氧树脂一定的刚性和耐热性。同时分子主链上有许多的醚键,是一种线型醚键结构,使大分子链具有一定的柔顺性。

因此,二酚基丙烷型环氧树脂具有优良的综合力学性能。

正是由于二酚基丙烷型环氧树脂具有以上的性能特点,因此在各个领域中应用广泛。其产量在所有的环氧树脂中占比最大,被称为通用型环氧树脂。一般来说,低相对分子质量环氧树脂和中相对分子质量环氧树脂主要应用于浇铸、胶接、复合材料等方面,而高相对分子质量环氧树脂主要应用于油漆、涂料等方面。

(2)合成原理。二酚基丙烷型环氧树脂是以二酚基丙烷(双酚A)和环氧氯丙烷为主要原料,以氢氧化钠为催化剂经缩聚反应制得的。其反应方程式为:

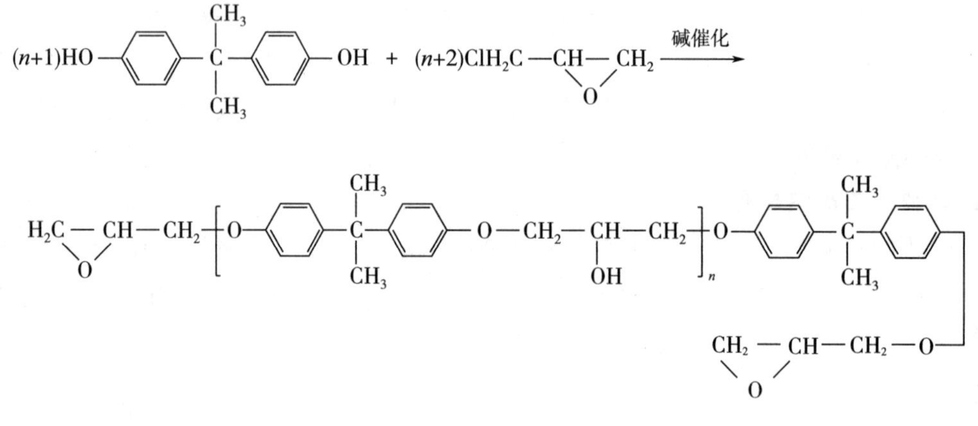

主要的反应过程如下:

①在碱催化下,二酚基丙烷的—OH 与环氧氯丙烷的环氧基发生开环加成反应,得到端基为氯化羟基的二氯代醇。

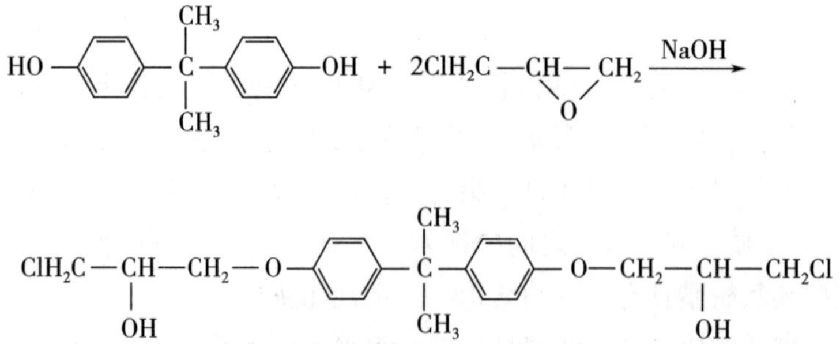

②生成的二氯代醇不稳定,在 NaOH 作用下,端基脱 HCl,生成新的环氧基化合物。

$$\text{ClH}_2\text{C}-\underset{\underset{\text{OH}}{|}}{\text{CH}}-\text{CH}_2-\text{O}-\text{C}_6\text{H}_4-\underset{\underset{\text{CH}_3}{|}}{\overset{\overset{\text{CH}_3}{|}}{\text{C}}}-\text{C}_6\text{H}_4-\text{O}-\text{CH}_2-\underset{\underset{\text{OH}}{|}}{\text{CH}}-\text{CH}_2\text{Cl} \xrightarrow{\text{NaOH}}$$

$$\text{H}_2\text{C}\underset{\text{O}}{-}\text{CH}-\text{CH}_2-\text{O}-\text{C}_6\text{H}_4-\underset{\underset{\text{CH}_3}{|}}{\overset{\overset{\text{CH}_3}{|}}{\text{C}}}-\text{C}_6\text{H}_4-\text{O}-\text{CH}_2-\text{CH}\underset{\text{O}}{-}\text{CH}_2 + 2\text{NaCl} + 2\text{H}_2\text{O}$$

③新生成的环氧基化合物进一步与双酚 A 的—OH 反应生成端羟基化合物。

$$\text{H}_2\text{C}\underset{\text{O}}{-}\text{CH}-\text{CH}_2-\text{O}-\text{C}_6\text{H}_4-\underset{\underset{\text{CH}_3}{|}}{\overset{\overset{\text{CH}_3}{|}}{\text{C}}}-\text{C}_6\text{H}_4-\text{O}-\text{CH}_2-\text{CH}\underset{\text{O}}{-}\text{CH}_2 +$$

$$2\text{HO}-\text{C}_6\text{H}_4-\underset{\underset{\text{CH}_3}{|}}{\overset{\overset{\text{CH}_3}{|}}{\text{C}}}-\text{C}_6\text{H}_4-\text{OH} \xrightarrow{\text{NaOH}}$$

（生成端羟基化合物，结构式略）

④新生成的端羟基化合物的—OH 与环氧氯丙烷反应生成端氯化羟基化合物。

（反应式）$+ 2\text{ClH}_2\text{C}-\text{CH}\underset{\text{O}}{-}\text{CH}_2 \xrightarrow{\text{NaOH}}$

$$\text{ClH}_2\text{C}-\underset{\underset{\text{OH}}{|}}{\text{CH}}-\text{CH}_2-\text{O}\sim\!\!\sim\!\!\sim\text{O}-\text{CH}_2-\underset{\underset{\text{OH}}{|}}{\text{CH}}-\text{CH}_2\text{Cl}$$

⑤生成的端氯化羟基化合物在 NaOH 作用下，脱 HCl 再生成环氧基。

$$\text{ClH}_2\text{C}-\underset{\underset{\text{OH}}{|}}{\text{CH}}-\text{CH}_2-\text{O}\sim\!\!\sim\!\!\sim\text{O}-\text{CH}_2-\underset{\underset{\text{OH}}{|}}{\text{CH}}-\text{CH}_2\text{Cl} \xrightarrow{\text{NaOH}}$$

$$\text{H}_2\text{C}\underset{\text{O}}{-}\text{CH}-\text{CH}_2-\text{O}\sim\!\!\sim\!\!\sim\text{O}-\text{CH}_2-\text{CH}\underset{\text{O}}{-}\text{CH}_2$$

在环氧氯丙烷过量很多的情况下,上述③～⑤反应不断进行(开环—开环—闭环),最终可制得两个端基为环氧基的双酚 A 型环氧树脂。

在上述反应中,氢氧化钠起双重作用,既是环氧基与酚羟基开环加成反应的催化剂,又是氯醇脱去氯化氢而闭环的催化剂。催化剂也可以用季铵盐,如苄基三乙基氯化铵等。

在二酚基丙烷型环氧树脂的合成过程中,除了上述的主要反应外,还可能存在一些副反应,如环氧基的水解反应、仲羟基与环氧基的开环加成反应、环氧端基的聚合反应等。因此,在反应过程中,必须严格控制合适的反应条件,如双酚 A 与环氧氯丙烷的投料配比、催化剂 NaOH 的用量及投料方式、反应温度、加料顺序、含水量等,可将副反应控制到最低程度,得到预期相对分子质量和结构的二酚基丙烷型环氧树脂。

(3)合成方法。低相对分子质量的双酚 A 型环氧树脂和中、高相对分子质量的双酚 A 型环氧树脂的合成方法是不同的。

低相对分子质量液体双酚 A 型环氧树脂的合成方法有两种:一步法和两步法。一步法工艺是将双酚 A 和环氧氯丙烷在催化剂 NaOH 作用下进行缩合,即开环和闭环反应在同一反应条件下进行。国内产量最大的 E-44 环氧树脂就是采用一步法工艺合成的。两步法工艺是开环和闭环反应在不同的催化剂条件下进行,第一步是双酚 A 和环氧氯丙烷在催化剂(常用季铵盐,如苄基三乙基氯化铵)的作用下,通过加成反应生成氯醇中间体;第二步是在 NaOH 作用下进行脱氯化氢闭环反应,生成环氧树脂。两步法的优点是:反应时间短;操作稳定,在第二步加碱催化剂的过程中温度不会急剧上升,波动较小,易于控制;由于加碱时间短,可以避免环氧氯丙烷的大量水解;环氧树脂质量好而且稳定,产率高。国产 E-51、E-54 环氧树脂就是采用此两步法工艺合成的。

中、高相对分子质量固态双酚 A 型环氧树脂的合成方法也有两种:一步法和两步法。一步法工艺是将双酚 A 与环氧氯丙烷在 NaOH 作用下进行缩聚反应,用来制造中等相对分子质量的固态环氧树脂。国内生产的 E-20、E-14、E-12 等环氧树脂基本上都是采用一步法。两步法工艺是将低相对分子质量液态 E 型环氧树脂和双酚 A 加热溶解后,在催化剂存在下进行加成反应,不断扩链,最后形成高相对分子质量的固态环氧树脂,如国内生产的 E-10、E-06、E-03 等环氧树脂都采用两步法合成。一步法合成时,反应是在水中呈乳状液进行的,后处理较困难,特别是在合成高相对分子质量环氧树脂时后处理更为困难,制得的树脂相对分子质量较宽,有机氯含量高。而两步法合成时是均相反应,链增长反应较平稳,可以制得相对分子质量分布较窄、有机氯含量较低的树脂,具有操作方便、工艺简单、设备少、生产效率高、"三废"少、产品质量易控制等优点,因此越来越受到重视。

(4)环氧树脂的技术指标。合成得到的环氧树脂,要对其多项技术指标进行测试,以判断环氧树脂是否质量达标以满足使用要求。环氧树脂的技术指标主要包括以下几项:

①平均相对分子质量及其分布。合成得到的环氧树脂实际上是多相对分子质量的预聚物,是不同链长聚合物分子的混合体,聚合物的平均相对分子质量及其分布对树脂的性能影响很大,因此是环氧树脂的一项重要指标。测定相对分子质量及其分布的方法有很多,目前应用比较普遍的是凝胶色谱法(GPC),最近高效液相色谱法(HLPC)等新的测试方法也得到发展。

②环氧值与环氧当量。环氧值是环氧树脂最主要的技术指标,是指每 100g 环氧树脂中所含环氧基团的物质的量。若已知环氧树脂的相对分子质量与每个树脂中所含的环氧基团的数目,可以计算出环氧值:环氧值＝(环氧基团的数目/树脂相对分子质量)×100。所以,对于二酚基丙烷型环氧树脂来说,每个环氧树脂分子中都含有两个环氧基团,因此,树脂的相对分子质量越大,环氧值越小。

环氧值的倒数乘以 100 称为环氧当量。环氧当量的含义是:每一个环氧基团相对应的树脂的相对分子质量,环氧当量＝树脂相对分子质量/环氧基团的数目。因此,树脂的相对分子质量越大,环氧当量越大。

环氧当量的测定方法有化学分析法和光谱分析法,其中光谱分析法比化学分析法容易操作,近年来发展很快。可以采用红外光谱、拉曼光谱或核磁共振光谱等对环氧树脂进行定性分析或环氧基的定量分析。

③氯含量。环氧树脂中的氯含量一般是指二酚基丙烷型环氧树脂在合成过程中未脱 HCl 而发生闭环反应、各种副反应以及水洗不完全而残留在环氧树脂中氯的含量。主要包括无机氯 (Cl^-)和有机氯。树脂中的无机氯离子能与胺类固化剂起配合作用而影响树脂的固化反应,同时也影响树脂固化物的电性能。树脂中的有机氯含量代表着分子中未脱 HCl 而发生闭环反应的那部分氯醇基团的含量,对树脂的固化及树脂固化物的性能影响也很大。因此,氯含量也是环氧树脂的一项重要指标,其含量应尽可能地降低。氯含量常采用水解萃取法来测定。

④挥发物含量。挥发物含量是指的环氧树脂中含有溶剂或水分等小分子挥发物的多少,它反映的是树脂合成过程中溶剂或水分的脱除情况,脱除得越干净,挥发物含量越低。

⑤软化点。软化点是固体环氧树脂的一个性能指标。固态环氧树脂的软化点一般随其相对分子质量的增加而提高。常用 Durran 水银法和环球法来测定。

⑥黏度。黏度是液体环氧树脂的一个性能指标。固体环氧树脂在升高温度时会发生熔融,有时也需要测定熔体的黏度。通常采用旋转黏度计、毛细管黏度计和落球式黏度计等来测定。

部分二酚基丙烷型环氧树脂的技术指标见表 2-5。

表 2-5　部分二酚基丙烷型环氧树脂的技术指标

型号	外观	平均相对分子质量	黏度/(Pa·s)	软化点/℃	环氧值/(mol/100g)	有机氯/(mol/100g)	无机氯/(mol/100g)	挥发物含量/%
E-51	淡黄色至黄色透明黏稠液体	350～400	2.5	—	0.48～0.54	≤0.02	≤0.001	≤1
E-44	淡黄色至棕黄色透明高黏度液体	450		12～20	0.41～0.47	≤0.02	≤0.001	≤1
E-42	淡黄色至棕黄色透明高黏度液体	—	—	21～27	0.38～0.45	≤0.02	≤0.001	≤1

型号	外观	平均相对分子质量	黏度/(Pa·s)	软化点/℃	环氧值/(mol/100g)	有机氯/(mol/100g)	无机氯/(mol/100g)	挥发物含量/%
E-20	淡黄色至棕黄色透明固体	900~1000	—	64~76	0.18~0.22	≤0.02	≤0.001	≤1
E-12	淡黄色至棕黄色透明固体	1400	—	85~95	0.09~0.14	≤0.02	≤0.001	≤1

2. 酚醛多环氧树脂

酚醛多环氧树脂由二阶酚醛树脂与环氧氯丙烷聚合得到。二阶酚醛树脂是一种线型酚醛树脂,是苯酚和甲醛在酸性催化剂的作用下,且甲醛和苯酚两者的摩尔比小于1的条件下合成的,合成得到的线型酚醛树脂与环氧氯丙烷进行反应得到酚醛多环氧树脂。有一步法和两步法两种合成方法。一步法是在线型酚醛树脂合成后不将树脂洗涤分离出来,直接加入环氧氯丙烷进行反应;两步法是在线型酚醛树脂合成后将树脂分离出来,然后再与环氧氯丙烷进行反应。主要的反应方程式如下:

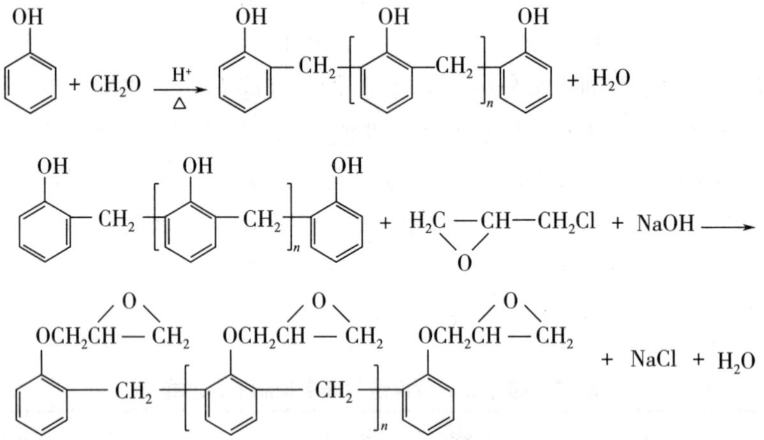

酚醛多环氧树脂的聚合度 n 通常为1~3,其树脂分子中大致含有3~5个环氧基团,在室温下为半固态或固态。与二酚基丙烷型环氧树脂相比,其分子中含有两个以上的环氧基团,固化后产物的交联密度大,而且树脂分子中苯环密度大,因此,酚醛多环氧树脂固化后具有良好的力学性能、耐热性、耐化学腐蚀性以及电绝缘性。

3. 四酚基乙烷型环氧树脂

该树脂是由四酚基乙烷与环氧氯丙烷聚合得到的,每个环氧树脂分子中含有四个环氧基团,因此固化后的树脂具有较高的热变形温度和良好的耐化学腐蚀性能,热变形温度在200℃以上。主要与二酚基丙烷型环氧树脂混合使用或单独使用,作为先进复合材料的基体材料、印刷电路板、封装材料和粉末涂料等。其合成方程式如下:

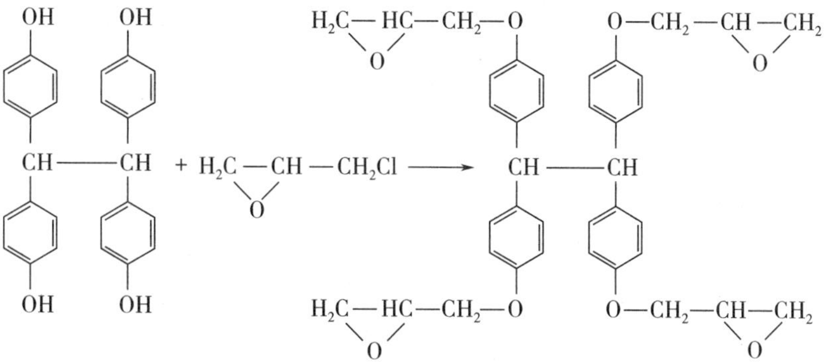

4. 间苯二酚—甲醛型环氧树脂

这类环氧树脂是由低相对分子质量的间苯二酚—甲醛树脂与环氧氯丙烷聚合得到的，其结构式如下：

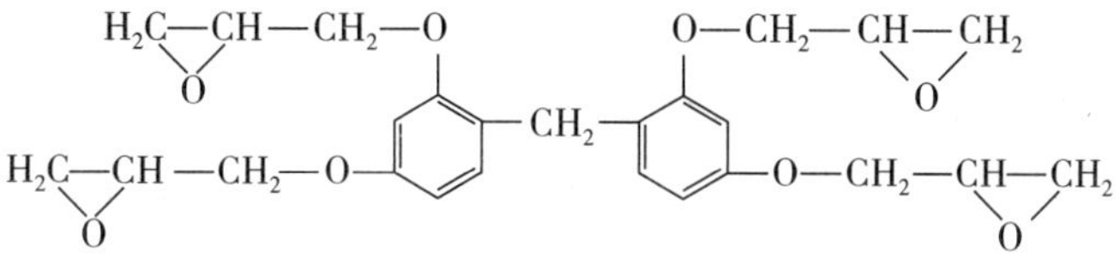

从以上结构式可以看出，与四酚基乙烷型环氧树脂类似，每个环氧树脂分子中也含有四个环氧基团，固化物具有较高的热变形温度和优良的耐化学腐蚀性能，其热变形温度可达 300℃，耐浓硝酸性能优良。

5. 三羟苯基甲烷型环氧树脂

该树脂是由三羟苯基甲烷与环氧氯丙烷聚合而成。每个树脂分子中含有三个环氧基团，固化后树脂具有较高的热变形温度以及优良的韧性、湿热强度和耐长期高温氧化性能。其结构式如下：

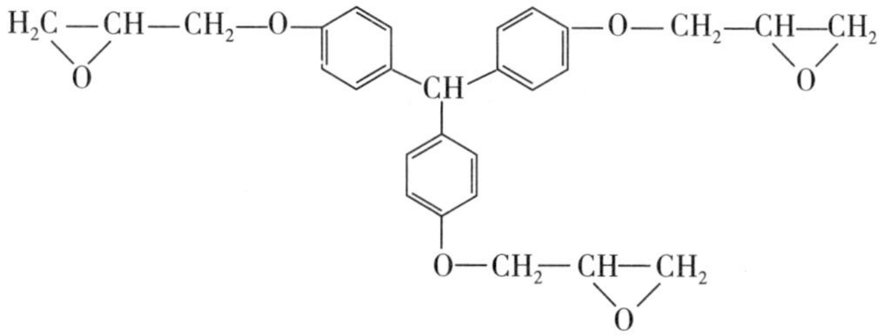

6. 四溴二酚基丙烷型环氧树脂

又称四溴双酚 A 型环氧树脂，是由四溴二酚基丙烷（四溴双酚 A）与环氧氯丙烷聚合得到的，具有与二酚基丙烷型环氧树脂相似的反应机理和分子结构，每个分子结构中含有两个环氧基团，位于分子的两端，分子的中间为仲羟基。该树脂由于分子中含有溴原子，具有良好的阻燃性能，因此主要用作阻燃型环氧树脂，常与二酚基丙烷型环氧树脂混合使用。树脂的结构式如下：

$$H_2C-CH-CH_2\left[O-\underset{Br}{\overset{Br}{\bigcirc}}-\underset{CH_3}{\overset{CH_3}{C}}-\underset{Br}{\overset{Br}{\bigcirc}}-OCH_2\underset{OH}{CHCH_2}O\right]_n O-\underset{Br}{\overset{Br}{\bigcirc}}-\underset{CH_3}{\overset{CH_3}{C}}-\underset{Br}{\overset{Br}{\bigcirc}}-O-CH_2-CH-CH_2$$

7. 双酚 S 型环氧树脂

4,4′-二羟基二苯砜俗称双酚 S，它与环氧氯丙烷聚合得到的产物称为双酚 S 型环氧树脂。其化学结构与双酚 A 型环氧树脂也十分相似，黏度比同相对分子质量的双酚 A 型环氧树脂略高一些。与双酚 A 型环氧树脂相比，双酚 S 型环氧树脂最大的特点是固化物具有更高的热变形温度和更好的热稳定性。树脂的结构如下所示：

$$H_2C-CH-CH_2\left[O-\bigcirc-\overset{O}{\underset{O}{S}}-\bigcirc-OCH_2\underset{OH}{CHCH_2}\right]_n O-\bigcirc-\overset{O}{\underset{O}{S}}-\bigcirc-O-CH_2-CH-CH_2$$

8. 脂肪族多元醇缩水甘油醚型环氧树脂

除酚类以外，脂肪族多元醇也可以与环氧氯丙烷聚合得到缩水甘油醚型环氧树脂。与酚类缩水甘油醚型环氧树脂相比，脂肪族多元醇缩水甘油醚型环氧树脂大多数黏度很低，呈现水溶性的特点，而且是脂肪族长链线性分子，树脂柔韧性比较好。最常见的品种是丙三醇环氧树脂。

丙三醇环氧树脂又称甘油环氧树脂，是由丙三醇与环氧氯丙烷反应得到的。丙三醇环氧树脂的结构如下：

$$\begin{aligned}&CH_2-O-CH_2-CH-CH_2\\&\quad|\qquad\qquad\qquad\quad O\\&CH-O-CH_2-CH-CH_2\\&\quad|\qquad\qquad\qquad\quad O\\&CH_2-O-CH_2-CH-CH_2\\&\qquad\qquad\qquad\qquad\quad O\end{aligned}$$

丙三醇环氧树脂具有很强的黏合力，可用作黏合剂，也可以与二酚基丙烷型环氧树脂混合使用，以降低树脂胶液的黏度从而提高其操作工艺性，同时增加树脂固化物的韧性。

(二)缩水甘油酯类环氧树脂

缩水甘油酯类的环氧树脂通常由羧酸与环氧氯丙烷在催化剂及碱存在下进行反应制得，常用的催化剂为苄基三乙基氯化铵，常用的碱为 NaOH。其反应方程式如下：

$$R-\overset{O}{\overset{\|}{C}}-OH + H_2C-CH-CH_2Cl \xrightarrow{\text{催化剂}} R-\overset{O}{\overset{\|}{C}}-O-CH_2-\underset{OH}{CH}-CH_2Cl$$

$$\xrightarrow{NaOH} R-\overset{O}{\overset{\|}{C}}-O-CH_2-CH-CH_2$$

可用来合成缩水甘油酯类环氧树脂的羧酸很多，根据所用的羧酸不同，几种缩水甘油酯的结构见表2-6。

表2-6 缩水甘油酯的结构

牌号	名称	结构式
672#	邻苯二甲酸二缩水甘油酯	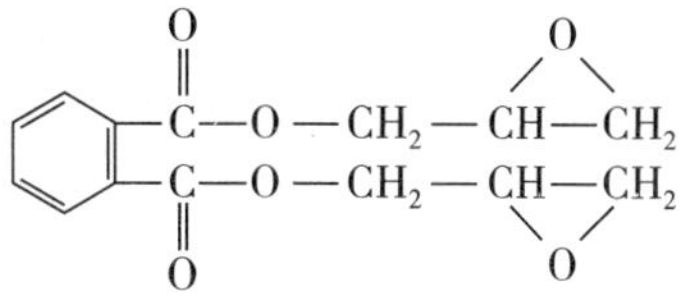
723#	间苯二甲酸二缩水甘油酯	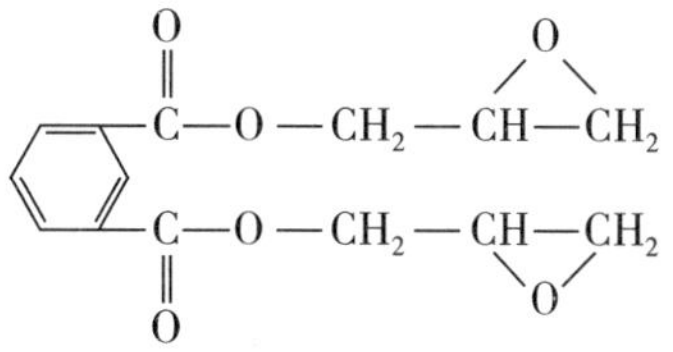
FA-68	对苯二甲酸二缩水甘油酯	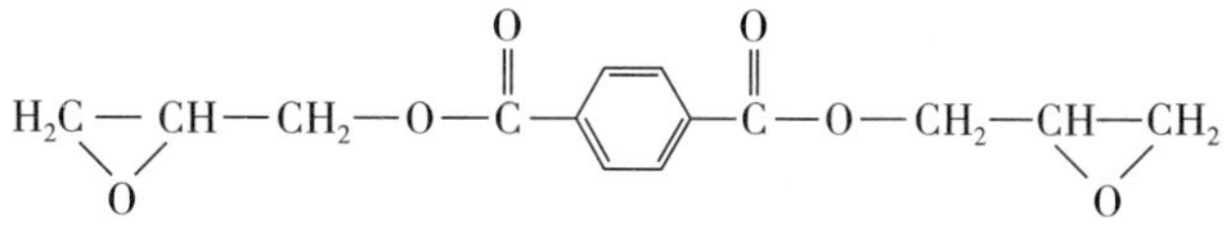
711#	四氢邻苯二甲酸二缩水甘油酯	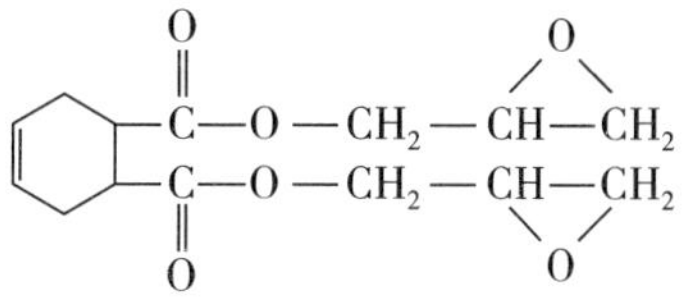
CY-183	六氢邻苯二甲酸二缩水甘油酯	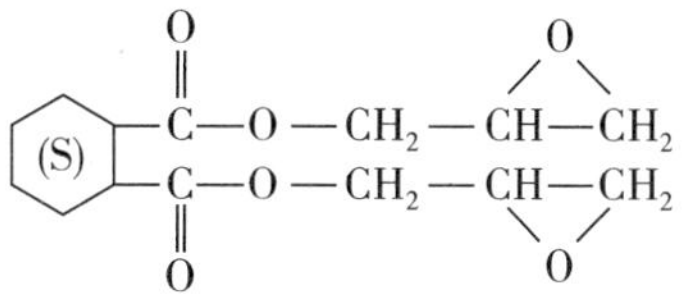
—	偏苯三酸三缩水甘油酯	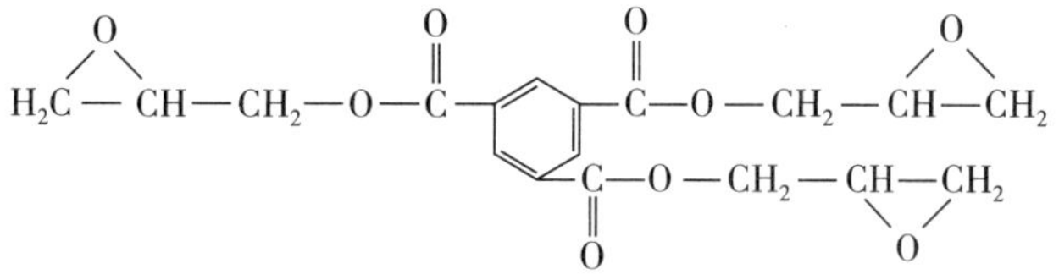

表2-6中的四氢邻苯二甲酸二缩水甘油酯(711#环氧树脂)中含有一个双键,用过醋酸可以对这个双键进行环氧化,得到TDE-85(712#)环氧树脂,其分子结构式如下:

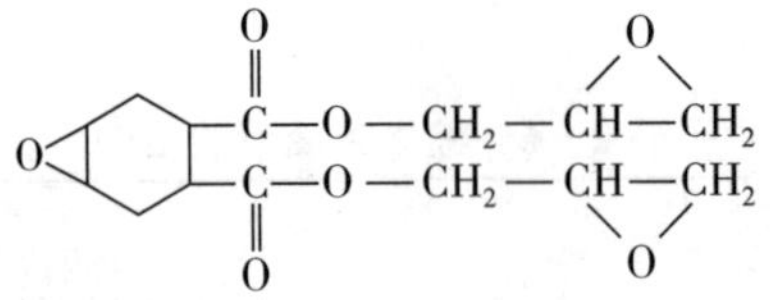

从以上结构式可以看出,这种环氧树脂中含有两种不同类型的环氧基团,一类是缩水甘油酯类的环氧基(2个),另一类是脂环族环氧基(1个),这两类环氧基的活性是不一样的,一般来说,缩水甘油酯类的环氧基比脂环族环氧基的活性大。

与通用型的二酚基丙烷型环氧树脂相比,缩水甘油酯类的环氧树脂具有以下优点:黏度较低,操作工艺性好;与固化剂反应活性高;黏结力好;树脂固化物力学性能好;电绝缘性好;耐超低温性好,在$-253\,℃\sim-196\,℃$超低温下仍具有比较高的黏结强度;有较好的表面光泽度,透光性、耐候性好。

缩水甘油酯类环氧树脂通常用胺类固化剂固化,固化反应与缩水甘油醚类环氧树脂类似。

(三)缩水甘油胺类环氧树脂

缩水甘油胺类环氧树脂通常是由脂肪族或芳香族伯胺或仲胺与环氧氯丙烷合成得到的。这类树脂的结构特点是多官能度、环氧值高,在多官能度环氧树脂中占很大的比重。固化物交联密度高、耐热性好,其热变形温度比多官能度缩水甘油醚类环氧树脂的热变形温度高$20\sim40\,℃$,而且缩水甘油胺类环氧树脂具有良好的黏结性,作为复合材料的基体材料时有很大优势。

1. 三聚氰酸环氧树脂

这类树脂由三聚氰酸和环氧氯丙烷在催化剂(常用苄基三乙基氯化铵)的作用下进行反应,再在氢氧化钠的作用下进行闭环反应得到。反应方程式如下:

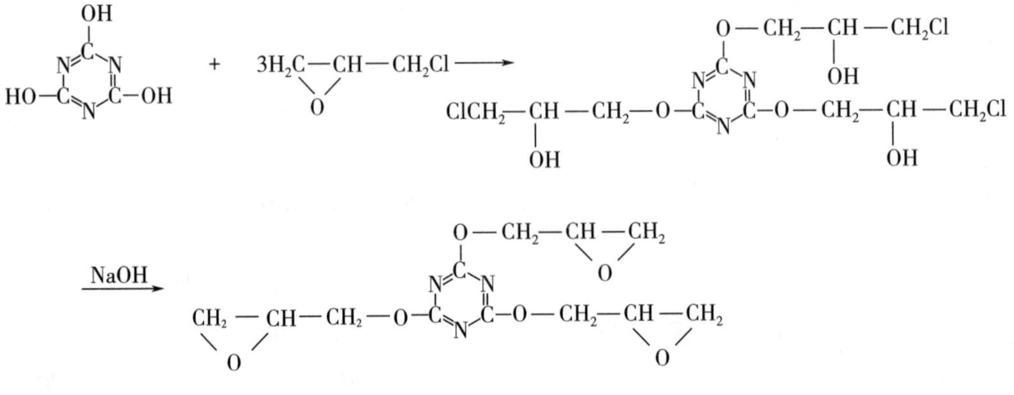

三聚氰酸存在酮—烯醇互变异构现象:

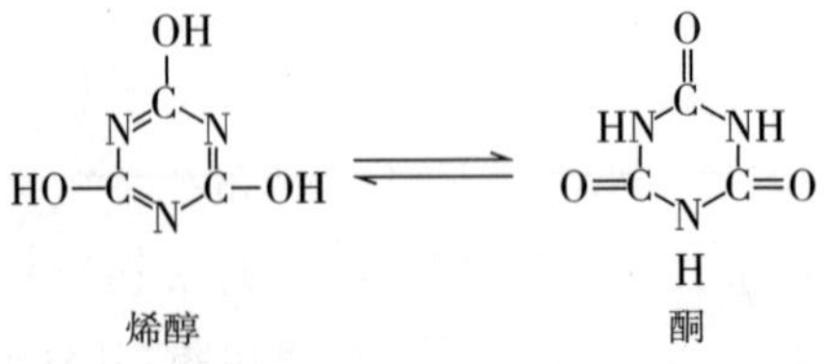

因此得到的三聚氰酸环氧树脂是三聚氰酸三缩水甘油胺和异三聚氰酸三缩水甘油酯的混合物,异三聚氰酸三缩水甘油酯的结构式如下:

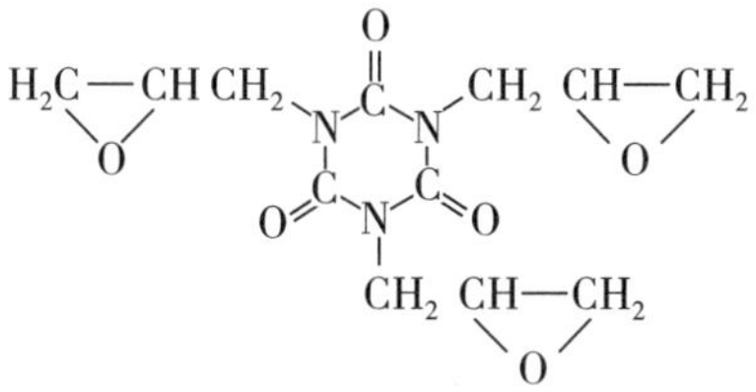

三聚氰酸环氧树脂分子中含有三个环氧基,固化物交联密度大,固化结构紧密,耐高温性能优良。分子结构中的三氮杂苯环使树脂固化物具有良好的化学稳定性、耐紫外老化、耐气候性和耐油性。由于分子中含有 14% 的氮元素,固化物具有自熄性和良好的耐电弧性。另外,与二酚基丙烷型环氧树脂和其他树脂的相容性好,可以与其他树脂混合,作为耐候性和耐腐蚀性优良的树脂来使用。

2. 对氨基苯酚环氧树脂

该树脂由对氨基苯酚与环氧氯丙烷反应得到,结构如下:

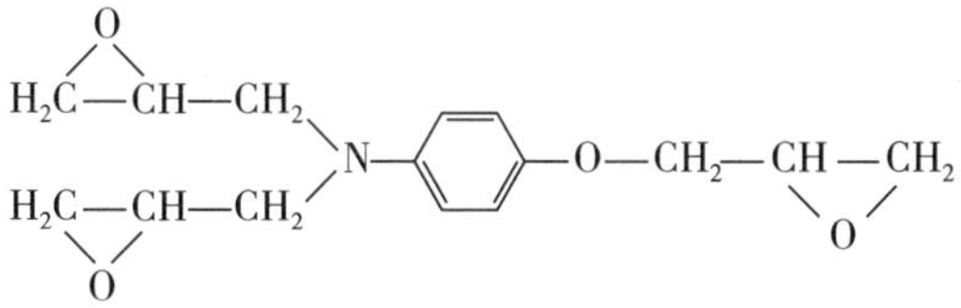

对氨基苯酚环氧树脂在常温下为深棕色的液体,黏度较小,无气味,固化活性高,固化周期短,固化物的热稳定性、化学稳定性和机械强度优良。

3. 4,4′-二氨基二苯甲烷环氧树脂

由 4,4′-二氨基二苯甲烷与环氧氯丙烷反应得到,其分子结构如下:

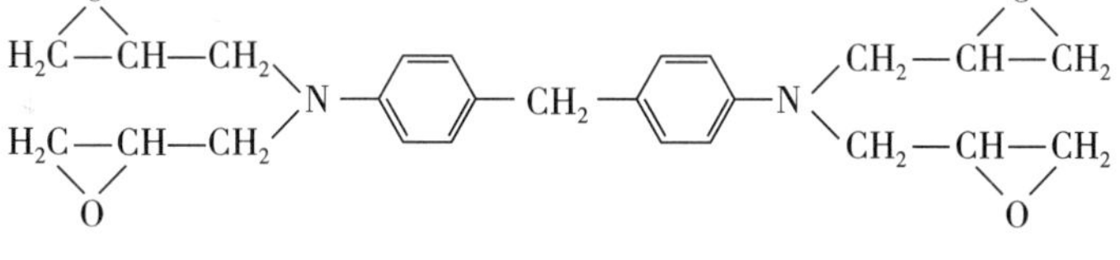

4,4′-二氨基二苯甲烷环氧树脂的固化物具有优良的耐热性能、长期耐高温性能和机械强度保持率,耐化学、耐辐射性能优良,固化收缩率较低。因此,该树脂可作为一种高性能复合材料的基体树脂。

(四)脂环族环氧树脂

脂环族环氧树脂是由脂环族烯烃的双键在过醋酸或过氧化氢的作用下经环氧化而制得的,其分子结构中的环氧基都直接连接在脂环上。

这类树脂中比较重要的品种有二氧化双环戊二烯和二氧化双环戊烯基醚等。

1. 二氧化双环戊二烯

二氧化双环戊二烯是由双环戊二烯在过醋酸的作用下环氧化而得,其合成反应如下:

$$\text{[CH}_2\text{]} \quad + \quad 2CH_3\overset{O}{\underset{}{C}}-OOH \longrightarrow O\text{[CH}_2\text{]}O \quad + \quad 2CH_3\overset{O}{\underset{}{C}}-OH$$

二氧化双环戊二烯室温下为白色结晶粉末,熔点大于 185℃。通常这类树脂用胺类固化剂难以固化,多采用酸酐类固化剂。由于树脂结构中没有羟基,因此用酸酐固化时,必须加入少量的多元醇(如甘油)作为酸酐的开环剂,起引发作用。该环氧树脂虽然是高熔点的固体粉末,但是它可与酸酐固化剂混合形成低共熔物。如 100g 二氧化双环戊二烯与 50g 顺酐、7.48g 甘油混合后,在 50～70℃时已形成均匀的液体,黏度较低,不但适用期长、操作工艺性好,而且能很好地润湿增强材料。

树脂固化后可以得到脂环紧密的刚性高分子结构,具有优异的耐热性,其热变形温度可达 300℃以上,而且长期暴露在高温条件下仍能保持良好的力学性能。树脂结构中不含苯环,不容易受紫外线的影响,因此具有优良的耐紫外老化性能和耐气候性。此外,因树脂结构中不含其他极性基团,所以也具有优良的介电性能。这些优异的性能和工艺可操作性,使该树脂广泛地应用于制备高温下使用的复合材料、浇铸料、黏合剂和层合绝缘材料等。

2. 二氧化双环戊烯基醚

二氧化双环戊烯基醚是由双环戊烯基醚经环氧化制得,得到的二氧化双环戊烯基醚是三种异构体的混合物:顺式异构体、反式异构体及顺反异构体,由于这三种异构体的性能相差不大,因此在工业上一般不加以分离,直接应用。其反应式如下:

$$\text{[图]} \xrightarrow[15\sim40℃]{[O]} \text{[顺式异构体]} + \text{[反式异构体]} + \text{[顺反异构体]}$$

三种异构体的性质见表 2-7。

表 2-7　二氧化双环戊烯基醚三种异构体的性质

异构体	顺式、反式异构体	顺反异构体
外观	白色结晶固体	无色透明液体
熔点/℃	54.5～56.5	—
在混合物中的比例	约 70%	约 30%

该树脂主要采用胺类固化,固化物具有高强度、高延伸率以及高耐热性。固化物的力学强度比双酚 A 型的环氧树脂约高 50%,延伸率为 5%左右,热变形温度可达 235℃。

(五)脂肪族环氧树脂

脂肪族环氧树脂是由脂肪族烯烃的双键在过醋酸或过氧化氢的作用下经环氧化而制得的,其与二酚基丙烷型环氧树脂以及脂环族环氧树脂不同,在分子结构中既无苯环,也无脂环,只有脂肪链,环氧基团与脂肪链相连。

脂肪族环氧树脂中比较有代表性的品种是环氧化聚丁二烯树脂。该树脂是由低相对分子

质量的液态聚丁二烯树脂分子中的双键经环氧化而得到的,分子结构如下:

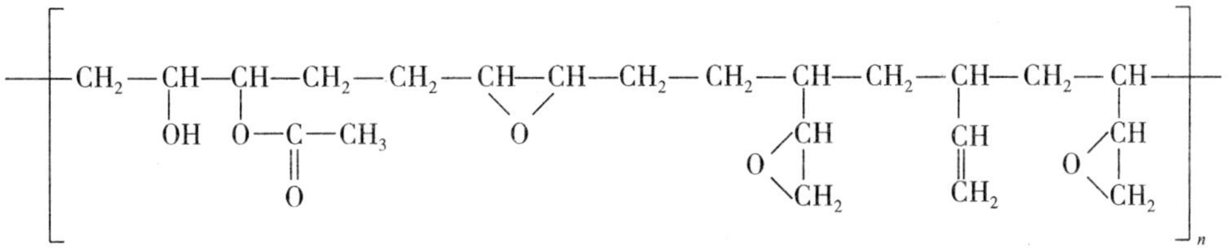

$$\left[-CH_2-CH-CH-CH_2-CH_2-CH-CH-CH_2-CH_2-CH-CH_2-CH-CH_2-CH- \right]_n$$

环氧化聚丁二烯树脂室温下是一种浅黄色的黏稠液体,能溶于苯、甲苯、乙醇、丁醇、丙酮等溶剂,能与酸酐类、胺类固化剂进行固化反应。树脂分子中的不饱和双键可以与许多乙烯类单体进行共聚反应,环氧基和羟基等也可进行很多其他的化学反应,因此可与多种类型的改性剂进行反应,以提高树脂固化物的性能。

环氧化聚丁二烯树脂的固化物具有较好的综合力学性能,尤其是耐冲击性能优良,可用作复合材料、浇铸、黏合剂、电器密封涂料等,也可与其他类型的环氧树脂混用以改进复合材料的韧性。

三、环氧树脂的固化

(一)固化剂的分类

环氧树脂本身是一种线性分子,呈现热塑性,未固化的环氧树脂是黏性液体或者脆性固体,没有力学性能,不能直接使用,因此,要想使环氧树脂具有使用性,必须外加固化剂,使环氧树脂在一定的条件下与固化剂发生化学反应,生成三维网状结构的体型高聚物。

1. 按固化温度分类

固化剂与环氧树脂之间的固化反应是一种化学反应,这种反应需要在适当的外部条件下进行,其中,温度对固化反应的影响最大。一般来说,固化温度提高,反应速率加快,凝胶时间变短,固化周期变短,会使复合材料制品的生产效率提高。但凝胶时间变短有可能使树脂系统的操作工艺性变差(来不及进行复合材料的成型操作,树脂就发生了凝胶),而且固化温度过高,由于整个固化系统受热不均匀,接触热源的部位首先固化,容易造成树脂固化物交联密度分布不均匀,从而使固化物的性能下降。因此,必须选择对树脂固化速度和固化物性能都有利的温度作为合适的固化温度。按固化温度的高低来分,环氧树脂的固化剂主要分为四种:

(1)低温固化剂。在低于室温的温度下进行固化,如多元硫醇和多元异氰酸酯。

(2)室温固化剂。在室温至50℃范围内固化,如脂肪族多元伯胺、脂环族多元伯胺、低相对分子质量聚酰胺以及某些改性的芳香族多元伯胺等。

(3)中温固化剂。在50~100℃进行固化反应,如脂环族多元伯胺、叔胺、咪唑类以及三氟化硼络合物等。

(4)高温固化剂。在高于100℃的温度下进行固化,如芳香族多元伯胺、酸酐、一阶酚醛树脂等。

复合材料在进行成型加工时,不同的成型工艺对固化温度都有要求,通常要按照固化工艺条件来选择不同的固化剂。比如模压成型是一种高温高压的成型方法,因此,用于模压成型的环氧树脂的固化剂必须选择高温固化剂,而手糊成型是在室温下进行固化,因此必须选择室温固化剂。

2. 按固化剂与环氧树脂的反应历程分类

在固化时,环氧树脂与固化剂之间会发生复杂的化学反应,环氧树脂由线性结构转变成不溶解、不熔融的体型结构。环氧树脂的固化剂虽然有很多种,但按照固化剂与环氧树脂的反应历程来分,主要分为以下两类。

(1)反应性固化剂。可以与环氧树脂进行加成反应,并通过逐步聚合反应的历程使其交联成体型网状结构,这类固化剂分子结构中一般都含有活泼氢原子(或者能转化生成活泼氢原子),活泼氢原子与环氧树脂中的环氧基团发生开环加成反应,这类固化剂主要有多元伯胺、多元羧酸酐、多元酚和多元硫醇等。

(2)催化性固化剂。可以引发环氧树脂分子中的环氧基团按阴离子或阳离子聚合的反应历程进行固化,如叔胺、三氟化硼络合物等。

以上两类固化剂的区别,简单来说,就是在反应过程中,反应性固化剂与环氧树脂发生共聚,固化剂的分子最终进入树脂固化后的网络结构,因此固化剂的分子结构对树脂固化后的性能影响较大。而催化性固化剂是引发(或催化)环氧树脂发生自聚,固化剂的分子不进入树脂固化后的网络结构。

环氧树脂与固化剂之间的反应机理及反应过程是复合材料成型过程中制订固化工艺条件的重要依据,因此对其固化机理的研究就显得尤为重要。

(二)反应性固化剂

1. 多元胺类固化剂

(1)固化原理。多元胺类固化剂与环氧树脂的反应,首先是连接在多元胺伯胺氮原子上的活泼氢与环氧树脂中的环氧基团发生开环加成反应,生成仲胺,仲胺再进一步与环氧基进行反应,生成叔胺。反应原理如下:

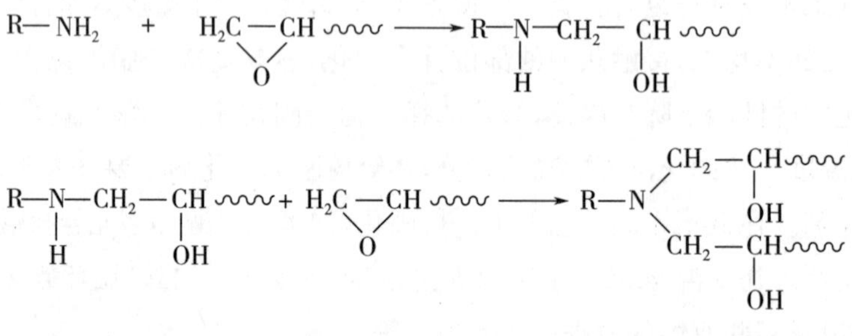

若用二元胺作为固化剂:

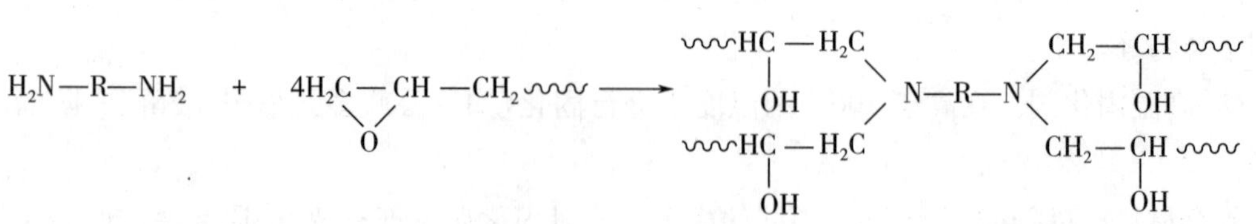

理论上,对于多元胺类固化剂来说,每一个连接在伯胺和仲胺氮原子上的氢原子都会与一个环氧基团发生开环加成反应,然后通过逐步聚合的反应历程交联成复杂的体型网状结构的高聚物。但实际上,并不是连接在氮原子上的每个氢原子都会参与反应,特别是到了反应的后期,反应体系的黏度变大,反应物的接触变得困难,而且环氧树脂的分子变大,其分子两侧连接着较为庞大的树脂分子链,位阻效应也变得明显,因此使得固化剂与环氧树脂的反应性下降,多元胺上的活泼氢并不能全部参与反应,但这并不妨碍环氧树脂体型网络结构的形成。

在固化过程中形成的叔胺具有引发环氧树脂进行进一步聚合的催化效应,但因为伯胺与仲胺易与环氧基团发生开环加成反应,而且叔胺两侧连接有庞大的树脂分子链,这种巨大的空间位阻效应使得其催化效应一般是难以发挥的。

(2)多元胺类固化剂的种类和特性。多元胺类固化剂有很多,按照多元胺中与氨基相连的基团不同,主要有脂肪族多元胺、芳香族多元胺、聚酰胺多元胺等。

①脂肪族多元胺。

a. 固化反应特点。脂肪族多元胺与环氧树脂的固化反应无须催化剂,但不同的添加剂对反应有不同的效应。一般来说,氢给予体的物质对固化反应起加速作用,如含羟基的醇和酚、羧酸、磺酸和水等。环氧树脂本身分子链上存在的仲羟基(如二酚基丙烷型环氧树脂,在 n 不等于0 的情况下存在仲羟基)以及在固化过程中形成的仲羟基也有催化效应。而氢接受体的物质对固化反应起抑制作用,如酯类、醚类、酮类、腈类等,芳烃对固化反应也起抑制作用。

脂肪族多元胺与环氧树脂的反应活性与环氧树脂的品种有很大的关系。如脂肪族多元胺与二酚基丙烷型环氧树脂反应性很强,在室温下就很容易发生反应,是二酚基丙烷型环氧树脂最为常用的室温固化剂。由于二酚基丙烷型环氧树脂是应用最为广泛的通用型环氧树脂,很多复合材料制品又都采用室温固化的成型方法(如手糊成型)来制备,因此,脂肪族多元胺是工业上非常重要的一类固化剂。它与二酚基丙烷型环氧树脂的反应特点是反应剧烈放热,放出的热量又会进一步加快两者的反应,因此胶液的适用期较短。如在采用手糊成型制备复合材料时,一定要注意胶液的凝胶时间,要保证在胶液凝胶前完成所有的手糊成型工作。制品在凝胶后,需要固化到一定程度才可以脱模,一般在成型后 24h 可达到脱模强度,脱模后再放置一周左右达到使用强度。但要达到最高强度值,则需要较长时间,在工业上经常采用在较高温度下后处理的方法,使手糊制品在较短时间内达到较高的固化程度和力学性能。

对于非二酚基丙烷型环氧树脂,脂肪族多元胺与其反应活性较差,反应比较迟缓,需要加热或添加氢给予体的物质才能达到足够的反应速率。一般线型脂肪族类环氧树脂和脂环族环氧树脂较少使用脂肪族多元胺作固化剂。

b. 化学计量关系。在环氧树脂的固化过程中,固化剂的用量必须严格控制,若固化剂用量不足,固化不完全,固化物的综合性能降低;但固化剂用量过多,胶液的适用期变短,固化时急速释放大量的热,内应力增大,而且残留的固化剂小分子游离在树脂分子中,同样会使固化物的性能下降。

脂肪族多元胺与环氧树脂的固化反应机理是氨基氮原子上的活泼氢与环氧基团的开环加成反应,理论上氨基氮原子上每一个活泼氢都可以使一个环氧基团反应,即两者是等摩尔配比

的,因此,可以推导出下列化学计量关系:

$$胺的用量(phr)=胺当量×环氧值$$

式中:胺当量=胺的相对分子质量/胺中活泼氢的数目,phr 为每 100 份环氧树脂需用的固化剂的质量份数。

例如,环氧值为 0.44 的二酚基丙烷型环氧树脂(即 E-44 环氧树脂),采用二乙烯三胺(相对分子质量 103,活泼 H 有 5 个)作为固化剂,其用量为:

$$二乙烯三胺的用量(phr)=(103/5)×0.44=9.1$$

这是根据固化原理计算出的理论用量,但在实际使用过程中,由于位阻效应等因素,并不是氨基氮原子上的每个氢原子都会参与反应,因此,为了使环氧树脂的固化物具有较高的固化程度,固化剂的实际用量要大于用化学计量关系求得的理论值,一般实际用量比理论值大 10%～20%,具体可以通过实验来确定,确定的依据是使树脂兼有合适的操作工艺性和综合性能。

c. 常用固化剂。脂肪族多元胺类固化剂的种类很多,常用的品种有:

二乙烯三胺	$H_2NCH_2CH_2NHCH_2CH_2NH_2$
三乙烯四胺	$H_2NCH_2CH_2NHCH_2CH_2NHCH_2CH_2NH_2$
四乙烯五胺	$H_2NCH_2CH_2NHCH_2CH_2NHCH_2CH_2NHCH_2CH_2NH_2$
亚氨基双丙胺	$H_2NCH_2CH_2CH_2NHCH_2CH_2CH_2NH_2$
二乙氨基丙胺	$(CH_3CH_2)_2NCH_2CH_2CH_2NH_2$

孟烷二胺

N-氨乙基哌嗪

常用脂肪族多元胺类固化剂的性能见表 2-8。

表 2-8 常用脂肪族多元胺类固化剂的性能

固化剂	室温状态	相对分子质量	活泼氢数目	计算用量*/phr	25℃时密度/(g/cm³)	20℃时 50g 料的适用期/min
二乙烯三胺	液	103	5	11	0.95	25
三乙烯四胺	液	146	6	13	0.98	26
四乙烯五胺	液	189	7	14	0.99	27
亚氨基双丙胺	液	131	5	14	0.93	35
二乙氨基丙胺	液	130	2	7	0.82	120(454g)
孟烷二胺	液	170	4	22	0.91	480(1135g)
N-氨乙基哌嗪	液	129	3	23	0.98	17

* 按二酚基丙烷型环氧树脂(环氧值为 0.52～0.54)计算。

用脂肪族多元胺固化的环氧树脂固化物通常具有韧性好、黏结性优良的特点,但耐溶剂性一般,而且热变形温度较低,通常为 $80\sim90$ ℃,最高为 $110\sim120$ ℃。

d. 脂肪族多元胺类固化剂的改性。脂肪族多元胺类固化剂的缺点是挥发性及毒性较大,对人的皮肤和黏膜有较强的刺激性,而且脂肪族多元胺的强碱性使之易与空气中的 CO_2 反应生成盐,因此经常改性后再使用。改性目的是降低固化剂的毒性、调节胶液的适用期、改进操作工艺性、改进与树脂的相容性以及降低对空气中 CO_2 的敏感性等,而且固化剂分子中引入了新的基团,也会不同程度改善固化物的性能。常用环氧化合物、酮类、丙烯腈等与胺类反应进行改性。如工业上常用的 593 固化剂是二乙烯三胺与环氧丙烷丁基醚的反应物,591 固化剂是二乙烯三胺与丙烯腈的加成物。其中 593 固化剂的制备反应式如下:

$$NH_2CH_2CH_2NHCH_2CH_2NH_2 \quad + \quad H_2C-\!\!\!\underset{\underset{O}{\diagdown\diagup}}{CH}-\!\!\!CH_2-O-C_4H_9$$

$$\longrightarrow NH_2CH_2CH_2NHCH_2CH_2NH-CH_2-\underset{\underset{OH}{|}}{CH}-CH_2-O-C_4H_9$$

改性得到的 593 固化剂与二乙烯三胺相比,分子量变大,所以挥发性降低,毒性减小,与环氧树脂的相容性变好;593 固化剂的活性有所下降,适用期延长,操作工艺性改善;对空气中 CO_2 的敏感性有了明显下降;而且环氧固化产物的韧性增加。

②芳香族多元胺。芳香族多元胺是指氨基直接与芳香环相连接的胺类固化剂,与环氧树脂的固化反应机理与脂肪族多元胺基本相同,因此,其化学计量关系也与脂肪族多元胺相同。但由于芳香族多元胺中的苯环等芳香结构进入固化树脂的网络结构中,其固化的环氧树脂固化物具有优良耐热性和耐化学腐蚀性。

虽然芳香族多元胺固化环氧树脂的反应机理与脂肪族多元胺基本相同,但与脂肪族多元胺相比,由于氮原子上电子云密度较低、碱性较弱以及芳环的立体位阻效应,使芳香族多元胺与环氧树脂的固化反应较慢。芳香族多元胺大多数是熔点较高的固体,起始的加成产物在树脂中的溶解度也较低,因此,在室温下的固化反应速率大幅下降,比较容易控制反应程度,形成的反应混合物是可溶、可熔的固体,可有效延长适用期。若想进一步发生固化,需加热才能进行。因此,芳香族多元胺固化环氧树脂的反应一般分两个阶段:第一阶段在室温或较低温度下进行,抑制反应使其不产生放热;第二阶段在较高温度下进行,此时反应速率加快,出现放热现象,固化程度不断提高。有时为了使固化体系充分固化,还必须在更高的温度进行后固化。

此固化反应也可被醇类、酚类等氢给予体物质加速,除此之外,三氟化硼络合物和辛酸亚锡等也对反应有加速作用,其中,辛酸亚锡对脂环族环氧树脂的固化加速作用比较明显。

常用的芳香族多元胺固化剂有下列几种:

间苯二胺　　　　　　二氨基二苯基甲烷　　　　　　二氨基二苯基砜　　　　　　间苯二甲胺

常用芳香族多元胺类固化剂的性能见表 2-9。

表 2-9　常用芳香族多元胺类固化剂的性能

固化剂	熔点/℃	推荐用量/phr	适用期	典型的固化周期	固化物性能
间苯二胺	63	13～15	3.5h	25℃/8h，85℃/2h，175℃/1h	耐热性和耐化学性能优良，热变形温度达 150℃
二氨基二苯基甲烷	89	27	8h	25℃/8～12h，80～100℃/≥2h，200℃/1h	耐热性和耐化学性能优良，在高温下也能保持良好的力学性能和电性能
二氨基二苯基砜	178	33.5	约 1 年	120℃/24h，175℃/4h	耐热性和耐化学性能优良，热变形温度达 193℃
间苯二甲胺	液体（凝固点 12℃）	17.5	20min	25℃/7d，60℃/1h	耐热性和耐化学性能优良

注　表中数据均按液体二酚基丙烷型环氧树脂计算。

③聚酰胺多元胺。在环氧树脂固化中广泛使用的聚酰胺多元胺常由亚油酸二聚体和脂肪族多元胺反应制得。例如,9,11-亚油酸和 9,12-亚油酸先二聚,然后再与两分子二乙烯三胺反应,得到聚酰胺多元胺,又称氨基聚酰胺。反应式如下:

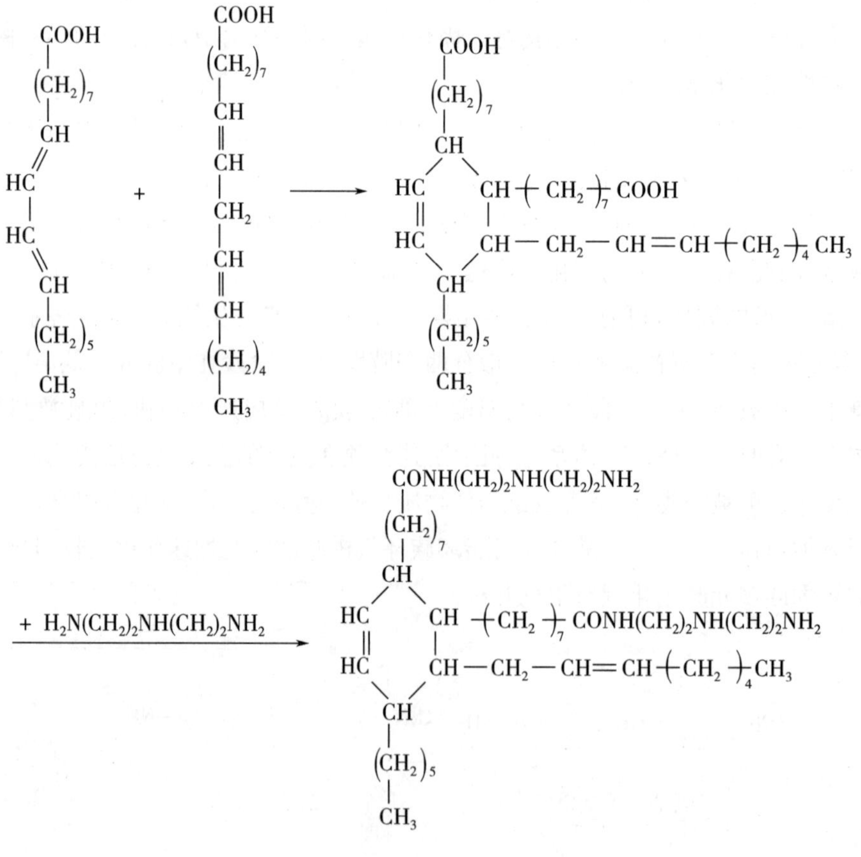

反应得到的氨基聚酰胺的分子结构中,同时存在酰氨基、伯胺以及仲胺,在与环氧树脂的固化反应中,酰氨基上的氢不活泼,基本上不参与固化反应,真正与环氧树脂中的环氧基团发生开环加成反应的是伯胺(—NH₂)以及仲胺(—NH—)上的活泼氢,因此,氨基聚酰胺与环氧树脂的固化反应机理与脂肪族多元胺与环氧树脂的固化反应机理类似。2,4,6-三(二甲氨基甲基)酚(DMP-30)、三氟化硼络合物等对氨基聚酰胺与环氧树脂的固化反应有加速效应。

氨基聚酰胺最大的特点是化学计量要求不严,添加量的允许范围比较宽,以二酚基丙烷型环氧树脂为例,氨基聚酰胺的用量可在 40～100phr 间变化,操作简便。聚酰胺挥发性小,不刺激皮肤和黏膜,几乎无毒性,与环氧树脂的相容性良好,而且反应放热效应低,适用期长,因此,具有良好的操作工艺性。常用的各种牌号的聚酰胺多元胺固化剂的固化性能见表 2-10。

表 2-10 聚酰胺多元胺固化剂的固化性能

牌号	外观	40℃时黏度/(Pa·s)	胺值*/(mgKOH/g)	参考用量/phr	固化条件
200 聚酰胺	浅黄色黏稠液体	20～80	230～260	50～100	室温/7d 或 65℃/3h
203 聚酰胺	浅棕黄色液体	2～10	180～220	50～100	室温/2～5d 或 60℃/4h 或 100℃/2h
300 聚酰胺	棕红色液体	2～10	280～320	50～60	室温/2～5d 或 65℃/3h
400 聚酰胺	浅黄色黏稠液体	15～50	180～220	40～100	室温/2～5d 或 65℃/3h
600 聚酰胺	浅黄色液体	0.1～0.5	580～620	20～40	室温/1～2d 或 65℃/3h
650 聚酰胺	浅黄色液体	1～10	180～220	50～100	室温/2～5d 或 65℃/4h
651 聚酰胺	浅黄色液体	1～10	380～450	30～40	室温/2～3d 或 65℃/4h

* 胺值表征聚酰胺树脂中氨基的含量,即中和 1g 样品所需的酸,以与其相当的氢氧化钾毫克数来表示,单位 mgKOH/g。

聚酰胺多元胺分子中具有较长的脂肪碳链,对环氧树脂能够起到增韧作用,提高固化物的抗冲击强度。缺点是固化物耐热性下降,固化物的热变形温度仅在 60℃左右。

聚酰胺多元胺可以在室温下固化二酚基丙烷型环氧树脂,但需要时间长,且反应不完全,固化物力学性能较低,但如果提高固化温度,固化物的交联密度增加,固化反应完全,固化物力学性能提高。一般在 60℃以上固化反应比较完全。

以上介绍了脂肪族多元胺、芳香族多元胺、聚酰胺多元胺三种多元胺类固化剂,三者在固化环氧树脂时,其反应机理基本相同,但反应特点、操作工艺性以及固化物的性能差别较大,要根据树脂固化物的具体使用场合及性能要求来合理选择固化剂。

2. 酸酐固化剂

酸酐固化剂挥发性小、毒性低、对皮肤的刺激性小,适用期长,操作方便。固化反应缓慢、放热量小、收缩率低,环氧树脂固化物具有优良的耐热性、力学性能以及电性能,固化物色泽浅。因此,酸酐固化剂广泛用于浇铸、黏合剂、层压、模压和缠绕等复合材料成型工艺等方面,作为环氧树脂的固化剂,其重要性仅次于胺类固化剂。

除了固化二酚基丙烷型环氧树脂外,酸酐固化剂可用于固化线型脂肪族类环氧树脂和脂环族环氧树脂,固化这两类环氧树脂的速度比胺类固化剂快很多。

(1)固化原理。酸酐和环氧树脂的反应机理与体系内有无促进剂而有所不同,常用的促进剂有 Lewis 碱叔胺和 Lewis 酸三氟化硼等。

①无促进剂时的固化原理。首先,反应体系中的水分、环氧树脂本身的羟基、羟基化合物等引发酸酐开环,生成酯键和羧酸:

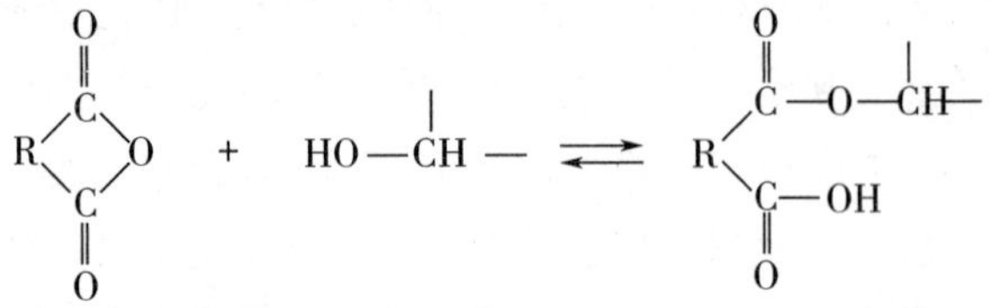

反应式 1

生成的羧酸上的活泼氢与环氧树脂中的环氧基进行开环加成反应,生成二酯:

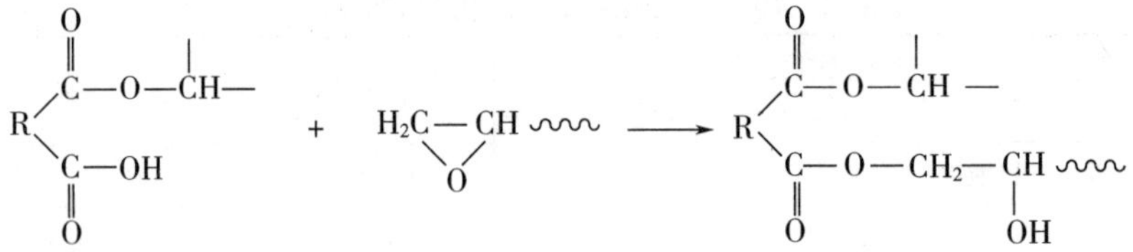

反应式 2

上述酯化反应生成的羟基,可以进一步使酸酐开环,重复反应式 1 和反应式 2 的反应。

新生成的羟基以及反应体系中原存在的羟基也可以与环氧基发生醚化反应:

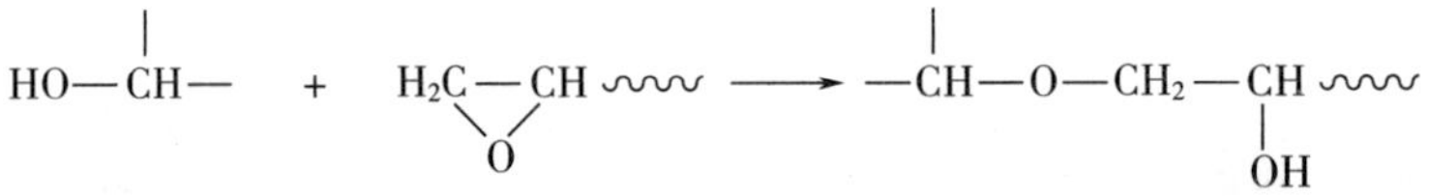

反应式 3

上面反应式 3 生成的羟基也可以继续与环氧树脂中的环氧基团继续发生醚化反应(反应式 3),也可以引发酸酐发生开环反应(反应式 1),然后与环氧基团发生酯化反应(反应式 2),因此,酯化反应和醚化反应是两种竞争反应,在无外加催化剂的情况下,酯化和醚化反应都可能发生,固化物中含有醚键和酯键两种结构。在上述反应式中,反应式 1 是可逆的酸酐开环加成反应,不参与交联反应,反应式 2 和反应式 3 是环氧基的不可逆的聚合反应,参与交联。

从以上反应机理可以看出,酸酐和环氧树脂的固化反应首先由羟基化合物所引发,因此其固化速度与反应体系中羟基浓度有关。羟基浓度低的环氧树脂反应特别慢,即使在 150℃ 左右也基本上不进行反应。而羟基浓度高的高相对分子质量的固态环氧树脂,则以很快的速率进行反应。此外,上述反应机理表明,酯化反应消耗酸酐,而醚化反应不消耗酸酐,所以,每个环氧基团需要的酸酐基团数目小于 1,一般为 0.85 左右。

②叔胺作促进剂时的固化原理。叔胺进攻酸酐,促使酸酐开环,生成羧酸盐离子:

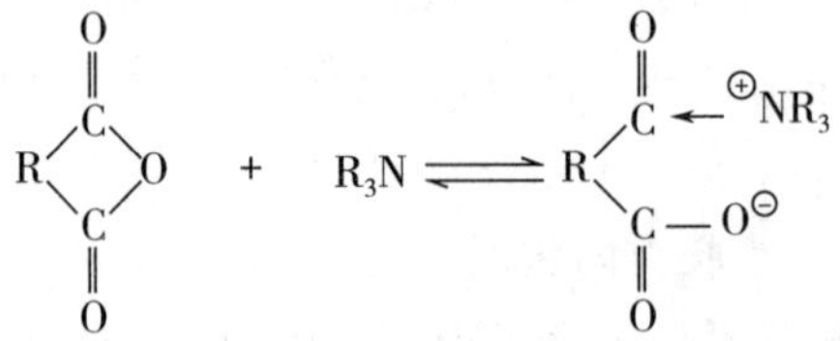

羧酸盐阴离子与环氧基反应生成醇盐酯离子：

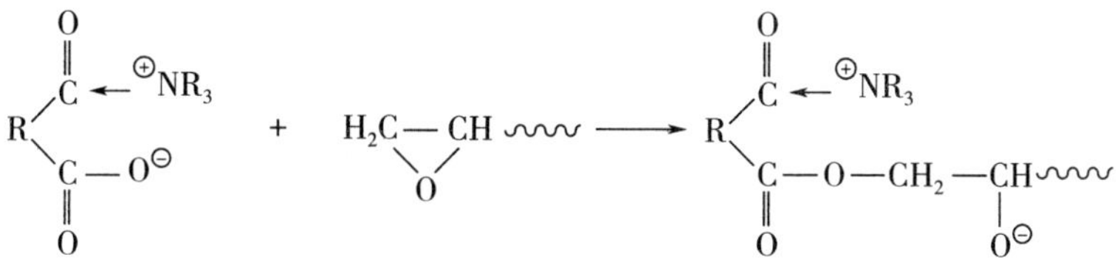

$$\text{(酸酐阴离子—} NR_3^{\oplus}) + H_2C\text{—}CH\text{(环氧基)} \longrightarrow \text{(酯—} O\text{—} CH_2\text{—} CH\text{—} O^{\ominus})$$

醇盐酯离子和另一个酸酐反应生成酯，同时产生一个新的羧酸盐离子：

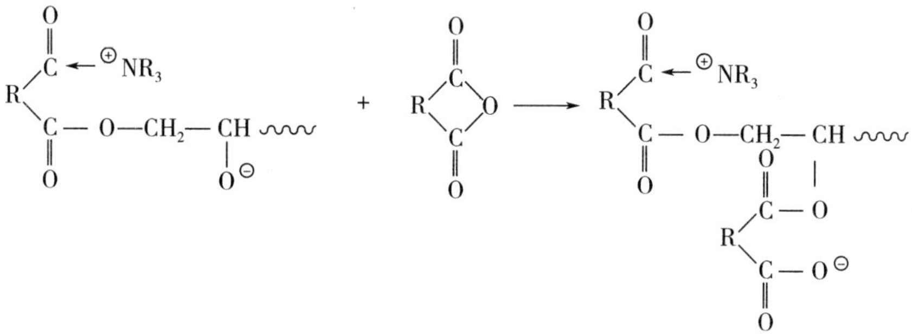

$$\text{(醇盐酯离子)} + \text{(酸酐)} \longrightarrow \text{(生成含酯键与新羧酸盐离子的产物)}$$

生成的羧酸盐离子可以继续与环氧基反应，然后不断地重复上述反应过程，最后生成含有酯键结构的体型固化产物。一般认为，有叔胺促进剂存在的情况下，固化过程中不会发生醚化反应。

从以上反应机理可以看出，叔胺能够促使酸酐开环，从而加速反应过程。固化反应速率取决于叔胺的浓度。每个环氧基团与一个酸酐基团反应，两者为等当量配比，而叔胺的用量一般为环氧树脂质量的 $0.5\%\sim5\%$。

③Lewis 酸作促进剂时的固化原理。Lewis 酸三氟化硼络合物（如硼胺络合物）作为促进剂时，酸酐固化环氧树脂的反应机理如下：

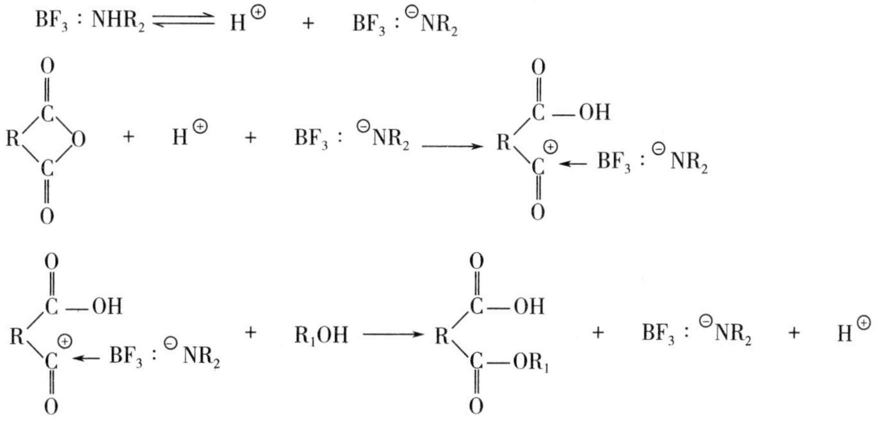

$$BF_3 : NHR_2 \Longrightarrow H^{\oplus} + BF_3 : {}^{\ominus}NR_2$$

$$\text{(酸酐)} + H^{\oplus} + BF_3 : {}^{\ominus}NR_2 \longrightarrow R\text{—}C\text{—OH} \cdots C^{\oplus} \leftarrow BF_3 : {}^{\ominus}NR_2$$

$$R\text{—}C\text{—OH} \cdots C^{\oplus} \leftarrow BF_3 : {}^{\ominus}NR_2 + R_1OH \longrightarrow R\text{—}C\text{—OH} \cdots C\text{—}OR_1 + BF_3 : {}^{\ominus}NR_2 + H^{\oplus}$$

从以上反应可以看出，Lewis 酸的作用也是促使酸酐开环。体系中存在的氢离子可促进环氧基与羟基的醚化反应，而使酯化反应受到抑制，因为醚化反应不消耗酸酐，因此，硼胺络合物作为促进剂时，每个环氧基需要的酸酐数要比无促进剂时需要的酸酐数要少，约为 0.55 个。

综上所述,在酸酐和环氧基团发生固化反应之前,酸酐必须首先开环,酸酐开环可通过以下三条途径:(a)在无外加促进剂的情况下,通过环氧树脂本身分子中的仲羟基或体系中游离的水分以及羟基化合物等开环,酯化和醚化反应都可能发生,且固化速率较慢;(b)通过添加叔胺开环,叔胺存在下主要进行酯化反应,固化反应速率主要取决于叔胺的分子结构与浓度;(c)通过添加三氟化硼络合物或其他 Lewis 酸开环,此促进剂主要加速醚化反应。

由于促进剂的种类直接影响酯化反应和醚化反应这两个竞争反应的程度,用酸酐作环氧树脂的固化剂时,是否添加促进剂以及添加的促进剂的种类不仅能影响固化反应速率,也会影响固化物的网络结构和性能。实验证实,未加促进剂固化的环氧树脂的性能和加促进剂固化的环氧树脂的性能是有差别的,一般来说,添加促进剂固化的环氧树脂的性能要优于未加促进剂固化的环氧树脂,前者固化物的热变形温度、热稳定性以及硬度都要优于后者。

(2)化学计量关系。与胺类固化剂相比,酸酐固化剂与环氧树脂的固化原理较为复杂,与是否加入促进剂、酸酐的结构等有很大的关系。如前所述,当加入叔胺促进剂时,固化反应主要是酯化反应,基本没有醚化反应,因此,理论上酸酐固化剂上的每一个酸酐基团都可以使一个环氧基团反应,两者是等摩尔配比的。但在无促进剂的条件下,酯化反应和醚化反应都可能发生,一部分环氧基团会与羟基发生醚化反应,因此,酸酐的用量比加入叔胺促进剂时要少。当加入 Lewis 酸促进剂时,发生醚化反应的可能性更大,需要的酸酐用量会更少。因此,综合以上酸酐固化原理以及结合酸酐的结构,实际上的化学计量关系可以按下式计算:

$$酸酐固化剂的用量(phr) = C × 酸酐当量 × 环氧值$$

$$酸酐当量 = 酸酐的相对分子质量/酸酐基团的数目$$

其中,C 为常数,根据酸酐的种类及是否加促进剂而取不同的值。如一般结构的酸酐且未加促进剂,$C=0.85$;加入叔胺促进剂,$C=1.0$;含有卤素的酸酐,$C=0.60$。

例如,用苯酐固化 E-44 环氧树脂,固化剂的理论用量:

$$苯酐用量(phr) = 0.85 × (148/1) × 0.44 = 55.4$$

酸酐固化剂的实际用量要在根据化学计量关系计算出的用量基础上作适当的调整,调整的幅度根据胶液的操作工艺性以及固化后树脂的综合性能通过实验来确定。

(3)常用固化剂。酸酐固化剂的种类很多,从化学结构方面可以分为直链脂肪族、芳香族和脂环族酸酐,常用的为芳香族和脂环族两类;按官能团分类主要有单官能度、双官能度和多官能度酸酐,一般情况下,多官能度酸酐几乎没有实用价值。不同的酸酐其特性差别很大,表 2-11 列出了几种常用酸酐固化剂的性质。

表 2-11 常用的酸酐固化剂的性质

名称	缩写	化学结构	室温状态	黏度(25℃)/(Pa·s)	熔点/℃
邻苯二甲酸酐	PA		粉末	—	131

名称	缩写	化学结构	室温状态	黏度(25℃)/(Pa·s)	熔点/℃
四氢邻苯二甲酸酐	THPA	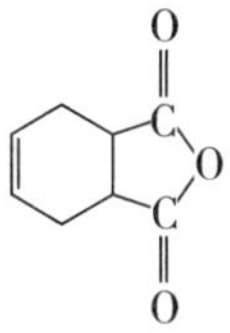	固体	—	100
六氢邻苯二甲酸酐	HHPA	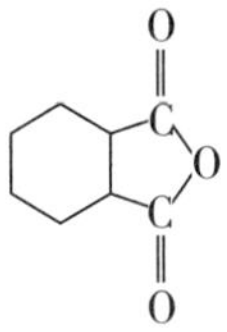	固体	—	34
甲基四氢邻苯二甲酸酐	MeTHPA	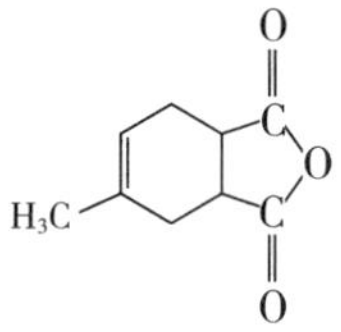	液体	0.03～0.06	—
甲基六氢邻苯二甲酸酐	MeHHPA	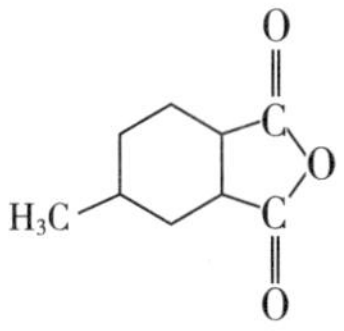	液体	0.05～0.08	—
甲基纳狄克酸酐	MNA	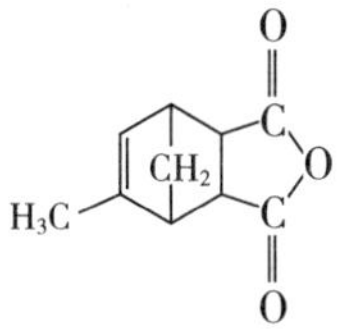	液体	0.2～0.3	—
氯茵酸酐	HET	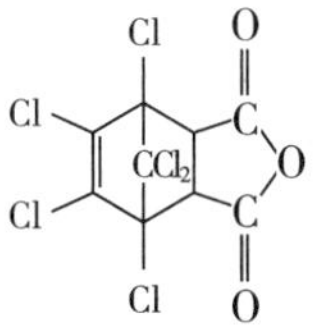	粉末	—	235～239
均苯四甲酸二酐	PMDA	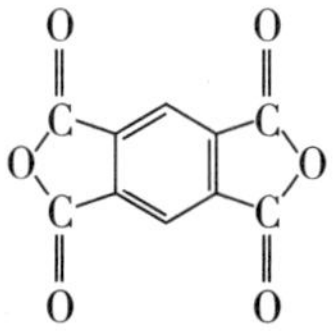	固体	—	286

不同种类的酸酐固化剂对环氧树脂的固化反应速率、操作工艺性以及固化物的性能影响很

大。在实际应用中,应根据操作工艺性能、固化物的综合性能以及价格等因素来合理选择固化剂。对比较重要的酸酐固化剂的一些品种介绍如下。

①邻苯二甲酸酐。简称苯酐,是最传统的环氧树脂的固化剂之一,其最大特点是价格便宜,但易升华。室温下是固体,与树脂的相容性较差,需在较高温度下才能与环氧树脂相容,苯酐与树脂混合时必须加热到120℃以上,混合后的料温不能低于60℃,以免苯酐析出。苯酐主要用于低相对分子质量的缩水甘油醚类环氧树脂的固化,由于固化时放热量小,适合制造大型浇铸件,固化制件具有良好的电性能与防开裂性能,除了不耐强碱外,耐化学腐蚀性能优良。

②四氢邻苯二甲酸酐。又称四氢苯酐,不易升华,固化物的色泽较浅。与环氧树脂混合困难,混合温度必须在80~100℃,低于70℃四氢苯酐易析出。

四氢苯酐在强酸性催化剂存在下加热处理一定时间,可以发生异构化,形成以下四种异构体,这四种异构体组成的混合物,在室温下为液体,克服了四氢苯酐熔点高、与环氧树脂混合困难、操作不方便的缺点。

4位异构　　　3位异构　　　2位异构　　　1位异构

③六氢邻苯二甲酸酐。又称六氢苯酐,为低熔点白色蜡状固体,有吸湿性。其最大特点是熔化后黏度低,易与环氧树脂相混合。与液体二酚基丙烷型环氧树脂混合后,混合物黏度低,适用期长,固化时放热小,操作工艺性优良。固化物色泽浅,具有良好的耐热性、电性能及耐化学腐蚀性能。由于其活性较低,固化时常加入促进剂苄基二甲胺或DMP-30。

④甲基四氢邻苯二甲酸酐。又称甲基四氢苯酐,是一种低黏度的液体,和环氧树脂在室温下就能混溶,而且难以从环氧树脂中析出结晶,适用期长,固化时放热小,固化物色泽浅,并具有良好的力学性能和介电性能,因此,是酸酐类固化剂使用最广泛的一种固化剂。

⑤甲基六氢邻苯二甲酸酐。又称甲基六氢苯酐,也是一种低黏度的液体,易与环氧树脂混溶,适用期长,固化放热量小,固化物电绝缘性能好、产物色泽浅、耐候性好,在紫外线照射和长期受热状态下色泽变化很小。

⑥甲基纳狄克酸酐。甲基纳狄克酸酐是在脂环上有甲基取代的内亚甲基四氢苯酐的商品名称,是顺、反异构体的混合物。室温下是液体,易与环氧树脂混合,适用期长,反应速率慢,固化收缩率小,固化物的耐高温老化性能优异。

⑦氯茵酸酐。氯茵酸酐室温下是黄白色结晶状粉末,易吸水而很快水解成酸。若酸酐中存在游离酸,可使固化速率加快、适用期缩短,因此氯茵酸酐必须储存在干燥的条件下。由于该酸酐熔点高,需在100~120℃下与树脂混合,且本身兼具催化的作用,在高温下适用期很短,使操作困难。常与其他低熔点酸酐混合使用,可大幅降低混合酸酐的熔点,改善操作工艺性。

氯茵酸酐分子结构中含有六个氯原子,可使环氧固化物具有阻燃性能,除此之外,固化物还具有良好的耐热性和电性能。

⑧均苯四甲酸二酐。均苯四甲酸二酐为高熔点固体，室温下难溶于环氧树脂中，又由于与环氧树脂的反应活性过高，与树脂混合困难，操作工艺性差，通常不单独使用，而与其他液体苯酐混合使用，可以改善操作工艺性。均苯四甲酸二酐属于双官能团酸酐，固化的环氧树脂具有较高的交联密度，因而具有较高的热变形温度和良好的耐化学药品性。

以上常用酸酐固化剂的固化特性见表2-12。

表2-12　常用酸酐固化剂的固化特性

固化剂	推荐用量/phr	适用期	典型的固化条件	特点 优点	特点 缺点
苯酐	30~75	14h(100℃)	150℃/(2~24h)	价廉，力学性能、电性能、耐化学性能(碱除外)优良	易升华，与环氧树脂混合工艺性差
四氢苯酐	70~80	2h(100℃)	100℃/2h+150℃/4h	价廉，不易升华，色泽浅	与环氧树脂混合困难
六氢苯酐	50~100	>28h	100℃/2h+150℃/2h	操作工艺性好，色泽浅，中等耐热，电性能、耐化学性能优良	有吸湿性
甲基四氢苯酐	60~90	适用期长	120~150℃/(8~12h)	操作工艺性好，色泽浅，力学性能和介电性能优良	价格较贵
甲基六氢苯酐	60~80	适用期长	120~150℃/(8~12h)	操作工艺性好，色泽浅，电性能、耐候性好，色泽变化小	价格较贵
甲基纳狄克酸酐	80~90	24h(25℃)，30min(100℃)	140℃/2h+200℃/(2~19h)	操作工艺性好，色泽浅，低收缩，耐热性好	耐碱性差
氯茵酸酐	100~140	1.5h(120℃)	120℃/24h	阻燃性能、耐热性能、电性能优良	易吸水，操作工艺性差
均苯四甲酸二酐	32	3~4d	200℃/2h	耐热性能、耐化学药品性能优良	操作工艺性差

(4)酸酐固化剂的共熔混合改性。如上所述，在酸酐固化剂中有很多的品种为高熔点的固体，与环氧树脂的混合困难，常常需要将酸酐加热到其熔点之上使其熔融，然后冷却到60℃左右以延长适用期，但有些酸酐(如苯酐)在温度过低时又会从环氧树脂中析出结晶，而且高温会产生如下两个缺点：第一，高温下酸酐会升华，产生对人体有害的刺激性蒸气；第二，高温会使混合物的适用期缩短，不利于进行操作。为了克服这些缺点，工业上常常进行酸酐共熔混合改性，即将高熔点的固体酸酐与低熔点的酸酐或液体酸酐按一定比例混合使用，混合酸酐的熔点会大大降低，有利于与环氧树脂的混合及操作工艺性的改善，给实际操作带来很大方便，而对固化后

环氧树脂的性能影响不大。如氯茵酸酐常与低熔点的六氢苯酐混合,氯茵酸酐与六氢苯酐的质量比一般为 60:40;高熔点的均苯四甲酸二酐与甲基四氢苯酐或甲基六氢苯酐等液体苯酐混合使用,均可以降低混合酸酐的熔点,改善操作工艺性。

3. 多元酚类固化剂

多元酚羟基上的活泼氢能够与环氧树脂上的环氧基团发生开环加成反应,因此多元酚可以作为环氧树脂的固化剂。但在工业上,考虑到环氧树脂固化物的性能,很少用小分子的多元酚来固化环氧树脂,而最常用的多元酚类固化剂是酚醛树脂。

酚醛树脂主要有两种,一阶酚醛树脂(又称热固性酚醛树脂)和二阶酚醛树脂(又称热塑性酚醛树脂),两者的分子结构不同:

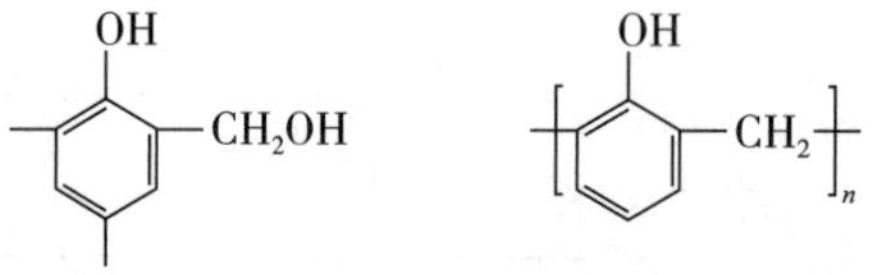

一阶酚醛树脂　　　　二阶酚醛树脂(高邻位)

从以上分子结构中可以看出,一阶酚醛树脂中存在着两种活泼氢:一是酚羟基上的活泼氢,二是醇羟基(—CH$_2$OH)上的活泼氢,这两种活泼氢都可以与环氧树脂发生反应;二阶酚醛树脂中只存在酚羟基上的活泼氢,也同样可以与环氧树脂发生反应,因此,一阶酚醛树脂和二阶酚醛树脂都可以作为环氧树脂的固化剂。相对地说,热固性酚醛树脂由于具有两种反应基团,与环氧树脂反应的能力比较强,而热塑性酚醛树脂则需要在较高温度或促进剂作用下才能较快固化环氧树脂。

反应原理如下:

(1)酚羟基(一阶酚醛或二阶酚醛树脂中)与环氧树脂中的环氧基团反应。

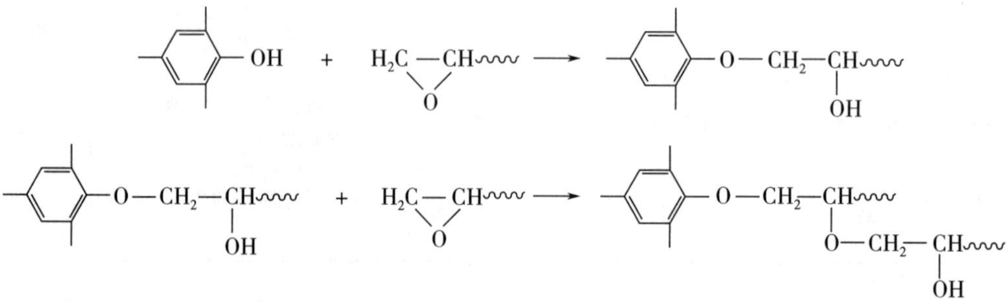

酚羟基本身对产物中的仲羟基与环氧基的进一步醚化反应具有催化效应(第二步反应)。

(2)醇羟基(一阶酚醛树脂中)与环氧树脂中的环氧基团反应。

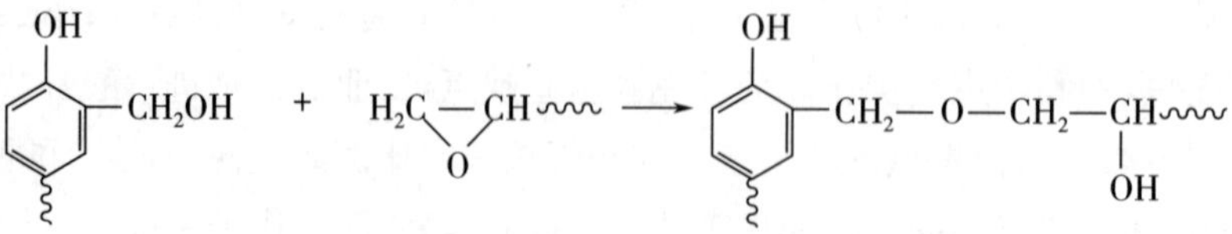

（3）醇羟基（一阶酚醛树脂中）与环氧树脂中的仲羟基反应。

$$\text{(酚羟基-CH}_2\text{OH)} + \text{HO-CH} \longrightarrow \text{(酚羟基-CH}_2\text{-O-CH)} + H_2O$$

无机碱（如氢氧化钾）、苄基二甲胺和氢氧化苄基三甲胺等对上述固化反应有促进作用,三者的促进效果为:氢氧化苄基三甲胺＞苄基二甲胺＞氢氧化钾。

从以上反应原理可以看出,采用一阶或二阶酚醛树脂作为环氧树脂的固化剂,主要是通过酚醛树脂中的酚羟基和醇羟基与环氧树脂中的环氧基和仲羟基之间的相互作用,实际得到的固化产物是两种树脂经嵌段或接枝聚合后形成的非常复杂的体型结构,固化物同时具有酚醛树脂和环氧树脂的性能,是工业上应用非常广泛、非常重要的树脂体系。一般来说,环氧树脂与一阶酚醛树脂的体系广泛应用于涂料工业,加有促进剂的环氧树脂与二阶酚醛树脂的体系常用作黏合剂,而未加促进剂的环氧树脂与二阶酚醛树脂的体系常用于复合材料工业的层压、模压、缠绕与卷管等成型工艺。

（三）催化性固化剂

与前面所述的反应性固化剂不同,催化性固化剂可以引发环氧树脂分子中的环氧基团按阴离子或阳离子聚合的反应历程进行开环聚合反应,从而交联成体型网状结构的高聚物。这类固化剂仅对固化反应起催化作用,其分子不进入最终的树脂固化网络结构中,因此树脂固化后基本上是环氧基团开环聚合后形成的聚醚结构。这类固化剂常用的是 Lewis 碱或 Lewis 酸,它们可以单独用作环氧树脂的固化剂,也可用作多元胺类或酸酐类固化剂的促进剂。单独用作固化剂时,Lewis 碱引发环氧树脂按阴离子聚合的反应历程进行固化,Lewis 酸引发环氧树脂按阳离子聚合的反应历程进行固化。

1. 阴离子型固化剂

阴离子型固化剂常用的是叔胺(NR_3)类化合物和咪唑类化合物。

（1）叔胺类固化剂。叔胺是一种 Lewis 碱,氮原子的外层有一对未共用的电子对,是电子给予体,具有亲核性质,可以引发环氧树脂按阴离子聚合的反应历程来进行固化。反应过程具有阴离子聚合的典型的基元反应,包括链引发、链增长和链终止。

①链引发。叔胺首先引发环氧基团开环,形成含醚键的醇盐离子活性中心。

$$R_3N + H_2C-CH \text{~} \longrightarrow R_3N^{\oplus}-CH_2-CH \text{~}$$

②链增长。醇盐离子活性中心与另一个环氧树脂分子中的环氧基团发生反应,使分子链增长。

$$R_3N^{\oplus}-CH_2-CH \text{~} + H_2C-CH \text{~} \longrightarrow R_3N^{\oplus}-CH_2-CH \text{~} O-CH_2-CH \text{~}$$

上述反应重复进行,环氧树脂中的环氧基团不断加成到大分子链上,聚合物的相对分子质量逐步增大,使树脂分子形成交联结构。

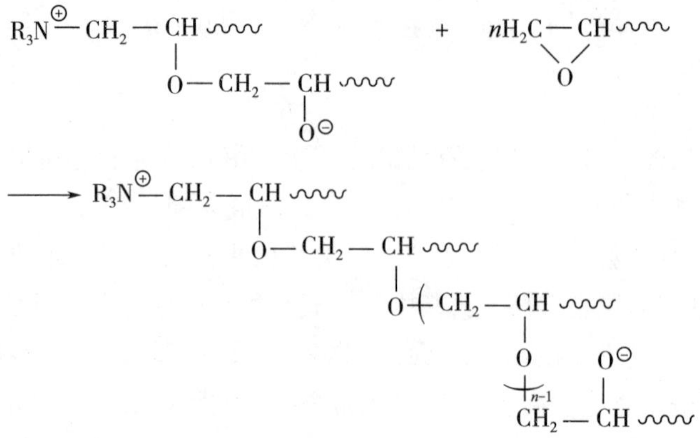

③链终止。增长的大分子链活性中心发生叔胺端基消除反应,形成不饱和双键的端基,从而失去活性,形成稳定的体型聚合物。

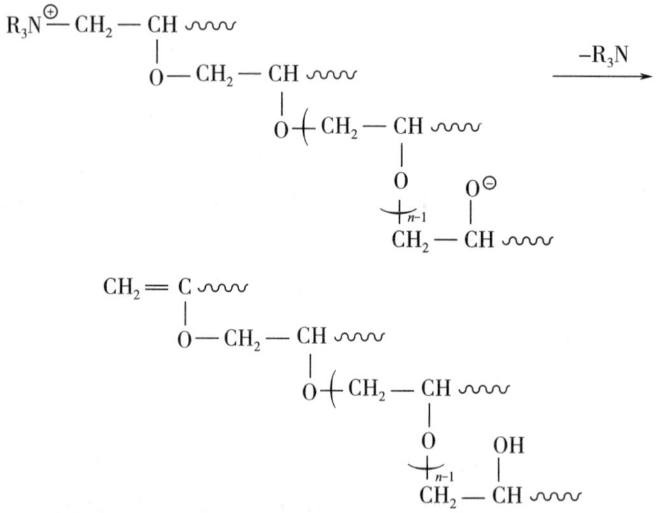

含有羟基(包括醇羟基和酚羟基)的物质对上述固化反应有催化作用。可能的催化机理如下:

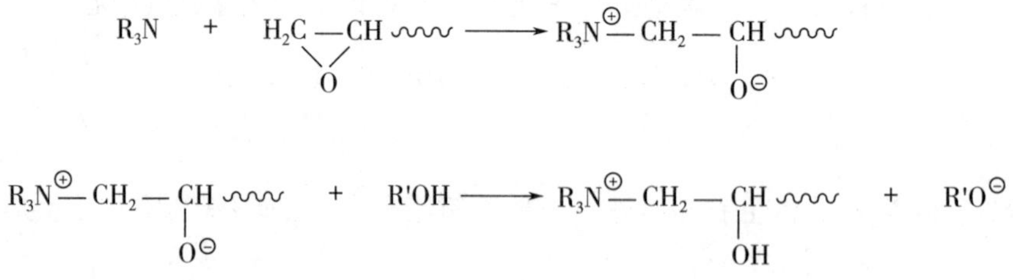

上述链转移反应新生成的烷氧基阴离子对环氧树脂的引发作用更快:

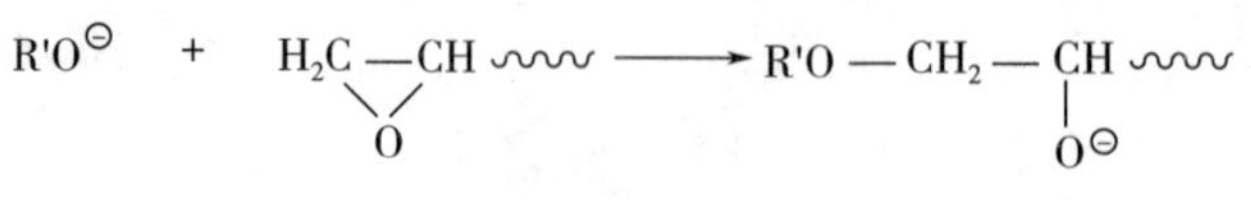

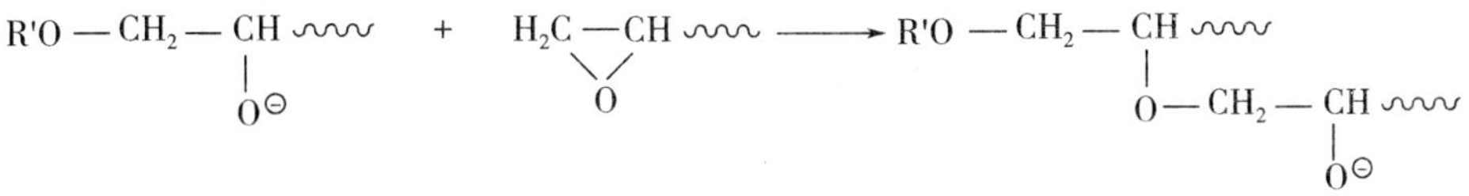

除了羟基对环氧树脂的固化反应有上述催化作用外,叔胺碱性的大小也会影响叔胺固化环氧树脂的反应速率,一般来说碱性强则反应速率快。而且固化速度与叔胺氮原子上取代基的位阻效应有很大关系。叔胺位阻效应对固化速度的影响比叔胺碱性以及羟基对反应的催化作用还要大。

催化性固化剂的用量不像反应性固化剂一样可以通过化学计量关系计算出理论用量,其用量主要靠经验,然后通过实验来决定。基于固化剂用量的变化,固化速度和固化物的性质变化很大,因此,必须通过实验,根据获得最佳综合性能和操作工艺性之间的平衡来确定固化剂的实际用量。叔胺固化环氧树脂时放热较大,因此不适用于大型浇铸。

常用的叔胺类固化剂见表 2-13。

表 2-13 常用的叔胺类固化剂

名称	简称	化学结构
苄基二甲胺	BDMA	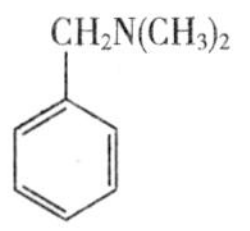
2-(二甲氨基甲基)苯酚	DMP-10	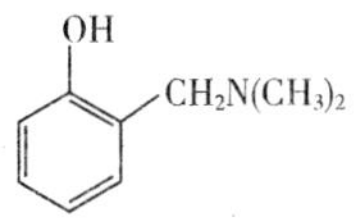
2,4,6-三(二甲氨基甲基)苯酚	DMP-30	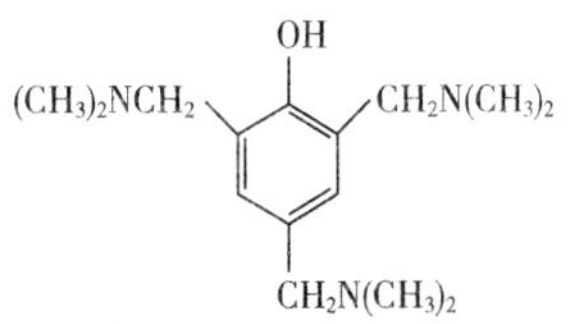

表 2-13 中列出的三种固化剂中,DMP-10 和 DMP-30 是苄基二甲胺的酚衍生物。苄基二甲胺固化速度较慢,很少单独用作环氧树脂的固化剂,常单独用作固化剂的是 DMP-10 和DMP-30,固化剂分子结构中的酚羟基能显著加速环氧树脂的固化速率,可以使二酚基丙烷型环氧树脂在室温下快速固化。

(2)咪唑类固化剂。除了以上叔胺类固化剂外,常用的阴离子型固化剂还有咪唑类固化剂。咪唑类化合物是一种新型固化剂,可在较低温度下固化而得到耐热性优良的固化物,并且具有良好的电气性能和力学性能。

　　咪唑是具有两个氮原子的五元杂环化合物。其中一个 N 原子(1 位)构成仲胺,另一个 N 原子(3 位)构成叔胺,所以咪唑类固化剂既有叔胺的催化作用,又有仲胺的作用。咪唑及常用的咪唑类衍生物的结构如下所示:

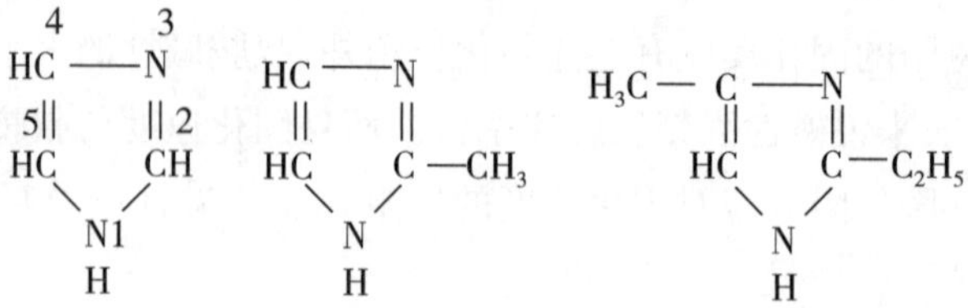

咪唑　　　　　2-甲基咪唑　　　　2-乙基-4-甲基咪唑

　　咪唑类固化剂的反应活性根据其结构不同而有所不同,一般来说,碱性越强,活性越大,固化温度越低。对于咪唑衍生物来说,其活性不受 2 位取代基的影响,而受 1 位取代基的影响比较大。

　　比较常用的环氧树脂的咪唑类固化剂为 2-甲基咪唑和 2-乙基-4-甲基咪唑,其中,最引人注目的是 2-乙基-4-甲基咪唑,其挥发性小,毒性比脂肪族胺和芳香族胺小得多。2-乙基-4-甲基咪唑的熔点为 45℃,稍受热就熔融,可以和环氧树脂混溶,得到低黏度混合物,适用期长,固化简便,固化物有较高的热变形温度。

　　咪唑类化合物与环氧树脂的反应机理一般认为是咪唑环上 3 位的氮原子首先使环氧基开环,当 1 位氮原子存在氢原子时,发生氢原子的转移,然后 1 位氮原子再与环氧树脂反应,形成 1:2 加成产物;而当 1 位氮原子上存在取代基时,1 位氮原子不与环氧树脂反应,仅 3 位氮原子使环氧树脂中的环氧基开环形成 1:1 加成产物。两种情况下,最后环氧基开环产生的氧负离子继续催化环氧树脂开环聚合,形成交联结构的体型聚合物。

　　咪唑类固化剂与环氧树脂的化学反应式如下所示(以 2-乙基-4-甲基咪唑为例):

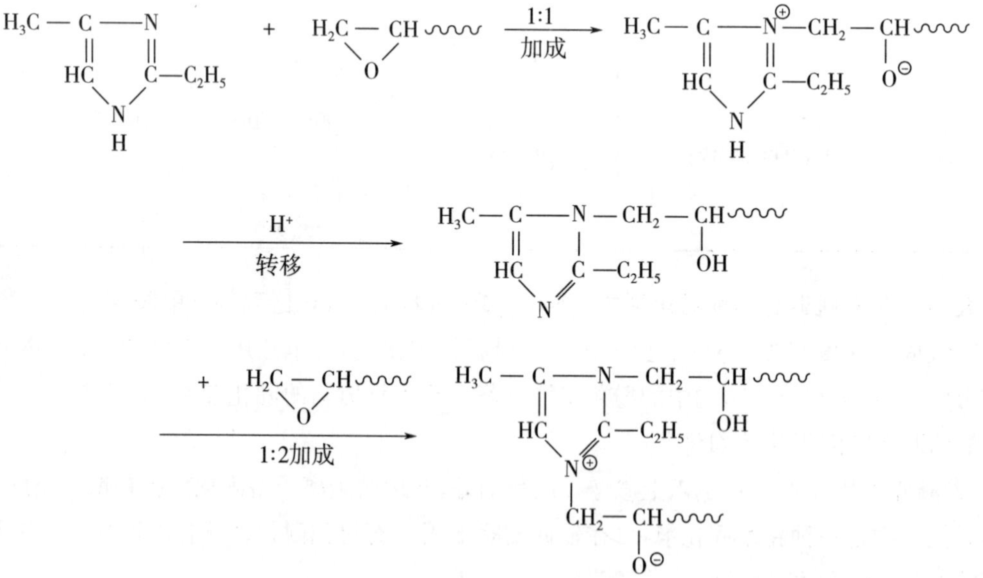

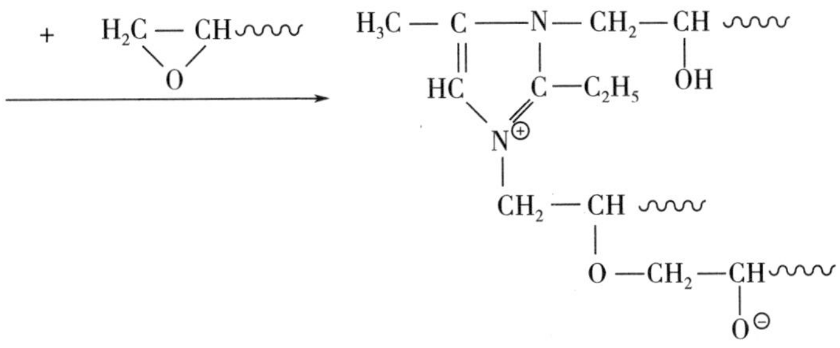

2. 阳离子型固化剂

Lewis酸是一种亲电物质,是电子的接受体,可以引发环氧树脂中的环氧基团按阳离子聚合的反应机理进行固化。常用的Lewis酸是三氟化硼(BF_3),但三氟化硼活性很大,与缩水甘油醚型环氧树脂混合后,反应剧烈,并放出大量的热,可使环氧树脂在室温下以极快速度固化(仅数十秒),凝胶速度太快,适用期太短,无法操作,而且三氟化硼在空气中易潮解,还有刺激和腐蚀作用,因此,三氟化硼不适合单独作为环氧树脂的固化剂。为了获得具有实际操作工艺性的固化体系,通常是将三氟化硼与Lewis碱(如胺类或醚类)形成络合物,以降低反应活性。这种络合物与环氧树脂混合后,在室温下两者不发生反应,适用期长,操作工艺性好。而在高温下,络合作用解除,释放出BF_3,能很快引发环氧树脂发生阳离子聚合,从而发生固化,这是一类潜伏型固化剂。

如常用的三氟化硼—胺络合物固化二酚基丙烷型环氧树脂,首先是在一定的温度下三氟化硼—胺络合物离解出$H^\oplus$,然后由$H^\oplus$引发环氧基进行阳离子聚合:

$$F_3B:NHR_2 \xrightarrow{\triangle} F_3B:^\ominus NR_2 + H^\oplus$$

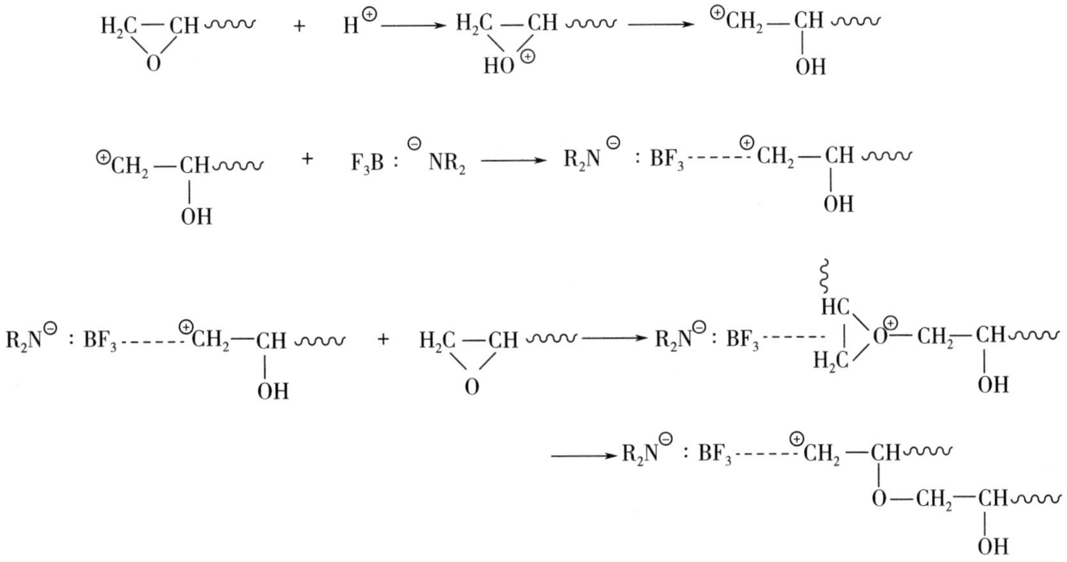

链终止反应可能是由于正、负离子对的复合:

$$F_3B : \ominus NR_2 ---- \oplus CH_2 - CH \sim \qquad \longrightarrow F_3B : NR_2 - CH_2 - CH \sim$$

（结构式）O-CH₂—CH∼　OH　　　　O-CH₂—CH∼　OH

三氟化硼—胺络合物中最具代表性的是三氟化硼—乙胺络合物，又称 BF₃：400。这是一种结晶物质，熔点 87℃，在室温下非常稳定，液体二酚基丙烷型环氧树脂与 3～4phr 的 BF₃：400 混合后，在室温下的适用期可达 3～4 个月。加热到 100～120℃，络合物离解，快速固化环氧树脂，并放出大量的热。值得注意的是，BF₃：400 具有强吸湿性，在湿空气中易水解成不能作固化剂的黏稠液体硼酸，而且使用时要注意避免使用石棉、云母及某些碱性填料。BF₃：400 固化剂主要用于复合材料的模压、层压等成型工艺。

第三节　酚醛树脂

一、概述

酚醛树脂是酚类化合物和醛类化合物缩聚产物的通称，其中由苯酚与甲醛缩聚而成的酚醛树脂是最典型和最重要的一种酚醛树脂。

酚醛树脂是最早合成的一大类热固性树脂，发展历史悠久。早在 1872 年德国化学家拜耳（A. Baeyer）首先发现酚与醛在酸存在下可以聚合得到无定形的、棕红色的、不熔不溶的树脂状产物，随后，很多科学家对苯酚和甲醛的缩合反应进行了研究，成功合成了一系列酚醛树脂，但缩聚反应很难控制，得到的酚醛树脂易碎，而且在硬化过程中放出水分等，使制件具有多孔性，并存在龟裂等问题，因此应用价值不大。1905～1907 年，美国科学家巴克兰（Baekeland，酚醛树脂创始人）对酚醛树脂进行了系统而广泛的研究后，发明了施加高温高压使酚醛树脂发生固化的技术，克服了酚醛树脂的脆性、制件的多孔性以及生产周期长的问题，并随后对酚醛树脂的合成技术进行了系统研究，得到了更多有应用价值的酚醛树脂，从此真正开始了酚醛树脂的工业化生产。在之后的多年中，许多科学家从事酚醛树脂的研究，使得酚醛树脂在合成方法、改性品种、加工工艺以及应用等方面都取得了突破性进展，促进了酚醛树脂工业的全面发展。

酚醛树脂原料易得、合成方便、价格低廉，树脂固化物具有很多优异性能，因此广泛应用于工业的各个领域。酚醛树脂具有良好的绝缘性，作为绝缘材料广泛用于制作电气绝缘制品，这是酚醛树脂早期的主要应用之一。随着酚醛树脂合成方法以及改性技术的发展，酚醛树脂的综合性能不断提高，其应用也发展到航空航天领域。酚醛树脂具有突出的瞬时耐高温烧蚀性能，因此酚醛树脂复合材料广泛用于空间飞行器、火箭、导弹和超音速飞机的部件，作为瞬时耐高温和耐烧蚀结构材料有着重要的用途和发展前景。

二、酚醛树脂的合成

酚醛树脂是酚类和醛类在酸或碱催化剂存在下合成的缩聚产物，其合成原理完全遵循体型缩聚反应的规律,合成原料的两种单体的官能团数目必须符合体型缩聚的要求,即两种单体的官能团总数≥5,且每种单体的官能团数目≥2。在酚醛树脂合成时,醛类常用的是甲醛,在反应时表现为二官能度。常用的酚类化合物为苯酚,与甲醛的加成反应主要发生在酚羟基的邻位和对位,因此表现为三官能度。因此苯酚与甲醛进行反应时能生成体型高聚物。

在官能团数目满足体型缩聚的要求下,酚醛树脂的合成还与催化剂的种类(酸或碱)和醛与酚的摩尔比等合成条件有关,不同的合成条件对生成的酚醛树脂的结构与性能影响很大。下列详细讨论。

(一)热固性酚醛树脂的合成

1. 合成原理

热固性酚醛树脂又称一阶酚醛树脂,其合成一般是在碱催化的条件下缩聚而成,常用的催化剂为氢氧化钠、氨水、氢氧化镁、氢氧化钡、氢氧化钙等。甲醛与苯酚的摩尔比大于1,一般控制在1~1.5。合成过程主要包括甲醛与苯酚间的加成反应以及羟甲基酚的缩聚反应。

(1)甲醛与苯酚间的加成反应。用氢氧化钠作为催化剂时,首先甲醛与苯酚邻位和对位上的氢发生加成反应,生成多种羟甲基酚(又称酚醇)。

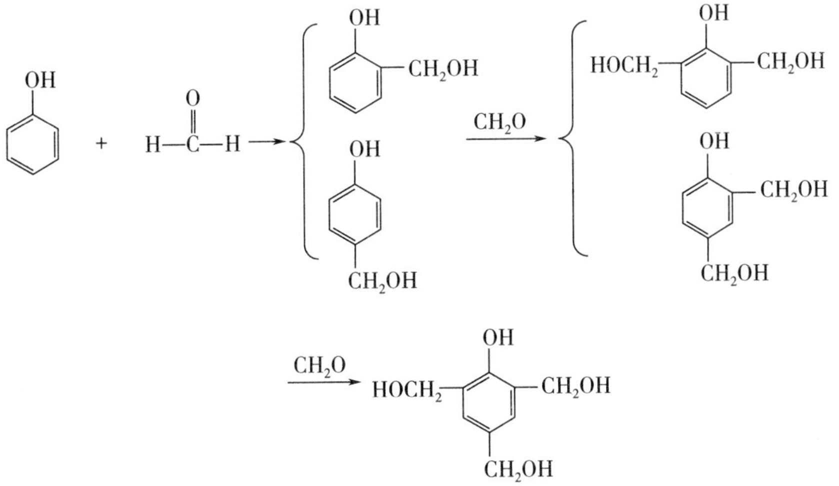

在上述加成反应中,酚羟基的对位比邻位的活性稍大,苯酚的第一个邻位引入羟甲基的反应速率常数与对位引入羟甲基的反应速率常数之比为1:1.07,但酚环上有两个邻位,相当于反应物的浓度要比对位大,因此,在实际反应中,邻羟甲基酚的生成速度比对羟甲基酚的生成速度要大得多。所以,反应过程是首先生成邻羟甲基酚,其进一步与甲醛进行加成反应的活性又超过原来的苯酚,因而形成多羟甲基酚,同时部分(有时高达 20%)苯酚未起任何的加成反应,呈游离状态存在于树脂体系中。因此,甲醛与苯酚间的加成反应阶段生成的是一元酚醇与多元酚醇的混合物。

(2)羟甲基酚的缩聚反应。加成反应在苯酚的邻位和对位引入了羟甲基,生成了羟甲基酚。两个羟甲基酚之间以及羟甲基与苯酚之间都可以进一步发生缩聚反应。在缩聚反应中,对羟甲基酚的反应活性要比邻羟甲基酚的反应活性大,因此,缩聚反应主要发生在对位,而使树脂分子中留下邻位的羟甲基。缩聚反应主要有以下两种：

①羟甲基酚之间的反应。两个羟甲基发生缩聚反应，生成醚键（—CH$_2$OCH$_2$—），但在加热和碱性条件下醚键不稳定，分解释放出甲醛，生成亚甲基键。反应式如下：

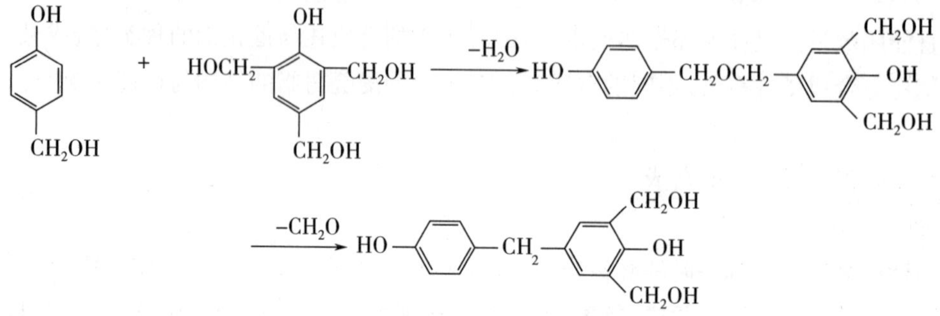

②羟甲基酚与酚环上活泼氢的反应。羟甲基（—CH$_2$OH）与酚环上对位的活泼氢发生缩聚反应，生成亚甲基。反应式如下：

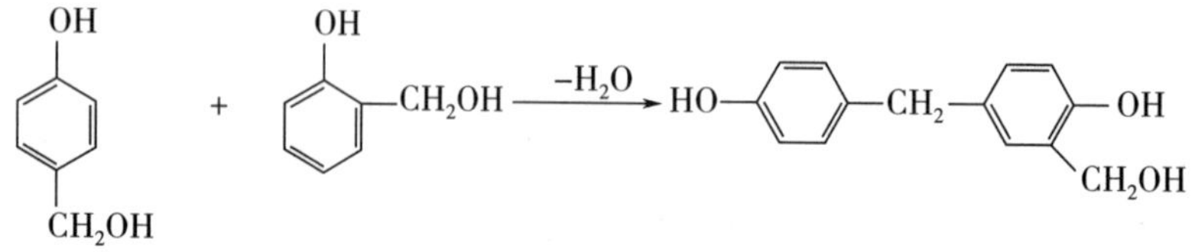

上述缩聚反应不断进行，树脂的相对分子质量不断增大，若反应不加以控制，反应程度达到凝胶点 P_c 时，树脂就会形成凝胶，继续反应，树脂发生固化，生成体型网络结构。合成的酚醛树脂反应程度一定要控制在凝胶点之前，这时酚醛树脂的分子是线型结构，处于可加工的可溶、可熔状态。若不加以控制，得到不溶解不熔融的体型结构的酚醛树脂是不可加工的，毫无使用价值。因此，酚醛树脂的合成过程是否可控非常重要。

在碱催化的条件下，加成反应速率要比缩聚反应速率大得多，因此可以比较容易地控制酚醛树脂的反应程度，用简单的冷却法可使反应在凝胶点前的任何阶段停止，只要再加热又可以使反应继续进行。因此，通过控制反应程度，既可制得平均相对分子质量很低、在室温下可溶于水的水溶性酚醛树脂，又可提高反应程度制得半固体树脂，然后溶于醇类溶剂成为醇溶性酚醛树脂，或者继续反应制成相对分子质量较高的固体树脂。所以只要控制合适的反应条件，就可以得到缩聚程度比较低、处于凝胶点之前的多元酚醇的缩聚物，这就是热固性酚醛树脂，其分子结构特点是含有很多可以进一步缩聚的羟甲基，特别是邻位的羟甲基。

（3）强碱催化下的酚与醛的反应机理。从以上分析可知，酚醛树脂合成过程中，首先是甲醛与苯酚进行加成反应，生成可以进行缩聚反应的羟甲基酚，因此，加成反应是缩聚反应的基础。甲醛与苯酚能够进行加成反应，是由两者的结构与性能所决定的。

苯酚中的氧原子采取 sp^2 杂化，与苯环上的 π 键形成 p–π 共轭体系，在此共轭体系中，氧起着给电子的共轭作用，氧上的电子云向苯环偏移，苯环上的电子云密度增加，氢氧原子之间的电子密度降低,氢氧键减弱,增强了羟基上氢的解离能力。而且苯酚解离生成的苯氧基负离子由于 p-π 共轭发生负电荷离域,负电荷分散到苯环上,所以苯氧基负离子稳定性好,苯酚显示出弱酸性,而离解生成的苯氧基负离子具有亲核的性质。苯酚的解离以及负电荷的离域示意图如下:

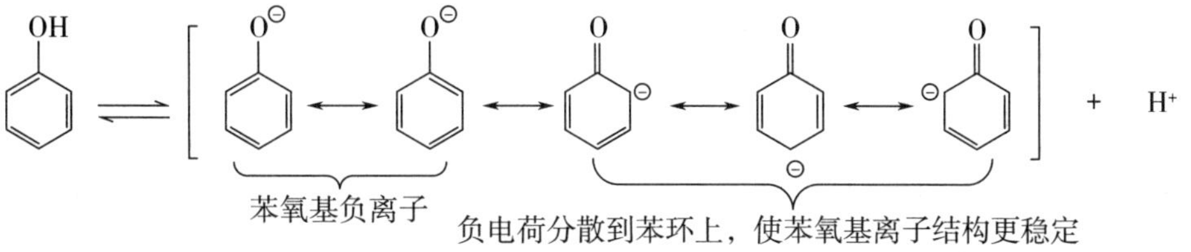

苯氧基负离子

负电荷分散到苯环上,使苯氧基离子结构更稳定

甲醛分子中,碳原子和氧原子均为 sp² 杂化,由于氧的电负性较大,羰基中氧原子上的电子云密度较大,而羰基碳是缺电子的,所以羰基很容易和一系列亲核试剂发生加成反应。因此,在适当的条件下,甲醛与苯酚发生加成反应。

在强碱(如 NaOH)性催化剂存在下,其加成反应可能的反应机理如下:

在酚醛树脂合成中,常采用甲醛水溶液,甲醛在水中完全以水合物的形式存在,有下列可逆的平衡反应:

$$\overset{\delta^+}{CH_2}{=}\overset{\delta^-}{O} \quad + \quad H_2O \rightleftharpoons HOCH_2OH$$

苯酚与 NaOH 反应形成酚钠,电离成为苯氧基负离子:

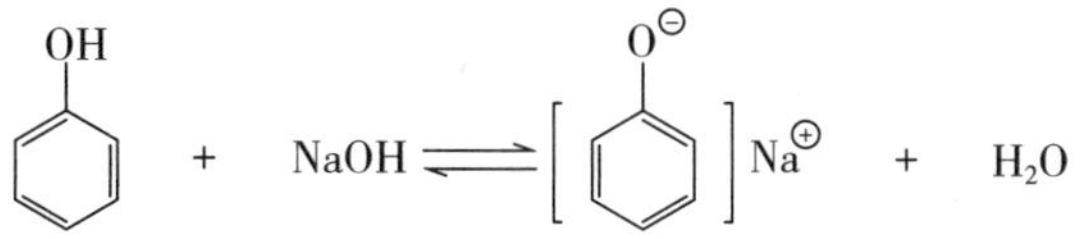

负离子形式的酚钠和甲醛发生加成反应:

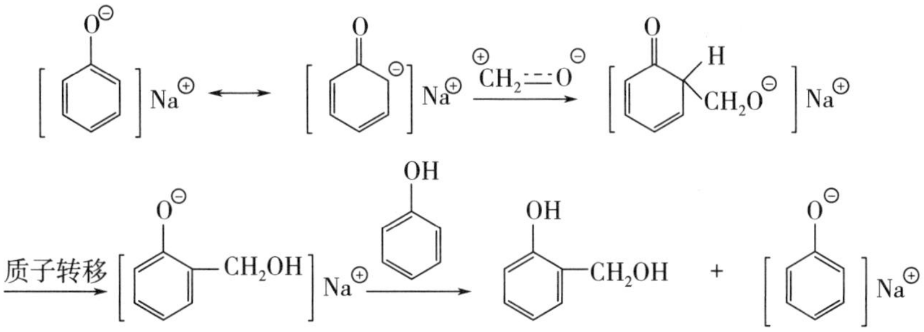

上述反应是生成邻羟甲基酚的反应历程,其推动力主要在于苯氧基负离子的亲核性质。

对羟甲基酚可通过下列反应形成:

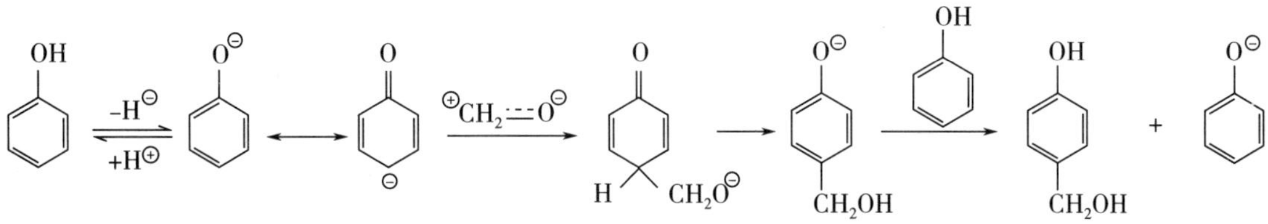

2. 热固性酚醛树脂合成的影响因素

在热固性酚醛树脂的合成中,影响树脂性能的因素主要有碱性催化剂的类型及用量、酚和醛的类型、酚和醛的摩尔比等。

(1)催化剂的类型及用量。碱性催化剂的类型对合成的酚醛树脂的性能影响很大。常用的催化剂有氢氧化钠、氢氧化钡、氢氧化铵(氨水)、氢氧化镁等。一般来说,催化剂的碱性越强,其催化效果越强。

氢氧化钠是最常用的催化剂,具有很强的催化作用,故用量少,一般小于1%。反应结束后,由于树脂中存在游离的氢氧化钠,会使树脂的色泽、耐水性及介电性能较差,需在树脂干燥过程中用酸(如草酸、盐酸等)进行中和。

氢氧化钡催化作用相对较弱,反应较缓和且容易控制,用量相对氢氧化钠要高一些,一般为1.0%~1.5%,树脂反应完成后,可通入二氧化碳,与氢氧化钡反应形成碳酸钡沉淀下来,过滤后可除去,得到的树脂介电性能较好。

氢氧化胺(常用质量分数为25%的氨水)的催化作用较弱,反应速度较慢,不易产生凝胶,所以酚醛树脂的缩聚反应易控制,其用量一般为0.5%~3%。残余的催化剂可在树脂脱水过程中除去,因此树脂的介电性能较好。氢氧化铵作为催化剂制备得到的热固性酚醛树脂广泛应用于制造各种纤维增强塑料。

(2)酚和醛的类型。

①不同类型酚的影响。不同类型的酚,是否有取代基以及取代基的位置不同,会影响其与醛的反应活性以及合成的酚醛树脂的结构。间位有烷基取代基的酚类增加了邻、对位的反应活性,从而增加了与甲醛的反应速率。邻位或对位有烷基取代基的酚类则会降低反应活性,减慢与甲醛的反应速率。同时,由于邻、对位被取代后,酚环上能与甲醛反应的活性点减少,不再满足体型缩聚的官能团数目的要求,因此,一般不能合成热固性树脂,根据邻、对位被取代的数目,只能合成热塑性树脂或者低分子。

酚类烷基取代位置与相对反应速率以及合成树脂类型的关系见表2-14。

表 2-14 烷基取代酚类的相对反应速率及合成树脂的类型

酚的名称	结构式	相对反应速率	活性点数目	合成树脂的类型
3,5-二甲酚	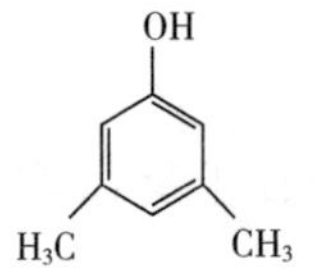	7.75	3	热固性树脂
间甲酚	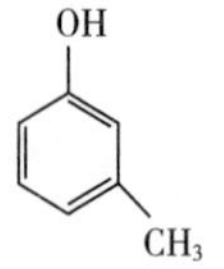	2.88	3	热固性树脂

酚的名称	结构式	相对反应速率	活性点数目	合成树脂的类型
苯酚	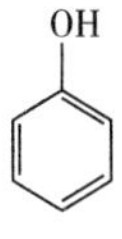	1.00	3	热固性树脂
3,4-二甲酚	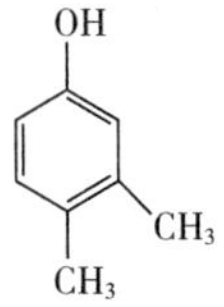	0.83	2	热塑性树脂
2,5-二甲酚	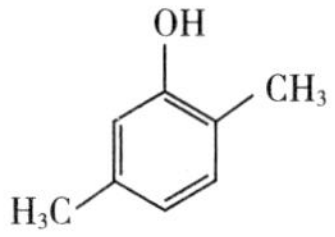	0.71	2	热塑性树脂
对甲酚		0.35	2	热塑性树脂
邻甲酚	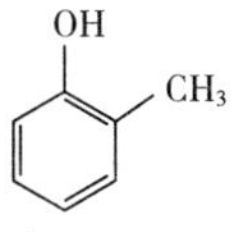	0.26	2	热塑性树脂
2,6-二甲酚	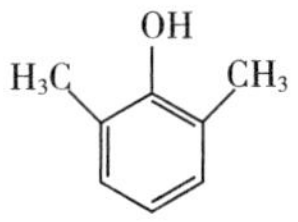	0.16	1	低分子

从表 2-14 可以看出,间位被取代的 3,5-二甲酚和间甲酚,其与醛的反应速率比苯酚与醛的反应速率要快,尤其是 3,5-二甲酚,其与醛的加成反应甚至可以在无催化剂,且不需要加热的情况下进行。间位取代的酚虽然可增加树脂的合成速度,但由于间位取代基的位阻效应,其最后的固化速度要比苯酚合成的热固性酚醛树脂的固化速度低。

②不同类型醛的影响。合成酚醛树脂最常用的醛为甲醛,碳链较长的醛类同系物与酚的反应与甲醛相似,但速度较慢,合成热固性树脂较难。比较常用的是乙醛和丁醛,由于在酚环间存在着较长碳链的基团,使固化后的酚醛树脂刚性下降。

(3)醛和酚的摩尔比。理论上,甲醛和苯酚等当量反应时摩尔比应为 1.5,在此比例时,固化后的酚醛树脂应具有理想的体型结构。而在实际生产过程中,常常控制甲醛的量稍微不足,便于树脂的生产和加工。只有当甲醛和苯酚的摩尔比大于 1.1 时,才能合成热固性酚醛树脂。如果甲醛与苯酚的摩尔比小于 1,酚的摩尔数比醛多,则因甲醛不足而使苯酚分子上的活性点没有被完全利用,加成反应生成的羟甲基就会与苯酚上邻、对位的氢发生缩聚反应,最后只能得到热塑性酚醛树脂。因此,在工业上,甲醛和苯酚的摩尔比一般控制在 1.1～1.5。在这个比例范围内,随着甲醛用量的增加,酚醛树脂的平均聚合度增加,树脂的滴落温度和黏度提高,凝胶化速度和固化速度提高,树脂产率增加(以苯酚为基准),游离酚的含量减少。甲醛与苯酚摩尔比对树脂性能的影响见表 2-15。

表 2-15　甲醛与苯酚摩尔比对树脂性能的影响

甲醛与苯酚摩尔比	树脂滴落温度/℃	50%乙醇溶液的黏度/(mPa·s)	150℃时的凝胶化时间/s	树脂产率(以苯酚用量计)/%	游离酚含量/%
4∶5	42	23.0	160	112	24.3
5∶5	50	39.5	98	118	16.8
6∶5	65	42.0	100	122	15.5
7∶5	66	42.5	96	126	14.8

(二)热塑性酚醛树脂的合成

1. 合成原理

(1)合成条件与反应特征。热塑性酚醛树脂又称二阶酚醛树脂,其合成一般是在酸催化、甲醛与苯酚的摩尔比小于 1 的情况下缩聚而成,常用的催化剂有草酸、盐酸、硫酸、磷酸等,甲醛与苯酚的摩尔比一般控制在 0.8～0.86。

合成时,甲醛和苯酚首先加成生成羟甲基苯酚。由于在酸性条件下,缩聚反应速率较加成反应速率约快 5 倍以上,甚至 10～13 倍,因此生成的羟甲基苯酚不是继续与甲醛进行加成反应,而是更容易与苯酚发生缩聚反应,生成二酚基甲烷,生成的二酚基甲烷共有三个异构体:2,2′-异构体、2,4′-异构体、4,4′-异构体。反应式如下:

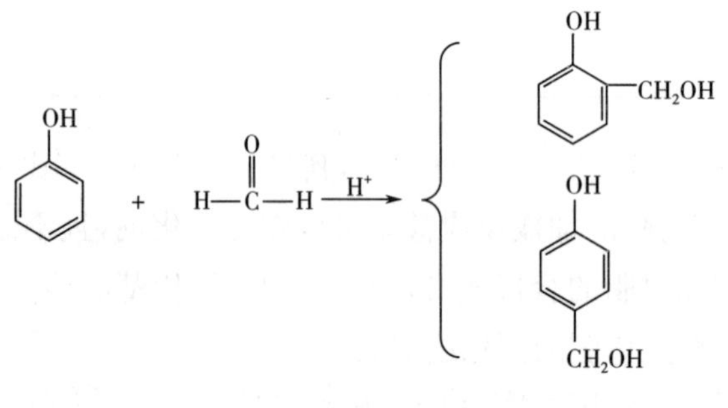

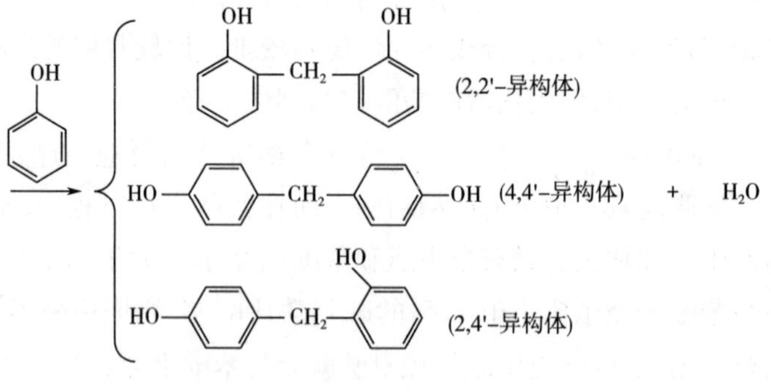

生成的二酚基甲烷可以与甲醛进一步进行加成反应,其反应速率大致与苯酚和甲醛的反应速率相同,加成反应生成的羟甲基又可以进行缩聚反应,因此缩聚产物的分子链可进一步增长,但由于甲醛用量不足(甲醛与苯酚的摩尔比小于 1),树脂分子不可能无限增大,只能增长到一定程度即停止。如当苯酚∶甲醛=5∶4 时,树脂分子中酚环约有 5 个,数均分子量为 500 左右;当苯酚∶甲醛=3∶2 时,树脂分子中酚环约有 3 个。

若甲醛与苯酚的摩尔比等于 1,由于甲醛用量较多,合成的树脂分子链较长,可导致支化,甚至出现凝胶,这时测得的临界支化系数为 0.56,即在反应程度达 56% 时就会产生凝胶。若甲醛与苯酚的摩尔比大于 1 时,反应难于控制,最终会得到体型网状结构的固体树脂,没有使用价值。因此,热塑性酚醛树脂的合成要严格控制甲醛与苯酚的摩尔比小于 1。由于酸性条件下缩聚反应速度要比加成反应速度大很多,因此合成的热塑性酚醛树脂结构中基本不存在羟甲基($-CH_2OH$),而且相对分子质量较低,树脂是线型结构,因此当加热时,树脂仅熔融,而不发生继续缩聚反应。但是这种树脂由于酚环中仍存在未反应的活性点,因而在与甲醛或加入其他固化剂时就会继续反应生成不溶不熔的体型网状结构的高聚物。

(2)强酸催化下的反应历程和分子结构。在强酸催化下,苯酚与甲醛的反应历程如下:

甲醛在水溶液中与水结合可形成亚甲基二醇($HOCH_2OH$),在酸性介质中,亚甲基二醇生成羟甲基正离子($^{\oplus}CH_2OH$):

$$CH_2O+H_2O \xrightarrow{H^+} HOCH_2OH+H^+ \rightleftharpoons HOCH_2OH_2{}^{\oplus} \rightleftharpoons {}^{\oplus}CH_2OH+H_2O$$

羟甲基正离子在苯酚的邻位和对位上进行亲电取代反应:

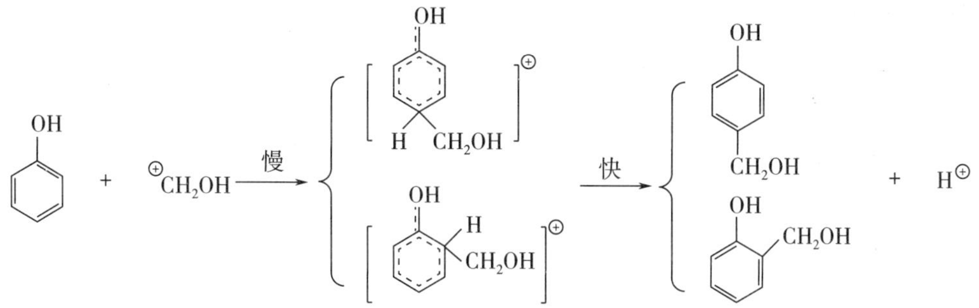

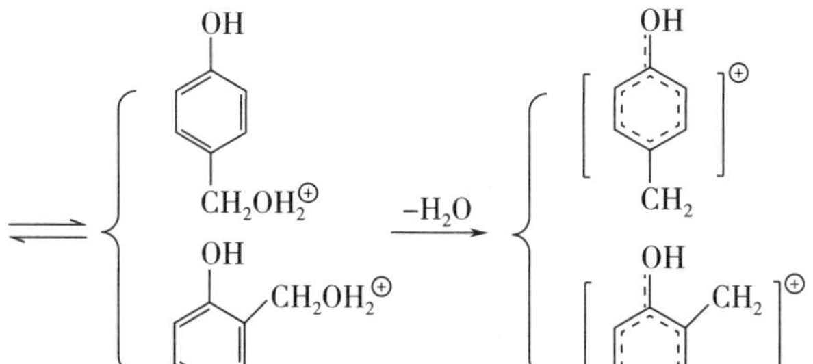

第一步反应比较慢,决定着整体的反应速率,后一步反应比较快,实际上羟甲基苯酚在酸性条件下是瞬时中间产物,之后很快脱水。脱水的碳鎓离子立即与游离酚反应,生成 $H^{\oplus}$ 和二酚基甲烷:

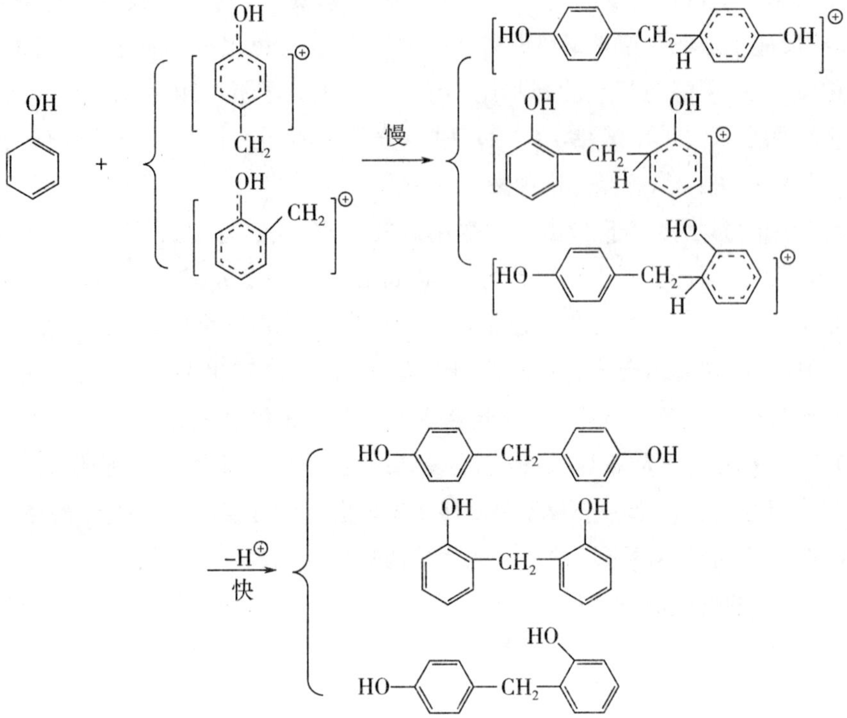

反应动力学研究表明,多数情况下反应级数为二级,$H^\oplus$在苯酚和甲醛反应的开始阶段是活泼的催化剂,缩聚反应速率大体上正比于$H^\oplus$的浓度。

热塑性酚醛树脂的分子结构与合成条件紧密相关。在强酸性条件下(pH<3)下,虽然对位和邻位的反应都可以发生,但一般来说,对位的活性比邻位的活性大,缩聚反应主要通过酚羟基的对位来实现,因此在热塑性酚醛树脂分子结构中的酚环主要通过对位连接起来。理想的热塑性酚醛树脂的分子结构如下:

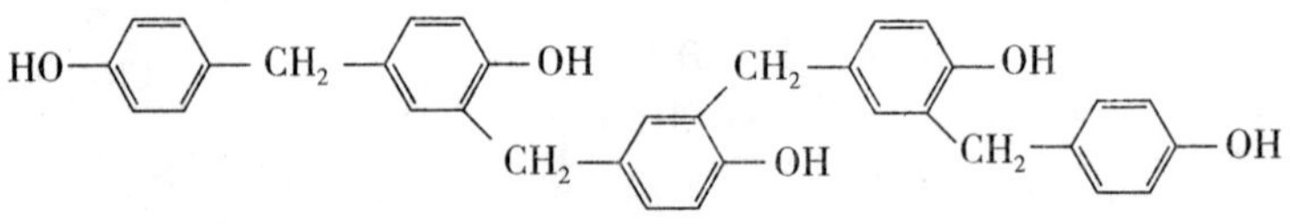

但体系中也存在少量的邻位结构:

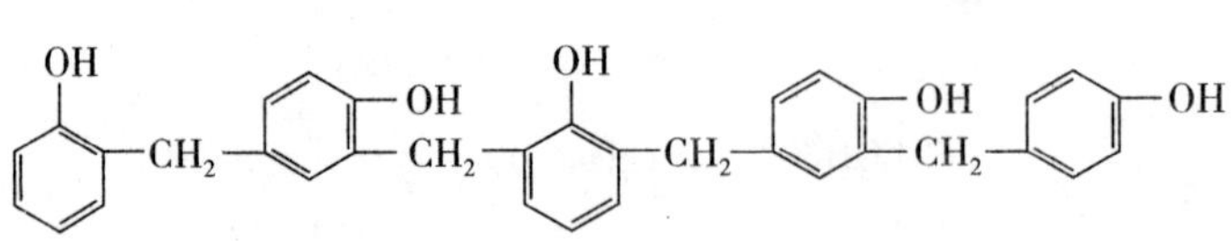

其中,邻位结构的含量随体系的酸性增强而减少,此外,若采用碳链较长的醛如乙醛来合成酚醛树脂,邻位结构也很少。

(3)中等pH下催化反应历程和分子结构。与强酸性条件下不同,若控制体系的pH=4~7,且采用某些特殊的二价金属碱盐作催化剂,可以合成酚环主要通过邻位连接起来的高邻位热塑性酚醛树脂,其理想的分子结构如下:

在二价金属碱盐作催化剂的二价金属离子中，最有效的催化剂是锰、镉、锌和钴，其次为镁和铅，过渡金属如铜、铬、镍的氢氧化物也是有效的催化剂。

在采用上述催化剂并且控制反应体系的 pH 为 4～7 的条件下，二价金属离子在反应中首先形成不稳定的螯合物，然后再形成邻位加成的酚醛树脂，其反应历程如下：

$$M^{2+} + HOCH_2OH \rightleftharpoons [M^{\oplus}\!-\!O\!-\!CH_2\!-\!OH] + H^+$$

如表 2-16 所示，二酚基甲烷的三个异构体中，2,2′-异构体活性最大。在 160℃时分别在 2,2′-异构体、2,4′-异构体、4,4′-异构体中加入 15% 的六次甲基四胺(HMTA)固化剂，2,2′-异构体的凝胶时间最短，为 60s。

表 2-16 二酚基甲烷异构体与六次甲基四胺的反应性

异构体名称	熔点/℃	160℃下与 15% HMTA 混合的凝胶时间/s
2,2′-异构体	118.5～119.5	60
2,4′-异构体	119～120	240
4,4′-异构体	162～163	175

2,2′-异构体与固化剂的反应活性较大的原因是在两个酚羟基间形成氢键：

氢键作用产生 H^+，有附加的催化效应。

因此，高邻位热塑性酚醛树脂的最大优点是固化速度比其他的热塑性酚醛树脂快 2～3 倍，可用于热固性树脂的注射成型、反应注射模塑(RIM)成型、浇铸树脂等。此外，高邻位酚醛树脂制得的模压制品的热刚性也比较好。因此，在工业上，高邻位热塑性酚醛树脂的应用要比其他的热塑性酚醛树脂更为广泛。

2. 热塑性酚醛树脂合成的影响因素

在热塑性酚醛树脂的合成中，影响树脂性能的因素主要有酸性催化剂的类型及用量、反应体系的 pH 以及酚和醛的摩尔比等。

(1)催化剂的类型及用量。热塑性酚醛树脂的合成必须采用酸性催化剂、在 pH<7 的条件下进行。在酸性催化剂作用下，苯酚与甲醛加成反应速率基本上与 H^+ 的浓度成正比关系，进一步的缩聚反应对酸性催化剂的用量也非常敏感。催化剂不仅对反应起催化作用，还影响所得树脂的性能。

盐酸是酸性很强的催化剂，催化效率高，反应速率快，用量较少，一般为苯酚重量的 0.05%～0.3%，体系 pH 控制在 1.8～2.2。在反应时，需分 2～3 次加入反应体系中，以防缩聚过程中放热剧烈。盐酸基本上可以在干燥脱水过程中随水蒸气一起蒸发，易去除。缺点是对设备腐蚀性较大，生产出的树脂中残存 Cl^-，影响树脂性能。

草酸是一种有机酸，酸性较弱，催化作用较缓和，常用量为 1.5%～2.5%。草酸催化的优点是缩聚反应易控制，生成的树脂颜色较浅，并有较好的耐光性。缺点是反应速率较慢。

在弱酸性或中性碱土金属氢氧化物或氧化物催化下，可以生成高邻位的热塑性酚醛树脂。一般来说，金属离子的螯合强度越高，越有利于邻位产物的生成。硼酸也有较强的邻位效应。

(2)反应体系的 pH。反应体系 pH 对反应过程及树脂的结构与性能的影响很大。实验发现，当反应体系的 pH=3.0～3.1 时，苯酚和甲醛不发生反应，但加入酸使 pH<3.0 或加入碱使 pH>3.1 时，反应就会立即发生。因此，称 pH=3.0～3.1 这个范围为酚醛树脂反应的中性点，控制反应条件时，要避免这个中性点。当甲醛与苯酚的摩尔比小于 1 时，在 pH<3.0 的强酸性条件下，反应产物主要为对位连接的热塑性酚醛树脂；控制体系的 pH=4～7，且采用某些特殊的二价金属碱盐催化剂的条件下可制得高邻位线型酚醛树脂。

(3)醛和酚的摩尔比。合成热塑性酚醛树脂时应控制醛和酚的摩尔比小于 1，在实际应用中，常控制醛和酚的摩尔比在(0.8～0.86)：1，在这个比例范围内，酚醛树脂的合成易于控制，且制得的树脂具有良好的综合性能。在此范围内，随着甲醛用量的增加，所得到的热塑性酚醛树脂的平均相对分子质量增加，软化点、树脂胶液的黏度以及树脂的产率提高，树脂的凝胶化速度(加入六次甲基四胺)提高，游离酚的含量下降。

(三)酚醛树脂的合成规律

如前所述,在官能团数目满足体型缩聚的要求下,酚醛树脂的合成与催化剂的种类(酸或碱)和醛与酚的摩尔比有关。当醛与酚的摩尔比大于1、用碱作为催化剂时,可以合成热固性(一阶)酚醛树脂;当醛与酚的摩尔比小于1、用酸作为催化剂时,得到热塑性(二阶)酚醛树脂。那么,当醛与酚的摩尔比大于1、用酸作为催化剂以及当醛与酚的摩尔比小于1、用碱作为催化剂时会得到什么结构的酚醛树脂呢?

当醛与酚的摩尔比大于1、用酸作为催化剂时,缩聚反应的速率要远远大于其加成的反应速率,因此体系内只要有加成产物羟甲基($-CH_2OH$)生成,就会发生继续缩聚,而且由于甲醛的用量较多,因此合成得到的树脂分子链比较长,出现凝胶,甚至发生固化,最终生成不溶解不熔融的体型网状聚合物。因此,在醛与酚的摩尔比大于1、用酸作为催化剂的条件下,最终会得到体型酚醛树脂,但由于缩聚反应的速率很快,反应难以控制,不能在树脂凝胶点前将反应停下来,在工业上没有使用价值。

当醛与酚的摩尔比小于1,用碱作为催化剂时,加成的反应速率要大于缩聚的反应速率,因此,反应初期与一阶酚醛树脂的合成是类似的,但由于甲醛用量不足,体系中苯酚剩余较多,因此得到的是一阶酚醛树脂在酚中的溶液。再继续加热,并保持苯酚不失去的情况下,一阶酚醛树脂中没有发生缩聚的羟甲基会进一步与苯酚中邻对位上的氢进行缩聚,生成亚甲基,最后得到的酚醛树脂中没有$-CH_2OH$,且相对分子质量较低,是一种可溶解可熔融的线型结构,因此,在此条件下,最终得到的酚醛树脂是热塑性(二阶)酚醛树脂。

因此,从以上分析可以看出,醛与酚的摩尔比主要影响生成酚醛树脂的分子链的长度以及是否出现凝胶化,而酸或碱作为催化剂主要影响加成和缩聚的相对反应速率。当醛与酚的摩尔比大于1时,最终都会生成体型缩聚物,当碱作为催化剂时,加成的反应速率比缩聚的反应速率大,反应可控,可以在任何阶段使反应停止,只要控制合适的反应条件,就可以得到缩聚程度比较低的低相对分子质量酚醛树脂,即工业上常用的热固性(一阶)酚醛树脂;但当酸作为催化剂时,由于缩聚的反应速率要远远大于加成的反应速率,因此反应难以控制,没有使用价值。而当醛与酚的摩尔比小于1时,由于醛的用量较少,生成的酚醛树脂的分子链较短,是一种可溶可熔的线型结构,因此,不论是酸还是碱作为催化剂,最后生成的都是热塑性(二阶)酚醛树脂,在工业上常用酸作为催化剂来合成二阶酚醛树脂。

三、酚醛树脂的固化

合成得到的酚醛树脂相对分子质量不高,通常在150~1500,这时的树脂是线型结构,酚醛树脂只有在固化形成交联网状结构之后才具有优良的使用性能。在整个酚醛树脂的固化过程中,可以分为A阶、B阶和C阶三个阶段,树脂的分子结构和外观形态分别对应着热固性树脂的黏流态、凝胶态和固化态。酚醛树脂在B阶之前,即反应程度在凝胶点之前时,是可溶解可熔融的,可以配制成适当黏度的胶液,充分浸渍增强纤维,并能按照设计要求制成一定形状的产品;而酚醛树脂在B阶之后,即反应程度在凝胶点之后时,复合材料制品基本定型,进一步的固化可使复合材料制品的物理性能和化学性能得到完善。

如前所述,热固性酚醛树脂和热塑性酚醛树脂的合成条件不同,分子结构也不同,因此,两者的固化原理也不同,下面分别讨论。

(一)热固性酚醛树脂的固化

从前面的合成原理可以看出,热固性酚醛树脂是体型缩聚控制在凝胶点之前的产物,由于树脂分子结构中含有很多的羟甲基,在合适的反应条件下可使缩聚继续进行,最终交联成体型高聚物。热固性酚醛树脂可以在加热条件下固化,也可以在酸性条件下固化。

1. 热固化

(1)热固化原理。在加热的条件下,热固性酚醛树脂的固化反应非常复杂,固化过程中的影响因素很多,如固化温度、原料酚的结构、合成时所用的碱性催化剂的类型等,都会对固化反应过程以及固化物的结构产生影响。在碱性催化剂的作用下,合成得到的热固性酚醛树脂主要是缩聚程度比较低的酚醇缩聚物,因此,为了简化问题,通常采用纯的酚醇来研究酚醛树脂的固化历程。

温度对酚醇的反应影响很大,在低于170℃时主要是基团之间的缩聚反应,表现为分子链的增长,主要有以下两种反应:

①酚环上的羟甲基与其他酚环上的邻位或对位的活泼氢发生缩聚反应,生成亚甲基键。

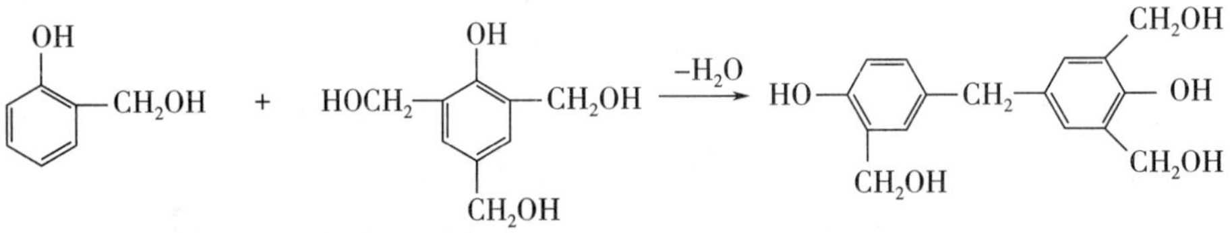

②两个酚环上的羟甲基相互发生缩聚反应,生成二苄基醚。

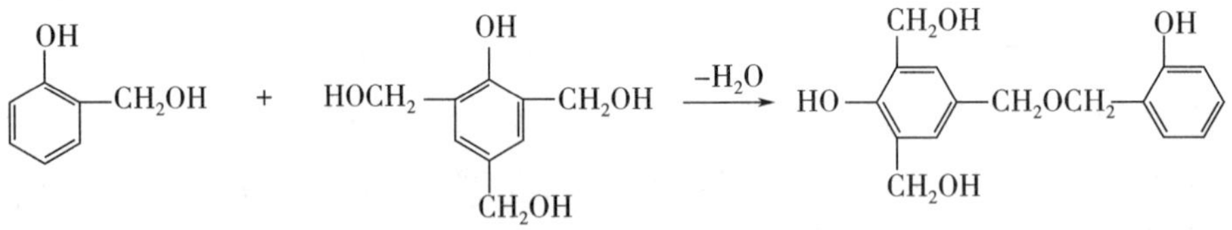

在以上两个反应中,生成亚甲基键的活化能约为57.4kJ/mol,生成醚键的活化能约为114.7 kJ/mol,因此①反应比②反应容易发生。以上反应不断地进行,缩聚程度不断提高,分子链增长,直至形成网络交联结构,树脂发生固化。

从以上反应可以看出,在低于170℃时,固化反应的结果是在两酚环间形成亚甲基键和醚键,其中亚甲基键是最稳定和最重要的化学键。二苄基醚不稳定,容易分解生成—CH₂—,并释放出甲醛,其既可以是固化结构中的最终产物,也可以是过渡产物,其形成与否与反应温度、体系的酸碱度等都有很大的关系。

酚醇在中性条件下加热,低于160℃时,很容易生成二苄基醚,但超过160℃,二苄基醚容易分解生成—CH₂—;在碱性条件下,主要生成亚甲基键;在酸性条件下,醚键和亚甲基键均可形成;但在强酸性条件下,主要生成亚甲基键。除此之外,亚甲基键和醚键在树脂固化结构中的比例还与树脂中羟甲基的数量、酚环上活泼氢的数目以及酚醇分子中取代基的大小与性质等有关。因此,醚键结构是否进入最终的固化网络结构中,要综合以上影响因素来分析。

固化温度在 170～250℃时,酚醛树脂的固化反应变得非常复杂,导致产物也很复杂。在这一温度范围内,二苄基醚键不稳定,可进一步反应,生成稳定的亚甲基键,因此,二苄基醚很快减少,亚甲基键大量增加。此外,还生成亚甲基苯醌和它们的聚合物以及氧化还原产物等,固化产物显示红棕色或深棕色。固化过程中产生的亚甲基苯醌具有如下两种结构:

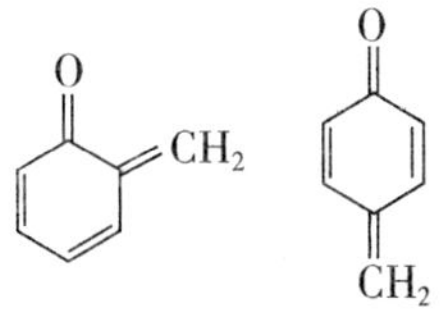

亚甲基苯醌可以进一步发生很多反应,例如可与羟甲基苯酚发生氧化还原反应,生成醛:

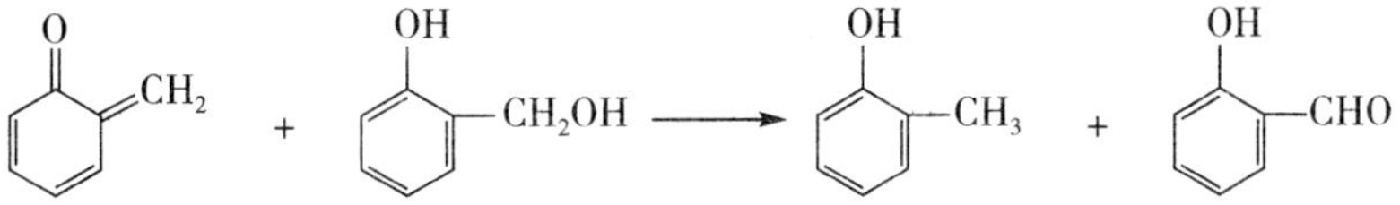

这一阶段的反应比较复杂,具体的反应机理目前还不十分清楚。由于在工业上酚醛树脂的热固化温度通常控制在 170℃左右,因此这一阶段的反应发生的可能性较小,主要考虑低于170℃的反应。

热固性酚醛树脂用来制备纤维增强复合材料时,通常采用高温高压的固化成型工艺,如模压、层压等,这主要是由以上所述的热固性酚醛树脂的固化原理决定的。热固性酚醛树脂在热固化的过程中会释放出大量的水分、甲醛、溶剂等小分子挥发物,因此必须施加压力,以克服这些挥发物的抵抗力并压紧制品,否则会在制品内部形成大量的气泡和微孔,严重时会造成制品翘曲和分层。除此之外,压力还起到使层压预浸料层与层之间有较好的接触和黏结以及使模压预浸料流动并充满模腔的作用。

(2)热固化反应的影响因素。在酚醛树脂的热固化过程中,影响因素主要有以下几种。

①树脂合成时酚与醛的投料比。甲醛含量提高,树脂的凝胶时间缩短,凝胶速度提高。合成热固性树脂时其醛/酚的摩尔比最高为 1.5∶1,此比例下固化反应最快,固化树脂的物理性能也达最高值。

②固化体系的酸碱性。当固化体系的 pH=4 时,固化反应极慢,为固化反应的中性点;增加碱性和增加酸性都使凝胶速度加快,其中,增加酸性使凝胶速度更快。

③固化温度。固化温度升高,热固性酚醛树脂的凝胶速度明显加快,每增加 10℃,凝胶时间大约缩短一半。

2. 酸固化

热固性酚醛树脂用作胶黏剂和浇铸树脂时,常希望在较低的温度甚至室温下固化,在酚醛树脂中加入合适的酸类固化剂可以实现这一目的。常用的酸类固化剂有盐酸或磷酸(可把它们溶解在甘油或乙二醇中使用),也可用对甲苯磺酸、苯酚磺酸或其他的磺酸等。

在热固性酚醛树脂中添加酸类固化剂,相当于降低了体系的 pH 使之呈现酸性,在此条件下,羟甲基的缩聚反应速率加快,因此,热固性酚醛树脂酸固化时的主要反应是在树脂分子间形成亚甲基键。但当酸类固化剂的用量较少、固化温度较低以及树脂分子中的羟甲基含量较高时,二苄基醚也可生成。所以,热固性酚醛树脂的酸固化反应与热塑性酚醛树脂合成时的反应非常相似,最大的不同点在于热固性酚醛树脂的酸固化过程中醛相对酚的用量较多,以及当酸类固化剂添加时醛已化学结合至树脂的分子结构中。热固性酚醛树脂酸固化的特点是反应剧烈,并放出大量的热。

热固性酚醛树脂酸固化的反应活性与体系的 pH 以及其分子结构有关。酸固化最好在较低的 pH(一般低于 3)下进行,研究发现,热固性酚醛树脂在 pH＝3～5 的范围内非常稳定,最稳定的 pH 范围与树脂合成时所用酚的类型和固化温度有关。如用间苯二酚合成的树脂最稳定的 pH 为 3,而用苯酚合成的树脂最稳定的 pH 约为 4。除了体系的 pH,热固性酚醛树脂的分子结构对酸固化的反应活性影响也较大。例如,用间苯二酚部分代替苯酚合成的酚醛树脂在酸固化时具有较高的反应活性,能在室温下快速固化。

3. 固化树脂的结构

从上面酚醛树脂固化原理的分析可以看出,树脂固化后会形成网络结构的体型聚合物,两酚环间通过亚甲基键和醚键相互连接起来,其中亚甲基键是最稳定和最主要的化学键(若主要考虑低于 170℃的固化反应)。假设树脂全部通过最稳定的亚甲基键充分交联成三维网状结构的体型聚合物,其固化后的理想结构如下所示。

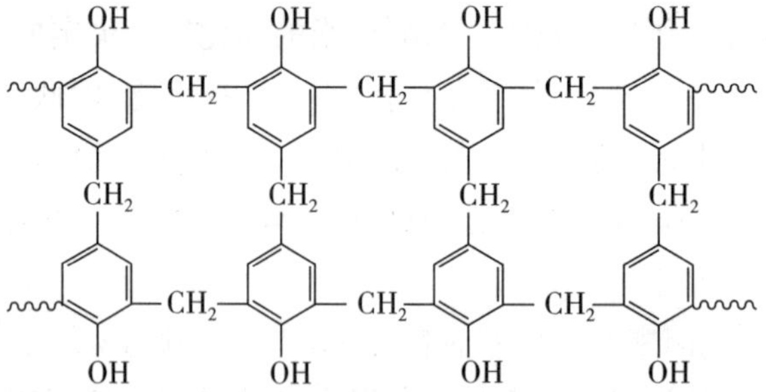

由此理想结构计算得到的理论强度比实验值要大近三个数量级,这说明实际固化得到的酚醛树脂的网络结构并不是这么理想和简单,而是非常复杂,且存在很多缺陷。由于在固化反应时,体系的黏度很大,特别是固化的后期,分子的流动性降低,运动受限,使得交联反应不完全,难以达到完全固化。而且固化体系中存在游离酚、醛及水分等杂质,也影响交联程度。此外,由于树脂分子链会发生缠结,固化物的分子结构很不均匀,存在很多缺陷和应力集中现象。因此导致酚醛树脂的实际强度要远低于理论计算值。

(二)热塑性酚醛树脂的固化

热塑性酚醛树脂由于在合成过程中甲醛用量不足,形成的是线性结构的树脂,是可溶可熔的,而且分子结构中一般没有羟甲基,所以不能热固化。但是树脂分子结构中还存在未反应的活性点,因此如果加入能与活性点继续反应的固化剂,就能使反应继续进行,固化交联成三维网状结构的高聚物。

热塑性酚醛树脂常用的固化剂有六次甲基四胺、多聚甲醛等。热固性酚醛树脂也可用来使热塑性酚醛树脂固化,其分子结构中的羟甲基可与热塑性酚醛树脂酚环上的活泼氢反应,交联成体型高聚物。在这些固化剂中,六次甲基四胺是使用最广泛的固化剂。热塑性酚醛树脂广泛用于酚醛模压料,其中大约有80%的模压料是采用六次甲基四胺固化的。除模压料外,用六次甲基四胺固化的热塑性酚醛树脂还用作胶黏剂和浇铸树脂。

采用六次甲基四胺固化热塑性酚醛树脂具有以下优点:固化速度快,模压周期短,模压制品在升高温度后有较好的刚度,制品脱模后翘曲小;可以制备尺寸稳定的、刚硬的、耐磨的热固性塑料;固化时不放出水,制品电性能较好。

1. 固化原理

六次甲基四胺是氨与甲醛的加成物,为白色晶体,分子式为$(CH_2)_6N_4$,结构式如下:

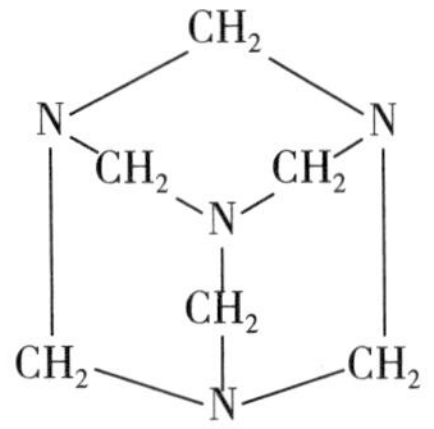

六次甲基四胺固化热塑性酚醛树脂的原理目前仍不十分清楚,研究者也提出了不同的固化反应原理。其中一种普遍认可的反应原理是六次甲基四胺和含活性点的树脂反应时,在六次甲基四胺中任何一个氮原子上连接的三个化学键可依次打开,与三个树脂分子上的活性点反应:

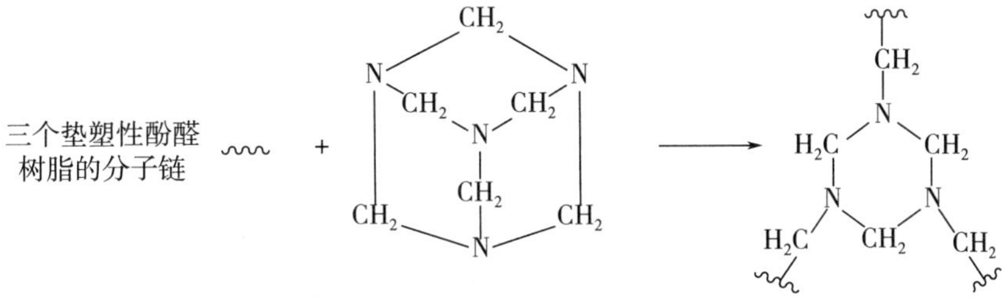

以下实验现象及结果均支持上述反应历程:

(1)原来存在于六次甲基四胺中的氮有66%~77%最终结合到固化产物中,表明每个六次甲基四胺分子仅失去一个氮原子;

(2)固化过程中仅释放出NH_3,而没有放出水;

(3)用少至1.2%的六次甲基四胺就可与热塑性酚醛树脂反应生成凝胶结构。

对六次甲基四胺固化热塑性酚醛树脂的反应研究表明,高邻位热塑性酚醛树脂与其他热塑性酚醛树脂相比,反应温度要低大约20℃,反应活化能也最低,凝胶时间也最短。因此,高邻位热塑性酚醛树脂与六次甲基四胺的固化反应更容易,反应速率更快。

2. 固化反应的影响因素

(1)六次甲基四胺的用量。六次甲基四胺的用量对热塑性酚醛树脂的凝胶时间、固化速度和制品的性能影响很大。六次甲基四胺的用量不足,凝胶时间延长,模压时的压制时间延长,制品的耐热性降低;六次甲基四胺的用量过多,不但不能增加制品的压制速度和耐热性,反而使制品的耐热性和电性能下降,并使制品发生膨胀现象。一般六次甲基四胺的用量为树脂用量的5%~15%,最佳用量为9%~10%。

(2)树脂中游离酚和水分的含量。热塑性酚醛树脂中一般含有少量的游离酚和微量的水分,其含量对树脂的固化速度和制品性能有影响。随着它们含量的增加,凝胶速度变快。但当水分含量超过1.2%时,对凝胶速度的影响变小。当游离酚含量在7%~8%时,凝胶时间较短,再增加游离酚的含量对凝胶速度的影响较小。但游离酚和水分含量太高会引起制品性能下降。

(3)固化温度。固化温度对热塑性酚醛树脂的固化速度有很明显的影响,随着温度提高,凝胶时间缩短,固化速度增加。酚醛模塑料的压制温度通常为150~175℃,压力通常在30~40MPa。

四、酚醛树脂的改性

酚醛树脂在合成过程中,酚羟基一般不参加化学反应,因此树脂结构中含有大量的酚羟基。酚羟基是一个强极性基团,易吸水,使酚醛树脂制品的力学性能和电性能变差;同时酚羟基易在热或紫外线作用下发生变化,生成醌或其他的结构,致使材料变色。此外,酚醛树脂由于分子结构中存在大量的芳环结构,使得树脂呈现脆性,韧性较差。

酚醛树脂本身具有优良的耐热性、抗氧化性以及耐烧蚀性能,是目前应用较为广泛的耐烧蚀材料,至今仍用作树脂基耐烧蚀材料的主要基体树脂。但是酚醛树脂的耐热性、热氧化稳定性、耐烧蚀性能等还可以进一步提高,以满足航空航天对耐热、耐烧蚀材料的更高要求。

因此,为了克服酚醛树脂结构和性能上的缺陷或进一步提高其热氧化稳定性、耐烧蚀性等性能,常对酚醛树脂进行改性。常用的改性途径有以下两种:

(1)封锁酚羟基。通过化学改性的方法将酚醛树脂的酚羟基保护或封锁起来,可以克服酚羟基所造成的吸水、变色等缺陷,进一步提高其性能,是酚醛树脂改性的主要途径。如有机硅改性酚醛树脂、硼改性酚醛树脂、二苯醚甲醛树脂、芳烷基醚甲醛树脂等都属于封锁酚羟基的改性。

(2)引进其他组分。引入能与酚醛树脂发生化学反应或相容性较好的组分,分隔或包围酚羟基或降低酚羟基的浓度,从而起到改善酚醛树脂性能的作用。如工业上常用的聚乙烯醇缩醛改性酚醛树脂和环氧改性酚醛树脂,都是属于这类改性。

下面就酚醛树脂一些常用改性品种的制造、性能及应用加以介绍。

1. 聚乙烯醇缩醛改性酚醛树脂

聚乙烯醇缩醛是一种线性聚合物,在工业上经常用来改性酚醛树脂。改性后提高了酚醛树脂对增强纤维的黏结力,改善了酚醛树脂的脆性,降低固化速度从而降低成型压力,赋予了树脂良好的成型工艺性。可以采用的聚乙烯醇缩醛有聚乙烯醇缩丁醛、聚乙烯醇缩甲醛、聚乙烯醇缩甲乙醛等。

聚乙烯醇的缩醛化反应是其大分子链侧基上相邻的两个羟基与醛类发生环化反应,由于几率效应,缩醛化并不完全,尚有孤立的羟基存在。按反应概率计算,缩醛化程度最高只有86.5%,尚有大约13.5%的羟基被孤立隔离在两环之间,无法反应,实验测定结果与理论计算值相近。聚乙烯醇缩醛分子中这13%左右的羟基的存在,对于改性酚醛树脂来说是非常必要的。一是可以提高聚乙烯醇缩醛在乙醇中的溶解性,增加与酚醛树脂的相容性;二是增加改性后树脂与玻璃纤维的黏结性;三是在成型温度下羟基与酚醛树脂分子中的羟甲基(常用的酚醛树脂是氨水催化的热固性一阶酚醛树脂)相互反应,生成接枝共聚物。反应原理如下所示:

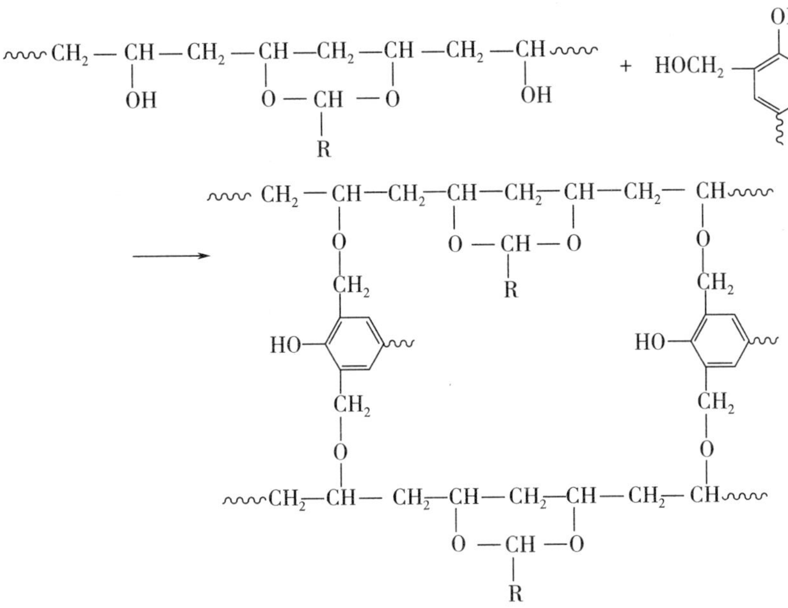

以上接枝共聚物的形成,使热塑性聚乙烯醇缩醛对热固性的酚醛树脂起到增韧作用,而且由于聚乙烯醇缩醛的加入,使树脂混合物中酚醛树脂的浓度以及羟甲基的浓度相应降低,降低了树脂的固化速度,因此可降低成型压力,使低压成型成为可能,但制品的耐热性有所降低。

在工业上,常在酚醛树脂中加入10%～30%(以酚醛树脂计)的聚乙烯醇缩丁醛,以无水乙醇为溶剂,两种树脂混合均匀,配制成黏度适宜的胶液,可用于浸渍各种增强材料,制成预浸料,然后热压制得聚乙烯醇缩丁醛改性酚醛树脂复合材料制品。在预浸料的烘干及热压过程中,聚乙烯醇缩丁醛分子中的羟基与酚醛树脂分子中的羟甲基反应,生成接枝共聚物,从而使聚乙烯醇缩丁醛分子结构进入酚醛树脂的体型固化网络结构中,达到改性的目的。

为了提高改性酚醛树脂的耐热性,有时用耐热性较好的聚乙烯醇缩甲醛或缩乙醛代替聚乙烯醇缩丁醛,也可用缩甲醛和缩丁醛的混合缩醛,而且常加入一定量的正硅酸乙酯。正硅酸乙酯会在浸胶烘干及热压成型过程中与聚乙烯醇缩醛分子中的羟基以及酚醛树脂中的羟甲基反应,最后进入树脂的交联结构,从而提高复合材料制品的耐热性。

2. 环氧改性酚醛树脂

双酚 A 型环氧树脂经常用来改性热固性酚醛树脂,改性后的树脂体系兼具酚醛树脂和环氧树脂的优点,改善了各自的缺点,可以看作两种树脂的互相改性。改性后树脂的黏结性能提高,固化物的韧性和耐化学腐蚀性提高,树脂固化时的收缩率降低,同时保留了酚醛树脂良好的耐热性,而且也可降低复合材料制品成型时的压力,使工艺性变好。

环氧树脂和热固性酚醛树脂混合时,酚醛树脂起到了环氧树脂固化剂的作用,在成型温度下,两种树脂的分子链经过化学反应形成复杂的体型网状结构。主要的反应如下:

(1)酚醛树脂中的酚羟基与环氧树脂中的环氧基发生反应。

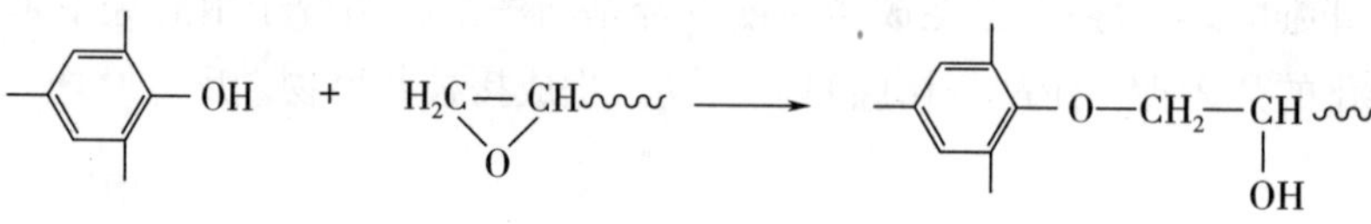

(2)酚醛树脂中的羟甲基与环氧树脂中的环氧基发生反应。

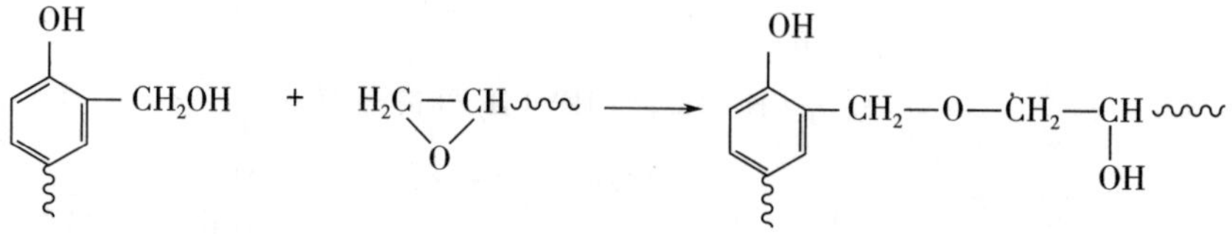

(3)酚醛树脂中的羟甲基与环氧树脂中的仲羟基发生反应。

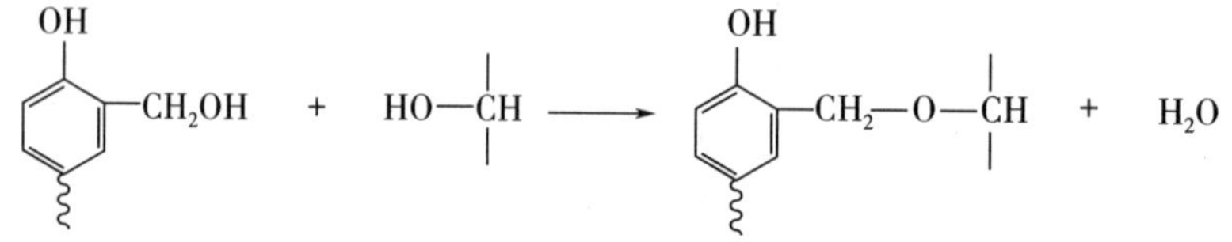

改性时环氧树脂用量一般为树脂总量的 $15\%\sim60\%$,工业上常用 60% 的双酚 A 型环氧树脂和 40% 的热固性一阶酚醛树脂混合。将两种树脂按比例溶解于溶剂中形成树脂胶液,然后浸渍玻璃纤维等增强材料,烘干后制得预浸料,再经模压或层压制得复合材料制品。环氧改性酚醛树脂热固化温度约为 175℃,成型压力比纯酚醛树脂低,层压时压力约为 6MPa,模压时压力为 5～30MPa。

环氧改性酚醛树脂除了主要用于层压和模压复合材料制品外,还可以用于涂层、结构黏合剂及浇铸等方面。

3. 二甲苯改性酚醛树脂

将疏水结构的二甲苯引进到酚醛树脂的分子结构中,二甲苯代替酚醛树脂中的一部分酚环,降低了酚羟基的含量,而且使剩余的酚羟基处于疏水基团的包围之中,因此,改性后的树脂的耐水性得到提高,既提高了酚醛树脂在湿热带的使用寿命,又提高了电性能和力学性能。同时,又可降低树脂成型时的压力,可适用于低压成型工艺,从而扩大了树脂的应用范围。

二甲苯改性酚醛树脂又称二甲苯甲醛树脂改性酚醛树脂或酚改性二甲苯甲醛树脂,其合成过程分为两步:先将二甲苯和甲醛在酸性催化剂下合成二甲苯甲醛树脂;然后再将二甲苯甲醛树脂与苯酚、甲醛进行反应得到二甲苯改性酚醛树脂。

(1)二甲苯甲醛树脂的合成。二甲苯和甲醛合成二甲苯甲醛树脂时,工业上常用的催化剂为浓硫酸,也可用磷酸、氢氟酸等。二甲苯共有三个异构体,其与甲醛的反应速率相差很大,三个异构体与甲醛的的反应速率比为:间位:邻位:对位＝11：3：2,间位的二甲苯与甲醛的反应速率最大。

在硫酸催化下,间二甲苯与甲醛的反应式如下。

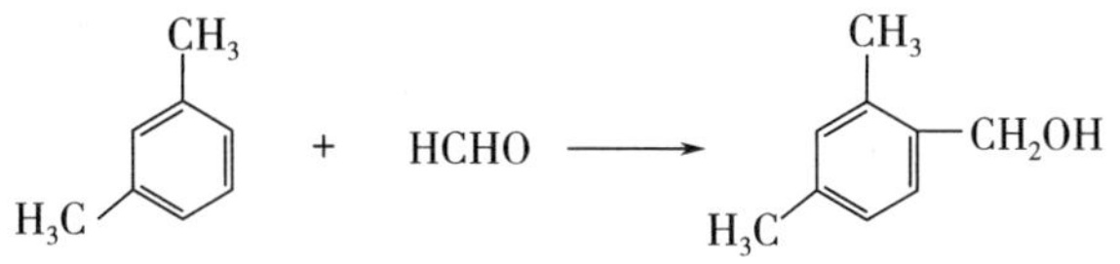

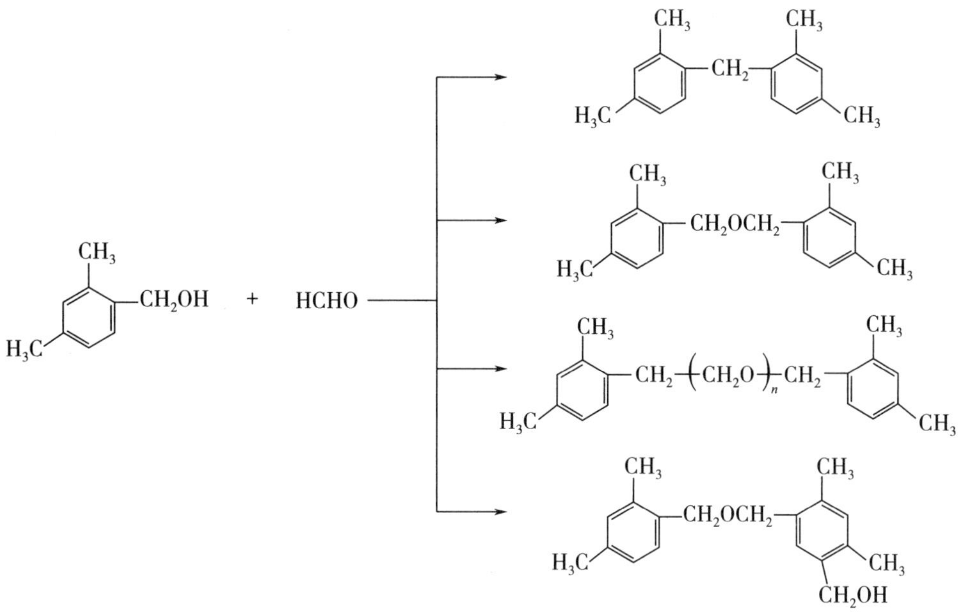

从以上反应式可以看出,最终得到的二甲苯甲醛树脂是以上反应产物的混合物。所得树脂的相对分子质量一般为 350~700,含有 3~6 个二甲苯环,树脂中羟甲基含量为 5%~6%,氧含量为 10%~12%。

从二甲苯甲醛树脂的分子结构来看,其形式上与热塑性二阶酚醛树脂类似,但加入六次甲基四胺不能使其固化,因此,两者有本质的区别,二甲苯甲醛树脂是一种热塑性树脂,而热塑性二阶酚醛树脂属于热固性树脂。

(2)二甲苯改性酚醛树脂的合成。将二甲苯甲醛树脂与苯酚和甲醛进一步反应,可制得热固性树脂——二甲苯改性酚醛树脂。化学反应式如下:

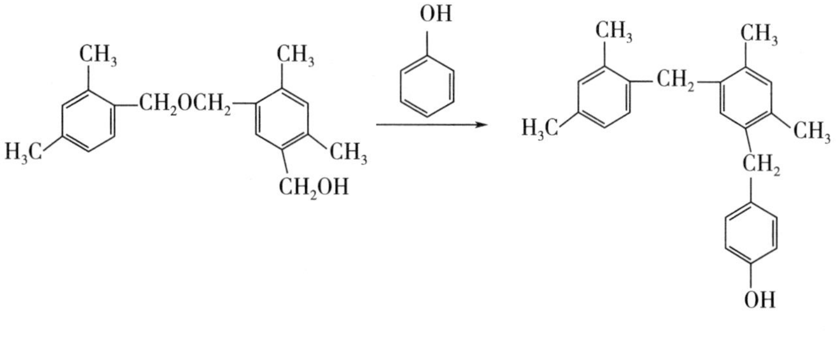

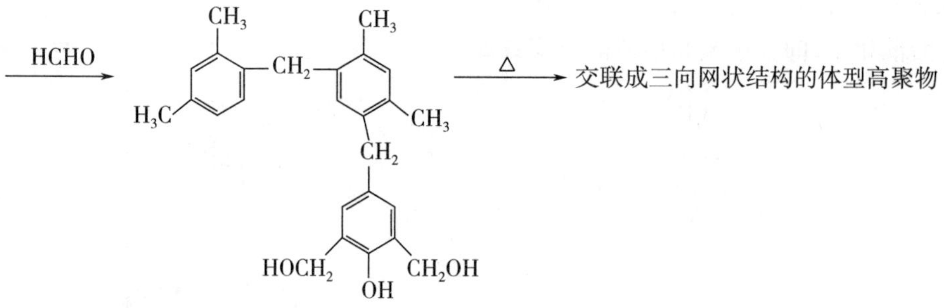

与未改性的热固性酚醛树脂相比,二甲苯改性酚醛树脂较为稳定,可在3～6个月内始终处于均一状态,不会发生结块或局部凝胶现象,发生固化时也具有明显的 A、B、C 三个阶段,而且处于 B 阶时间较长,加工过程易于控制,但存在固化速度慢的缺点。

4. 有机硅改性酚醛树脂

有机硅树脂分子主链上的硅氧键的键能为 372kJ/mol,而碳碳键的键能只有 242kJ/mol,因此有机硅树脂比一般树脂的耐热性和耐水性要好得多。含有烷氧基的有机硅化合物容易与含羟基的有机化合物反应,形成硅氧键结构。因此,利用该反应,可以使用有机硅单体如 $Si(OR)_4$、$CH_3Si(OR)_3$、$(CH_3)_2Si(OR)_2$、$C_6H_5Si(OR)_3$、$(C_6H_5)_2Si(OR)_2$ 等与酚醛树脂中的酚羟基或羟甲基发生反应,形成含硅氧键结构的立体网络,同时减少了酚醛树脂上的酚羟基,从而制得具有耐热性和耐水性的酚醛树脂。反应式如下:

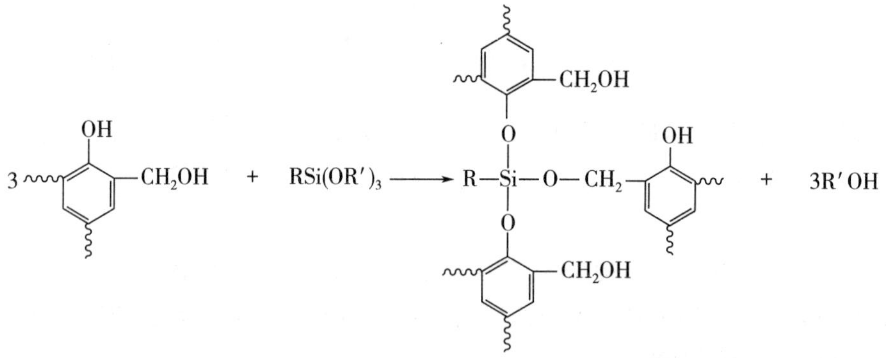

应用不同的有机硅单体对酚醛树脂进行改性,可得到不同性能的改性酚醛树脂。工业上通常先按一定比例制成有机硅单体和酚醛树脂的混合物,然后浸渍增强材料(如玻璃纤维及织物),再经烘干及压制成型制成耐高温的复合材料制品,在上述浸渍、烘干及压制过程中,完成酚醛树脂的改性及固化交联反应。

有机硅改性酚醛树脂的固化温度低、室温强度高,同时具有高的耐热性、耐水性及韧性。用有机硅改性酚醛树脂制成的复合材料在 200～260℃下仍具有良好的热稳定性,可以在此温度下工作相当长的时间,既可作为瞬时耐高温材料,也可用作火箭和导弹等的耐烧蚀材料。

5. 硼改性酚醛树脂

硼改性酚醛树脂的制备通常采用苯酚、甲醛或多聚甲醛、硼酸为主要反应原料,首先苯酚与硼酸反应,生成不同反应程度的硼酸酚酯混合物,然后与甲醛反应,生成硼酚醛树脂。与苯酚和甲醛合成酚醛树脂的反应类似,根据甲醛的用量不同,可生成热固性或热塑性硼酚醛树脂,最常合成和使用的是热固性硼酚醛树脂,其合成反应式如下:

(1)硼酸和苯酚反应,生成硼酸苯酯。

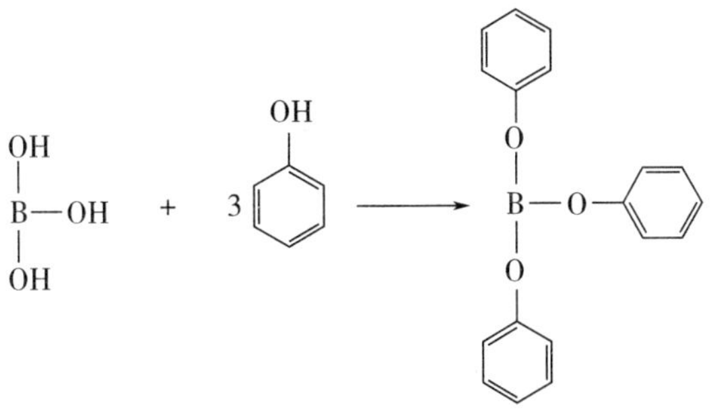

(2)硼酸苯酯与多聚甲醛反应(加成与缩聚),生成硼酚醛树脂。

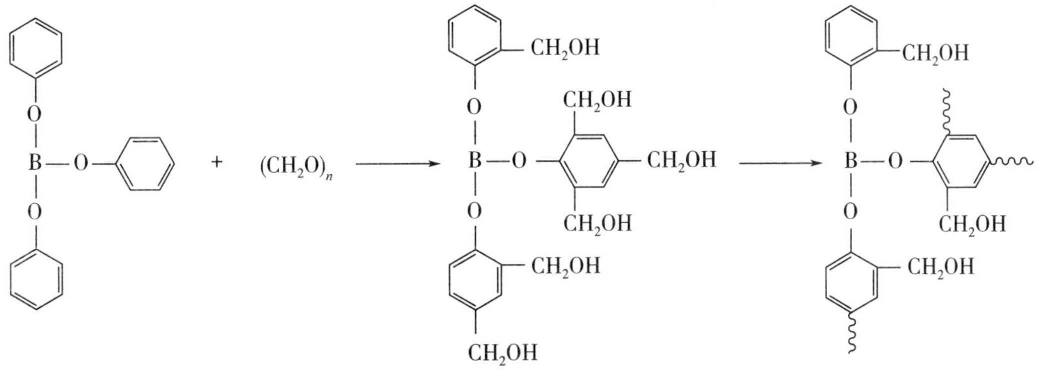

以上合成的硼改性酚醛树脂具有热固性酚醛树脂的性质,在固化过程中也具有 A 阶、B 阶和 C 阶三个阶段,因此可用一般热固性酚醛树脂的成型方法制备复合材料制品。但在硼改性酚醛树脂中,由于酚羟基中强极性的氢原子被硼原子所取代,降低了邻、对位的反应活性,固化速度比未改性的酚醛树脂慢,单位时间内产生的小分子等挥发物减少,因此可以降低成型压力,改善成型工艺性。

由于在酚醛树脂的分子结构中引入了无机的硼元素,树脂固化产物中会形成含硼的三维交联结构,所以硼改性的酚醛树脂比未改性的酚醛树脂具有更为优良的耐热性、瞬时耐高温性、耐烧蚀性能和耐中子性能。由于树脂分子中引进了柔性较大的—B—O—键,所以脆性有所改善,综合力学性能变好。由于硼改性酚醛树脂具有的这些优良性能,使它成为广泛应用于火箭、导弹和空间飞行器等空间技术领域的一种优良的耐烧蚀材料,也可以用于刹车件。

6. 钼改性酚醛树脂

以苯酚、甲醛与钼酸为主要反应原料,在催化剂的作用下,首先钼酸与苯酚发生反应,生成钼酸苯酯,然后钼酸苯酯再与甲醛反应,使过渡性金属元素钼以化学键的形式引入酚醛树脂中,制得钼改性酚醛树脂。合成过程中,常控制甲醛的用量不足(苯酚过量),合成得到热塑性钼酚醛树脂,其合成反应式如下:

（1）在催化剂的作用下，钼酸与苯酚发生反应，生成钼酸苯酯。

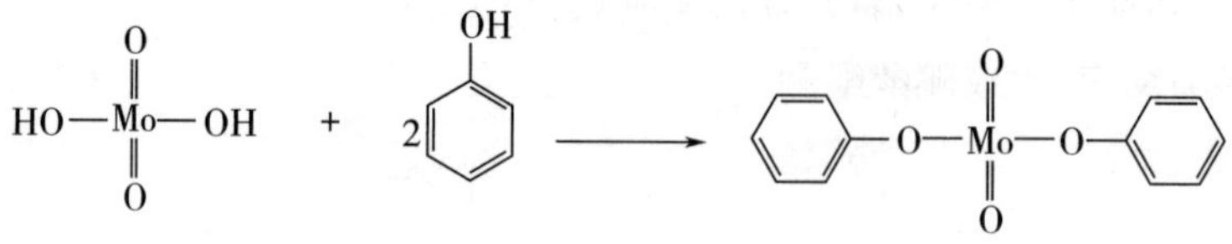

（2）钼酸苯酯与甲醛反应（加成和缩聚），生成钼酚醛树脂。

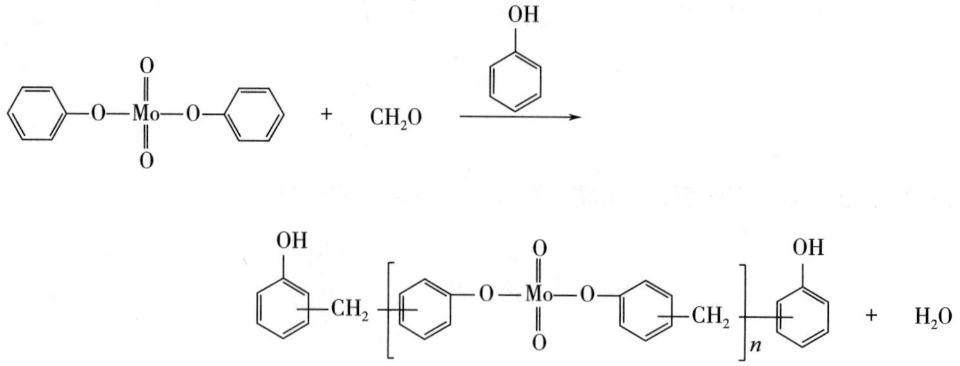

合成得到的热塑性钼改性酚醛树脂为深绿色的固体，软化点约为 100℃，该树脂能溶于乙醇或丙酮中，可以用六次甲基四胺固化。

钼改性酚醛树脂比未改性的酚醛树脂的热分解温度要高，成炭率也高，是一种新型的耐烧蚀树脂。树脂中钼的含量对耐热性影响较大，一般随着钼含量的增加，树脂分解温度提高。用钼改性酚醛树脂制得的复合材料制品耐烧蚀、耐冲刷性能好，而且机械强度高，加工工艺性好，常用于制作火箭、导弹等耐烧蚀、热防护材料等。

7. 二苯醚甲醛树脂

二苯醚甲醛树脂具有优良的耐热性、耐腐蚀性、耐辐射性，吸湿率也很低。它是由二苯醚和甲醛进行缩聚得到的，其反应过程如下：

（1）将二苯醚和甲醛在盐酸存在下反应，生成氯甲基化的二苯醚中间产物。

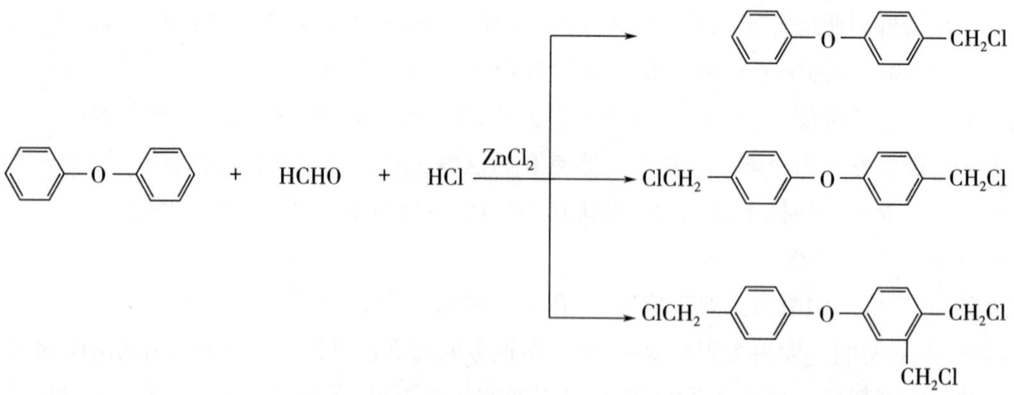

（2）上述中间产物在碱催化下可与醇反应，生成带有烷氧基的二苯醚。

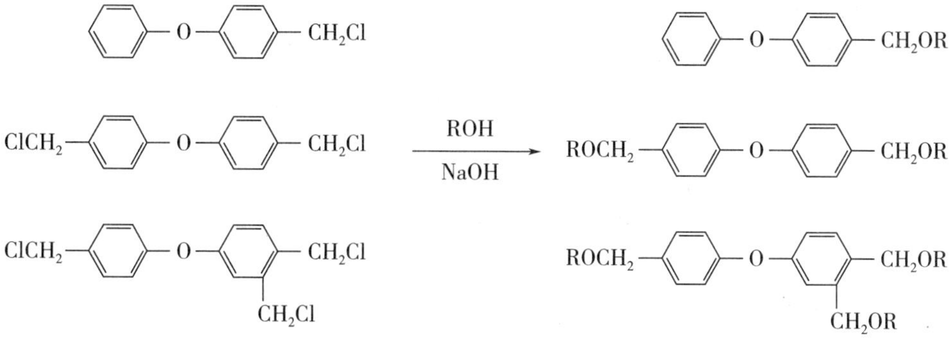

上述反应中的一官能团、二官能团、三官能团化合物的含量可由甲醛和盐酸的用量来调节，制成的氯甲基化的二苯醚混合物的氯含量可在 17%～34%变化，它决定着烷氧基二苯醚的烷氧基数。工业上常用甲醇与氯甲基化的二苯醚来反应，生成甲氧基二苯醚。

（3）甲氧基二苯醚在付氏催化剂的作用下，放出小分子甲醇，生成具有交联结构的体型高聚物：

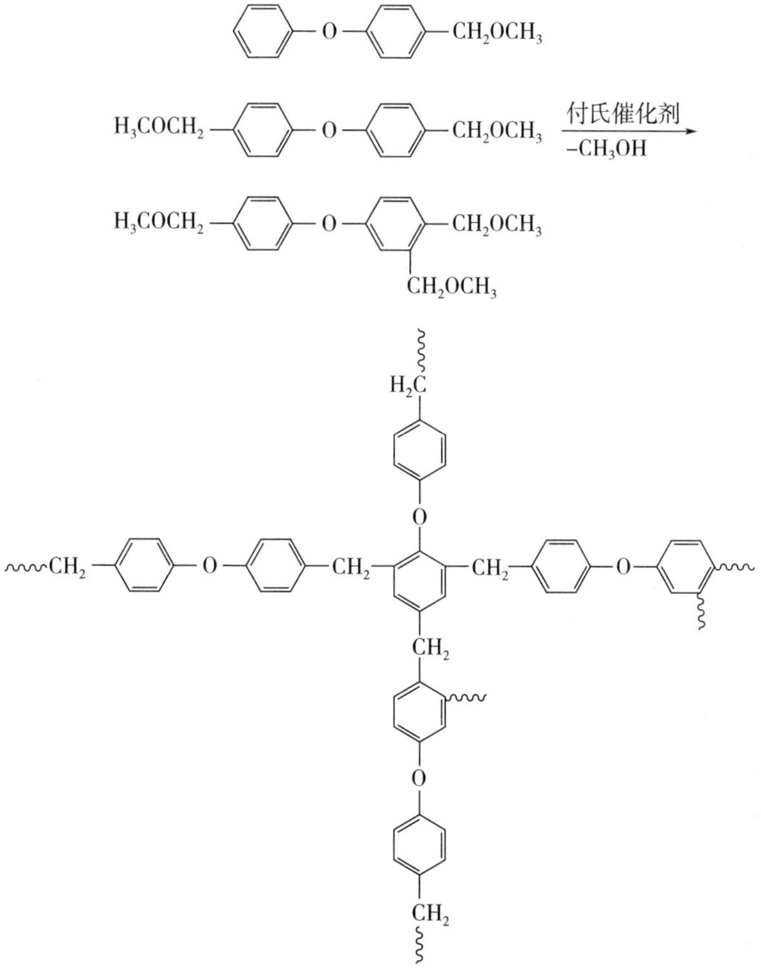

8. 芳烷基醚甲醛树脂

芳烷基醚甲醛树脂常用的合成过程如下：先由芳香烃经双氯甲基化后，再经甲醇醚化，然后在付氏催化剂作用下与苯酚发生醚交换反应，生成带两个酚环的芳烷基醚化合物，最后再把芳烷基醚化合物与甲醛反应，得到芳烷基醚甲醛树脂。其合成反应式如下：

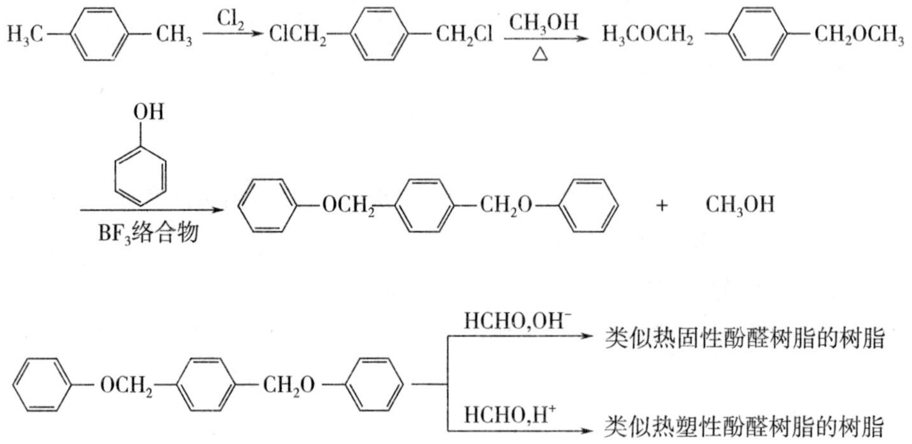

芳烷基醚与甲醛在碱性催化剂条件下可合成得到类似于热固性（一阶）酚醛树脂的芳烷基醚甲醛树脂，在酸性条件下可得到类似于热塑性（二阶）酚醛树脂的芳烷基醚甲醛树脂。前者可以直接热固化，后者必须加入六次甲基四胺才能固化。

以芳烷基醚甲醛树脂制成的纤维增强复合材料具有优异的耐热老化性能，而且耐酸碱性能良好，其制品已用作火箭外壳、火箭发动机的主体材料等，除此之外，也广泛应用于交通、电力、机械等工业领域。

第四节　不饱和聚酯树脂

一、概述

不饱和聚酯树脂是指分子结构中含有不饱和双键的聚酯树脂，是一种线性低聚物，一般是由不饱和二元酸（或酸酐）、饱和二元酸（或酸酐）与二元醇缩聚而成，缩聚结束后与一定量的乙烯基类交联单体混合，配制成的黏稠的液体树脂即为不饱和聚酯树脂。

最初发现不饱和聚酯是在 20 世纪 30 年代，由于不饱和聚酯分子结构中有不饱和的双键，在适当条件下可自聚转化成不溶、不熔的体型结构，但是由于自聚速度很慢，因此没有太大的应用价值。但后来研究发现，若加入一定量的乙烯基单体，不饱和聚酯与乙烯基单体的共聚速度比其自聚速度要快 30 多倍。这一重要发现，使得不饱和聚酯树脂在 20 世纪 40 年代初首先实现了工业化生产，并得到了大规模的应用和快速发展。

1. 不饱和聚酯树脂的优点

不饱和聚酯树脂在复合材料领域应用广泛，目前仍是树脂基复合材料中最重要、应用最普遍的热固性树脂之一。不饱和聚酯树脂具有以下优良的特性：

（1）工艺性能优良。不饱和聚酯树脂在室温下可以配制成黏度适合的胶液，并且在合适的引发剂和促进剂的作用下，能室温固化，而且固化过程无小分子放出，可以常压成型，因此成型工艺简单，特别适合制造大型复合材料制品。不饱和聚酯树脂具有很宽的加工温度，除了室温成型，也可以中温、高温成型，适合多种成型工艺，如手糊成型、喷射成型、RTM 成型、模压成型、缠绕成型、拉挤成型等。

（2）树脂固化物综合性能良好。不饱和聚酯树脂固化物力学性能略低于环氧树脂，但优于酚醛树脂，电绝缘性能优良。此外，不饱和聚酯树脂颜色浅，可制成浅色、半透明、透明或者各种彩色的复合材料制品。

（3）品种多，适应性广。不饱和聚酯有多个品种，如通用型、阻燃型、耐热型、低收缩型等，以适应不同用途的需要。而且针对不同的成型工艺特点，还开发出了专门适用于某种成型工艺的树脂，如缠绕树脂、喷射树脂、拉挤树脂、SMC 树脂等。

（4）性价比高。常用的不饱和聚酯树脂合成所用的原料要比环氧树脂的原料便宜得多，来源也较为广泛。因此，不饱和聚酯树脂具有较高的性价比，适应性广，是复合材料工业非常重要的基体树脂。

2. 不饱和聚酯树脂的缺点

不饱和聚酯树脂性能上也有不足之处，随着不饱和聚酯树脂科学和技术的发展，这些性能上的不足得到一定程度的改进。

（1）固化时体积收缩率大。这一缺点会影响复合材料制品尺寸的精度和表面光洁度，因此在成型时要格外注意。目前，在低收缩性不饱和聚酯树脂的研制方面已取得很大进展。可通过加入热塑性树脂如聚苯乙烯、聚甲基丙烯酸甲酯等来降低不饱和聚酯树脂的固化收缩率，目前已在 SMC 成型工艺中得到普遍应用。

（2）复合材料加工过程中有一定的刺激性气味。这主要是因为不饱和聚酯常用的交联单体是苯乙烯，苯乙烯易挥发，有刺激性气味，长期接触对人身健康不利。可以通过降低苯乙烯的挥发性、研发挥发性小的交联单体替代或部分替代苯乙烯、改进树脂配方以减少苯乙烯的用量等方面来解决这一问题。

（3）固化物脆性大。常用的不饱和聚酯的固化物脆性较大，使得不饱和聚酯树脂基复合材料的耐冲击、耐开裂和耐疲劳性能较差。可以通过选择反应原料从而调节不饱和聚酯树脂的分子结构以及加入韧性树脂的方法来改善固化物的脆性。

二、不饱和聚酯树脂的合成

（一）不饱和聚酯的合成原理

不饱和聚酯通常是由不饱和二元酸（或酸酐）、饱和二元酸（或酸酐）与二元醇缩聚而成的低聚物，平均相对分子质量一般在 1000～3000。它的合成是典型的线型缩聚反应，属于逐步聚合的反应机理。由于单体分子都具有两个可反应的官能团，单体的官能团之间进行缩合反应，生成二聚体，二聚体与单体之间或二聚体之间继续反应，生成三聚体、四聚体等低聚物，随着反应时间的延长,低聚物之间继续相互缩聚,相对分子质量逐渐增加,直至达到设计值,最终得到线型结构的缩聚产物。反应的每一步都是可逆平衡反应,在反应过程中伴有低分子水产生,为了使反应向右进行,需减压排除低分子的水。

在合成不饱和聚酯时,常选择酸酐与二元醇进行缩聚反应,其反应式如下:

(1)酸酐与二元醇发生开环加成反应,生成二聚体羟基酸。

$$
\begin{array}{c}
R \overset{\displaystyle \underset{\|}{O}}{\underset{\underset{\|}{C}}{C}} O + OH-R'-OH \longrightarrow HO-R'-O-\overset{O}{\underset{\|}{C}}-R-COOH \\
\end{array}
$$

(2)二聚体羟基酸一端是羟基,一端是羧基,两个二聚体可以发生自缩聚,生成四聚体。

$$
2HO-R'-O-\overset{O}{\underset{\|}{C}}-R-COOH \rightleftharpoons HO-R'-O-\overset{O}{\underset{\|}{C}}-R-\overset{O}{\underset{\|}{C}}-O-R'-O-\overset{O}{\underset{\|}{C}}-R-COOH + H_2O
$$

(3)二聚体羟基酸的端羧基也可以与二元醇进行反应,生成三聚体。

$$
HO-R'-O-\overset{O}{\underset{\|}{C}}-R-COOH + HO-R'-OH \rightleftharpoons HO-R'-O-\overset{O}{\underset{\|}{C}}-R-\overset{O}{\underset{\|}{C}}-O-R'-OH + H_2O
$$

(4)二聚体羟基酸的端羟基也可以与酸酐发生开环加成反应,生成三聚体。

$$
HOOC-R-\overset{O}{\underset{\|}{C}}-O-R'-OH + R\overset{\displaystyle \underset{\|}{O}}{\underset{\underset{\|}{C}}{C}}O \longrightarrow HOOC-R-\overset{O}{\underset{\|}{C}}-O-R'-O-\overset{O}{\underset{\|}{C}}-R-COOH
$$

新生成的三聚体和四聚体又可以继续参与缩聚反应,如此逐步进行下去,所生成的不饱和聚酯分子链不断增长,相对分子质量逐步增加。

理论上,如果羟基和羧基两基团数相等,且在减压条件下及时脱水,可以得到高相对分子质量的不饱和聚酯。在工业上,经常使某种二元单体稍微过量(如二元醇过量)或另外添加少量单官能团物质(如添加一元醇),来封锁端基,从而控制得到的聚酯的相对分子质量。在合成不饱和聚酯时,通常使二元醇过量5%～10%(摩尔分数),合成得到的不饱和聚酯的相对分子质量为1000～3000。

(二)原材料的种类和用量对不饱和聚酯树脂性能的影响

不饱和聚酯分子结构中存在不饱和双键,在引发剂或者加热、光照、高能辐射等作用下与乙烯基交联单体发生自由基共聚,形成具有三维网状结构的体型聚合物,发生交联固化。不饱和聚酯在固化反应前,需要充分考虑其与交联单体(常用苯乙烯)的溶混性,而在固化反应后,希望固化物具有优良的综合性能。在合成过程中,原料中酸和醇的种类很多,其分子结构及用量对不饱和聚酯交联前后的性能影响很大,选择不同的原料及用量,可以合成具有不同性能的不饱和聚酯树脂。在工业上,用量最大的通用型不饱和聚酯是由顺丁烯二酸酐(简称顺酐)、邻苯二甲酸酐(简称苯酐)和1,2-丙二醇为主要原料合成的。下面详细讨论原材料对不饱和聚酯树脂性能的影响。

1. 二元酸(酐)

在工业上,原料酸常采用不饱和二元酸(酐)和饱和二元酸(酐)的混合物。不饱和二元酸(酐)的作用是为不饱和聚酯提供可发生交联反应的不饱和双键,而饱和二元酸(酐)的作用是调节聚酯分子链中的双键密度,提高树脂固化物的韧性,而且,饱和酸(酐)的加入会降低不饱和聚酯的规整性,提高与交联单体的相容性。两者的分子结构与用量对不饱和聚酯树脂的性能影响很大。

(1)不饱和二元酸(酐)。常用的不饱和酸(酐)有顺酐和反丁烯二酸,其中以顺酐为主,反丁烯二酸使用较少。顺酐熔点低,缩聚反应时缩水量比酸的缩水量要少,且价格较低,而更重要的是,采用顺酐合成的不饱和聚酯结晶倾向小,与苯乙烯的相容性好。而反丁烯二酸由于本身结构对称,由其合成的不饱和聚酯分子链排列较规整,结晶倾向大,与苯乙烯的相容性较差。

顺酐在缩聚过程中,会发生顺式双键向反式双键的异构化,异构化的程度与缩聚的反应程度、二元醇的种类、饱和二元酸(酐)的种类等因素有关。具体的影响因素有:

①随着缩聚反应程度的提高,体系的酸值不断下降,顺式双键的异构化概率增加。

②若保持缩聚反应条件恒定,合成反应所用二元醇的类型对异构化程度影响较大,一般来说,相比于1,3-二元醇或1,4-二元醇,1,2-二元醇更容易促进双键的异构化,如,1,2-丁二醇＞1,3-丁二醇＞1,4-丁二醇;仲羟基比伯羟基更易促进异构化,如,2,3-丁二醇＞1,2-丙二醇＞乙二醇。

③合成反应物中的饱和二元酸(酐)的种类也会影响顺式双键的异构化程度,一般来说含苯环的芳香族饱和二元酸(酐)比脂肪族的二元酸对顺式双键的异构化有较大的促进作用。

④可以适当添加一些催化剂,如卤素、碱金属、硫化物等促进顺式双键的异构化。

顺式双键的异构化程度对不饱和聚酯树脂的固化过程及固化物的性能影响较大。不饱和聚酯树脂在后续的固化过程中,分子链上的反式双键与乙烯基类交联单体的反应活性要比顺式双键的反应活性大得多,因此,顺式双键的异构化程度提高,树脂的固化速度加快,有利于提高不饱和聚酯树脂的交联固化程度,固化树脂形成的三维网络结构更为紧密,使固化物具有较好的耐热性能、力学性能以及耐腐蚀性能。因此,在采用顺酐合成不饱和聚酯时,在合成过程中必须综合考虑影响顺式双键异构化程度的各种因素,如反应条件的控制、二元醇以及饱和二元酸(酐)的合理选用等。在缩聚过程中控制顺式双键的异构化程度,可以在较宽的范围内改变树脂固化物的性能,得到适合不同要求的不饱和聚酯。例如,若要求不饱和聚酯树脂固化物有较高的耐热性能以及较好的耐腐蚀性能,则必须控制顺式双键具有较高的异构化程度;若要求不饱和聚酯树脂具有适中的固化速度以及树脂固化物具有较好的韧性,可以控制顺式双键的异构化程度不要太高。

反丁烯二酸由于分子结构中固有的反式双键的存在,合成得到的不饱和聚酯的固化速度较快,固化程度较高,聚酯分子链排列较规整。树脂固化物的耐热性能、力学性能、耐化学腐蚀性能良好,但由于其结构对称,由其合成的不饱和聚酯结晶倾向大,与苯乙烯的相容性较差,限制了它的使用。

除顺丁烯二酸酐和反丁烯二酸外,其他不饱和二元酸如顺丁烯二酸、顺式己二烯二酸、反式己二烯二酸、顺式甲基丁烯二酸、反式甲基丁烯二酸等,也可以用于合成不饱和聚酯,但由于这些不饱和二元酸的价格较高,一般很少使用。

(2)饱和二元酸(酐)。常用的饱和二元酸(酐)有苯酐、间苯二甲酸、对苯二甲酸、脂肪族二元酸(如己二酸、癸二酸等)、卤代芳族二元酸等。饱和二元酸(酐)的引入可以降低聚酯分子链中的双键密度,提高树脂固化物的韧性。但不同的饱和二元酸(酐)由于其分子结构不同,对不饱和聚酯树脂性能的具体影响也不同。

①苯酐。苯酐是最常用的饱和二元酸酐,其用于不饱和聚酯的合成,破坏了聚合物主链的对称性,降低了不饱和聚酯的结晶倾向,并且由于苯酐芳环结构的引入提高了不饱和聚酯与交联单体苯乙烯的相容性。同时,芳环结构也对顺式双键的异构化有较大的促进作用。

②间苯二甲酸。间苯二甲酸的两个羧基在苯环的间位上,与邻位的苯酐相比,空间位阻小,容易酯化,而且两个羧基键的斥力较低,稳定性好。用它合成的不饱和聚酯的固化物的耐热性、耐化学腐蚀性、力学性能有所提高。但这种不饱和聚酯的黏度较大,需要添加较高比例的苯乙烯才能获得黏度适宜的不饱和聚酯树脂胶液。

③对苯二甲酸。对苯二甲酸结构对称,由其合成的不饱和聚酯容易结晶,与交联单体苯乙烯的溶混性较差,但是不饱和聚酯树脂固化物的拉伸强度很高,而且耐化学腐蚀性和耐油性较好,电绝缘性能良好。

④脂肪族二元酸。脂肪族二元酸由于结构中具有较长的脂肪碳链,如癸二酸中有 8 个—CH_2—结构,用其合成的不饱和聚酯的柔韧性增加,而且脂肪族的二元酸对顺式双键的异构化的促进作用较弱,使合成得到的聚酯树脂固化速度变慢,固化物的网络结构排列不太规整,因此,脂肪族二元酸常用来生产柔性树脂,但合成得到的不饱和聚酯树脂固化物的强度和耐热性下降。

⑤卤代芳族二元酸。卤代芳族二元酸分子结构中的卤素可以赋予不饱和聚酯一定的阻燃性能,常用的有氯菌酸酐(HET 酸酐)、四氯邻苯二甲酸酐和四溴邻苯二甲酸酐,这三种酸酐合成得到的不饱和聚酯的阻燃性能略有不同。四氯邻苯二甲酸酐卤素含量不高,单独使用时达不到阻燃自熄效果,需要加入其他的阻燃添加剂。四溴邻苯二甲酸酐和氯菌酸酐阻燃效果优异,可用来合成自熄性的不饱和聚酯树脂。

(3)不饱和二元酸(酐)与饱和二元酸(酐)的比例。如前所述,工业上常采用不饱和二元酸(酐)和饱和二元酸(酐)的混合酸(酐)来合成不饱和聚酯。除了两者的种类外,两者的比例对不饱和聚酯的性能影响也很大。不饱和二元酸(酐)的用量增加,合成得到的聚酯分子结构中的不饱和双键数目增多,树脂固化时反应速率加快,凝胶时间变短,树脂固化物交联密度增大,具有较高的耐热性以及耐化学腐蚀性,但韧性下降。若不饱和二元酸(酐)的用量过少,会使合成得到的不饱和聚酯树脂最终固化不良,制品的力学性能、耐热性、耐化学腐蚀性等下降。在工业上,通用型不饱和聚酯合成所用的顺酐和苯酐是采用等摩尔比加料的,为了合成特殊性能要求的不饱和聚酯,可以适当调整两者的摩尔比。

2. 二元醇

合成不饱和聚酯树脂常用的二元醇有乙二醇、丙二醇、一缩二乙二醇、新戊二醇、双酚A衍生物等,其中,最常用的是1,2-丙二醇。

二元醇的种类对不饱和聚酯主链的柔顺性、对称性、结晶性、与交联单体苯乙烯的相容性、树脂的固化反应速率以及固化物的性能等都有影响,具体影响体现在:

(1)二元醇分子结构的对称性。合成的不饱和聚酯要与交联单体苯乙烯进行混合,然后发生固化反应,因此,不饱和聚酯与苯乙烯的相容性要好。结构不对称的二元醇,由其合成得到的不饱和聚酯结晶倾向小,与苯乙烯具有良好的相容性。因此,要尽量选择结构不对称的二元醇。

(2)二元醇的分子结构又是影响合成过程中顺式双键异构化的因素之一,而顺式双键异构化的程度对树脂固化反应速率以及固化物的性能等都有影响。

(3)二元醇的分子链越长,合成得到的不饱和聚酯的柔性越大。

因此,要根据不饱和聚酯树脂不同的性能要求合理选择二元醇的种类。

由于1,2-丙二醇分子结构中有不对称的甲基,由其合成的不饱和聚酯结晶倾向小,与苯乙烯有良好的相容性。即使与多亚甲基酸(如癸二酸)缩合,也能得到非结晶性的不饱和聚酯。而且1,2-丙二醇也能较好地促进不饱和聚酯合成过程中顺式双键的异构化,树脂固化后具有较好的综合性能。

乙二醇的分子结构对称,由其合成得到的不饱和聚酯的结晶倾向大,与苯乙烯的相容性差。常采用乙二醇与其他结构不对称的醇联合使用,如采用部分1,2-丙二醇替换乙二醇,以破坏其对称性,降低结晶倾向,制得的不饱和聚酯和苯乙烯有较好的相容性和稳定性,而且树脂固化物的性能也要比单纯采用乙二醇制得的树脂的性能好。

一缩二乙二醇和一缩二丙二醇均属于长链醇,其分子结构中的醚键在一定程度上提高聚酯分子链的柔顺性,降低其结晶性,甚至可制得基本无结晶的不饱和聚酯。但醚键提高了树脂固化物对水的敏感性,使固化物的耐水性和介电性能下降。

2,2'-二甲基丙二醇(新戊二醇)分子结构对称,特别是与反丁烯二酸聚合时,可得到结晶性不饱和聚酯,该聚酯与苯乙烯混合后稳定性差,可以采用其他醇与新戊二醇混合使用,以改善不饱和聚酯与苯乙烯的相容性。由新戊二醇合成的不饱和聚酯的耐化学腐蚀性优异,且具有较高的耐热性和表面硬度。

双酚A衍生物包括双酚A与环氧乙烷或环氧丙烷等的加成产物、氢化双酚A、氯代双酚A及溴化双酚A等。双酚A衍生物具有与二元醇类似的作用,采用双酚A衍生物合成得到的不饱和聚酯树脂具有较好的耐化学腐蚀性。如二酚基丙烷二丙二醇醚是双酚A与环氧丙烷的加成产物,由它制得的不饱和聚酯具有良好的耐化学腐蚀性,尤其是耐碱性优良,但是单独用这种相对分子质量较高的二元醇合成得到的不饱和聚酯固化速率太慢,必须同时与丙二醇或乙二醇混合使用。二酚基丙烷二丙二醇醚的化学结构式如下:

$$HO-CH-CH_2-O--C(CH_3)_2--O-CH_2-CH-OH$$

在用顺式不饱和二元酸（酐）合成不饱和聚酯过程中，二元醇的种类对顺式双键的异构化程度有较大影响，从而影响合成得到的树脂性能，见表2-17。

表2-17　不同二元醇和不饱和二元酸对合成的不饱和聚酯树脂性能的影响

不饱和聚酯类型*	凝胶时间/min	固化时间/min	放热峰温度/℃	固化物热变形温度/℃	固化物弯曲强度/MPa	固化物弯曲模量/MPa
PG－IPA－FA	5.33	7.78	210	100	129	3.8
PG－IPA－MA	5.33	7.73	210	101	126	3.8
DEG－IPA－FA	4.50	6.85	202	53	108	2.8
DEG－IPA－MA	4.66	8.30	183	42	76	2.2

＊　PG：1,2-丙二醇，IPA：间苯二甲酸，FA：反丁烯二酸，MA：顺丁烯二酸，DEG：一缩二乙二醇。不饱和二元酸和饱和二元酸的摩尔比均为1:1，树脂中交联单体苯乙烯的含量为40%。

从表2-17中可以看出，在合成不饱和聚酯的过程中，当选择的二元醇为1,2-丙二醇时，不论采用的不饱和二元酸是反丁烯二酸还是顺丁烯二酸，合成得到的不饱和聚酯树脂的性能相差不大。从二元醇对顺式双键的异构化程度的影响规律可以看出，1,2-丙二醇对顺式双键的异构化具有较强的促进作用，因此，当选择顺式不饱和二元酸与1,2-丙二醇合成不饱和聚酯时，顺式双键的异构化程度很高，因此，顺式双键合成得到的树脂与全是反式双键合成得到的树脂性能相差不大。但当选择的二元醇为一缩二乙二醇（分子式$HOCH_2CH_2OCH_2CH_2OH$）时，由于其含有的两个羟基都是伯羟基，一缩二乙二醇对顺式双键的异构化的促进作用较弱，因此，当选择的不饱和二元酸是顺式双键时，其异构化程度较低，合成得到的树脂与全是反式双键合成得到的树脂性能相差较大，其凝胶速度和固化速度较慢，树脂固化物的热变形温度、弯曲强度和弯曲模量也较低。

在合成不饱和聚酯中，有时也会用到一元醇和多元醇。一元醇主要用于控制不饱和聚酯的主链长度和端基结构，起到相对分子质量调节剂的作用。多元醇（如季戊四醇）可以使合成得到的不饱和聚酯主链上有更多的支链结构，可得到较高相对分子质量、高熔点的支化聚酯，可提高不饱和聚酯的耐热性和硬度。但多元醇的用量过多，在合成过程中会生成过多的体型缩聚结构，导致产生凝胶现象，因此，要在合成过程中严格控制多元醇的用量。

3. 二元酸（酐）与二元醇的比例

二元酸（酐）与二元醇的比例对合成的不饱和聚酯的相对分子质量影响较大。根据线型缩聚反应的特点，缩聚产物的聚合度或相对分子质量与两种反应的官能团数之比或某一基团的过量分率密切相关。因此，在合成不饱和聚酯时，经常使反应基团羟基或羧基稍微过量，从而控制合成得到的不饱和聚酯的相对分子质量，工业上常控制羟基过量。通常使二元醇过量5%～

10%(摩尔分数),合成得到的不饱和聚酯的相对分子质量控制在1000～3000。如合成通用型不饱和聚酯树脂的原料顺酐、苯酐和1,2-丙二醇常用的摩尔比为1:1:2.15,二元醇过量7.5%。当然,不饱和聚酯的相对分子质量还与缩聚的反应程度以及缩聚反应条件有关,但在控制相同的反应程度及缩聚反应条件的情况下,使某一反应基团过量是最为常用的控制不饱和聚酯相对分子质量的方法。

不饱和聚酯的相对分子质量对树脂固化物的性能有一定的影响。研究表明,不饱和聚酯树脂固化物的力学性能、耐热性和介电性能随不饱和聚酯的相对分子质量的增加而明显提高,其他的性能如耐水性和耐腐蚀性能也随不饱和聚酯的相对分子质量的增加而有一定程度的提高。但不饱和聚酯在固化前是一种预聚物,要考虑到其与增强材料复合时的操作工艺性,其相对分子质量也不能太高。研究数据表明,不饱和聚酯的相对分子质量控制在2000～2500时,树脂固化后具有较好的物理性能。因此,在不饱和聚酯的合成过程中,必须严格控制原料二元酸(酐)和二元醇的比例以及缩聚的反应程度和反应条件,以控制不饱和聚酯具有合适的相对分子质量,使树脂具有良好的操作工艺性及树脂固化后具有较好的综合性能。

(三)不饱和聚酯树脂的合成过程

不饱和聚酯树脂的合成过程分为两个阶段:第一阶段是二元酸(酐)与二元醇缩聚生成线型不饱和聚酯;第二阶段是不饱和聚酯与乙烯基类交联单体混合,并加入必要的阻聚剂,得到不饱和聚酯树脂产品。

不饱和聚酯树脂品种和牌号众多,造成不饱和聚酯树脂性能差异的主要原因是所选原料不同、原料投料比不同以及投料方式的不同。但是性能不同的不饱和聚酯树脂的生产过程大致相似。工业上生产不饱和聚酯的工艺方法主要是熔融缩聚法。这种方法是将原料酸和醇按比例加入聚合釜中,直接加热熔融,发生缩聚反应,除了原料外不需要加入其他任何组分,利用醇、水的沸程差,结合惰性气体的通入量,通过回流冷凝分离器将反应过程中生成的水分离出来。该法设备简单、生产周期较短、生产成本较低。按照反应原料投料方式的不同可以分为一步法合成工艺和两步法合成工艺。下面以通用型不饱和聚酯树脂的生产为例,说明两者的生产工艺过程。

1. 一步法合成工艺

通用型不饱和聚酯树脂的主要原料及配比为:

1,2-丙二醇	2.15mol
邻苯二甲酸酐(苯酐)	1.00mol
顺丁烯二酸酐(顺酐)	1.00mol

按上述配比称料后,向反应釜中通入二氧化碳(或氮气等惰性气体),排除反应釜内的空气后投入1,2-丙二醇,再投入苯酐和顺酐,反应釜的装料量不超过反应釜容量的2/3,否则易产生泛泡冒料。加热反应体系,至二元酸熔化后启动搅拌装置,使反应釜内的料温逐渐升高至190～210℃,控制回流冷凝分离器出口温度低于105℃,以防止二元醇挥发,而缩聚过程中产生的水逐渐被排除。反应终点是根据反应釜内物料的酸值来控制。当酸值达到(40±2)mg KOH/g时,认为到达反应终点。

达到反应终点后,把物料降至180℃,加入一定量的石蜡(防止树脂固化后表面发黏)与阻聚剂(如对苯二酚等,增加树脂的储存稳定性),再搅拌30min,继续降温到155℃,然后等待出料,与苯乙烯混合。

在稀释釜内预先加入计量的苯乙烯、各种助剂等,搅拌均匀,然后将反应釜中的不饱和聚酯缓慢注入稀释釜中,控制不饱和聚酯的流速,使混合温度不超过90℃,继续搅拌均匀。稀释结束后,将树脂冷却至室温,过滤,包装,即得通用型不饱和聚酯树脂。该树脂的技术指标见表2-18。

表2-18　通用型不饱和聚酯树脂的技术指标

技术指标	黏度/(Pa·s)	酸值/(mgKOH/g)	凝胶时间(25℃)/min	固体含量(质量比)/%
数值	0.2~0.5	28~36	10~25	60~66

2. 两步法合成工艺

一步法合成工艺是所有的原料酸和醇在反应初期一次投料进行反应,若原料酸和醇分两批加入,首先将1,2-丙二醇与苯酐投入反应釜反应至酸值为90~100mg KOH/g时,再投入顺酐反应至酸值(40±2)mg KOH/g时到达终点,这种合成工艺方法称为两步法。

研究数据表明,在其他反应条件控制不变的情况下,两种合成工艺生产得到的通用型不饱和聚酯树脂性能有所差异,两步法生产的不饱和聚酯树脂的某些物理性能高于一步法生产的不饱和聚酯树脂,详见表2-19。

表2-19　两种方法生产的通用型不饱和聚酯树脂固化物的性能

树脂	热变形温度/℃	巴氏硬度	弯曲模量/MPa
一步法树脂	68	50	2800
两步法树脂	76	56	3600

注　苯乙烯的含量为35%。

三、不饱和聚酯树脂的固化

(一)不饱和聚酯树脂的固化原理

不饱和聚酯树脂的固化原理是不饱和聚酯与交联单体的自由基共聚反应,聚合反应过程首先通过引发剂或者加热、光照、高能辐射等引发产生初级自由基,初级自由基与不饱和聚酯或交联单体反应生成单体自由基,单体自由基一旦产生即可迅速进行链增长反应,树脂的相对分子质量迅速增大,树脂从黏流态转变为凝胶态,最后转变为具有三维网络结构的体型大分子,此时共聚物是一种坚硬的固体,其相对分子质量理论上趋于无穷大,可以作为具有力学性能的材料来使用。因此,不饱和聚酯树脂的固化反应具有自由基聚合反应的链引发、链增长和链终止三个典型的基元反应。

1. 链引发

(1)初级自由基的形成。自由基聚合中,链引发的方式有很多,应用最广泛的是引发剂引发。自由基聚合的引发剂是易分解成自由基的化合物,结构上具有弱键,其离解能低于C—C键能。可用于不饱和聚酯树脂固化反应的引发剂的种类有很多,如偶氮类引发剂、有机过氧化物类引发剂、氧化—还原引发剂体系等。

偶氮二异丁腈(AIBN)是最常用的偶氮类引发剂,半衰期为10h的分解温度为59℃,多在45~80℃使用,其热分解反应式如下:

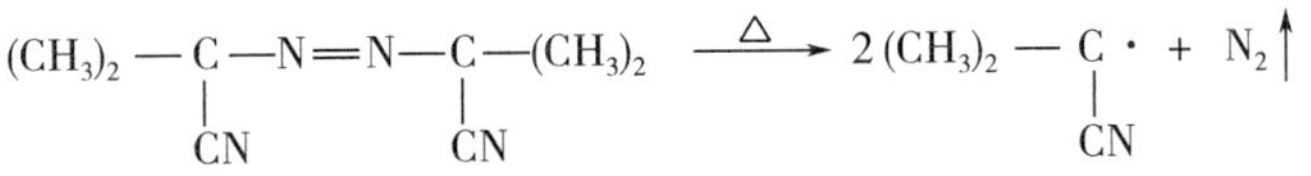

$$(CH_3)_2 - \underset{\underset{CN}{|}}{C} - N = N - \underset{\underset{CN}{|}}{C} - (CH_3)_2 \xrightarrow{\triangle} 2(CH_3)_2 - \underset{\underset{CN}{|}}{C} \cdot + N_2\uparrow$$

有机过氧化物类引发剂最常用的是过氧化二苯甲酰(BPO),其活性与AIBN相当,BPO中O—O键的电子云密度大而相互排斥,容易断裂,半衰期为10h的分解温度为71℃,用于60~80℃下引发聚合比较有效,其热分解反应式如下:

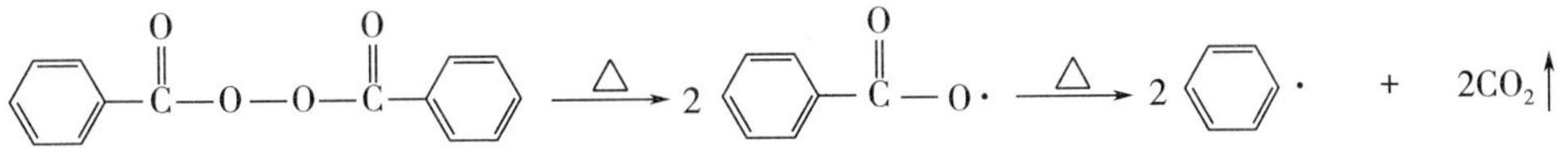

以上两种引发剂都需要加热到一定温度才能分解出自由基,因此不适合在室温固化的手糊成型工艺。氧化—还原引发剂体系通过氧化—还原反应产生自由基,活化能低,可以在常温下引发不饱和聚酯树脂发生交联固化反应,如过氧化环己酮—环烷酸钴的氧化—还原体系。

过氧化环己酮实际上是一种过氧化物的混合物,其中可能包含有一羟基氢过氧化物、一羟基过氧化物、二羟基过氧化物等,确切的组分取决于其来源。过氧化环己酮可能存在的组分的结构如下:

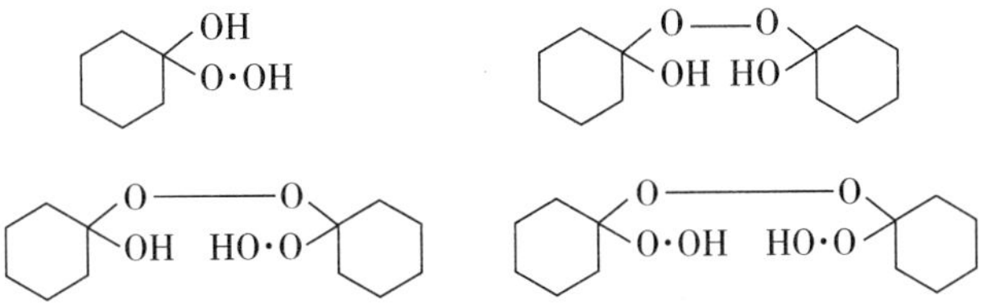

若用过氧化环己酮—环烷酸钴的氧化—还原体系引发时,则Co^{2+}与过氧化环己酮可进行一系列复杂的反应:

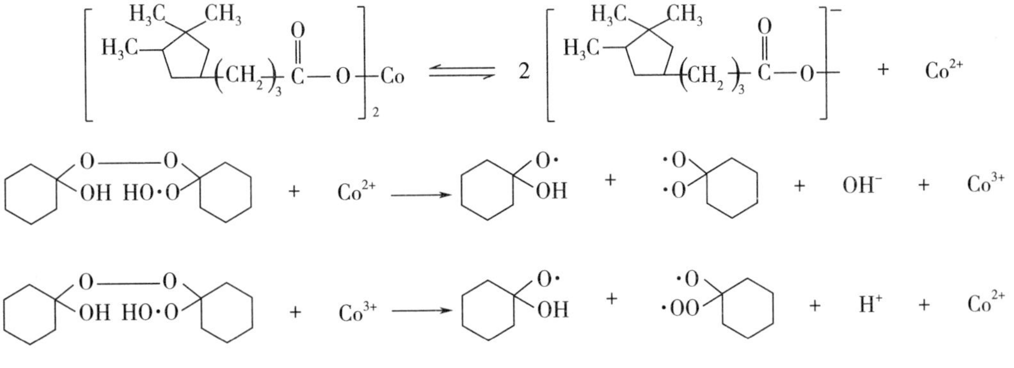

$$H^+ + OH^- \longrightarrow H_2O$$

在过氧化环己酮—环烷酸钴的氧化—还原引发体系中，通常称过氧化环己酮为引发剂，环烷酸钴称为促进剂，它可以促使引发剂在较低温度下分解产生大量自由基，降低固化温度，加快固化速度和减少引发剂用量。常用的促进剂除环烷酸钴外，还有萘酸钴以及叔胺等。有机过氧化物引发剂与促进剂组合，如过氧化甲乙酮—萘酸钴体系、过氧化环己酮—萘酸钴体系、过氧化环己酮—环烷酸钴体系、过氧化二苯甲酰—二甲基苯胺体系等，可以在室温下分解出自由基，引发不饱和聚酯树脂在室温下进行固化反应，在工业上广泛用于不饱和聚酯的手糊成型。

（2）单体自由基的形成。以上引发过程产生的初级自由基 R· 与单体加成，生成单体自由基，引发不饱和聚酯和交联单体的固化反应。初级自由基可以与不饱和聚酯加成，也可以与交联单体加成，得到不同的单体自由基。若设 M_1 代表交联单体，M_2 代表不饱和聚酯，则引发反应通式如下：

$$R· + M_1 \longrightarrow RM_1·$$
$$R· + M_2 \longrightarrow RM_2·$$

若以通用型不饱和聚酯与交联单体苯乙烯组成的树脂体系为例，其生成单体自由基的反应式如下：

①初级自由基与苯乙烯加成生成单体自由基。

②初级自由基与通用型不饱和聚酯加成生成单体自由基。

如前所述，通用型不饱和聚酯的合成原料是顺酐、苯酐和 1,2 -丙二醇，其分子结构可以用下式表示：

则通用型不饱和聚酯单体自由基的形成反应式如下：

$$\longrightarrow \quad HO-\overset{\overset{O}{\|}}{C}-\langle\ \rangle-\overset{\overset{O}{\|}}{C}-O-CH_2-\underset{\overset{|}{CH_3}}{CH}-O-\overset{\overset{O}{\|}}{C}-\underset{\overset{|}{R}}{CH}-\overset{\cdot}{CH}-\overset{\overset{O}{\|}}{C}-O-\underset{\overset{|}{CH_3}}{CH}-CH_2-O\Big]_n H$$

由于通用型不饱和聚酯主链上有多个不饱和双键存在,所以其形成的单体自由基可能是单活性点,也可能是多活性点。

2. 链增长

在交联单体(M_1)和不饱和聚酯(M_2)自由基共聚合体系中,链引发生成的单体自由基$RM_1\cdot$和$RM_2\cdot$会与单体M_1和M_2继续进行加成反应,因此,在固化反应体系中,存在M_1、M_2两种反应单体,$\sim M_1\cdot$和$\sim M_2\cdot$两种链自由基,共有四种链增长反应:

$$\sim\sim\sim M_1\cdot \quad + \quad M_1 \quad \xrightarrow{k_{11}} \quad \sim\sim\sim M_1 M_1\cdot$$

$$\sim\sim\sim M_1\cdot \quad + \quad M_2 \quad \xrightarrow{k_{12}} \quad \sim\sim\sim M_1 M_2\cdot$$

$$\sim\sim\sim M_2\cdot \quad + \quad M_1 \quad \xrightarrow{k_{21}} \quad \sim\sim\sim M_2 M_1\cdot$$

$$\sim\sim\sim M_2\cdot \quad + \quad M_2 \quad \xrightarrow{k_{22}} \quad \sim\sim\sim M_2 M_2\cdot$$

k中下标两位数中第一个数字代表自由基,第二个数字代表单体,如k_{11}代表自由基$\sim M_1\cdot$和单体M_1反应的链增长速率常数,k_{12}代表自由基$\sim M_1\cdot$和单体M_2反应的链增长速率常数,其余类推。

k_{11}实际代表的是M_1自聚的链增长速率常数,k_{12}实际代表的是M_1与M_2共聚的链增长速率常数,两者之比定义为竞聚率:

$$r_1 = k_{11} / k_{12} \qquad r_2 = k_{22} / k_{21}$$

根据共聚动力学以及等活性、稳态、无前末端效应、无解聚反应等一系列假设,可以推导出共聚物组成微分方程:

$$\frac{d[M_1]}{d[M_2]} = \frac{[M_1]}{[M_2]} \cdot \frac{r_1[M_1]+[M_2]}{r_2[M_2]+[M_1]}$$

共聚物组成微分方程用来描述共聚物瞬时组成与单体组成间的定量关系。从上式可以看出,共聚物瞬时组成与两种单体的浓度以及竞聚率有关。

在共聚体系中,两种单体的r_1、r_2对共聚物中两种单体链节的组成与排列影响很大。比如,若$r_1=0$,$r_2=0$,即$k_{11}=0$,$k_{22}=0$,说明自由基$\sim M_1\cdot$和$\sim M_2\cdot$都不能与同种单体自聚,只能与异种单体共聚,因此,只能形成交替共聚物,共聚物组成恒等于1,与单体配比无关;若$r_1=r_2=1$,表示两种自由基与同种单体的自聚和与异种单体共聚的概率完全相等,不论单体配比和转化率如何,共聚物组成与单体组成完全相等,可称为理想恒比共聚;若$r_1<1$,$r_2<1$,说明两种自由基与异种单体共聚的倾向要大于与同种单体自聚的倾向;若$r_1>1$,$r_2>1$,说明两种链自由基都更倾向于加上同种单体,易形成"嵌段"共聚物,链段长度取决于r_1和r_2的大小。

研究资料表明,当相对分子质量不高的线型不饱和聚酯(M_2)与苯乙烯(M_1)共聚时,其活性接近于反丁烯二酸二乙酯,两者的竞聚率为 $r_1=0.30$,$r_2=0.07$。两者均小于1,说明在链增长过程中,不饱和聚酯与苯乙烯均具有良好的共聚倾向,其中,不饱和聚酯的自聚倾向极小。

3. 链终止

自由基聚合的链终止主要是双基终止,当交联单体是苯乙烯时,主要发生偶合终止。随着不饱和聚酯与交联单体的共聚合反应的不断进行,不饱和聚酯树脂的分子由线型结构向三维网状结构转变,出现凝胶现象,体系黏度增加。链自由基双基终止的前提是增长着的链自由基发生链段重排,使活性中心靠近,双基发生化学反应而终止。体系黏度是影响链段重排的主要影响因素。体系黏度随反应程度提高后,自由基活性中心的链段重排受阻,活性端基甚至被包埋,双基终止困难,链终止速率常数急剧下降,自由基寿命延长,但这一阶段,体系黏度的增加还不足以妨碍单体的扩散速度,链增长速率常数下降还不大,因此,总的聚合速度显著增加,会出现自动加速现象。随着共聚反应的进行,不饱和聚酯树脂的交联反应程度不断提高,三维网状结构变得更为紧密,体系黏度大到使单体的扩散也变得困难,链增长速率常数开始变小,因此总的聚合速度开始下降,直至最后聚合终止。在聚合反应后期,若适当升高体系的温度,单体和链段又可以"解冻"发生运动,可以继续发生共聚反应,使反应程度进一步提高,共聚合反应趋于完全。因此,在工业上,不饱和聚酯树脂复合材料产品在固化脱模后,会再进行一段时间的加热后处理,提高制品的固化程度,从而提高其综合性能。

对于自由基聚合来说,以上的链引发、链增长和链终止的相对反应速率是不同的。概括来说,自由基聚合的主要特征是慢引发、快增长和速终止,链引发是控制反应速率的关键步骤。一旦链引发产生自由基,就会以极快的速度进行链增长反应,几秒内就可使聚合度增长到成千上万,不能停留在中间阶段。因此,在反应过程中的任意阶段,除引发剂外,体系内只由单体和聚合物组成。随着聚合反应的进行,单体浓度逐渐降低,聚合物浓度相应增加。对于不饱和聚酯来说,一旦开始反应,起始的黏流态树脂的黏度不断增大,逐渐失去流动性,转变成凝胶状态,这一过程时间较短,符合自由基聚合的特征。

(二)固化不饱和聚酯树脂的网络结构及其影响因素

固化后的不饱和聚酯树脂是不饱和聚酯与交联单体的共聚产物,具有三维网络结构。当不饱和聚酯与交联单体进行共聚时,不饱和聚酯的双键处是反应点即交联点。从上面的讨论中可以看出,不饱和聚酯的自聚倾向极小,极大可能是与交联单体共聚,因此,固化产物的网络结构具有两个参数:一为两个不饱和聚酯分子交联点间交联单体的重复单元数,二为不饱和聚酯分子中双键的反应百分数,即交联点的数目。

1. 两个不饱和聚酯分子交联点间交联单体的重复单元数及其影响因素

两个不饱和聚酯分子交联点间交联单体的重复单元数主要与交联单体的竞聚率和含量有关。

(1)交联单体的竞聚率。两个不饱和聚酯分子交联点间交联单体的重复单元数与交联单体的竞聚率密切相关。当选择顺酐作为不饱和酸酐合成不饱和聚酯时,在合成过程中会发生顺式双键向反式双键的异构化,但异构化并不完全,因此,在合成得到的不饱和聚酯分子中同时具有反式双键与顺式双键,两者与交联单体的共聚情况是不同的。

当交联单体是苯乙烯时,苯乙烯(M_1)与不饱和聚酯中的反式双键(M_2)共聚时两者的竞聚率为 $r_1=0.30$,$r_2=0.07$,两者均小于1,说明在链增长过程中,不饱和聚酯与苯乙烯均具有良好的共聚倾向,不饱和聚酯的自聚倾向极小,可以忽略不计,苯乙烯有一定的自聚倾向,但也比其共聚倾向小,因此,可以预测在两个不饱和聚酯分子交联点间苯乙烯的重复单元数不会很多。苯乙烯(M_1)与不饱和聚酯中的顺式双键(M_2)共聚时两者的竞聚率为 $r_1=6.25$,$r_2=0.05$,此时,苯乙烯与不饱和聚酯的共聚倾向较小,自聚倾向较强,可以预计两个不饱和聚酯分子交联点间苯乙烯的重复单元数较多。当不饱和聚酯合成时,若控制顺式双键向反式双键的异构化程度比较高,后面一种情况可以忽略不计。

交联单体不同,与不饱和聚酯共聚时的竞聚率不同,固化后的网络结构也不同。当交联单体为甲基丙烯酸甲酯(M_1)时,其与不饱和聚酯中的反式双键(M_2)共聚时两者的竞聚率为 $r_1=17$,$r_2=0$,可以看出,在两者共聚时,不饱和聚酯不能自聚,只能共聚;而甲基丙烯酸甲酯的自聚倾向很大,共聚倾向较小。可以预计两个不饱和聚酯分子交联点间甲基丙烯酸甲酯的重复单元数会比较多。实验证实,交联点间甲基丙烯酸甲酯的重复单元在10个以上。在两者共聚过程中,随着反应进行,单体甲基丙烯酸甲酯很快减少,不饱和聚酯中的反式双键有很多没有发生共聚反应。所以,用甲基丙烯酸甲酯作为交联单体固化的不饱和聚酯树脂的网络结构比较疏松,不如用苯乙烯作交联单体得到的固化物的网络结构紧密,两者分别作为交联单体得到的不饱和聚酯树脂固化物的性能也差别较大。因此,为了获得具有适合性能的树脂固化物,在选择交联单体时,必须考虑交联单体与不饱和聚酯的共聚活性。

(2)交联单体的含量。交联单体的含量是影响两个不饱和聚酯分子交联点间交联单体的重复单元数的另一重要因素。根据共聚物组成微分方程,共聚物瞬时组成与两种单体的浓度以及竞聚率有关。当交联单体为苯乙烯时,一般苯乙烯的含量(质量比)控制在 $30\%\sim40\%$,即苯乙烯中双键与通用不饱和聚酯中双键的物质的量之比为 $(1.6\sim2.4):1$,根据共聚物组成微分方程,可粗略估算出两个不饱和聚酯分子交联点间苯乙烯的重复单元数平均为 $1\sim3$ 个,此估算结果也得到了实验结果的证实。在此比例条件下,固化物的网络结构比较紧密,固化树脂具有较好的综合性能。

综上所述,两个不饱和聚酯分子交联点间交联单体的重复单元数主要与交联单体的竞聚率和含量有关。对于常用的交联单体苯乙烯来说,苯乙烯与不饱和聚酯具有良好的共聚倾向,一般苯乙烯的含量(质量比)控制在 $30\%\sim40\%$,此含量是平衡了固化树脂的性能和树脂胶液的成型工艺操作性的结果。实践表明,控制在此含量下,两个不饱和聚酯分子交联点间苯乙烯的重复单元数为 $1\sim3$ 个,固化树脂的网络结构较为紧密,具有良好的综合性能,同时树脂胶液具有较好的成型工艺操作性。

2. 不饱和聚酯分子中双键的反应百分数及其影响因素

不饱和聚酯分子中双键并不是全部参与反应,双键的反应百分数即为交联点数目,其与不饱和聚酯分子中反式双键与顺式双键的比例和交联单体的含量有关。

(1)不饱和聚酯分子中反式双键与顺式双键的比例。从前面的讨论可以看出,不饱和聚酯分子中存在着反式双键和顺式双键,两种双键和苯乙烯的共聚活性不同,反式双键与苯乙烯的共聚活性要大得多,因此,不饱和聚酯分子中反式双键与顺式双键的比例对不饱和聚酯分子中双键的反应百分数影响较大。反式双键含量提高,固化树脂中双键的反应百分数提高,如表2-20所示。从表中可以看出,在苯乙烯与聚酯中的双键的摩尔比为1.3∶1时,即使不饱和聚酯中完全为反式双键,双键的反应百分数也只能达到72%左右,还有近30%的双键没有参与共聚反应。

表2-20 不饱和聚酯中反式双键比例对固化树脂中双键反应百分数的影响

不饱和聚酯中反式双键比例(摩尔分数)/%	5.7	18.5	28.2	43.0	58.0	76.2	100.0
固化树脂中双键反应百分数(摩尔分数)/%	28.6	34.9	48.5	59.2	68.6	71.4	72.2

注 不饱和聚酯的合成原料:不饱和酸为不同比例的顺酐/反丁烯二酸,二元醇为1,6-己二醇;苯乙烯与聚酯中的双键的摩尔比为1.3∶1。

(2)交联单体的含量。不饱和聚酯树脂的交联固化反应是交联单体与不饱和聚酯树脂中的双键之间的反应,不饱和聚酯树脂中的双键相当于其中的一个反应单体,因此,其反应的百分比肯定与反应体系中另一个反应单体(即交联单体)的含量有关,随交联单体含量的提高,固化树脂中双键反应百分数也随之提高,见表2-21。

表2-21 苯乙烯含量对固化树脂中双键反应百分数的影响

树脂中苯乙烯的摩尔分数/%	苯乙烯/反式双键(摩尔比)	固化树脂中双键反应百分数(摩尔分数)/%
28.9	0.406	38.13
39.3	0.647	57.80
47.8	0.916	74.54
54.9	1.217	84.22
61.1	1.571	94.61
71.0	2.448	93.83
78.6	3.673	97.77
87.2	6.813	94.42
91.7	11.048	99.22
93.6	14.625	99.33

注 表中不饱和聚酯由3.4mol反丁烯二酸、2.4mol己二酸和6.6mol 1,6-己二醇缩聚而成。

从表2-21中可以看出,交联单体与不饱和聚酯中反式双键的摩尔比大于1.5时,不饱和聚酯分子中双键的反应百分数较高,可以达到90%以上。从前面的讨论中可知,通用型不饱和聚酯树脂中交联单体苯乙烯的含量(质量比)一般控制在30%～40%,即苯乙烯中双键与不饱和聚酯中双键的摩尔比为 1.6~2.4,在这一范围内,可以使不饱和聚酯分子中的双键有较高的反应百分数。

通用型不饱和聚酯与苯乙烯固化后的结构如下:

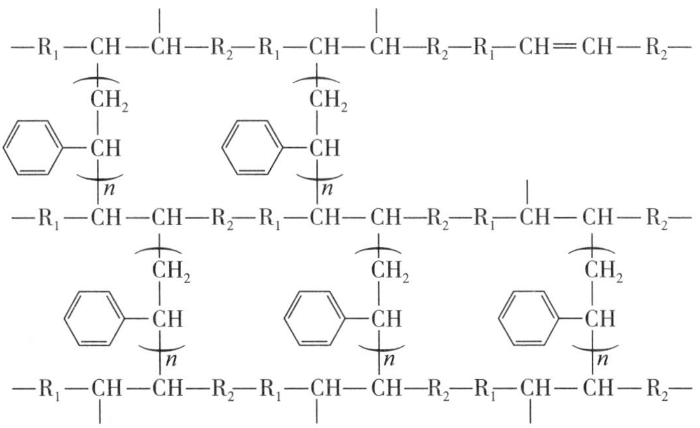

式中:

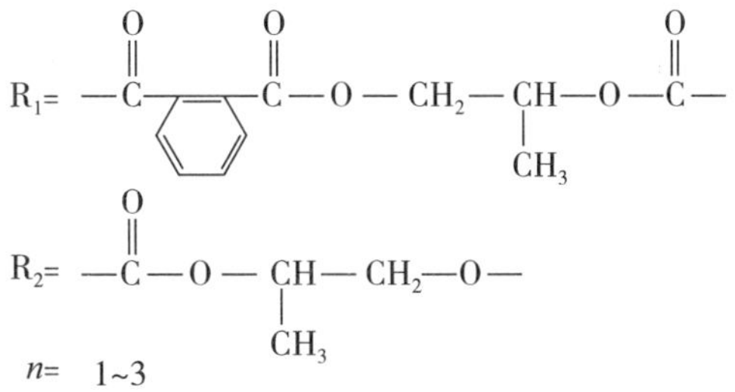

$n=$ 1~3

不饱和聚酯树脂固化后形成的网络结构对固化后树脂的性能影响很大。两个不饱和聚酯分子交联点间交联单体的重复单元数较少时,固化树脂的网络结构较为紧密,固化树脂具有较高的耐热性能、较好的力学性能与耐腐蚀性能;不饱和聚酯分子中双键的反应百分数较高,即交联点数目较多、交联密度大,则树脂固化后呈现刚性和脆性。调节各种影响树脂网络结构的因素,如不饱和聚酯中双键间的距离、控制顺式双键的异构化程度从而改变反式双键与顺式双键的比例、选择具有不同竞聚率的交联单体并调节其组分含量,可以得到具有不同交联密度以及交联点间不同交联单体重复单元数的网络结构,从而可以得到具有多种不同性能的固化树脂。

(三)交联单体的选择原则

从以上不饱和聚酯树脂的固化原理可以看出,交联单体的种类及其用量对固化树脂的网络结构和性能影响很大,同时还影响不饱和聚酯树脂的操作工艺性。交联单体既有使不饱和聚酯由线型结构转化为体型结构的作用,又具有降低不饱和聚酯黏度的作用,也就是说,起到交联剂和稀释剂的双重作用。

从理论上说,凡是能与不饱和聚酯共聚的烯烃类化合物都可以作为其交联剂,但是在实际应用时,应全面考虑树脂固化物性能、固化工艺的操作工艺性、原材料的来源、价格以及生产效率等因素。固化剂的选择原则如下:与不饱和聚酯相容性好,能溶解和稀释不饱和聚酯;能以一定速度与不饱和聚酯发生共聚反应,生成三维网络结构的树脂产物;对固化树脂的性能有所改进;挥发性尽量小,低毒或无毒;来源丰富,制备容易,价格低。根据这些选择原则,最常用的交联单体是苯乙烯,此外也可用乙烯基甲苯、丙烯酸乙酯、甲基丙烯酸甲酯、二乙烯基苯、邻苯二甲酸二烯丙酯、三聚氰酸三烯丙酯等。

1. 苯乙烯

苯乙烯与不饱和聚酯相容性好,固化时与不饱和聚酯的反应速率较快,固化后形成的网络结构较为紧密,固化树脂具有较好的综合性能;而且价格便宜,是工业上应用最广泛的交联单体。

苯乙烯的含量对固化树脂所形成的网络结构影响较大,从而对固化树脂的物理性能尤其是拉伸强度和硬度影响较大。苯乙烯的最佳用量与不同的原料酸和醇合成得到的聚酯结构类型、聚酯中不饱和双键的含量以及顺式双键与反式双键的比例、不饱和聚酯的相对分子质量等有关。例如,如果合成时不饱和酸的比例较低,得到的不饱和聚酯中的不饱和双键较少,通常需要较高的苯乙烯含量,以获得较好的拉伸强度。但苯乙烯的含量也不能太高,超过一定的限度后,固化物的脆性增加,而且热变形温度下降。

2. 乙烯基甲苯

工业上通常采用的乙烯基甲苯是一种混合物,是由60%的间位乙烯基甲苯和40%的对位乙烯基甲苯组成。乙烯基甲苯的反应活性比苯乙烯大,树脂的固化速度更快,固化所需时间短,但固化放热峰温度较高,固化物容易开裂。相比于苯乙烯固化的不饱和聚酯树脂,采用乙烯基甲苯固化的不饱和聚酯树脂吸水性较低,耐电弧性有所改善,且体积收缩率低。

3. 甲基丙烯酸甲酯

甲基丙烯酸甲酯与不饱和聚酯的共聚倾向比较小,固化形成的树脂网络结构比较松散,固化树脂的综合性能较差,因此,很少单独使用,经常与苯乙烯配合使用。两者配合使用作为交联剂时,固化树脂的耐候性有所改善。固化树脂的折射率与玻璃纤维接近,因此,用该树脂体系制备的玻璃纤维增强复合材料制品具有较高的透光率和透明度。而且该树脂体系具有良好操作工艺性,树脂体系黏度小,对玻璃纤维的浸润速度快。但缺点是挥发性较大,且固化树脂的体积收缩率较大。

4. 二乙烯基苯

二乙烯基苯属于双官能团活性单体,非常活泼,与不饱和聚酯在常温下就容易发生共聚。由于二乙烯基苯每个分子中有两个双键,用它交联固化的树脂有较高的交联密度,固化物的硬度与耐热性比苯乙烯固化体系的好,但固化物的脆性较大。因此,为了降低反应活性,更好地控制树脂体系的固化反应放热过程,并且降低固化物的脆性,通常将二乙烯基苯与等量的苯乙烯配合使用。

5. 邻苯二甲酸二烯丙酯

邻苯二甲酸二烯丙酯与不饱和聚酯的反应活性较低,固化速度慢,不容易发生交联反应,需加热固化。具有挥发性较低以及固化时放热峰温度较低的优点,广泛用于制备不饱和聚酯模压料,如片状模塑料(SMC)、块状模塑料(BMC)等,所得到的模压制品较少出现开裂和孔隙,且具有较高的耐热性和尺寸稳定性。

6. 三聚氰酸三烯丙酯

三聚氰酸三烯丙酯在过氧化物引发剂和加热的条件下易与不饱和聚酯共聚。由于其分子结构中含有杂氮环，使固化树脂具有良好的耐热、耐化学腐蚀性，固化物可在 160℃下长期使用。但三聚氰酸三烯丙酯固化体系的黏度较高，要在 40～60℃或加溶剂的条件下才能获得较低的黏度。

四、不饱和聚酯树脂的增稠特性

1953 年美国的 Rubber 公司首先发现了不饱和聚酯的化学增稠现象，不饱和聚酯在碱土金属氧化物或氢氧化物[如 MgO、CaO、Mg(OH)$_2$、Ca(OH)$_2$ 等]的作用下，会很快稠化，在短时间内黏度剧增，从黏性液体状树脂变成不能流动的、不粘手的类似凝胶状的物质。但树脂处于这一状态时并未交联，在合适的溶剂中仍可溶解，加热时有良好的流动性，因此，具有良好的可加工性。

不饱和聚酯的化学增稠效应的发现直接导致 SMC 和 BMC 等技术的产生和发展。1960 年德国的 Bayer 公司首先实现了 SMC 工业化生产，1970 年开始在全世界迅速发展。SMC 由于操作简单、储存性能好、重现性好、容易实现机械化自动化等优点而被广泛应用于复合材料行业。

SMC 是用不饱和聚酯树脂、交联剂、增稠剂、引发剂、低收缩添加剂、填料等混合而成的树脂胶液浸渍增强纤维粗纱或增强纤维毡，并在两面用聚乙烯或聚丙烯薄膜包覆起来形成的片状模压料。模压时，只需将两面的薄膜撕去，按制品的尺寸裁切、叠层并放入模具中压制，即得所需制品。因此，SMC 是模压生产复合材料制品的一种中间材料，其技术关键在于不饱和聚酯的化学增稠作用。

SMC 制备过程中，在浸渍增强纤维时要求树脂体系黏度较低，以利于树脂能充分浸渍增强材料，因此，要求在浸渍阶段的增黏过程尽可能缓慢，保证有足够的浸渍和工艺操作时间。而在纤维被浸渍后又要求黏度迅速增高，直至达到无法流动不粘手的状态，以适应储存和模压的操作，并且在储存期内的黏度必须稳定在可模压的范围内。理想的增稠曲线如图 2-2 所示。

影响不饱和聚酯增稠过程的因素很多，如增稠剂的种类和用量、聚酯树脂的结构和相对分子质量、体系内所含的微量水分以及温度等，其中，影响最大的是增稠剂的种类和用量。常用的增稠剂有碱土金属氧化物、碱土金属氢氧化物以及二异氰酸酯化合物等，它们能使初始黏度为 0.1～1.0Pa·s 的树脂胶液在短时间内增加到 10^{3}Pa·s 以上的不流动且不粘手的状态。

(一)碱土金属氧化物和氢氧化物增稠

碱土金属氧化物和氢氧化物是 SMC 制造时常用的增稠剂，如氧化镁、氢氧化镁、氧化钙、氢氧化钙，此外还有氧化钡、氢氧化钡、氧化铅等。

氧化镁是应用较多的增稠剂，其特点是增稠速度

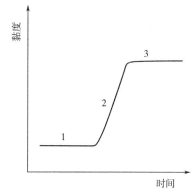

图 2-2　理想的增稠曲线

1—浸渍阶段　2—增稠阶段　3—储存阶段

快,在短时间内能达到最高黏度。增稠速度与氧化镁的活性和加入量相关。实验表明,活性氧化镁比轻质氧化镁能更快地达到高黏度,而且氧化镁加入量越多,其增稠速度越快。

增稠剂的种类对增稠速度的影响也较大,可以选择不同的增稠剂来调控增稠速度。此外,也可以采用混合增稠剂来调控增稠速度和增稠过程。一般来说,混合增稠剂的效果比单一增稠剂的效果更好,如 $CaO/Ca(OH)_2$,MgO/CaO,$CaO/Mg(OH)_2$ 等。在混合增稠剂系统中,每一种增稠剂在增黏过程中起的作用有所不同,如在 $CaO/Ca(OH)_2$ 混合增稠剂系统中,通常认为,$Ca(OH)_2$ 决定系统的起始增稠特性,而 CaO 决定系统能达到的最高黏度水平。当总含钙量一定时,CaO 用量越多,则初期增稠速度越小,达到的最终黏度也越高。控制 $CaO/Ca(OH)_2$ 的比值(质量比)不同,增稠过程有明显的不同。

一般认为,碱土金属氧化物或氢氧化物的增稠作用分为以下两个阶段:

第一阶段,金属氧化物或氢氧化物与不饱和聚酯端基—COOH 进行酸碱反应,生成碱式盐。以 Me 表示金属原子(Mg,Ca 等),则反应式如下:

$$\sim\!\!\sim\!COOH + MeO \longrightarrow \sim\!\!\sim\!\overset{\overset{\displaystyle O}{\|}}{C}\!-\!O\!-\!MeOH$$

$$\sim\!\!\sim\!COOH + Me(OH)_2 \longrightarrow \sim\!\!\sim\!\overset{\overset{\displaystyle O}{\|}}{C}\!-\!O\!-\!MeOH + H_2O$$

生成的碱式盐或者直接进行第二阶段的络合反应,或者进一步发生脱水反应而使相对分子质量成倍增大。脱水反应有两种,一是碱式盐与不饱和聚酯中的—COOH 脱水,二是碱式盐之间脱水。其反应式如下:

$$\sim\!\!\sim\!\overset{\overset{\displaystyle O}{\|}}{C}\!-\!OMeOH + HOOC\!\sim\!\!\sim\! \xrightarrow{-H_2O} \sim\!\!\sim\!\overset{\overset{\displaystyle O}{\|}}{C}\!-\!OMeO\!-\!\overset{\overset{\displaystyle O}{\|}}{C}\!\sim\!\!\sim\!$$

$$\sim\!\!\sim\!\overset{\overset{\displaystyle O}{\|}}{C}\!-\!OMeOH + HOMeO\!-\!\overset{\overset{\displaystyle O}{\|}}{C}\!\sim\!\!\sim\! \xrightarrow{-H_2O} \sim\!\!\sim\!\overset{\overset{\displaystyle O}{\|}}{C}\!-\!OMeOMeO\!-\!\overset{\overset{\displaystyle O}{\|}}{C}\!\sim\!\!\sim\!$$

通常认为 CaO 或 $Ca(OH)_2$ 的碱式盐可继续进行脱水反应,而 MgO 或 $Mg(OH)_2$ 的碱式盐不再进行脱水反应,而直接进行第二阶段的络合反应。

第二阶段,由生成的碱式盐中的金属原子与不饱和聚酯分子中酯基上的氧原子以配位键生成络合物,如镁盐的络合反应如下:

由于形成的络合物具有网络结构,使树脂体系的黏度明显增加。第一阶段由成盐反应而使聚酯的相对分子质量提高或成倍增加,是络合反应的基础,是初期增黏过程,增黏较为缓慢;第二阶段反应使体系黏度迅速增加,是后期增黏过程,对于加速稠化、提高最终黏度有重要作用。由于配位键在加温加压下可以消除,因此不影响 SMC 模压时的流动性。

(二)二异氰酸酯化合物增稠

二异氰酸酯化合物增稠不饱和聚酯是二异氰酸酯化合物与端羟基的不饱和聚酯反应而生成一种交替分散的网状片段,这种网状片段是由两种聚合物经交联与互穿形成的网络所组成的一种致密聚合物,可以显著提高树脂系统的黏度。其增稠作用是靠二异氰酸酯化合物中的异氰酸酯基团(—NCO)与不饱和聚酯的端羟基的反应来实现的。这种增稠技术可以更快、更有效地控制黏度,而且可以降低模压制品的收缩率,提高冲击强度。此外,二异氰酸酯化合物增稠的不饱和聚酯树脂的储存稳定性比氧化镁增稠的树脂体系的储存稳定性要好,即黏度在储存期内基本保持不变,保持相对稳定。

不同的二异氰酸酯化合物对不饱和聚酯树脂的增黏过程影响较大。当选择异氰酸酯单体如 2,4-甲苯二异氰酸酯(TDI)作为增稠剂时,树脂的初期黏度增长过快,2h 后黏度达到 21.4Pa·s,这一黏度已经远远大于适宜的浸渍黏度,所以增稠后的树脂糊在 2h 后已经很难浸渍玻璃纤维。当采用聚氨酯(PUR)预聚物如 PU400(由 2mol TDI 与 1mol 分子量为 400 的聚乙二醇反应制备)时,在初始的 4h 中黏度增长缓慢,能够很好地浸渍玻璃纤维,操作加工性良好。产生这种不同的原因可能是 TDI 中含有两个—NCO,且对位上的—NCO 与树脂中羟基的反应活性比邻位的反应活性要高 8~10 倍,而在聚氨酯预聚物 PU400 中,对位上的—NCO 基团已经与聚乙二醇反应,剩下的是活性较弱的邻位上的—NCO。因此,当采用 TDI 对不饱和聚酯树脂增稠时,反应活性高,反应速率快,树脂的黏度增加较快。而采用 PU400 增稠时,—NCO 基团的反应活性较弱,所以树脂增稠速度均匀,而且不易凝胶。

增稠剂的用量对不饱和聚酯的增稠效果影响也较大。当采用 PU400 作为增稠剂时,随着 PU400 用量的增加,增稠速度变快,但当 PU400 的质量分数达到 15% 时,树脂的初期黏度增长过快,2h 后黏度达到 24.6Pa·s,因此,当采用 PU400 作为增稠剂时,其质量分数要控制在 10% 之内,否则树脂无法很好地浸渍玻璃纤维。

除了增稠剂的种类和用量,增稠剂的相对分子质量以及增稠温度等都对不饱和聚酯的增稠过程有影响。调节这些影响因素,可以控制 SMC 在制备不同阶段的树脂黏度,达到理想的增稠效果。

第五节　聚酰亚胺树脂

聚酰亚胺树脂是指结构中含有酰亚胺五元环结构的一类高性能聚合物,由于其刚性芳杂环结构以及较强的分子间作用力使得该聚合物具有优异的耐高低温、力学性能、耐腐蚀、尺寸稳定性、耐辐射、耐候性以及优良的介电性能、阻燃特性等,被广泛应用于航空、航天、微电子、机械、化工、环境等领域。

聚酰亚胺材料从结构上可以分为非交联型聚酰亚胺和交联型聚酰亚胺两大类。非交联型聚酰亚胺一般指线性直链高分子结构,理论上可以二次加工成型,但是由于聚酰亚胺的刚性链结构和规整的分子构型导致其分子间具有强烈的作用力,使该类聚合物没有一般线性聚合物应有的热塑性能,甚至加热到分解温度时也不会出现软化、熔融等现象,因此也称"假热塑性"。但通过分子结构调控,在常规聚酰亚胺分子主链或侧链引入一定的柔性基团,可以得到可加工的热塑性聚酰亚胺(Thermoplastic Polyimide,TPI)树脂。该类树脂在特定温度区间具有满足加工需求的熔体黏度,呈现软化状态,并在此软化区间内具有良好的热稳定性,不易发生降解和交联,且可以进行二次加工;也有部分热塑性聚酰亚胺具有一定结晶度,具有熔融温度(T_m),但是一般都需要经过高温热处理或机械拉伸等过程诱导结晶,从而提高材料的力学性能、耐高温性能、抗溶剂性能等。

目前使用的聚酰亚胺树脂以交联型为主,即热固性聚酰亚胺(thermoset polyimide)树脂,是指其主链或侧链含有反应活性基团的聚酰亚胺预聚物,在加热或光引发等的作用下可反应形成三维交联网络结构。由于预聚物相对分子质量较小,使得其具有一定的溶解特性,且在软化区间内具有较低的熔体黏度和良好的可加工性能;交联过后形成固化网络结构,表现为不溶、不熔,不能进行二次加工。根据反应活性基团的不同,热固性聚酰亚胺树脂可分为双马来酰亚胺树脂、以降冰片烯封端的聚酰亚胺树脂、乙炔类封端的聚酰亚胺树脂等几大类,见表 2-22。

表 2-22 常用热固性聚酰亚胺活性官能团

活性基团种类	基团结构	固化温度/℃
马来酰亚胺	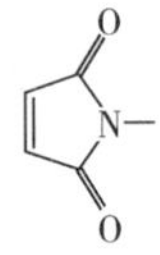	180~250
苯并马来酰亚胺	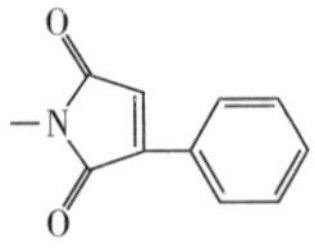	370
降冰片烯酰亚胺	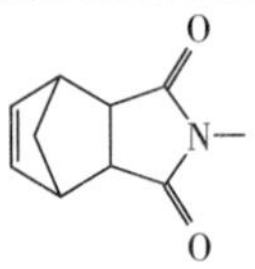	250~320
烯丙基降冰片烯酰亚胺	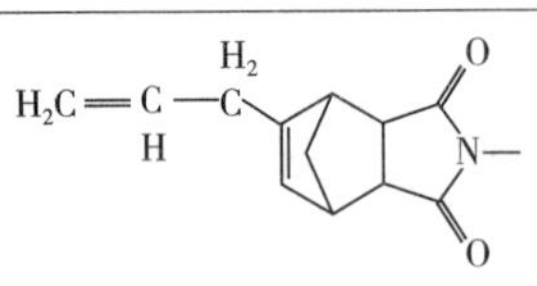	220~250
苯并环丁烯	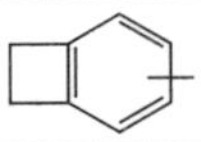	220~250
氰基	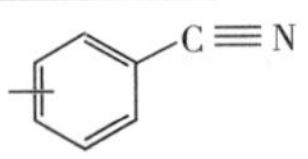	220~250

活性基团种类	基团结构	固化温度/℃
氰酸酯	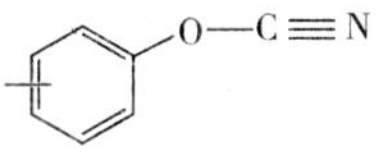 —O—C≡N (苯环)	200～250
异氰酸酯	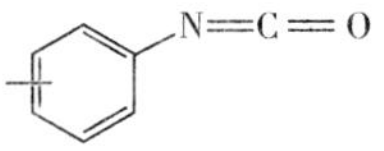 N=C=O (苯环)	200～250
乙炔基	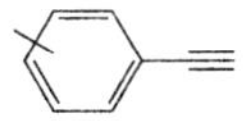 (苯环)—C≡CH	250
苯炔基	 (苯环)—C≡C—(苯环)	350～370
2,2-对环芳炔	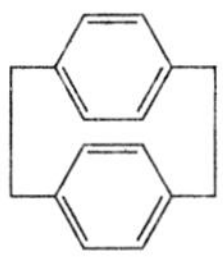	350
亚联苯	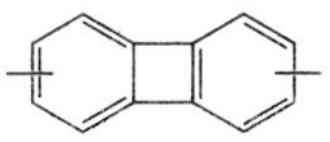	350
四氟乙烯氧基	—O—CF=CF₂	250

一、双马来酰亚胺树脂

双马来酰亚胺(Bismaleimide，BMI)树脂是指以马来酰亚胺为活性端基的聚酰亚胺树脂。早在 1948 年 Searle 就获得了 BMI 的合成专利,该专利提出了 BMI 合成的基本原理,为后续 BMI 树脂的研究奠定了基础。BMI 树脂的使用温度处于环氧树脂和传统聚酰亚胺之间,为 177～230℃,玻璃化转变温度 T_g 一般高于 250℃,具有聚酰亚胺树脂的基本特性,如耐高温、耐辐射性、化学稳定性良好、介电性能良好、热膨胀系数低等特性;同时,BMI 具有热固性树脂典型的流动性、易于加工性和固化后的稳定性,可以使用类似于环氧树脂的加工方法,且在加工过程中没有小分子逸出,固化产物结构密实、缺陷少,制备的复合材料强度和模量较高,被广泛应用于航空航天结构件、耐磨材料、绝缘材料等。

最常用的 BMI 树脂合成方法是采用二元胺和马来酸酐直接反应,控制其摩尔比为 1∶2,首先生成双马来酰胺酸,再经脱水环化生成 BMI 树脂,其反应式如下:

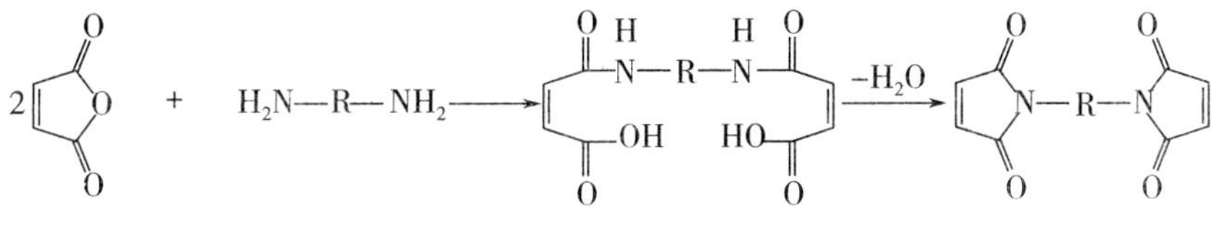

$$2 \text{(马来酸酐)} + H_2N-R-NH_2 \longrightarrow \text{(双马来酰胺酸)} \xrightarrow{-H_2O} \text{(BMI)}$$

热固化是 BMI 树脂最常用的固化方法,BMI 末端的碳碳双键由于相邻羰基的强吸电子作用使之成为缺电子基团,双键活性增加,受热条件下可发生自由基聚合反应,从而生成三维网状结构。常见 BMI 树脂的固化温度相对较高(表 2 - 23),高温固化使得复合材料成型困难,生产周期长,残余热应力增大,使树脂的优异性能难以充分发挥。研究发现,在树脂中加入适当的催化剂或引发剂可以显著降低其固化温度。除了热固化,光辐照(如紫外光照射)、微波辐射、电子束辐射等都可以引发 BMI 树脂进行固化反应。

表 2 - 23 常见 BMI 树脂结构、热固化温度以及固化物性能

![BMI结构式 R=]	熔点/℃	固化起始温度/℃	固化温度峰值/℃	固化物玻璃化转变温度 T_g/℃
结构1	155~168	174	235	342
结构2	212	217	236	313
结构3	158~163	203	302	312
结构4	104	198	211	288
结构5	239	—	252	—
结构6	163	—	254	—

BMI 树脂除了发生以上的自聚固化反应外,还可以与含有活泼氢的化合物如二元胺、多元酚、硫醇、酰胺、酰肼、氰脲酸等发生加成反应,也能够与不饱和双键化合物、苯并噁嗪、环氧树脂、氰酸酯、其他结构的 BMI 树脂等发生共聚合。

由于 BMI 树脂固化前多为晶体固体,树脂熔点高、加工性能差,固化物交联密度高、脆性大,材料表现出抗冲击性差、断裂伸长率小等缺点。目前对于 BMI 树脂的改性主要围绕提高树脂的韧性展开。从分子结构角度分析增韧的途径,可以是降低链的刚性,如引入柔性链节,降低芳环或酰亚胺环的密度等;或降低固化物的交联密度,提高主链长度等;或通过与多元体系树脂共聚形成互穿网络结构。从分子间相互作用角度出发,可利用橡胶粒子或热塑性树脂与 BMI 树脂共混,通过相分离、相反转或构建互穿网络结构而达到增韧的目的。

二、PMR 聚酰亚胺树脂

降冰片烯基聚酰亚胺树脂是以降冰片烯二酸酐(NA)作为封端剂的热固性聚酰亚胺树脂。1970 年代,美国国家航空航天局(NASA)为了获得加工性能良好、综合性能优异的复合材料,研究开发出单体反应型聚合(Polymerization of Monomer Reactants,PMR)的方法,一般 PMR 聚酰亚胺树脂特指以降冰片烯基封端的聚酰亚胺树脂,其化学结构式如下:

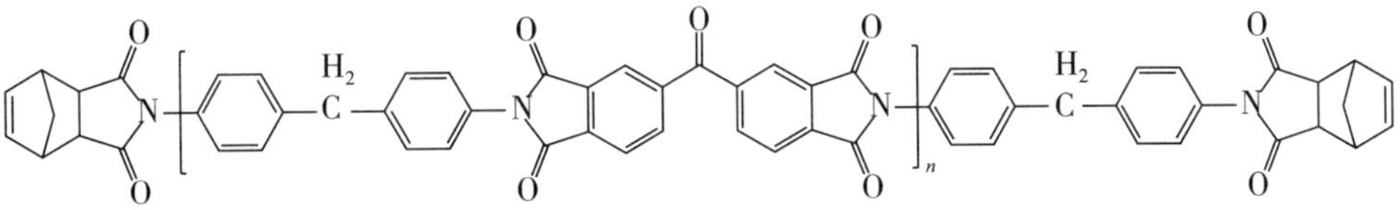

PMR 聚酰亚胺树脂通常由芳香二酐、芳香二胺和降冰片烯二甲酸酐(又称纳狄克酸酐,Nadic 酸酐)反应制得,三种单体摩尔比的不同会影响 PMR 聚酰亚胺预聚体的聚合度(n)。如 NASA 开发出来的商品牌号为 PMR-15 的 PMR 树脂,其 $n=2.087$,预聚物树脂的相对分子质量为 1500,也是最常用的 PMR 聚酰亚胺树脂。

PMR-15 树脂的合成是先将单体溶解在醇类溶剂中使酸酐单体酯化,即先将二苯酮四酸二酐(BTDA)单体和降冰片烯二酸酐(NA)在甲醇中回流反应生成二苯酮四羧酸二甲酯(BTDE)和降冰片二酸单甲酯(NE),再将 BTDE、NE 与二氨基二苯甲烷(MDA)混合合成树脂预浸液。控制三种反应物的摩尔比为 NE∶MDA∶BTDE=2.000∶3.087∶2.087 时,反应产物即为相对分子质量为 1500 的 PMR-15。其反应过程如下:

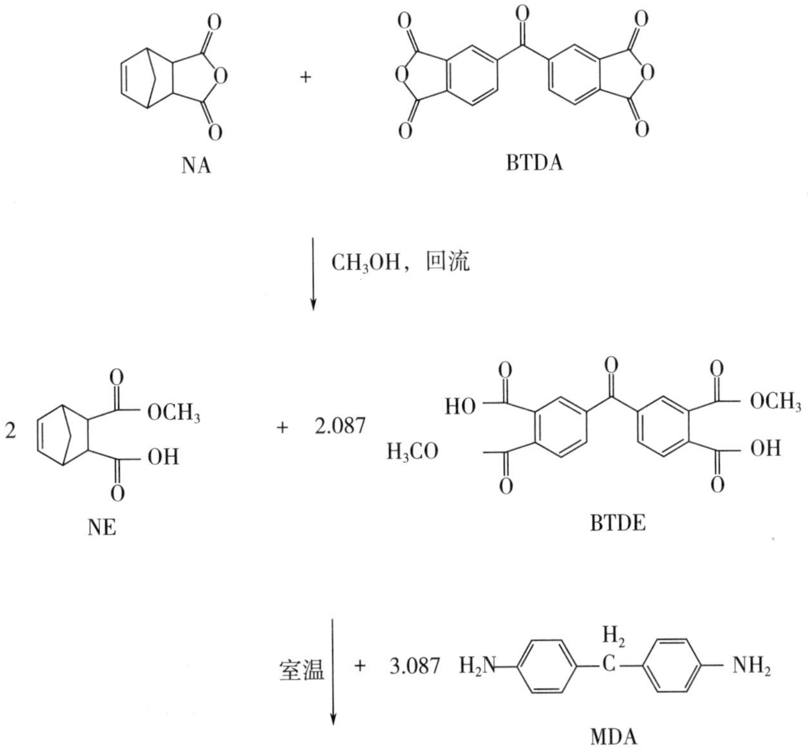

NA　　　　　　　　　　BTDA

CH₃OH,回流

NE　　　　　　　　　　BTDE

室温

MDA

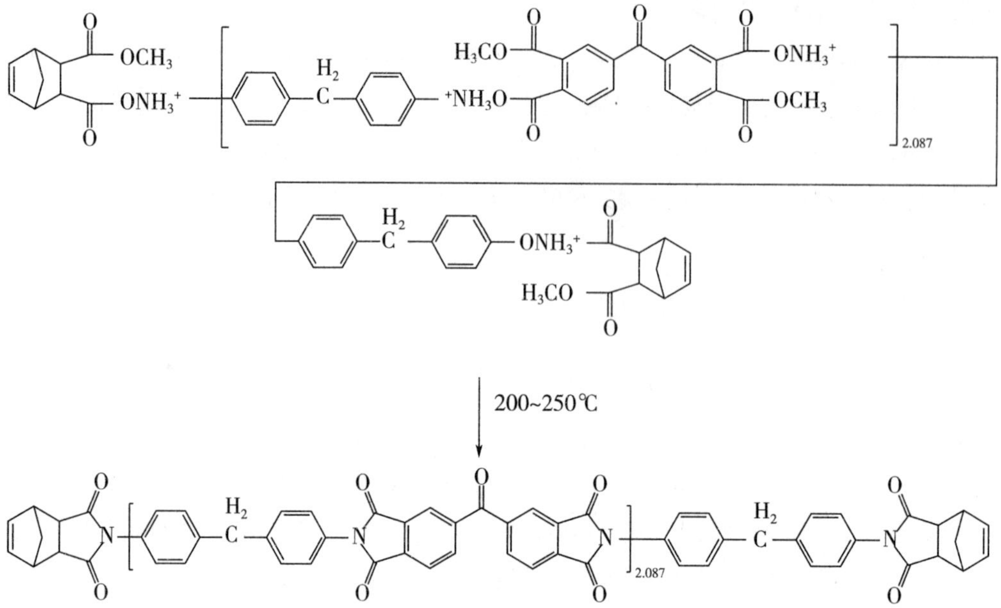

在制备复合材料时，可将 BTDE、MDA 和 NE 的甲醇溶液直接用来浸渍纤维或织物，浸渍结束后再进行脱醇、脱水、交联等化学反应。由于采用小分子的单体进行浸渍，预浸液的浓度高、黏度低，对增强纤维或织物的浸渍性好，解决了高黏度树脂溶解性差、对纤维浸渍性差、难以加工的问题。增强材料浸渍后，在 120～230℃下脱去醇类小分子、环化脱水生成聚酰亚胺预聚物，得到预浸料；溶剂挥发至 5% 左右时，覆盖上聚乙烯薄膜，然后裁剪预浸料铺贴成型。在预浸料中保留 5% 的溶剂可使预浸料具有一定的黏性，以便预浸料的裁剪与铺贴。但是，甲醇的沸点较低，很容易挥发，使控制 PMR－15 预浸料的黏性较为困难。为了解决预浸料残留、甲醇易挥发等问题，可在树脂溶液中加入适量沸点较高的溶剂（如沸点为 97℃的丙醇）。铺贴好的预浸料在高温高压下交联固化得到 PMR 型复合材料。PMR－15 聚酰亚胺树脂是第一个广泛使用的 PMR 聚酰亚胺高温复合材料基体树脂，具有优异的力学性能及良好的热氧化稳定性，可在 288～316℃使用 1000～10000h。PMR－15 碳纤维复合材料在 335℃老化 1000h 后，虽然其室温弯曲强度有所下降，但其在 316℃下的弯曲强度反而有所增加，已用于制造多种航空发动机零件，如发动机、整流罩、尾翼、雷达天线罩等。

PMR 聚酰亚胺树脂的固化交联温度为 250～320℃，其交联产物比较复杂，不同的反应条件（温度、时间）也可能导致不同的固化产物的生成。最初提出的交联机理如下所示：

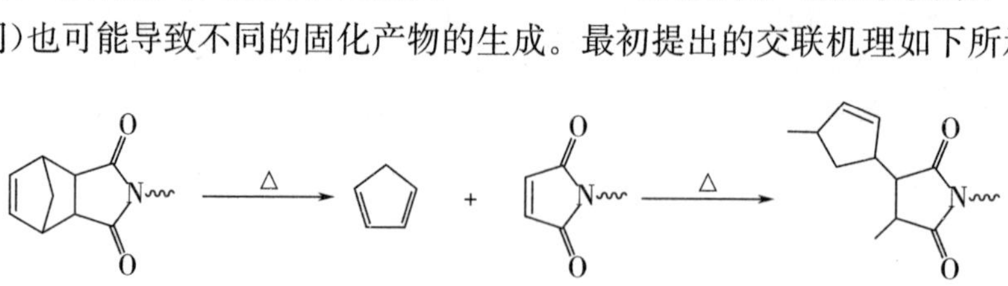

PMR 聚酰亚胺树脂在 250～270℃能发生逆 Diels－Alder 反应，开环释放出环戊二烯后，随即与马来酰亚胺发生聚合反应生成高相对分子质量的聚酰亚胺；在 PMR 树脂交联过程中可检测出环戊二烯的逸出，然而对于逆 Diels－Alder 反应所占的比重或是否为主要反应目前尚无定论。

Wong 等通过模型化合物研究降冰片烯封端的聚酰亚胺的交联机理时提出，在逆 Diels－Alder 反应中形成的环戊二烯可以和未反应的降冰片烯继续进行 Diels－Alder 反应，从而产生新的立体异构化合物。同时发现，交联反应主要是体系中存在的各种烯烃之间的无规共聚反应。固化交联反应如下：

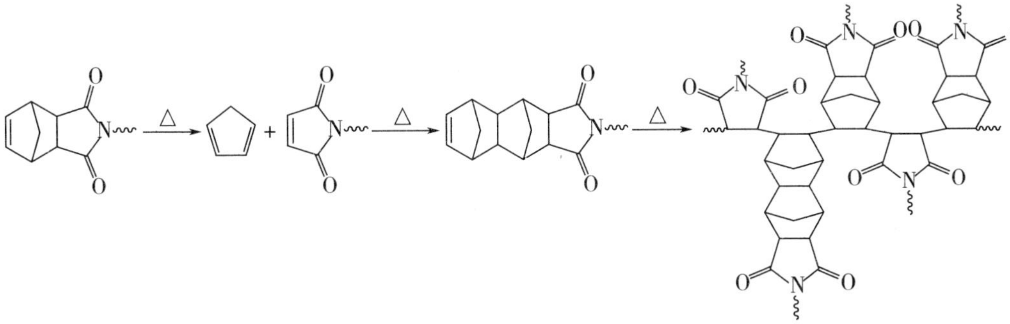

为了满足航空航天工业对耐高温材料更高耐热等级的需求，耐热性更好的第二代 PMR 聚酰亚胺树脂被研发出来，即 PMR－Ⅱ。该聚合物采用了六氟二酐（6FDA）代替 BTDA、对苯二胺（p－PDA）代替 MDA，同样以 NA 作为封端剂，溶剂为低沸点醇类，其化学结构式如下：

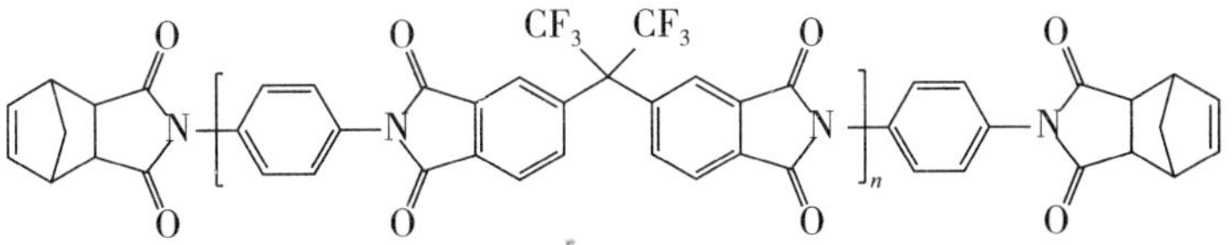

与第一代树脂所采用的酮酐相比，6FDA 具有更好的化学稳定性，同时赋予主链更好的柔顺性；同时，对于 PMR 树脂，通过增加预聚物相对分子质量、减少封端剂含量可以提高固化树脂的热氧化稳定性，但是预聚物相对分子质量的增加，会导致树脂的流动性降低、复合材料的成型工艺变差。目前使用较多的 PMR－Ⅱ预聚物的相对分子质量为 5000 的树脂简称为 PMR－Ⅱ－50，该树脂基复合材料在 371℃ 下具有突出的热氧化稳定性，但其复合材料在室温和高温下的力学性能不够理想，需要进一步提高。

为了改善 PMR－Ⅱ－50 的加工性和力学性能，Russell 等尝试制备降冰片烯单封端树脂，即以酸酐封端的 AFR－700A 和以氨基封端的 AFR－700B，两种树脂的化学结构式如下：

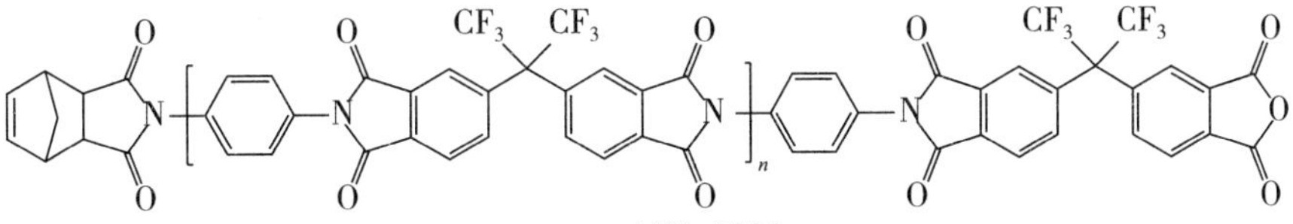

AFR－700A

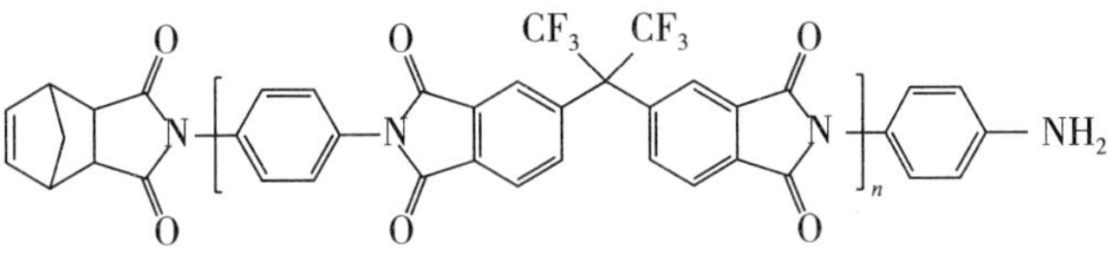

AFR－700B

研究结果表明,AFR－700B 相对于 PMR－Ⅱ－50 具有更好的熔体流动性,且高温下氨基和降冰片烯的双键可以发生热交联,提高体系的交联密度,生成类似共轭结构,这种共轭键比饱和脂肪单元具有更高的刚性,使材料的 T_g 大幅提高。单封端的 PMR 聚酰亚胺需在更高的温度下固化交联,这是由于氨基和降冰片烯双键的交联需要更高的温度和更长的反应时间。

20 世纪 80 年代后期,我国也开展了第二代 PMR 聚酰亚胺树脂的研制工作,已经开发出 KH－305、KH－320B、KH－330、KH－310－10 等一系列聚酰亚胺树脂及其复合材料,这些树脂的主要特点是熔体黏度较低,成型工艺性得到很大改善,树脂合成时减少了六氟二酐的比例或采用新的单体,降低了基体树脂成本。同时,树脂的 T_g 没有降低,甚至得到了提高。

PMR 聚酰亚胺树脂可以很好地解决材料的成型难题,同时树脂固化物具有玻璃化转变温度高、热氧化稳定性和力学性能优异等特点,以其为基体的先进复合材料作为轻质、耐高温结构材料在航空航天、空间技术等领域得到了广泛的应用。但目前 PMR 聚酰亚胺树脂仍存在一些不足:降冰片烯在高温固化过程中会释放环戊二烯,使材料内部容易产生缺陷,影响材料性能;降冰片烯封端剂交联后生成脂肪网络结构,相比芳香族,其热稳定性能较低;交联密度大,使得固化树脂韧性不足,容易开裂。因此,PMR 聚酰亚胺树脂的改性一直备受关注。

三、乙炔基封端聚酰亚胺树脂

如上所述,以降冰片烯为活性端基的聚酰亚胺树脂由于固化后生成的是类脂肪的结构,其耐热性通常低于聚酰亚胺本征的耐热性。较理想的解决途径是活性端基交联后可以生成类似于芳环的结构,使其在不影响聚酰亚胺耐热性能的同时,提高其加工性能和材料的力学性能等。研究发现,乙炔基通常在 200～250℃高温下会发生固化交联反应生成共轭多烯和芳环结构,这在很大程度上保持了聚酰亚胺的耐热性能,因此以乙炔活性基团为封端剂(如 3－乙炔基苯胺、间乙炔基苯酐等)的聚酰亚胺树脂受到研究者的广泛关注。

最先实现商品化生产的乙炔封端聚酰亚胺树脂为 National Strach 化学公司开发的 Thermid 系列,如 Thermid MC－600 是采用 3,3′,4,4′－二苯甲酮四羧酸二甲酯(BTDE)、1,3－二(间氨基苯氧基)苯(APB)和 3－乙炔苯胺(APA)为反应单体,首先在 40～100℃温度范围内反应并伴随着溶剂和醇的去除,获得对应的乙炔封端的聚酰胺酸预聚物,然后在 150～250℃经过环化脱水反应得到乙炔基封端的聚酰亚胺预聚体,最后在更高的温度(175～350℃)下发生固化交联反应生成三维网络结构的树脂,其合成与固化交联反应如下所示。

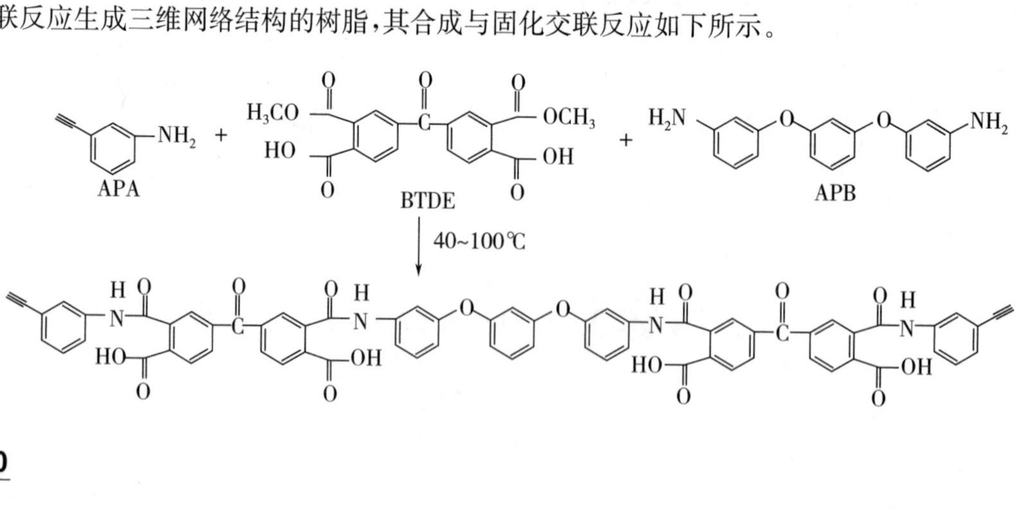

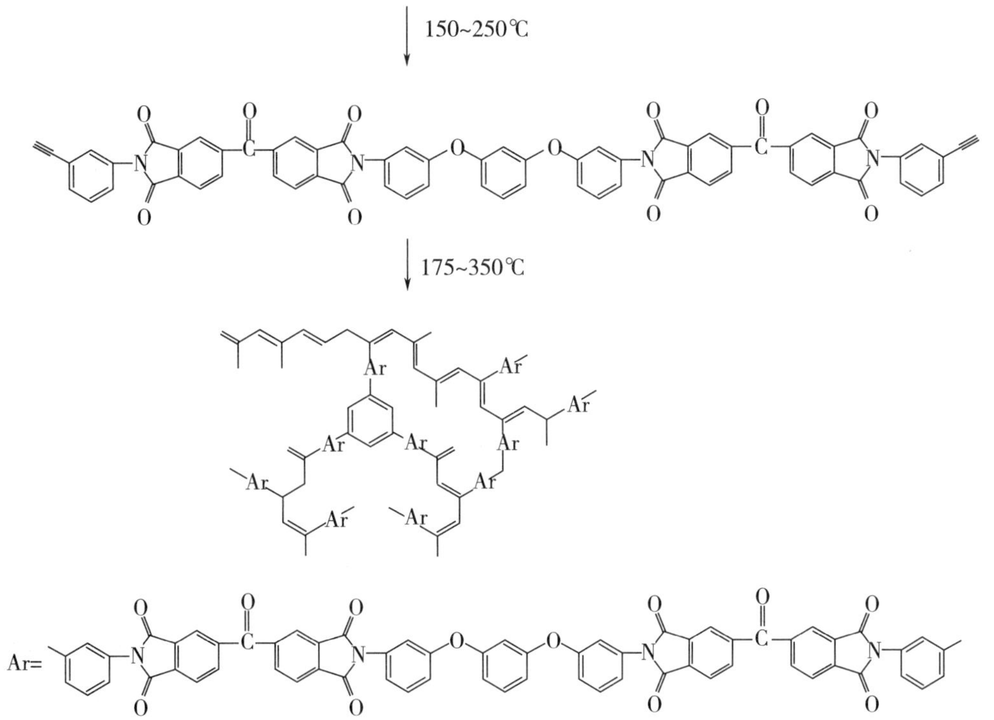

由于该结构中引入大量柔性酮羰基和醚键单元，其预聚体 T_g 一般较低，为 190～210℃，可在较低温度下软化，其最低熔体黏度也较低，且固化后的产物具有优良的耐热氧化稳定性、力学性能、介电性能等，广泛应用于印刷电路板、模压料和纤维增强复合材料的基体树脂，例如，自润滑复合材料的轴承保持架、印制电路板等。

虽然该聚酰亚胺树脂通过在结构中引入大量柔性酮羰基和醚键单元，有利于降低树脂的软化温度和最低熔体黏度，但其软化温度仍然较高，为 200～350℃，而该树脂的固化温度为 250℃ 左右，因此树脂的加工温度与固化温度之间的差距太小，使得聚酰亚胺预聚物在加工时还未完全软化就出现固化交联反应，导致加工时间很短。为此，可通过增加乙炔基封端聚酰亚胺树脂的溶解性、降低树脂的熔体黏度及对应的温度或者延长固化时间等方面进行改进。例如，采用 6FDA 代替传统的 BTDA 得到的 Thermid FA－700 树脂，其加工温度降低至 160～180℃，且可溶解在传统的有机溶剂中，提高了树脂的溶解性和熔体流动性。Thermid FA－700 树脂的化学结构式如下：

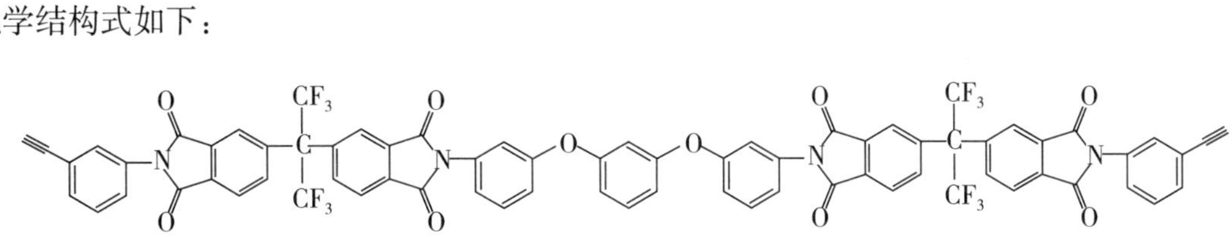

通过化学环化法制备的异酰亚胺 Thermid IP－600 树脂，具有更高的不对称性，预聚体的 T_g 降低到 150～170℃，加工性能得到了进一步的改善；同时，异酰亚胺预聚体在高温环境下会转化为酰亚胺结构，并且没有任何挥发性产物，最后得到固化树脂的性能和非异酰亚胺固化树

脂的性能基本相同。Thermid IP－600 树脂的化学结构式如下：

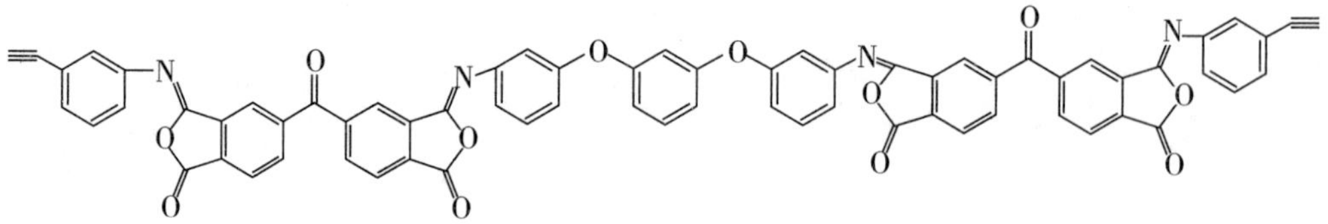

此外，Reinhart 在 1983 年发表的一篇专利中表明，在乙炔基封端树脂体系中，羟基取代的多核芳族化合物作为阻滞剂或加工助剂，可显著降低聚合物在固化过程中的熔体黏度，延长固化时间，改善树脂的加工性。

四、苯乙炔基封端聚酰亚胺树脂

为了兼顾乙炔基封端聚酰亚胺树脂耐热稳定性能的同时解决其较窄加工窗口的问题，苯乙炔封端聚酰亚胺树脂应需而生。1984 年第一次报道了苯乙炔封端的聚酰亚胺树脂，此后国内外陆续开展了关于苯乙炔封端聚酰亚胺树脂的研究。研究结果表明，苯乙炔基团在 320～400℃下发生自由基反应，主要形成双键(88.2%)，少数双键进一步形成单键(8%)，最终形成共轭多烯和类似芳环的结构，且树脂在固化过程中没有小分子逸出，容易得到致密结构。因此，交联后的材料热稳定性高，尺寸稳定性也较高，在高温下不易开裂，且可以通过控制树脂的交联密度，而得到强度、韧性不同的材料。

相对而言，苯乙炔基团的交联温度较高，为 320～400℃，而该树脂的软化加工温度(150～300℃)与热固化温度之间的加工窗口较大，一方面，使得树脂在加工过程中可以充分软化，用于制造大型或者精密零部件；另一方面，较高的交联温度还赋予预聚物较高的热稳定性能，使其具有较长的存储期。

1993 年美国 NASA 开发出了苯乙炔型聚酰亚胺预聚体 PETI－1 和 PETI－5，这两种树脂具有优异的加工性能，固化后材料的使用温度和热稳定性都很高。两种树脂相比，PETI－1 所用的封端剂不易获得，且价格昂贵。PETI－1 的化学结构式如下：

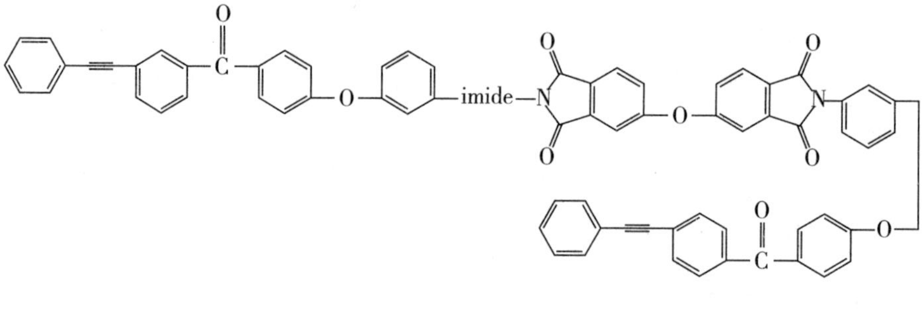

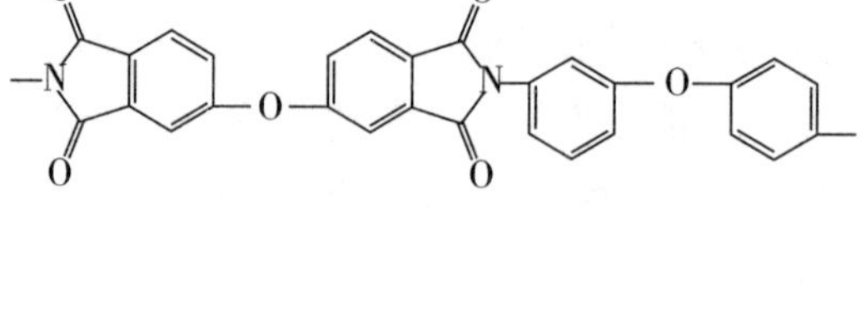

而 PETI－5 所用的苯乙炔苯酐廉价易得,被广泛应用于复合材料、胶黏剂等。PETI－5 是由 3,3′,4,4′-联苯四酸二酐(s－BPDA)、间位三苯二醚二胺(1,3,3－APB)、3,4′-二氨基二苯醚(3,4′－ODA)和 4－苯炔基苯酐(4－PEPA)通过缩聚反应制备而成,其合成反应式如下:

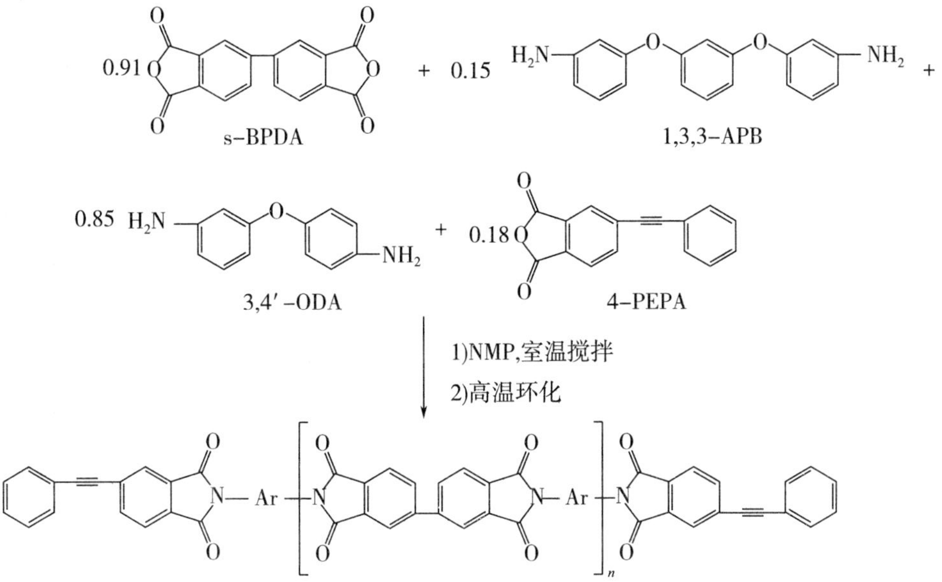

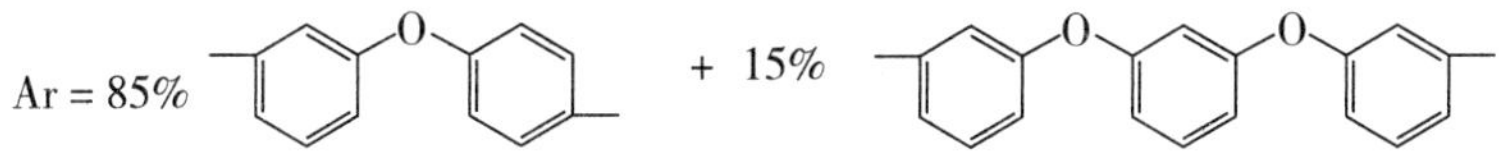

0.91 s－BPDA + 0.15 1,3,3－APB +

0.85 3,4′－ODA + 0.18 4－PEPA

1)NMP,室温搅拌
2)高温环化

Ar = 85% + 15%

PETI－5 中不对称结构二胺可使预聚体规整性下降,熔体黏度降低,加工窗口变宽,因此,PETI－5 可适用于注塑成型工艺制备综合性能优异的复合材料。通过调控两种二胺比例,当 1,3,3－APB 与 3,4′－ODA 的摩尔比为 15:85 且树脂的相对分子质量为 5000 时,材料的韧性与加工性能最佳,最低熔体黏度为 5650 Pa·s(350℃),固化后树脂的 T_g 为 270℃,断裂伸长率为 32%。

为了进一步降低树脂的熔体黏度,提高其可加工性能,研究者通过使用异构化的单体,破坏分子链的规整度,可以降低预聚物熔体黏度的同时又不破坏固化后材料的耐热性能。如在 PETI－5 的基础上,使用不对称的 2,3,3′,4′-联苯四甲酸二酐(α－BPDA)代替对称的 s－BPDA,使用含有三氟甲基的二胺(TFMB)代替原来的 3,4－ODA,同时控制预聚物的相对分子质量为 750,开发出 PETI－375 树脂。其熔体黏度大幅降低,在 280℃ 保温 2h 后黏度变化很小(0.1~0.4Pa·s),固化产物的 T_g 很高,成为目前适合于 RTM 成型耐温等级最高的树脂之一。

Yokota 等采用 α－BPDA、4,4′－ODA 和 PEPA 合成了 TriA－PI 型聚酰亚胺预聚体,通过引入异构体联苯二酐使得树脂最低熔体黏度降低,当聚合度为 4.5 时,TriA－PI 最低熔体黏度为 1000Pa·s(320℃),固化产物的 T_g 为 343℃。TriA－PI 型聚酰亚胺的化学结构式如下:

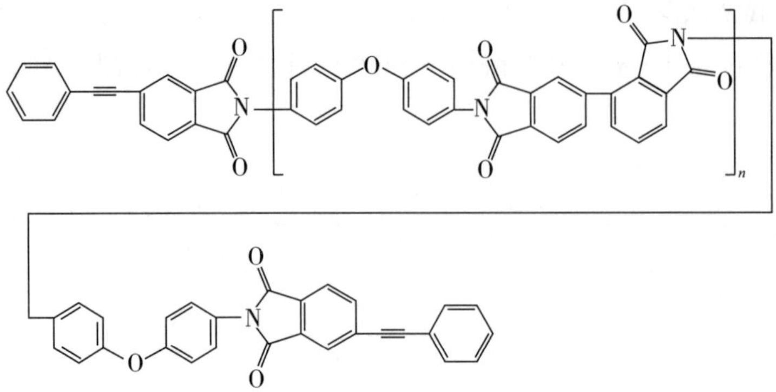

TriA－PI 在交联前具有良好的熔融加工性能,固化后又具有较高的使用温度、耐热等级和良好的力学性能,因此,TriA－PI 类树脂是目前使用较多、应用较广的耐高温树脂基体。

目前,关于苯乙炔封端聚酰亚胺树脂的研究主要集中在改善树脂耐热性能和可加工性能方面,主要方式有:

(1)添加低相对分子质量的活性稀释剂。活性稀释剂在树脂中起到增塑效果,增大树脂的自由体积,使预聚体 T_g 降低,加工窗口变宽,易于加工;又由于活性稀释剂的交联密度大,使得固化后的树脂耐热性提高。

(2)降低预聚物相对分子质量,可以有效降低树脂的熔体黏度。

(3)引入大体积侧基,增加聚合物的自由体积,提高其加工性能。

(4)通过使用异构化的单体,破坏了分子的规整度,降低了熔体黏度的同时又不破坏其耐热性。

(5)通过在主链或者侧链引入交联基团增加交联密度,提高树脂的耐高温性等。

五、热塑性聚酰亚胺树脂

热塑性聚酰亚胺(TPI)是在传统热固性聚酰亚胺树脂的基础上发展起来的,具有良好热塑加工性能,其熔体流动性好,可通过热模压、注射和挤出等加工方法制备聚酰亚胺产品,适用于结构复杂的一次成型制品,无须二次加工,解决了传统热固性聚酰亚胺加工成型困难、产品形式单一等问题。对于注射成型工艺,一般要求 TPI 的 T_g 要低于 $250\ ℃$;若 T_g 太高,加工温度超过 $400\ ℃$,聚合物分子链可能会发生分解或交联反应,影响产品质量,同时,如此高的温度对加工设备也是极大的考验。热压成型对聚合物的 T_g 限制较宽,原则上只要具有可测的 T_g 就可以进行热压加工,但该法适合制备形状不太复杂的制件。对于一些大型、结构复杂、生产量小的零部件的生产,传统的模压、注塑或者挤出工艺必将增大生产的成本和周期,有的传统工艺甚至无法满足其加工,而 3D 打印技术在这方面具有巨大的优势,3D 打印对于材料的性能要求与注塑挤出的类似,但目前对于 TPI 的 3D 打印的研究还不够成熟。

TPI 树脂不仅具有传统聚酰亚胺本征的优异力学性能、耐高低温、低介电常数和介电损耗、高韧性、高耐冲击性能以及自润滑性等特点,而且便于长期储存,有利于降低生产成本,提高生产效率,广泛应用于复合材料、薄膜、覆铜板等领域。

1. TPI 的合成方法

TPI 的合成一般分为两大类:熔融缩聚法和溶液缩聚法。熔融缩聚法通常将单体加热到较高的温度进行聚合,聚合温度在 250℃ 以上。由于不同单体具有不同的挥发性,因此,采用熔融缩聚法很难准确控制反应物的实际用量。另外,熔融缩聚反应得到的聚酰亚胺相对分子质量比较大,不易于加工成型,因此,该类合成工艺在实际生产中应用较少。

溶液缩聚法是首先在较低温度下将二酐和二胺单体在 DMAc、DMF、NMP 等极性非质子溶剂中通过缩聚反应生成聚酰胺酸(PAA)前驱体溶液;然后将聚酰胺酸脱水环化制得聚酰亚胺,合成反应方程式如下所示:

酸酐单体　　　二胺单体　　　　　　聚酰胺酸　　　　　　聚酰亚胺

其中部分 TPI 直接使用 PAA 前驱体溶液进行后续加工,如 LaRC - TPI 的 PAA 溶液可直接用作耐高温胶黏剂。但是由于这种方法需要大量的溶剂,不方便运输,而且亚胺化过程中存在大量溶剂挥发,不仅造成浪费,而且对环境危害极大,且最终制得的产品多为薄膜,形式单一,不能满足不同领域的需求。

从 PAA 到聚酰亚胺要经过脱水环化反应,目前 PAA 的脱水环化主要有三种方法:

(1)化学环化法,即利用化学环化剂对前驱体 PAA 进行脱水环化处理,形成聚酰亚胺。该过程需要大量的环化试剂,既增加生产成本又不利于环保,且化学环化很难实现全部环化反应,亚胺化程度的不完全会导致产物相对分子质量分布变宽,从而对聚酰亚胺的性能产生不利影响。

(2)PAA 固相环化法,即将聚酰胺酸溶液倒入甲醇或者水中沉析,再对得到的粉末进行升温干燥,通过加热使聚酰胺酸转化成聚酰亚胺,但在 PAA 沉析过程中溶剂会大量的包裹在粉末中不易清洗干净,对最终的模压加工产生不利影响。

(3)高温一步法,即对 PAA 溶液进行加热处理,使 PAA 在溶液中脱水环化形成聚酰亚胺。该方法不仅操作简单,而且节约溶剂,制得的粉末中不包裹溶剂,有利于后期加工。

通过以上方法合成得到的热塑性聚酰亚胺粉末通常称为聚酰亚胺模塑粉,是一类具有重要应用价值的、比较典型的工程塑料,可以通过注塑、挤出或置于模具中高温高压下压制成型,不仅方便运输,而且在最终的模压阶段没有溶剂释放,制件结构复杂,其应用日益广泛。

2. TPI 的国内外生产现状

虽然国内外聚酰亚胺的生产厂家开发的 TPI 产品牌号较多,但是真正得到应用的 TPI 种类却不多。目前已经产业化的 TPI 主要有:美国通用电气和沙伯基础创新公司联合开发的 Ultem 和 Extem 系列工程塑料、美国航空航天局(NASA)开发的 LaRC 系列高温胶黏剂、日本三井化学公司开发的 Aurum 和 Super Aurum 系列结晶性聚酰亚胺及其衍生产品、中国上海合成树脂研究所生产的 Ratem 系列等。产品以聚酰亚胺均聚物为主,也有少数产品是在其基础上共聚改性而得到的。表 2 - 24 列出了目前国内外部分商品化热塑性聚酰亚胺的牌号、结构与性能。

表 2－24　国内外部分商品化 TPI 的主要结构与性能

机构	商品名	化学结构式	$T_g/℃$
DuPont	Vespel	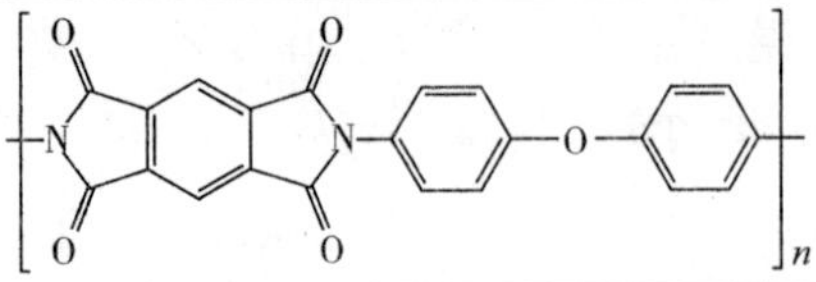	385
Amoco	Torlon	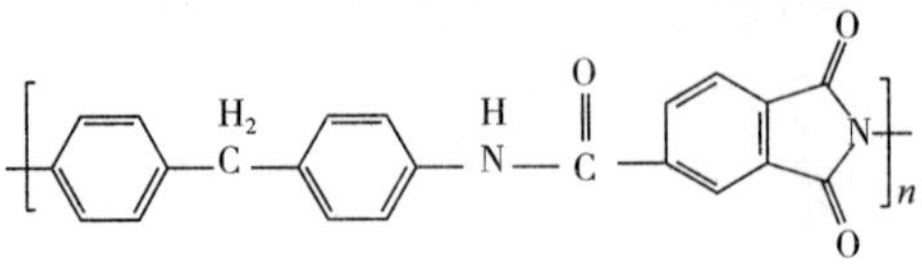	—
GE Plastics	Ultem 1000	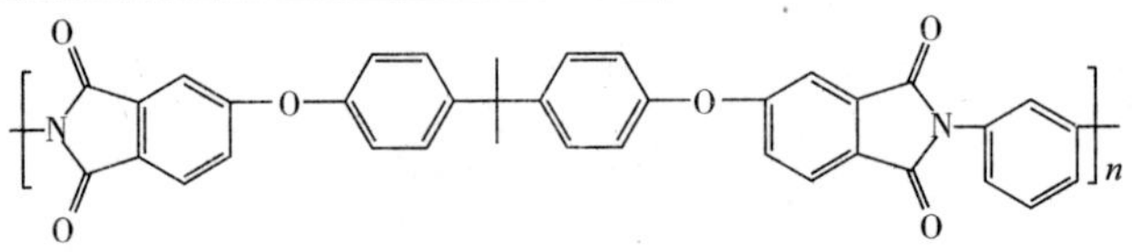	217
	Ultem 5000	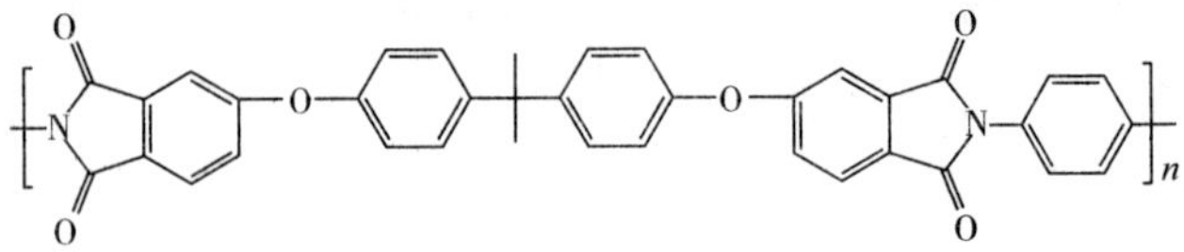	224
	Ultem 6000	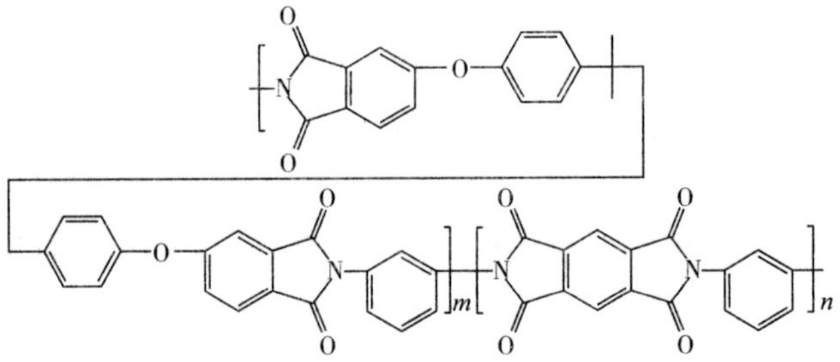	233
	Extem XH	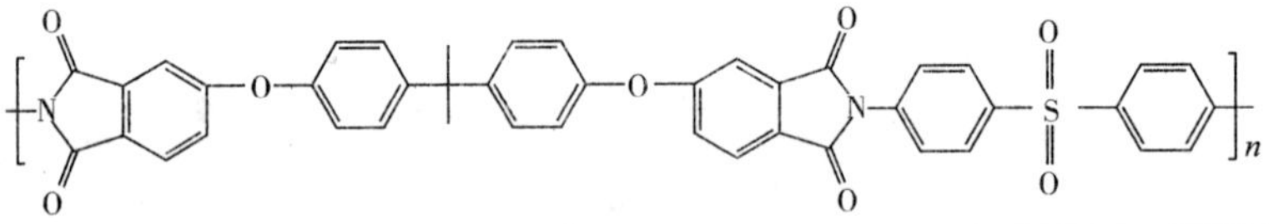	267
NASA	LaRC－TPI	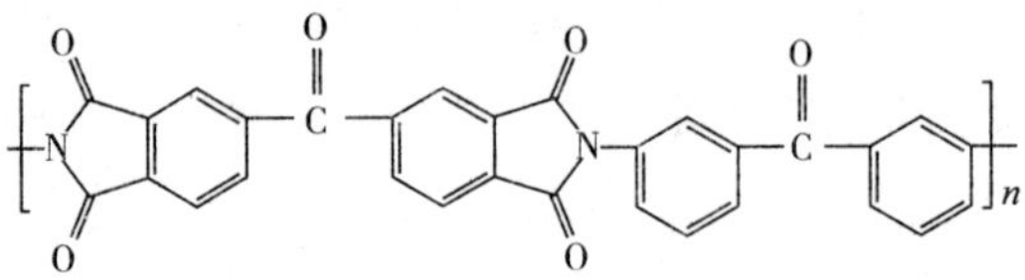	242
	LaRC－SCI	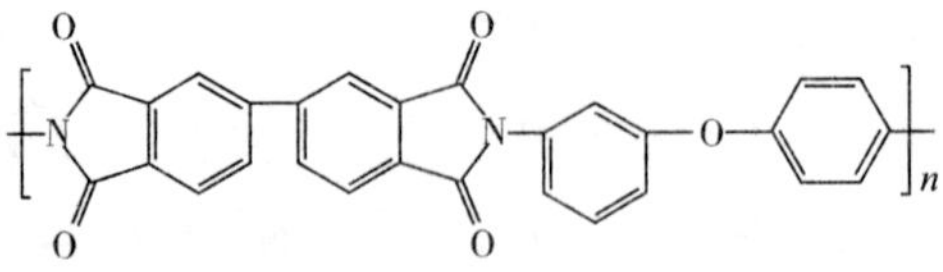	278
	LaRC－IA	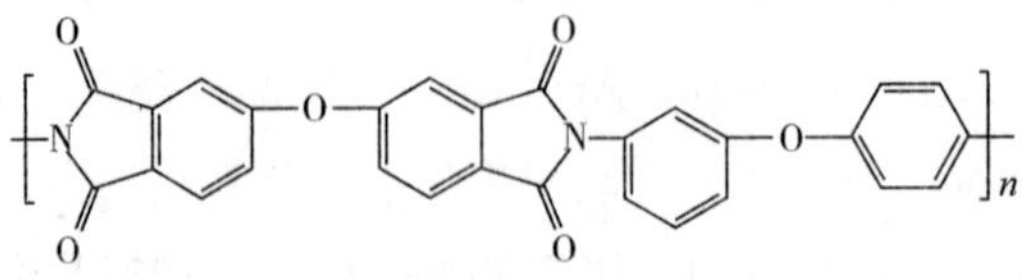	230

机构	商品名	化学结构式	$T_g/{}^\circ\!C$
Mitsui Toatsu	Aurum		250
	Super Aurum		190
上海合成树脂所	Ratem YS—20		270
	Ratem YS—30		210
长春高琦	YHPI		230
南京岳子	YZPI		254

3. TPI 的改性

由于热塑性聚酰亚胺树脂的分子链中存在大量苯环、酰亚胺环等刚性链结构,使得其具有强的链间相互作用力,并且部分聚酰亚胺分子链排列规整、取向程度高,赋予其较高的玻璃化转变温度、熔点以及强的抗溶剂性。但与此同时,也存在溶解性差和无法熔融加工的问题,限制了TPI 的广泛应用。为解决其加工困难的问题,可以降低单位体积内酰亚胺结构、苯环或其他刚性结构的密度。具体可以通过在分子结构中引入柔性结构、大体积侧基、扭曲和非共平面结构等来增加聚合物分子链的柔性,阻碍分子链间的紧密堆积;或者通过共聚、共混等手段阻碍分子链间的紧密堆积,增加材料的自由体积以提高其溶解性和降低熔体黏度。

(1)引入柔性结构。在树脂主链中引入柔性基团是改善其加工性能最有效的方法之一,如在分子主链中引入烷基、烷氧基、醚键、酯基等柔性基团,增加体系的柔性,可以有效降低树脂的熔体黏度、提高树脂的溶解性。但是同时也会降低树脂的 T_g。

(2)引入大体积侧基。引入大体积侧基通过增加树脂的自由体积而提高树脂的加工性能,因此与引入柔性结构相比,可以极大地保持树脂的耐高温性。常用的大体积侧基有三氟甲基、苯基、芳杂环、金刚烷等。

(3)引入不对称/非共平面结构。TPI的溶解性低、熔体黏度高的原因之一是聚酰亚胺较强的分子间作用力、分子堆砌紧密。引入扭曲的非共平面结构可以很大程度上破坏聚合物分子链的对称性和规整度,增加自由体积,其作用与引入大体积侧基相似。目前,研究较多的是使用不对称单体或在主链中引入噻吩、咔唑、异丙基取代物等。其中研究最多的是引入不对称单体,其不仅具有更高的玻璃化转变温度、更低的熔体黏度,同时还保持了良好的耐热性,是目前树脂改性中较为有效的一种方法。

(4)共聚/共混。共聚或共混由于简单、高效,是工业上采用较多的改性方法,其是通过灵活地调整共聚或者共混比例,控制聚合物分子链的规整性,最终获得所需性能的树脂体系。

第六节　其他高性能热固性树脂

一、聚苯腈树脂

聚苯腈树脂是基于邻苯二甲腈的一类高性能热固性树脂,也是目前高性能树脂的研究热点。该树脂是通过邻苯二甲腈单体在有机胺、有机酸/胺盐、无机胺等催化下,通过本体加成反应合成。由于分子结构中含有大量的芳杂环,聚苯腈树脂具有优异的耐热稳定性和力学性能,初始分解温度($T_{5\%}$)和玻璃化转变温度(T_g)分别可达到500℃和350℃以上;聚苯腈树脂的阻燃和耐火性能十分突出。同时,聚苯腈在固化反应中无小分子产物释放,产品致密、孔隙率低。由于聚苯腈树脂以上出色的综合优异性能,使其具有广泛的应用前景。

聚苯腈树脂的早期研究可追溯到1958年,当时Marvel和Martin以双-(3,4-二氰基苯基)醚为原料,首次合成了一系列聚合度不同的含有酞菁铜结构的低聚物,这个发现说明邻苯二甲腈官能团可以相互反应进行聚合,但是当时并没有制得高度交联的聚苯腈树脂,该研究也仅限于新反应的探索。20世纪90年代,美国海军实验室的Keller等将柔性链段单元引入邻苯二甲腈单体中,制备出了耐高温性能优异的聚苯腈树脂。同时,发现邻苯二甲腈两端腈基的距离对最终固化物的交联密度及反应活性会产生重要影响,过长的端腈基距离会增加固化难度,此外,邻苯二甲腈单体中引入的脂肪族链段相对于芳香族链段更有利于固化反应,固化温度更低。

1. 苯腈单体的结构与合成

为了满足航空航天、武器装备等领域对高性能复合材料的需求,相继开发了结构各异的邻苯二甲腈单体,代表性结构主要有间苯型、联苯型、双酚A型、酰亚胺型等,其结构如下:

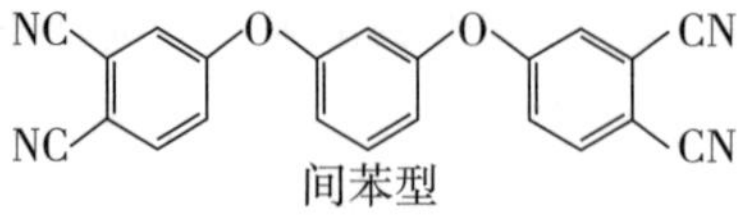

间苯型

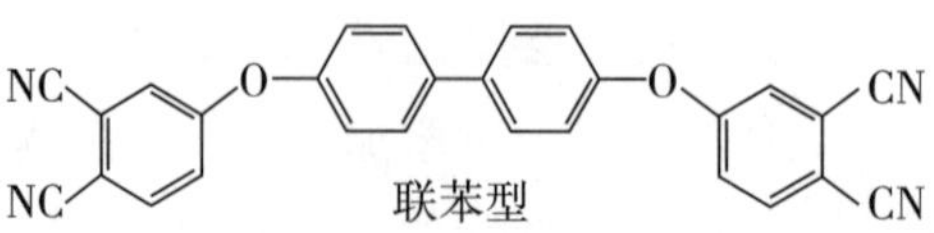

联苯型

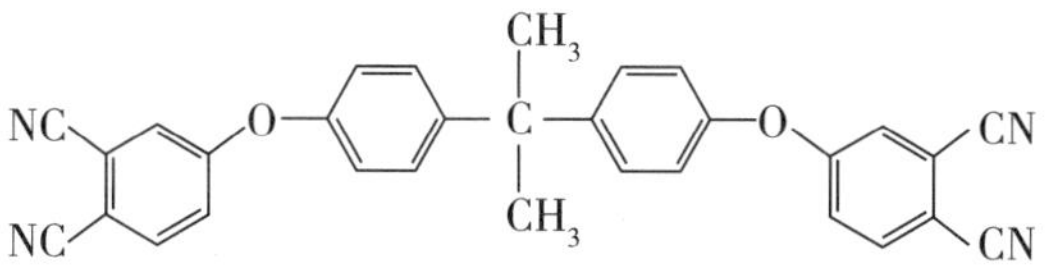

双酚A型

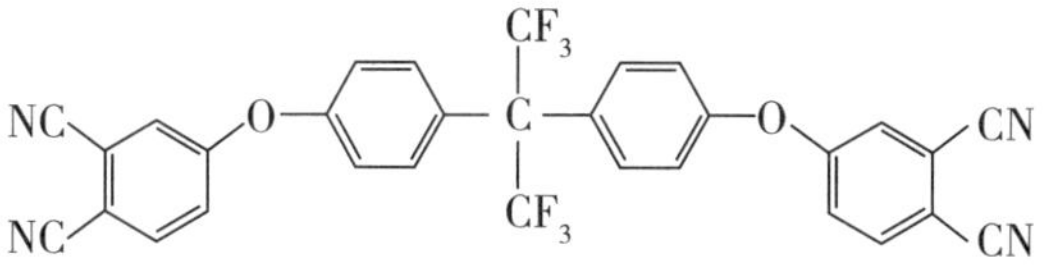

6F-双酚A型

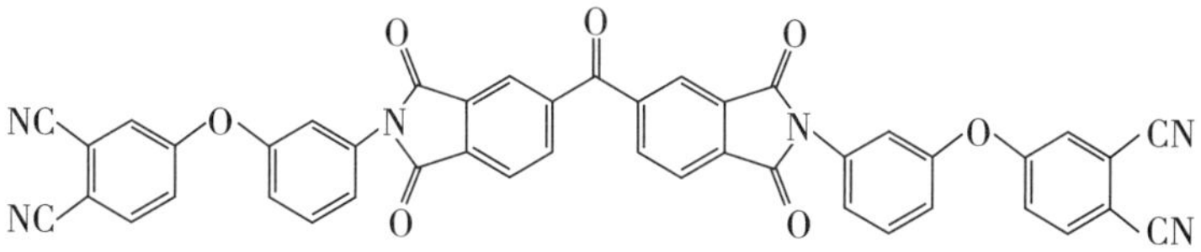

酰亚胺型

上述单体大多由常见的酚类经亲核取代反应合成。如利用间苯二酚、双酚 A 和联苯二酚分别与 4-硝基邻苯二甲腈发生亲核取代反应,制备了间苯型、双酚 A 型和联苯型苯腈单体,其反应过程如下:

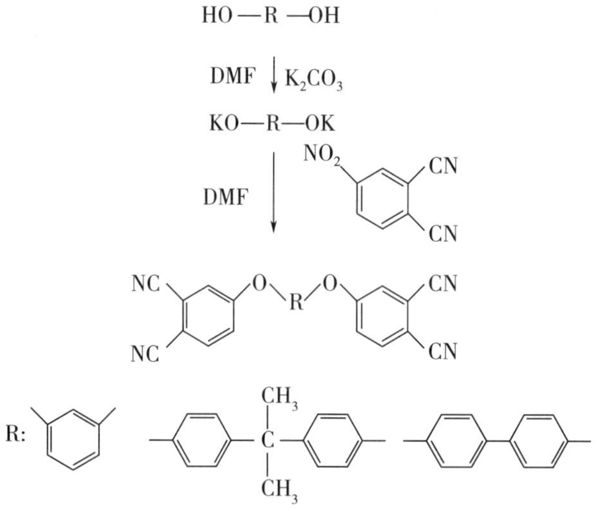

这些苯腈单体固化后形成的树脂表现出优异的热稳定性以及良好的综合性能,但由于大量刚性单元的存在,导致这些单体的熔点普遍较高(183～250℃),而苯腈单体需要在熔点以上进行加工,导致其加工窗口较窄,不利于树脂的加工成型。

为了提高苯腈单体的加工性能,并维持聚苯腈树脂本身优良的耐热性能,可将含芳香醚链段及三苯基磷基团或二苯基酮基团等功能性基团同时引入苯腈单体中,其中芳香醚链段赋予分子链较好的柔性及运动能力,从而提高可加工性,而三苯基磷和二苯基酮基团可有效维持聚苯腈树脂良好的耐热性。这两类树脂的结构如下所示:

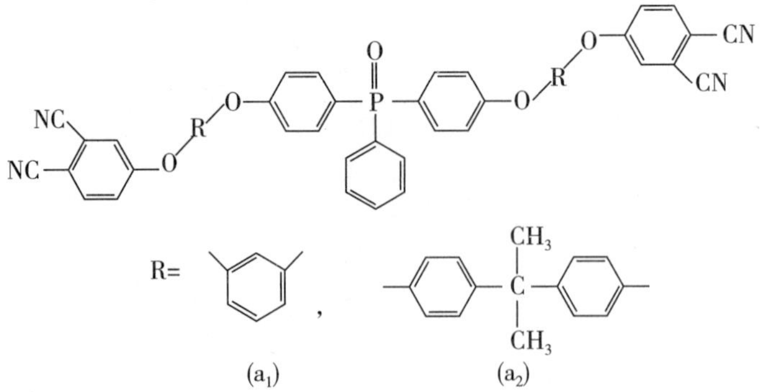

含三苯基磷基团的苯腈单体结构

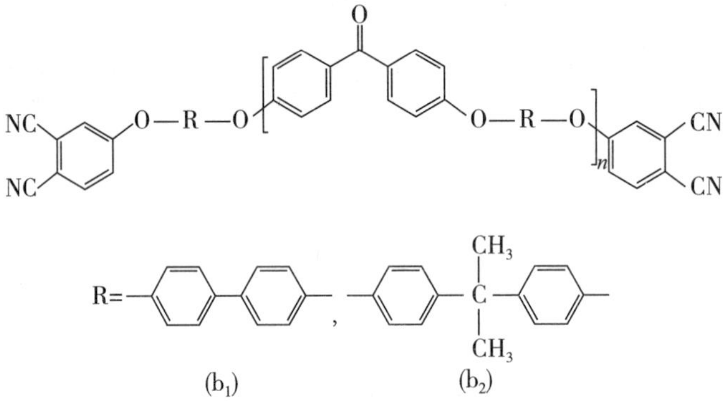

含二苯基酮基团的苯腈单体结构

两类树脂的耐热氧化稳定性比较见表 2-25，由表中数据可以看出，含三苯基磷基团的聚苯腈树脂在 250～375℃内分别有 3.9% 和 4.2% 的失重，相对于含二苯基酮基团的聚苯腈树脂（4.0% 和 7.2%）的耐热氧化稳定性有少许提升。

表 2-25　含三苯基磷及二苯基酮基团聚苯腈树脂的耐热稳定性比较

温度 /℃	质量损失/% (a₁)	质量损失/% (b₁)	质量损失/% (a₂)	质量损失/% (b₂)
250	0.0	0.0	−0.4	−0.1
300	0.1	0.1	−0.4	0.5
325	0.3	0.5	0.3	1.6
350	1.1	1.3	1.7	3.3
375	3.9	4.0	4.2	7.2
400	7.9	17.1	10.8	20.4

后续的研究中也相继证实了将苯并噁嗪、萘环等单元引入苯腈单体中同样可以明显提升固化树脂的耐热稳定性，此外，该类单元的引入对树脂的力学行为和加工性能也起到了明显的改善作用。例如，将刚性更强的萘环单元引入苯腈单体中，在空气氛围下 5% 热失重温度（$T_{d5\%}$）

达到 506℃，固化树脂的玻璃化转变温度（T_g）高达 411℃，即使吸收 2.5%（质量分数）的水分，固化树脂的 T_g 仍可达到 400℃。含萘环单元苯腈单体的化学结构如下：

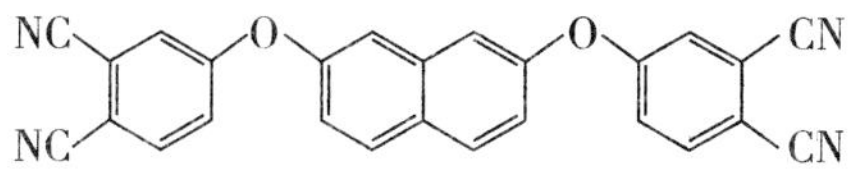

2. 苯腈单体的固化反应

邻苯二甲腈单体的聚合是一种本体加成反应，通过腈基的三键打开发生加成聚合反应形成三维体型网络结构，最后生成不溶、不熔的坚硬固体，因此，苯腈单体的聚合就是一种固化反应。苯腈单体的固化过程在不加入固化剂的情况下进行得较为缓慢，通常需要接近一周的时间，固化剂的加入可使其固化反应迅速进行。目前，广泛应用的固化剂主要包括有机酸、强有机酸盐类、芳香胺类和酚类等。固化剂在整个反应过程中起到催化作用，最终会从固化树脂中脱除。一般情况下，邻苯二甲腈固化反应形成的结构主要有三种：芳亚氨基异吲哚啉、三嗪环和酞菁结构。下面就对这三种结构的反应机理进行具体介绍。

1977 年，Siegl 研究发现，有机胺与邻苯二甲腈单体在碱金属催化下可以形成大量的芳亚氨基异吲哚啉结构，聚苯腈的交联网络结构主要由一个苯腈单体上的两个腈基反应生成的芳亚氨基异吲哚啉构成，然后进行分子间的聚合，这种反应在聚合初期很容易发生，反应历程如下：

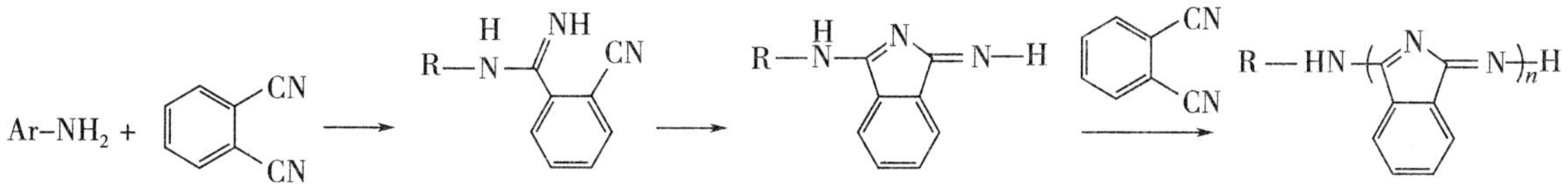

1984 年，Snow 和 Griffith 等对酞菁聚合物模型反应进行了相关研究，他们选用单邻苯二甲腈和双邻苯二甲腈以及模型化合物作为研究对象，利用对苯酚、四氢吡啶和联苯二酚作为活性氢来催化单体聚合，按照 2mol 活性氢催化 8mol 氰基生成 1mol 酞菁环的用量比进行研究。对最终固化产物的结构进行了系统表征，发现反应产物以酞菁环为主，产率达 65%，然而当体系中存在少量水分时，产物中却出现了三嗪环结构，三嗪环被认为是在水分存在下聚合所形成的副产物。此外，原位红外测试结果表明，单邻苯二甲腈聚合产物以酞菁环为主，而双邻苯二甲腈聚合产物中则出现了三嗪环。邻苯二甲腈在对苯酚催化下形成酞菁环的过程如下：

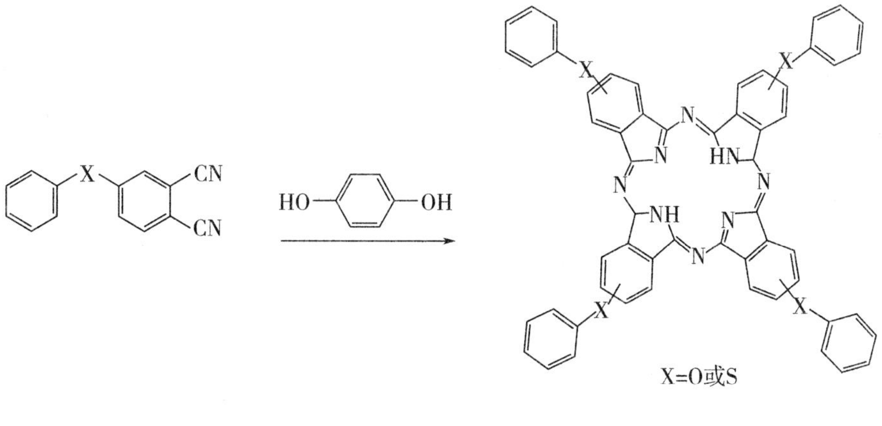

X=O或S

Burchill 使用芳香胺和有机胺以及有机酸铵盐催化剂对 4,4′-双(3,4-二氰基苯氧基)联苯聚合的反应机理进行研究,发现在有机胺或者有机酸铵盐催化下,邻苯二甲腈聚合主要生成三嗪环交联结构。同时,当邻苯二甲腈基团首次参与形成三嗪环后,残留的氰基单元会继续发生反应,最终形成高度交联的网络结构,固化物具有较高的玻璃化转变温度。尤其是,有机酸铵盐的加入会大大促进后期交联反应的进行。具体交联反应机理如下:

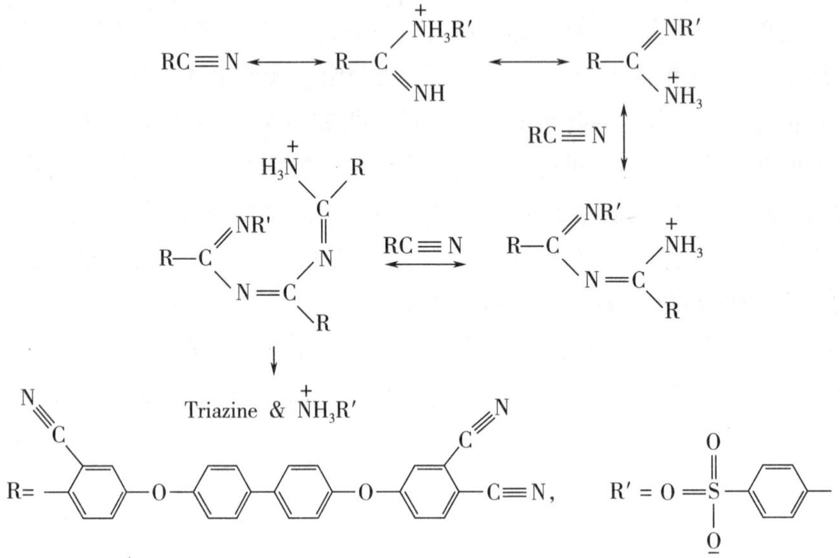

邻苯二甲腈在固化反应过程中除了形成芳亚氨基异吲哚啉、酞菁环、三嗪环结构外,理论上还会有去氢酞菁环的形成,但是去氢酞菁环稳定性较差,通常转换为酞菁结构,因此对于去氢酞菁环的研究没有过多报道。目前对于聚苯腈树脂的研究也大多基于上述三种结构。

3. 聚苯腈树脂的性能

聚苯腈树脂具有优异的耐热稳定性、尺寸稳定性、阻燃性、低发烟量、低吸水率,综合性能优异,并且可以通过灵活的分子结构设计实现性能上的有效调控,因而作为高性能树脂基体在复合材料领域具有很好的应用。聚苯腈复合材料的研究可以追溯到 1996 年,美国海军实验室 Sastri 等制备了碳纤维/邻苯二甲腈复合材料。其中增强纤维选用牌号为 IM7 的碳纤维,而树脂基体为联苯型聚苯腈树脂。研究结果显示,以 1,3-双(3-氨基苯氧基)苯为催化剂,经过 375℃、8 小时固化后,复合材料的玻璃化转变温度高于 450℃,在 450℃时复合材料的储能模量仍然保持 90%,在水中浸泡 16 个月后,吸水率仅为 1%,其性能优于或相当于 PMR-15/IM7 复合材料,使其在航空航天和舰船潜艇领域得到广泛应用。此外,联苯型聚苯腈/玻璃纤维复合材料展示出优异的耐热性、力学性能、低吸水率,为聚苯腈复合材料在高性能领域的应用开辟了道路。

目前,为了提高聚苯腈树脂的综合性能,拓展其应用领域,利用纳米材料对聚苯腈树脂改性成为研究的热点,例如,二氧化钛、碳纳米管、石墨烯纳米片、纳米二氧化硅等,经改性后聚苯腈的力学性能、耐热性、导电性等均得到了有效提升。例如,Derradji 等将双酚 A 型苯腈单体与纳米 TiO_2 复合,固化后成功制备了聚苯腈纳米复合材料,其拉伸模量和强度随 TiO_2 含量增加而增大,当纳米 TiO_2 添加量为 6%(质量分数)时其拉伸强度提高了 60%,模量提高了 17%。Shan

等将较低含量的纳米和微米 Al_2O_3 均匀分散在苯腈单体中,当添加 3%(质量分数)纳米 Al_2O_3 时,复合材料的弯曲强度提高 55%,弯曲模量提高 21%。无机粒子的添加可以很好地提高聚苯腈树脂的强度和模量,但是当添加量过大,粒子之间会产生团聚反而降低树脂的韧性,与一般的聚合物纳米复合材料具有相同的特点。另外,由于聚苯腈树脂结晶度较低,大多呈无定形结构,声子散射严重,导致聚苯腈树脂自身导热性能不好。利用无机导热填料复合可以有效提高聚苯腈树脂的导热性能,拓宽其应用领域。Liu 等利用不同粒径的 Al_2O_3 与联苯型苯腈单体复合制备导热复合材料,当 Al_2O_3 的含量为 30%(质量分数)时,复合材料的导热系数提高到 $0.467W/(m \cdot K)$。Derradji 等利用压缩模塑法将纳米氮化硼(BN)与双酚 A 型苯腈单体复合,经固化后制备聚苯腈/BN 复合材料,当纳米 BN 的含量为 30%(质量分数)时,导热系数提高到 $4.69W/(m \cdot K)$。

目前,针对聚苯腈复合材料的研究主要集中在提高其力学性能,赋予其导电性、磁性、吸波性、导热性等方面,制备功能性高性能耐热复合材料仍是其未来主要发展方向之一。

二、聚苯并噁嗪树脂

苯并噁嗪全称为 3,4-二氢-1,3-苯并噁嗪(3,4-dihydro-l,3-benzoxazine,BOZ),是一种含氧原子和氮原子的苯并杂六元环,其空间结构为扭曲半椅式构象,氧原子和氮原子分别位于噁嗪环平面的上方和下方,其结构如下:

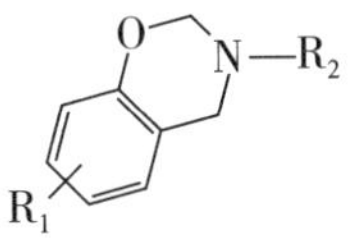

早在 1944 年苯并噁嗪首先被 Holly 和 Cope 等报道出来,他们在研究醛类、酮类与邻氨基苯甲醇、邻羟基苄胺的缩聚产物时偶然发现,邻羟基苯甲胺和甲醛共聚再经过甲醇重结晶提纯可以得到如下所示的两种苯并噁嗪结构:

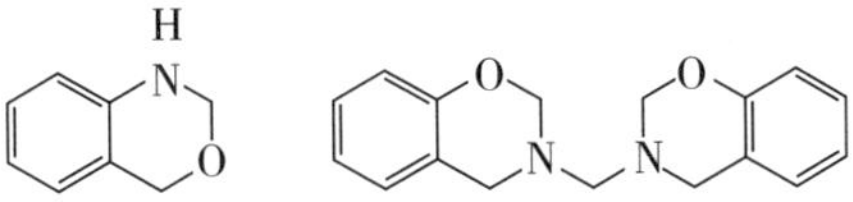

苯并噁嗪在加热和/或催化剂的作用下会发生开环聚合,生成含氮且类似于酚醛树脂的三维网状结构聚合物。在过去的几十年里,聚苯并噁嗪树脂逐渐成为传统酚醛树脂的优良替代品。

1. 苯并噁嗪的分类

苯并噁嗪的分类有几种不同的方法。根据杂原子的位置分类,可以分为四种类型:1,3-苯并噁嗪、3,1-苯并噁嗪、1,4-苯并噁嗪及六元环含碳氮双键的 1,3-苯并噁嗪,其中 1,3-苯并噁嗪是最常见的研究对象。四种苯并噁嗪的结构如下:

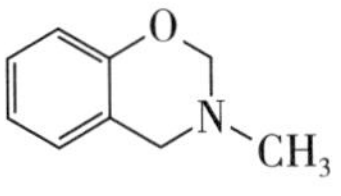

1,3-苯并噁嗪 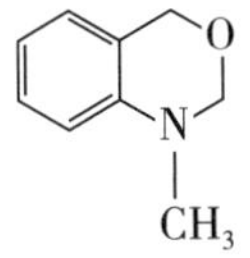　3,1-苯并噁嗪 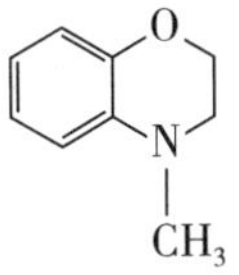　1,4-苯并噁嗪 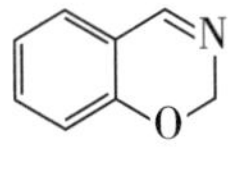　含碳氮双键的 1,3-苯并噁嗪

按照单体的功能性进行分类,可分为功能性和非功能性苯并噁嗪单体。对于功能性苯并噁嗪,往往在树脂单体中引入其他功能性基团,如乙炔基、降冰片烯基、烯丙基、邻位酰亚胺及氰基等,这些基团在一定程度上能够为树脂固化物带来新的特性,如提高树脂耐热稳定性,降低吸水率,提高尺寸稳定性,以及降低介电常数等。乙炔基及烯丙基官能化的苯并噁嗪分子结构如下:

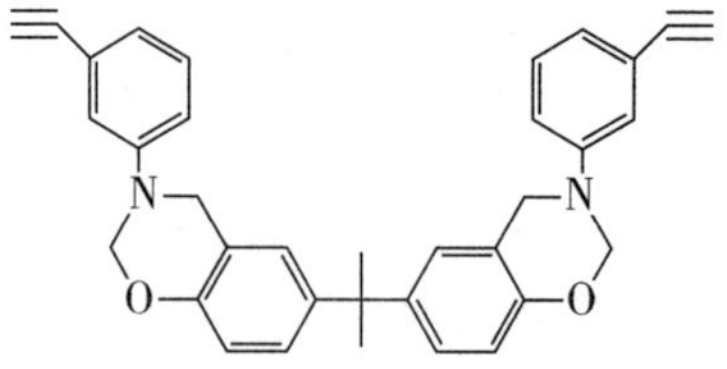

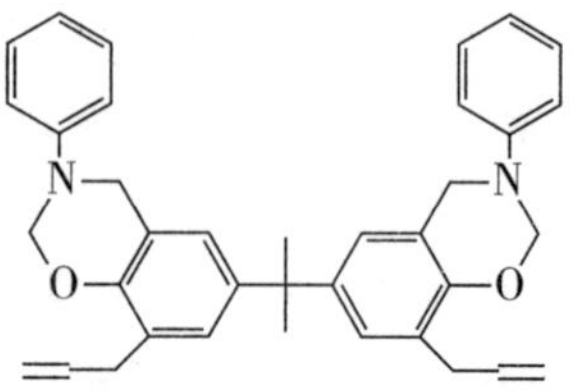

非功能性苯并噁嗪根据官能团数量可分为单官能度、双官能度及多官能度三类苯并噁嗪。对于单官能度苯并噁嗪,主要利用一元胺、一元酚及多聚甲醛合成;双官能度苯并噁嗪则是由二元胺、一元酚及多聚甲醛合成或者由二元酚、一元胺及多聚甲醛合成;对于多官能度苯并噁嗪,一般是由二元胺、二元酚和多聚甲醛制备,不同官能度苯并噁嗪的分子结构如下:

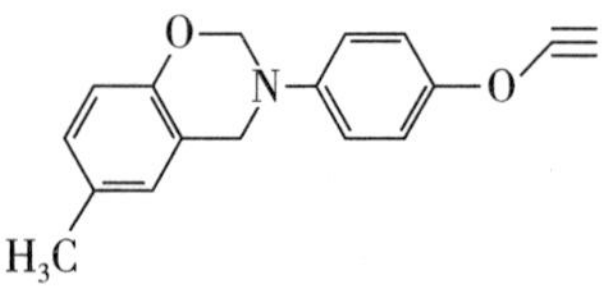

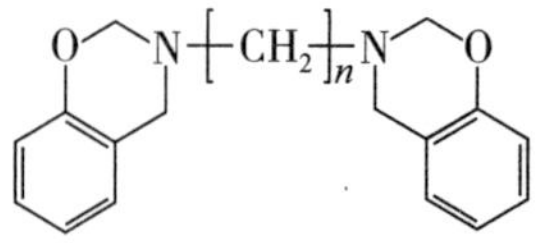

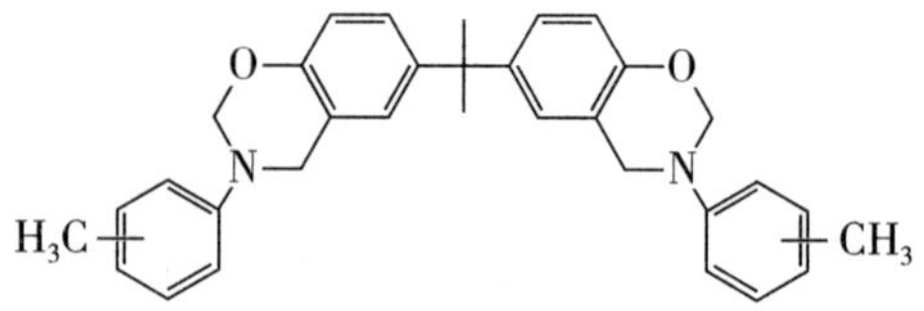

2. 苯并噁嗪的合成

苯并噁嗪通常由伯胺类、酚类及醛类化合物在一定条件下,发生曼尼希(Mannich)反应脱去水分子缩合而成。典型的苯并噁嗪单体的合成如下所示:

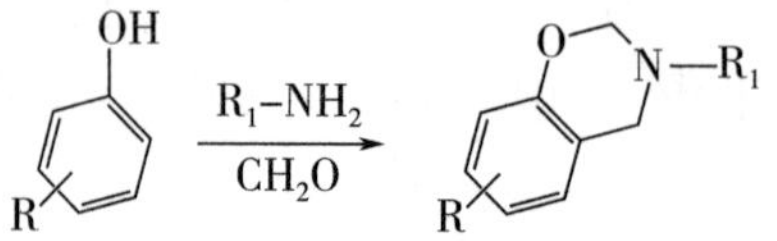

苯并噁嗪的合成方法按照合成工艺过程可分为一锅法、分步法和无溶剂法。

(1)一锅法。以酚源、胺源和甲醛(多聚甲醛)为原料,加入溶剂,在保持加热的条件下通过Mannich反应生成苯并噁嗪。在选用溶剂时,在保证良好溶解性的条件下优先选择极性较小的甲苯、二甲苯等,聚合温度通常在溶剂的沸点以下,合成过程需要冷凝回流。该工艺过程简单易控,但是仍存在产物纯度低、有较多副产物、后期需要提纯等问题。

(2)分步法。分步法通常采用苯甲醛类结构进行反应,通常包括三个过程:首先,苯甲醛和伯胺反应,生成亚胺类结构;其次,利用硼氢化钠加氢,生成胺;最后,利用甲醛闭环,形成苯并噁嗪单元。该方法涉及的步骤较多,每一步均需要对产物进行提纯,最终产物的纯度和产率相对较高。分步法中使用极性相对较大的溶剂。针对难以溶解的单体,可以采用分步法进行合成。

(3)无溶剂法。该方法不加入溶剂,直接将所有反应原料包括醛类、酚类和伯胺类化合物混合均匀,然后加热至原料熔融后,在适当的温度下完成反应。该方法仅能合成一些结构较为特殊的苯并噁嗪单体,要求原料熔点较低。该方法的优点是原料浓度高,因此,缩聚反应时间短,有利于提高效率和产率。

3. 苯并噁嗪树脂的固化

苯并噁嗪树脂的固化主要通过开环反应实现。Burke 等首先报道了苯并噁嗪的开环反应,在 1,3-2H-苯并噁嗪和苯酚的反应中,烷基胺倾向于和苯酚的邻位反应,形成 Mannich 桥式结构,少量的烷基胺也会和苯酚的对位发生反应。苯并噁嗪在加热和/或催化剂的作用下会发生开环聚合,最终生成具有三维网状结构的聚苯并噁嗪。在加热和/或催化剂存在条件下,噁嗪环中的 C—O 键断裂,进而产生大量酚羟基,这些酚羟基起到催化剂作用进一步引发聚合反应。不难看出,大部分苯并噁嗪单体在聚合反应中存在自催化效应。苯并噁嗪的聚合过程属于阳离子开环聚合,聚合过程中使用含活泼质子的引发剂如苯酚等引发其发生开环聚合反应,则会产生酚结构的聚苯并噁嗪,而如果在较低的温度下使用不含活泼质子的引发剂如路易斯酸等引发其开环聚合,则会产生芳醚结构的聚苯并噁嗪。但是芳醚结构的稳定性较差,在高温下会进一步转变为酚结构的聚苯并噁嗪。苯并噁嗪的开环聚合反应如下:

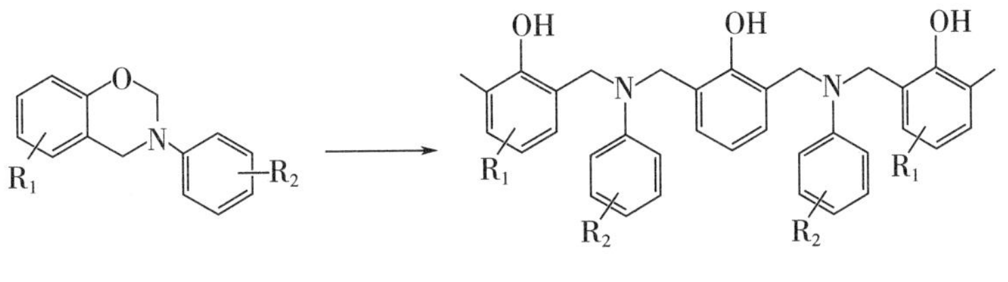

几种常见的苯并噁嗪固化方式有热固化、酸催化固化以及光引发固化等。

(1)热固化。在高温条件下,噁嗪环中的 C—O 键发生断裂开环,生成苯氧基负离子和碳正离子或亚胺正离子(共振结构):

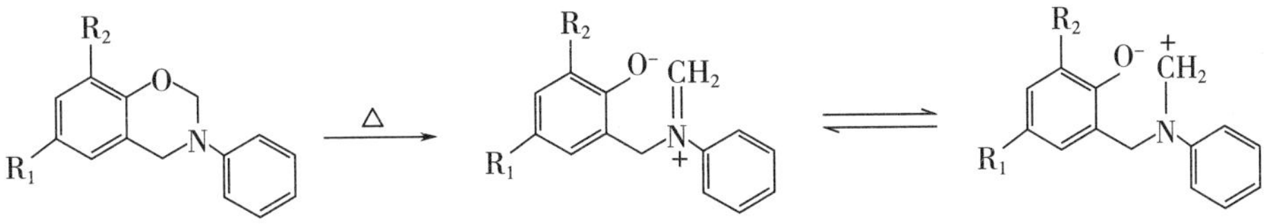

随后碳正离子再进攻其他苯并噁嗪分子,发生亲电取代反应。而在此过程中,碳正离子主要进攻未被取代的酚羟基邻位和对位,其中,邻位被攻击的概率更大,反应最终形成了苯并噁嗪树脂交联网络。反应过程如下:

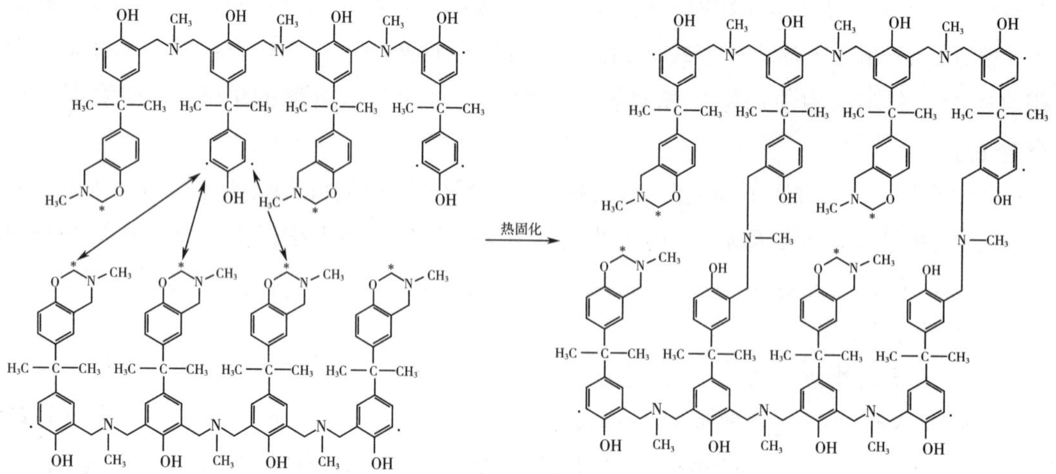

（2）酸催化固化。在实际的工业化生产中，苯并噁嗪的热固化要求温度较高，能耗较大，因此，该类树脂的热固化需要降低固化温度，提高固化效率。20 世纪 90 年代以来，美国 Case Western Reserve 大学的 Hatsuo Ishida 等开始对苯并噁嗪的聚合反应机理、结构与性能、聚合反应动力学、聚合物的热分解机理进行了系统的研究。早期的研究发现，在苯并噁嗪树脂中加入路易斯酸作为催化剂，如 PCl_5、PCl_3、$POCl_3$、$TiCl_4$、$AlCl_3$ 和三氟甲基磺酸甲酯（MeOTf）等，能够有效催化苯并噁嗪树脂在室温下发生开环聚合，其产物主要是含曼尼希桥的醚键结构，如 PCl_5 催化苯并噁嗪开环聚合反应式如下：

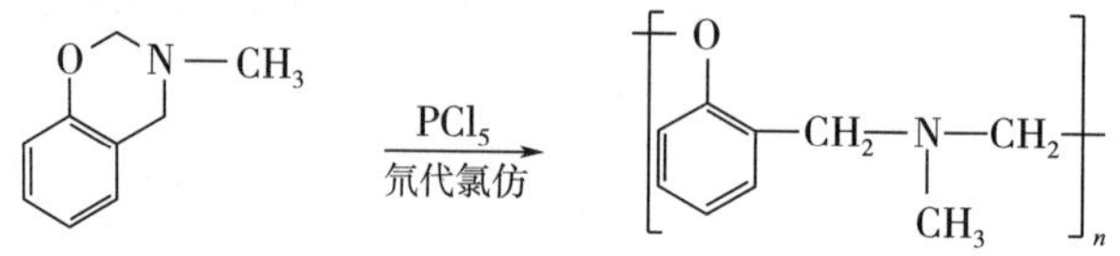

（3）光引发聚合。相比于以上两种聚合方式，光引发聚合的特点是聚合反应速率快、催化效率高，因此，在很多苯并噁嗪的固化反应中采用光引发聚合。

4. 苯并噁嗪树脂的特点

根据已有文献报道，苯并噁嗪类化合物具有如下特点。

①苯并噁嗪单体易于合成；

②固化时不需要以强酸为催化剂，加热或使用 Lewis 酸等催化剂就可使其开环聚合；

③固化时无小分子放出，力学性能好；

④固化前后体积收缩率极低，可保证制品的精度；

⑤聚苯并噁嗪树脂网络中虽含有大量的氮氧元素，但分子间和分子内作用力的存在，有效减弱了与水分子之间的相互作用力，从而使材料具有极低的吸水率；

⑥固化树脂耐热性好，有较高的玻璃化转变温度和热分解温度；

⑦固化物有良好的力学性能、阻燃性能；

⑧苯并噁嗪固化树脂介电常数低，适用于制备低电容或透波材料；

⑨苯并噁嗪能与其他树脂共聚，如与环氧树脂、酚醛树脂等形成共聚物；

⑩合成原料广泛,价廉且种类多,具有灵活的分子设计性。

总体而言,苯并噁嗪已广泛应用于制备高性能树脂基复合材料、无溶剂型浸渍漆、耐高温胶黏剂、新型无卤阻燃覆铜箔板基板材料、电子封装材料、飞行器内装材料、阻燃材料、耐烧灼材料、耐摩擦材料和电绝缘材料等,在航空航天、电子、建筑、家具、军工国防等领域应用前景越来越广泛。

5. 苯并噁嗪树脂的改性

苯并噁嗪具有众多独特优势,但同时也存在诸多亟待解决的问题,例如固化所需的温度较高、固化产物脆性较大,这极大地限制了苯并噁嗪的应用。目前,针对苯并噁嗪的改性研究主要集中在降低开环聚合温度、增韧和提高耐热性等方面,常见改性方法主要有以下几种。

(1)在苯并噁嗪中引入炔基、烯丙基、腈基和马来酰亚胺基等反应性基团,提高树脂固化物的耐热性。

(2)与其他聚合物如环氧树脂、酚醛树脂或热塑性树脂等进行共聚改性,降低其固化温度,同时形成反应性诱导相分离,提高其韧性,有效改善其脆性。

(3)适量引入一些无机纳米粒子均匀分散到苯并噁嗪树脂基体中,制备成有机/无机纳米复合材料,有效提高苯并噁嗪树脂的耐高温性和其他性能。

(4)与其他聚合物共混改性。其中,利用橡胶弹性体、热塑性树脂和无机纳米粒子共混改性提高苯并噁嗪树脂的韧性已取得良好的结果。

三、氰酸酯树脂

氰酸酯树脂(Cyanate resin,CE)是分子内含有两个或者两个以上氰酸酯官能团的新型高性能热固性树脂,结构如下:

$$NCO \quad R' \quad R \quad R' \quad OCN$$

氰酸酯树脂在高温条件下发生自聚反应从而固化形成高交联密度的三嗪环网络结构,固化后独特的结构使其具有优异的耐热性(T_g 为 240～290℃)、耐湿热性、低收缩率、低吸湿率(<1.5%)、较低的介电常数(2.8～3.2)和损耗角正切以及优异的力学性能。此外,氰酸酯树脂的成型加工性好,适用于模压、热压、缠绕、传递模塑以及拉挤成型等成型工艺。由于其优异的综合性能,氰酸酯树脂在印刷电路板、高温黏合剂、宇航雷达罩和航空航天材料等领域中得到了广泛的应用。与传统的热固性树脂如酚醛树脂、环氧树脂相比(表 2 - 26),氰酸酯树脂最大的优势是具有更加优异的热稳定性和介电性能,而相对于耐高温的双马来酰亚胺(BMI)树脂,氰酸酯树脂的成型工艺性更好,应用范围更加广泛。

表 2 - 26　几类热固性树脂的性能比较

树脂性能	环氧树脂	酚醛树脂	增韧 BMI	氰酸酯树脂
密度 $\rho/(\text{g/cm}^3)$	～1.2	1.24～1.32	1.2～1.3	1.1～1.4

树脂性能	环氧树脂	酚醛树脂	增韧 BMI	氰酸酯树脂
使用温度/℃	25～180	200～250	～200	～200
弹性模量/GPa	3.1～3.8	3～5	3.4～4.1	3.1－3.4
介电常数(1MHz)	3.8～4.5	4.3～5.4	3.4～3.7	2.7～3.2
固化温度/℃	25～180	90～150	220～300	180～250
起始分解温度/℃	260～340	300～360	360～400	400～420

对氰酸酯树脂的研究可以追溯到 20 世纪 60 年代,相关文献报道,Stroh 等首次合成了真正意义上的氰酸酯树脂。1967 年,Grigat 等采用酚类化合物与卤化氰合成氰酸酯树脂的方法首次合成氰酸酯单体。但是受限于当时的科技发展水平和应用需求,以及氰酸酯树脂的综合性能并不突出,使得氰酸酯树脂并未得到深入的研究和工业推广。之后,随着研究工作的深入,人们对氰酸酯单体的纯度的控制以及聚合反应机理有了更加深入的认识,从而加快了其发展,如Dow 化学公司、BASF 结构材料公司和 Hexcel 公司等在 20 世纪 80 年代推出了大量氰酸酯树脂及其改性树脂的产品。

1. 氰酸酯树脂的合成

目前,工业化制备热固性氰酸酯树脂的方法是在碱存在的条件下,卤化氰与酚类化合物反应得到氰酸酯树脂,反应式如下:

$$HO\!\!-\!\!\bigcirc\!\!-\!\!R\!\!-\!\!\bigcirc\!\!-\!\!OH \quad + \quad X\!\!-\!\!CN \xrightarrow{(C_2H_5)_3N} NCO\!\!-\!\!\bigcirc\!\!-\!\!R\!\!-\!\!\bigcirc\!\!-\!\!OCN$$

目前,双酚芳香类化合物与卤化氰在低温下进行反应是合成高纯度氰酸酯树脂的主要方式。该方法影响氰酸酯产率的主要因素包括反应温度、投料比以及投料顺序。反应温度过高时,反应物挥发会引起卤化物分解,而反应温度过低时则会引起反应速率过慢,不易于合成高纯度产物,因此双酚 A 与溴化氰的反应温度需控制在－5～5℃。此外,理论上双酚化合物与卤化氰应以 1∶2 的摩尔比进行反应,但实际情况是卤化氰必须过量才能合成高纯度以及高产率的氰酸酯。当卤化氰含量过少时,则会降低产率,卤化氰过多时,则会为产物提纯带来困难,卤化氰的量应超出 50%～60% 以保证产物的产率。

2. 氰酸酯树脂的固化原理

氰酸酯在加热或催化剂作用下,可以发生环三聚反应形成三嗪环,具体反应为:

$$3Ar\!\!-\!\!OCN \xrightarrow{\text{加热/催化剂}} \text{三嗪环结构} \quad (\text{氰尿酸酯})$$

$$OCN\!\!-\!\!Ar\!\!-\!\!OCN \xrightarrow{\text{加热/催化剂}} \text{三嗪环结构} \quad (\text{三维氰酸酯网络})$$

　　氰酸酯树脂的三聚成环反应是一个缓慢的过程,在无催化剂条件下,其固化温度在170～200℃,在出现凝胶化之前,会出现自催化聚合效应;在树脂凝胶后,分子的流动受限,因此,—OCN基团难以实现100%反应。同时,对于高纯度的氰酸酯树脂而言,即使在很高的温度下也难以发生固化交联反应。为了提高氰酸酯的聚合反应速率,通常需要加入催化剂,常见的催化剂有两类:一是含活泼氢的化合物,如烷基酚、双酚、醇、咪唑、芳香胺等;二是可溶性金属羧酸盐,如环烷酸铜、辛酸锌或乙酰丙酮钴等,而对于此类催化剂而言,其在树脂中的溶解性对其催化效果有重要影响。

　　氰酸酯树脂固化后形成的交联网状结构为其提供了优异的力学性能、热性能和介电性能,而且氰酸酯树脂在丙酮、二氧六环、二氯甲烷及DMAc等溶剂中具有良好的溶解性。目前,大多数商品化氰酸酯树脂的熔点在80～110℃,其熔体黏度只有0.15～0.5Pa•s,因此,氰酸酯树脂与大多数纤维增强体之间具有良好的浸润性和黏结性。氰酸酯基复合材料的制备适用于多种成型方法,其工艺特性与环氧树脂相近,可用传统的注塑、模压成型,也同样适用于先进复合材料成型工艺,如缠绕、拉挤、RTM等。例如,在制备单向纤维织物的预浸料时,通常要求金属盐类催化剂的浓度为20～200mg/kg,并控制树脂预聚体的黏度为0.5～50Pa•s,凝胶时间为2～10min,在170℃下成膜。典型的模压工艺为:压力345～690kPa,真空度172kPa,温度170～177℃,保温2～3h后保压降温至60℃,脱模后后处理温度为250℃。

　　总之,在应用中需根据实际情况选择适宜的成型工艺和设备制备氰酸酯基复合材料。通常而言,当—OCN官能团三嗪化转化率超过85%时,固化氰酸酯树脂具有最佳力学性能;当转化率达到95%以上,树脂可获得最佳耐化学性及耐湿热性能。

3. 氰酸酯树脂的改性

　　虽然氰酸酯树脂具备众多优点,但由于氰酸酯树脂固化产物的交联密度较大,同时三嗪环网络的刚性结构限制了氰酸酯固化产物中化学键的自由旋转,且高度对称,导致其韧性较差;此外,氰酸酯树脂活性较低、固化温度高,并且热残余应力和温度变形大,这些问题都限制了氰酸酯树脂的应用,因此对氰酸酯树脂的催化固化以及增韧改性研究成为其推广应用的热点和重点。通常采用以下几种方法进行增韧改性,即热固性以及热塑性树脂共混或共聚改性、橡胶弹性体改性等。

　　(1)热固性或热塑性树脂改性。氰酸酯树脂最广泛、最有效的增韧方法是与其他的热固性树脂共混或者共聚。其他热固性树脂的加入使氰酸酯浇铸体韧性得到改善的原因是:削弱了氰酸酯固化产物的分子间作用力,使其交联密度降低;并且异氰酸酯基团可以与其他热固性树脂中的一些基团发生反应生成具有韧性的基团。目前,常用于对氰酸酯进行增韧改性的热固性树脂是双马来酰亚胺树脂和环氧树脂。

　　双马来酰亚胺树脂与氰酸酯树脂的反应在不同条件下有不同的机理,通常有两种理论解释:一种认为是异氰酸酯基团和双马来酰亚胺中的碳碳双键直接共聚;另一种则是在固化剂的催化条件下,使双马来酰亚胺与氰酸酯树脂在不同的条件下分别聚合,形成互穿网络而达到增韧改性的效果。在不加催化剂的情况下,双马来酰亚胺和氰酸酯树脂的固化温度范围接近,在250～300℃,在加热的条件下,可以形成网状的交联网络结构。方芬等采用双马来酰亚胺树脂对氰酸酯树脂进行增韧改性,研究结果表明,氰酸酯/双马来酰亚胺体系具有一定的反应活性,并且主要存在氰酸酯与双马来酰亚胺间的反应以及氰酸酯和双马来酰亚胺的自聚反应;此外,双马来酰亚胺对氰酸酯树脂的增韧效果较好,当含量为33%时,增韧增强效果最好;并且氰酸酯/双马来酰亚胺体系具有良好的耐热性能,失重率为5%时的热分解温度在410℃以上。

氰酸酯与环氧树脂共聚生成三嗪环、噁唑烷环、氰酸脲环等复杂的网络结构。这种方法可以有效改善氰酸酯树脂体系的力学性能,降低氰酸酯树脂的固化温度。欧秋仁等采用两种环氧树脂(TDE-85和JF-45)对双酚A型氰酸酯树脂进行增韧改性。结果表明,改性后的氰酸酯树脂的力学性能与环氧树脂的质量分数有关,弯曲强度和冲击强度随着环氧树脂含量的增加而增大,与纯双酚A型氰酸酯树脂相比,其弯曲强度提高了80%,冲击强度提高了120%以上。

采用热塑性树脂对氰酸酯进行增韧改性是通过原位聚合的方法使热塑性树脂均匀稳定地分散在氰酸酯体系中,并且在体系中会形成两相结构,一部分为分散相,即热塑性树脂;另一部分为连续相,即两者熔融共混形成的半互穿网络结构。当材料受到外力作用时,互穿网络结构会阻止微裂纹的产生,或者阻碍已产生的微裂纹进一步扩展,从而达到增韧改性的目的。

(2)橡胶弹性体改性。橡胶弹性体增韧氰酸酯树脂的机理与热塑性树脂相似,在氰酸酯树脂固化过程中,橡胶弹性体会从树脂基体中析出,进而形成两相:分散相和连续相,即橡胶弹性体和氰酸酯树脂彼此分离。当复合材料受到外力作用时,体系中的分散相会沿着界面与连续相分开,其中橡胶弹性体作为分散相可以从外界吸收大量的能量,诱导产生银纹和剪切带,进而提高氰酸酯树脂的韧性。

四、苯并环丁烯树脂

苯并环丁烯(Benzocyclobutene,BCB)是一种新型活性树脂,具有优异的热稳定性、成型加工性、低介电常数、低吸水率和低膨胀系数等性能,已广泛应用于漆包线清漆、晶圆级封装材料、液晶显示器、半导体封装中的层间介质和纤维增强复合材料等领域。

1. 苯并环丁烯树脂的合成

利用4-羧基苯并环丁烯(4-CBCB)与二胺单体反应合成的BCB树脂是和酯或酰胺单元连接的。例如,利用4-CBCB与4,4'-二氨基二苯甲烷反应可以合成以酰胺基团连接的二苯并环丁烯树脂,反应式如下:

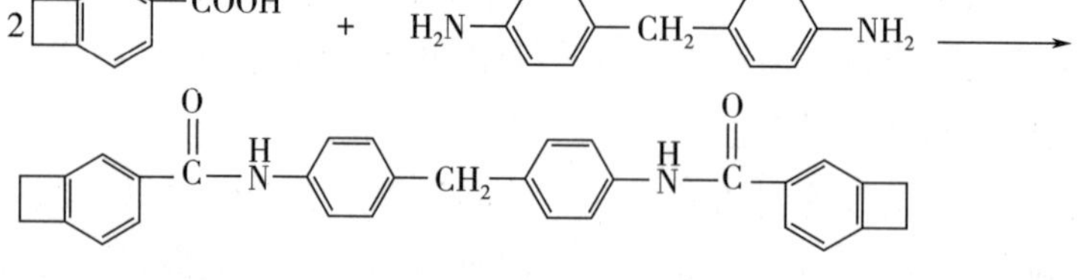

为了改善BCB固化产物的耐热稳定性等,可在BCB树脂中引入苯并噁唑等官能团。例如,以2mol 4-CBCB和1mol 1,3-二氨基-4,6-二羟基苯为原料,在10%的P_2O_5甲磺酸溶液中反应,通N_2保护,并在高温下反应,可制得与苯并噁唑连接的二苯并环丁烯树脂。反应式如下:

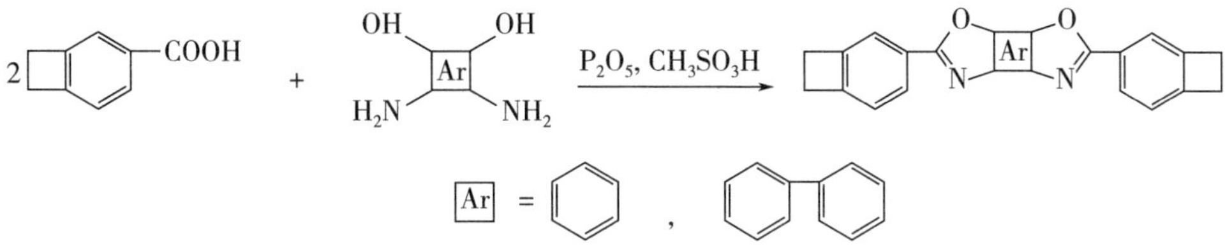

$$Ar = \text{（苯环）}, \text{（联苯）}$$

利用二乙烯基苯和二溴代苯反应可制得全碳氢元素的二苯并环丁烯树脂，反应式如下：

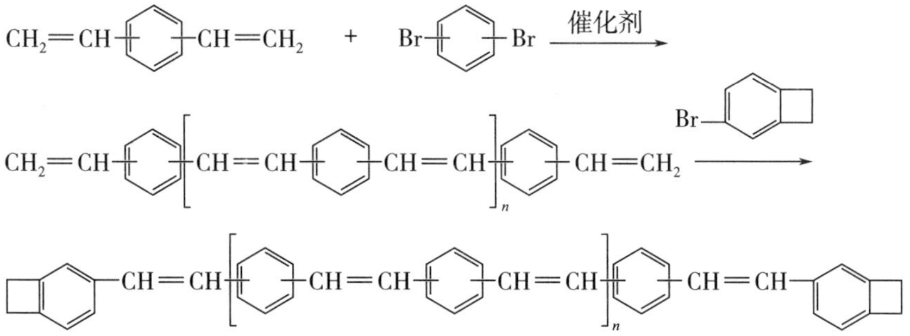

2. 苯并环丁烯树脂的固化

苯并环丁烯分子结构中的苯环和四元环都处于同一平面上，正是由于这种特殊的分子结构，在一定的温度下，其四元环能开环并且形成一种二烯类单体，即邻二甲烯苯醌（o‑Quinodimethanes）中间体。这种中间体具有较高的反应活性，当反应体系中含有亲双烯体时，邻二甲烯苯醌中间体就会与亲双烯体发生 Diels‑Alder 聚合反应。在苯并环丁稀的四元环上引入吸电子或斥电子基时，反应活性进一步提高，开环反应可以在相对较低的温度下发生。另外，即使反应体系中不存在亲双烯体，邻二甲烯苯醌自身分子间也能发生聚合反应，形成高度交联的聚合物。

以双苯并环丁烯单体为例，根据桥连基团 R 为饱和单元或不饱和单元，可形成不同的固化交联结构。当 R 中含有亲双烯体结构时，中间体邻二甲烯苯醌与之发生 Diels‑Alder 加成反应，形成的产物具有三维交联网络结构；当 R 为饱和桥连结构时，可生成线性聚合物（聚二苯基环辛烷），也可按自由基聚合机理生成具有梯形链结构的聚双邻二甲苯，且两种反应概率几乎相同。固化交联反应如下：

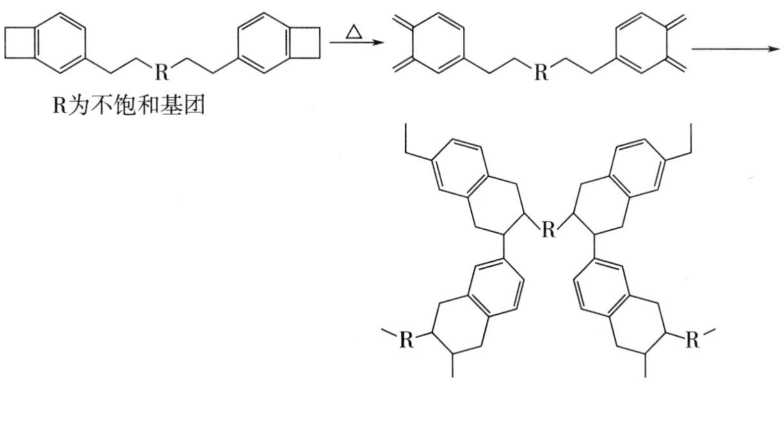

R为不饱和基团

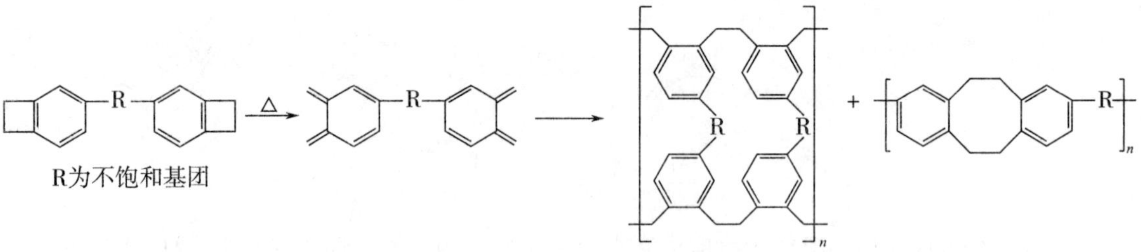

R为不饱和基团

开环反应温度对其开环速率和半衰期具有重要影响,见表 2 - 27,由表中数据可知,苯并环丁烯基团在低温时相对稳定,当温度高于 200℃ 以上才会发生明显的开环反应。

表 2 - 27 苯并环丁烯反应速率常数

T/℃	开环速率/s^{-1}	半衰期/h
25	2.5×10^{-15}	7.6×10^{10}
122	1.7×10^{-9}	1.1×10^5
150	9.6×10^{-7}	2.2×10^2
200	1.4×10^{-4}	1.4
250	7.8×10^{-3}	2.5×10^{-2}

固化后的苯并环丁烯树脂具有很好的耐热性、较高的玻璃化转变温度、在 400~475℃ 仍没有明显的热失重、在 200~250℃ 下具有很高的力学性能保持率。这类树脂突出的特点是吸湿率明显低于其他热固性树脂。在苯并环丁烯树脂中,与酰胺基连接的苯并环丁烯树脂吸湿率最高;与有机硅连接的苯并环丁烯树脂吸湿性能最低,介电性能较优异(介电常数≈ 2.6);而全碳氢结构苯并环丁烯树脂具有优异的力学性能和疏水性,介电稳定性较佳,在 $f = 10^3 \sim 10^7$ Hz 频率范围内、20~200℃ 温度范围内介电常数变化较小。因此,该类树脂可用于对湿态性能要求较高的电子材料和高性能复合材料。

在众多苯并环丁烯树脂中,研究较为广泛的一类是带有一个反应型不饱和基团的树脂,通常称为 AB 型苯并环丁烯树脂。其结构通式如下:

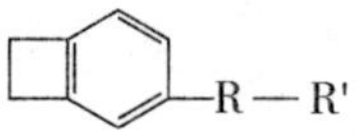

其中,R' 为亲双烯基团,R 为连接基团。通过引入亲双烯基团,基团的反应配比可达到 1∶1,分子间可发生 Diels - Alder 反应,可为制备高相对分子质量的树脂材料提供基础。目前,研究较为广泛的亲双烯基团为乙炔基、乙烯基和马来酰亚胺基团等,其中,最为重要的是带马来酰亚胺基团的苯并环丁烯树脂(BCB - MI)。固化后 BCB - MI 树脂的 5% 热失重温度超过 430℃,室温弯曲强度可达到 200MPa,弯曲模量超过 3.0GPa,此外,这类树脂固化后仍具有良好的韧性。采用 RTM 技术制备的碳纤维增强 BCB - MI 复合材料的性能列于表 2 - 28 中,这类复合材料具有突出的力学性能,在湿热及高温条件下具有很高的压缩强度保持率。

表 2 - 28　常见 BCB－MI 树脂固化物及其复合材料的性能

结构	熔点/ ℃	T_g/ ℃	T_d/ ℃	G/ GPa	K_{Ic}/ (MPa·m$^{1/2}$)	G_{Ic}/ (J/m^2)
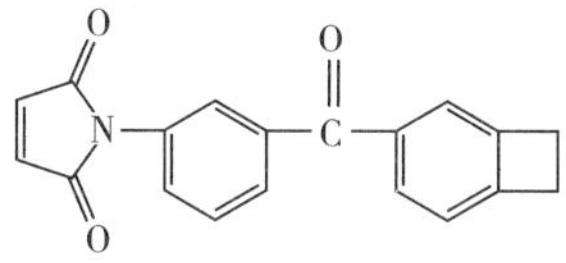	199	249	430	—	0.86	215
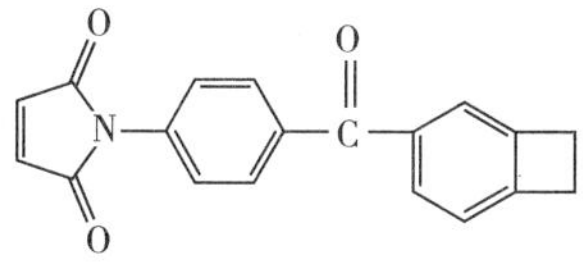	148	317	—	3.25	1.59	780
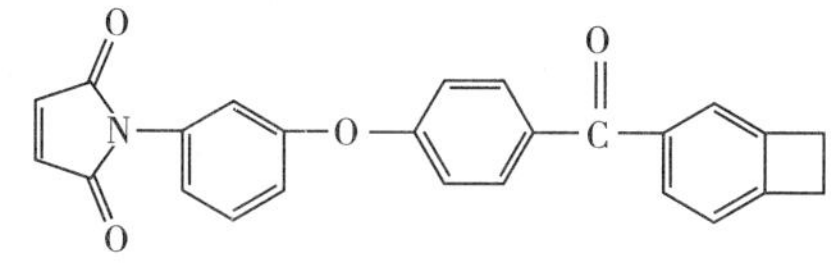	95	230	—	—	>2.57	>3000
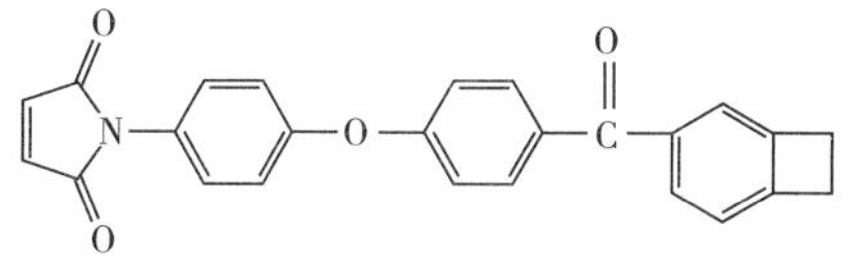	157	270	—	3.16	1.81	1330
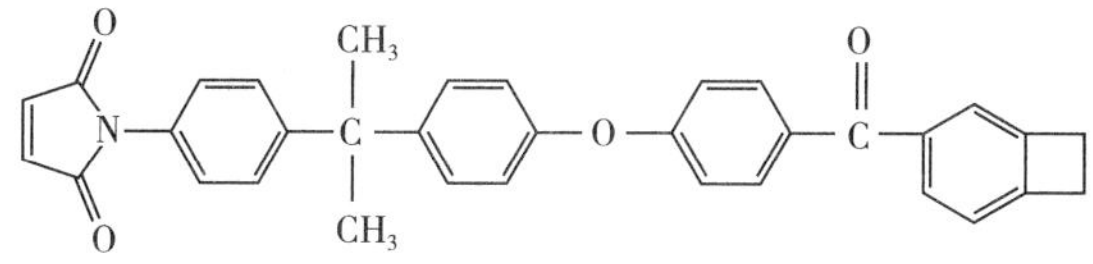	—	230	—	3.08	1.85	980
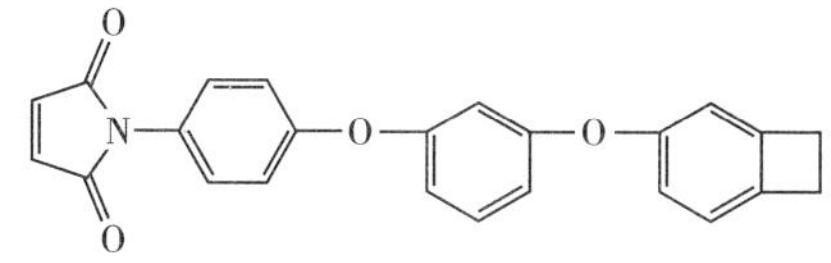	126	202	—	3.71	>2.75	>3000

注:T_g 为玻璃化温度;T_d 为起始热分解温度;G 为弯曲模量;K_{Ic} 为断裂能;G_{Ic} 为冲击强度。

3. 苯并环丁烯树脂的性能

(1)固化性能。BCB 树脂的固化温度在 170~300℃,固化反应无需催化剂、无小分子副产物释放,产物收率高。

(2)耐热稳定性。固化苯并环丁烯树脂的热分解温度普遍高于 400℃,此外,基于树脂内部的高交联密度,固化树脂具有较高的玻璃化转变温度。

(3)介电性能。在较宽的温度和频率范围内,固化的 BCB 树脂均表现出较低的介电常数和介电损耗,提高电磁信号的传播速度,满足大多数微电子封装技术对树脂的要求。

(4)成膜性。BCB 树脂具有较好的成膜性,其单层膜厚容易达到微米级,膜的平整度可超过 95%。

综上所述,热固性苯并环丁烯是一类高活性的化合物,可根据应用需求,通过共聚、共混等改性途径获得多样化高性能的苯并环丁烯树脂。随着合成技术及复合材料成型技术的不断发展,该类材料因其优异的综合特性将在高性能复合材料领域发挥重要作用。

第七节 高性能热塑性树脂

以热塑性树脂为基体,以纤维为增强体而制成的纤维增强热塑性树脂基复合材料(FRTP)是近年来发展迅速的一类复合材料。在过去的半个世纪里,航空航天及其他高技术制造领域应用的先进结构材料一直被热固性复合材料所占据。而连续纤维增强热塑性复合材料作为主承力或次承力结构件具有轻质高强、可设计性强、抗疲劳等特性也逐步开始应用于航空航天及海洋探索等领域。通用的热塑性树脂基体主要包括聚乙烯(PE)、聚丙烯(PP)、聚苯乙烯(PS)、聚酰胺(PA)等。而高性能的热塑性树脂基体,主要包括氟塑料、聚砜(PSF)、聚醚酰亚胺(PEI)、聚苯硫醚(PPS)、聚醚醚酮(PEEK)、聚苯醚(PPO)、液晶塑料(LCP)等。其中,PPS 热塑性复合材料和 PEI 热塑性复合材料在商用飞机上的应用相对广泛,而碳纤维/聚醚醚酮(CF/PEEK)热塑性复合材料虽然具有更优异的综合性能,更能满足军用飞机对性能的需求,但在商用飞机上用量相对较少。CF/PEEK 热塑性复合材料目前已经应用于 F - 22 验证机主起落架舱门、F - 117A 验证机全自动尾翼、C - 130 机身腹部壁板、法国 Rafale 战机机身蒙皮等对性能要求较高的次承力或主承力结构件,典型的高性能热塑性复合材料在航空工业上的应用见表 2 - 29。目前,提高高性能热塑性树脂基体的生产效率、降低生产成本,优化高性能热塑性树脂基体的结构性能和成型工艺以满足多种型号飞机不同部位的应用需求已成为新的发展目标。

表 2 - 29 热塑性复合材料在航空工业领域的应用

材料	成型方法	制件	特点
AS4/PEEK	重新熔融成型	F/A 18 战机蒙皮	证实重新熔融成型方法的可行性
IM6/PEEK	模压、热压罐成型	F - 5F 起落架蒙皮	设计复杂,与铝蒙皮相比减重31%～33%
GF/PEEK	注射成型	Boeing 757 发动机整流罩	抗恶劣条件,如高湿度、超声振动,高空气速度;比金属制品减重 30%
CF/PSU	热压罐	YC - 14 升降舵	服役期 20 年,无需后处理
Kevlar/PSU	—	Fokker - 50 起落架门蒙皮	再成型强度保持 87%,无可见损伤
碳织物/PPS	—	Boeing 飞机检修门	韧性是环氧基复合材料的 10 倍

注:AS4 和 IM6 均为美国 Hercules 公司生产的碳纤维;PSU 为聚砜。

下面介绍其中比较重要的几种高性能热塑性树脂基体。

一、聚芳硫醚(PAS)

聚芳硫醚(polyarylene sulfide,PAS)树脂是一类主链结构为硫与芳基交替连接的聚合物,其中,苯环结构赋予了大分子链刚性,而硫醚键提供了一定的柔顺性。这类聚合物目前还没有严格的命名规则,其具体名称通常根据芳基结构是否含有官能团或所含官能团的种类进行命名。目前,聚芳硫醚树脂的主要品种包括聚苯硫醚(PPS)、聚苯硫醚砜(PPSSU)、聚苯硫醚酮(PPSK)、聚苯硫醚酰胺(PPSA)、聚苯硫醚酮酮(PPSKK)等,分子结构如下:

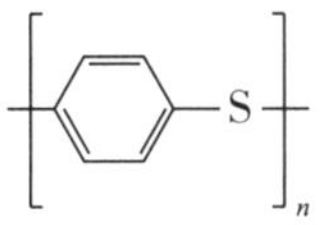

PPS

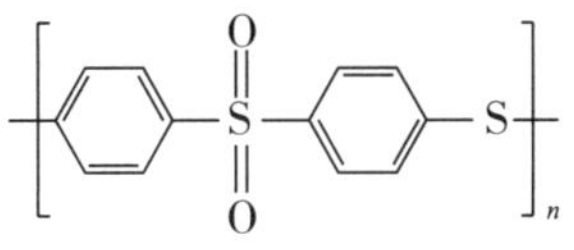

PPSSU

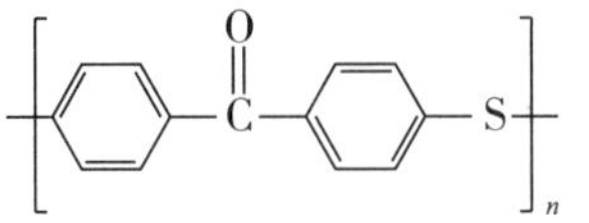

PPSK

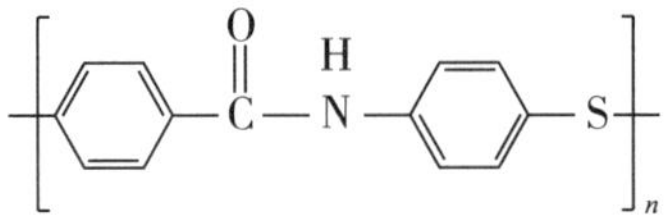

PPSA

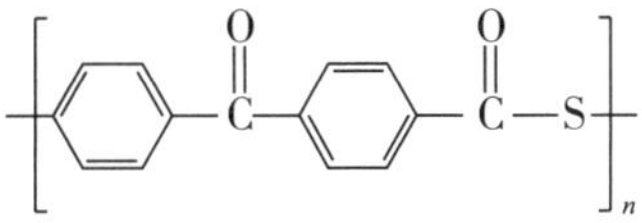

PPSKK

从分子结构可以看出,聚苯硫醚(PPS)是聚芳硫醚树脂中结构最简单的聚合物,也是聚芳硫醚的一个特例。此外,不同品种的聚芳硫醚树脂也可以看成是由聚苯硫醚演变而来的,因此,可称其他品种的聚芳硫醚树脂为聚苯硫醚的结构改性品种。对于 PPSSU、PPSK、PPSA 树脂等可以看成是在聚苯硫醚的主链结构上引入强极性基团后形成的新型树脂,并且这些极性基团的引入,普遍提高了聚苯硫醚树脂的耐热稳定性。

1. 聚苯硫醚(PPS)

在上述介绍的各种聚芳硫醚树脂中,聚苯硫醚是聚芳硫醚最具代表性的一类品种,它也是聚芳硫醚树脂中研究最成熟、应用最广泛、最被人们熟知的品种。聚苯硫醚又称聚苯撑醚、聚次苯基硫醚。

(1)PPS 的性能。聚苯硫醚树脂通常呈白色珠状或粉末状,由于苯环与硫交替连接的结构,使其分子链刚性较大,规整性较高,因而聚苯硫醚是一类结晶性的热塑性树脂,具有优异的综合性能。纯聚苯硫醚密度为 $1.34g/cm^3$,熔点为 $280\sim290℃$,玻璃化转变温度约为 $110℃$,在空气中起始分解温度高达 $450℃$,该树脂阻燃性好,其限氧指数 LOI 高达 $46\%\sim53\%$。典型性能主要包括以下几个方面:

①耐热性能。PPS 树脂具有优异的热稳定性,热变形温度高于 $260℃$,长期使用温度为 $200\sim220℃$,短期可承受 $260℃$ 的高温。线型 PPS 经加热或化学交联可在 $290℃$ 下使用,在氮气或空气中 $400℃$ 无质量损失。

②耐化学腐蚀性。PPS 由亚苯基结构组成,结晶度高,耐化学腐蚀性优异,其耐腐蚀性仅次于聚四氟乙烯,PPS 能耐除氧化性介质以外的几乎所有无机介质和有机介质,仅在高于 $190℃$

时能部分溶于氯代芳香烃。

③阻燃性能。聚苯硫醚自身具有突出的阻燃性能,其 LOI 可达到 44%,不添加阻燃剂即可达到 UL-94-V0 等级,在火焰上无熔滴,离火时自熄,发烟率低于含氯聚合物。

④力学性能。纯聚苯硫醚力学性能不佳,尤其是抗冲击强度较低。添加 40%(质量分数)短玻纤后,无缺口冲击强度由 $8.1kJ/m^2$ 提高到 $24kJ/m^2$,拉伸强度由 31MPa 提高至 123MPa。

⑤尺寸稳定性。聚苯硫醚成型收缩率和线胀系数较小,一般为 0.15%~0.30%,最低可达 0.01%。高温环境下吸湿后尺寸几乎不变,吸水率一般只有 0.03% 左右,在高温、高湿环境下使用时不翘曲、不变形,尺寸稳定性好。

尽管如此,聚苯硫醚也存在诸多不足,如纯聚苯硫醚制品的脆性较大、韧性较差、焊接强度不高,非晶部分玻璃化转变温度较低($T_g = 85℃$);此外,聚苯硫醚成型加工时模具温度较高(130~150℃),熔融过程中黏度不稳定。

(2)PPS 的合成方法。目前,聚苯硫醚合成方法有 Phillips 法(硫化钠法)、硫黄溶液法、氧化聚合法等,其中硫化钠法和硫磺溶液法为工业化生产聚苯硫醚的方法。

①硫化钠法。硫化钠法是世界上最早实现工业化生产的方法,也是目前国内外最成熟、最常用的工业化生产方法。1967 年,美国 Phillips 石油公司发表了硫化钠法合成聚苯硫醚的路线。该方法由等摩尔对二氯苯和硫化钠在极性有机溶剂(如 N-甲基-2-吡咯烷酮、六甲基磷酰三胺或 N-甲基己内酰胺)中常压缩聚合成,反应温度通常控制为 230~270℃,恒温反应 3~6h,其反应式如下:

$$n\ Cl-\langle\!\bigcirc\!\rangle-Cl\ +\ Na_2S(无水无氧)\ \xrightarrow[\triangle]{N_2}\ \Big[\langle\!\bigcirc\!\rangle-S\Big]_n\ +\ 2n NaCl$$

该工艺产率高,实验重复性较好,工艺路线短,原料来源丰富。但在早期的工业化过程中存在生产工艺流程长、原料精制难度大、产品相对分子质量较低、抗冲击性能较差等缺点,其中最大难点在于保证无水反应体系的同时还要保证硫化钠不被氧化。随着合成技术的不断进步,已经可以通过硫化钠法合成高相对分子质量线型或支化型的聚苯硫醚。

②硫黄溶液法。该方法主要采用硫黄和对二氯苯在极性有机溶剂中常压或加压缩聚,反应温度 175~250℃。反应按照两步进行,首先硫黄在极性有机溶剂中与还原剂和助剂反应,被还原为 S^{2-},之后 S^{2-} 与对二氯苯进行常压聚合,反应式如下:

$$S\ \longrightarrow\ S^{2-}$$

$$n\ Cl-\langle\!\bigcirc\!\rangle-Cl\ +\ S^{2-}\ \xrightarrow[\triangle]{N_2}\ \Big[\langle\!\bigcirc\!\rangle-S\Big]_n$$

由于使用硫黄作为硫源,它的含量稳定,储存稳定性好,因而容易准确配料,产品质量较好,并且溶剂易于回收。省去了硫化钠的脱水步骤,反应周期短,节省了脱水装置,此外该方法的能耗低、硫单体利用率较高。

③氧化聚合法。该路线由日本早稻田大学 E. Tsuchida 和 K. Yamamoto 提出。该方法所用原料为二苯基二硫化物,用氧气作为氧化剂,催化剂为路易斯酸[乙酰丙酮氧钒 $VO(acac)_2$],常温常压条件下反应制得聚苯硫醚,合成路线如下:

$$\text{⟨⟩}-S-S-\text{⟨⟩} \xrightarrow[[O]]{VO(acac)_2} \left[\text{⟨⟩}-S \right]_n$$

该路线收率接近 100%,反应条件温和,无副产物氯化钠产生,产物纯度高,无环状、交联歧化的支链结构。然而,该方法的缺点是制备的聚苯硫醚相对分子质量还不高,不具备使用价值,产物上还存在少量双硫键,离工业化生产还存在较大的距离。

(3)PPS 复合材料。自 20 世纪 70 年代以来,关于聚苯硫醚的研究主要集中在聚苯硫醚树脂自身的改进及其纤维增强复合材料性能的优化两个方面。其中,聚苯硫醚树脂由最初的涂料级和注塑级发展到如今的涂料级、注塑级、纤维级、薄膜级和挤出级齐头并进的趋势。在纤维增强聚苯硫醚复合材料方面,早期只有关于短切纤维增强聚苯硫醚复合材料的研究,而随着技术的快速发展,近年来出现了关于中长纤维增强和连续纤维增强聚苯硫醚复合材料的相关研究,中长纤维和连续纤维增强聚苯硫醚复合材料较短切纤维增强聚苯硫醚复合材料综合性能有了很大的提升,如长玻璃纤维(GF)增强的聚苯硫醚主要力学性能指标见表 2-30,由表 2-30 中数据可以看出,长玻璃纤维增强的 PPS 复合材料表现出良好的力学性能。

表 2-30　长玻璃纤维增强 PPS 复合材料的力学性能

项目	PPS/GF(67/33)	PPS/GF(60/40)
弯曲强度/MPa	257	210
拉伸强度/MPa	157	150
弹性模量/GPa	12.7	—
断裂伸长率/%	1.7	1.2
缺口冲击强度/(kJ/m²)	21	9
吸水率/%	0.02	0.05

虽然聚苯硫醚具有众多优点,然而,由于其分子链结构简单,易结晶,线性 PPS 树脂的结晶度可达 70%,因此,PPS 树脂与大多数增强纤维之间的界面黏结强度并不是很好。为解决 PPS 与增强纤维间界面黏结差的问题,可以利用偶联剂处理的高岭土为改性剂,并通过冷压烧结法制备 GF/PPS 复合材料,成型工艺如图 2-3 所示。

研究结果表明,偶联剂处理后明显提高了高岭土在 PPS 树脂中的分散性和相容性,当高岭土含量为 20% 时,其冲击强度提高了 60% 左右,可能原因在于刚性高岭土可有效抑制裂纹产生,并作为晶核,诱导树脂伸展链晶体网络结构的形成,从而使体系由脆转韧。此外,添加有效的相容剂,改善 PPS 与增强纤维的相互作用,也能够有效提高复合材料的界面剪切强度。例如,利用 Na_2S、2-氯苯(DCB)和 2,5-二氯苯胺为原料合成的低相对分子质量氨基官能化 PPS(NH_2-PPS),以此为相容剂制备的 CF/PPS/NH_2-PPS(质量比为 20/75/5)复合材料,其层间

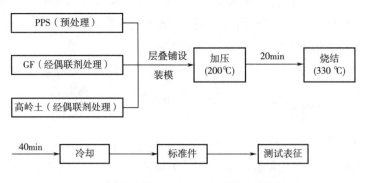

图 2-3 高岭土改性 GF/PPS 复合材料的制备流程

剪切强度由原始 CF/PPS 复合材料的 30.4MPa 提高至 33.6MPa。

(4)PPS 改性。由于聚苯硫醚本身分子结构的因素,导致了它的玻璃化转变温度和熔点都不高,限制了该类树脂及复合材料在高温等环境中的应用,因此,有必要对聚苯硫醚进行结构改性。目前合成出来的结构改性聚苯硫醚品种主要有聚苯硫醚酮(PPSK)、聚苯硫醚砜(PPSSU)、聚苯硫醚酰胺(PPSA)、聚苯硫醚酮酮(PPSKK)、聚苯硫醚砜酰亚胺(PPCS)等,其耐热性能的比较见表 2-31。

表 2-31 不同 PAS 树脂的耐热性能

热性能	PPS	PPSSU	PPSK	PPSA	PPSKK	PPCS
$T_g/℃$	89	217	140	107	153	167
$T_m/℃$	285	—	335	297	352	400
$T_d/℃$	480	475	490	412	496	540

注 T_g、T_m 和 T_d 分别代表玻璃化转变温度、熔点和起始热分解温度。

2. 聚苯硫醚砜(PPSSU)

聚苯硫醚砜是在聚苯硫醚的主链结构中引入强极性的砜基(—SO_2—)而合成的一类具有较高 T_g 的非结晶性聚芳硫醚树脂,其 T_g 高达 217℃,比 PPS 高 128℃;此外,其热变形温度达到 190℃,比 PPS 高 55℃。聚苯硫醚砜是除聚苯硫醚以外首先实现商业化生产的聚芳硫醚类树脂品种,最早是由美国菲利浦石油公司研发,随后日本油墨化学工业公司也对其进行了相关研究。作为聚苯硫醚的主要改性品种,PPSSU 合成时也采用了类似于聚苯硫醚的含水硫化钠法和硫黄溶液法两种工艺路线:

(1)高压含水 Na_2S 法。该法以 4,4'-二氯二苯砜(DCDPS)和 $Na_2S \cdot xH_2O$ 为原料在高压釜内进行缩聚反应,以 N-甲基吡咯烷酮(NMP)为溶剂,羧酸盐为催化体系(如 NaOAC、LiOAC、LiCOOPh),在 200℃时反应 3～5h,可获得高相对分子质量的 PPSSU 树脂。合成反应式如下:

$$Cl-\underset{O}{\overset{O}{C_6H_4}}S-C_6H_4-Cl + Na_2S \cdot xH_2O \xrightarrow[1MPa,200℃]{NMP/H_2O} \left[-C_6H_4-\underset{O}{\overset{O}{S}}-C_6H_4-S- \right]_n$$

该路线特点是：以 $Na_2S \cdot xH_2O$ 为反应单体，纯度高；$Na_2S \cdot xH_2O$ 自身带的结晶水对聚合物反应有一定的催化作用，其可能原因在于结晶水有较强的氢键形成能力，起到助催化剂的作用，促进分子链的增长，从而有利于相对分子质量的增加。

（2）硫黄溶液法。该路线以 NMP 或六甲基磷酰三胺：二甲基乙酰胺（HMPA：DMAc）（1：1）为溶剂，硫黄和 DCDPS 为反应单体，加压缩聚。由于在反应过程中涉及单质硫转化为硫离子，所以该反应通常在碱性环境中进行，首先硫黄与还原剂作用生成硫离子，再进行亲核取代反应，合成路线如下：

$$S \longrightarrow S^{2-}$$

$$n \; Cl \underset{}{\overset{}{\longleftarrow}} \!\!\! \underset{O}{\overset{O}{S}} \!\!\! \underset{}{\overset{}{\longrightarrow}} Cl \;\; + \;\; S^{2-} \xrightarrow[\text{催化剂},\triangle]{\text{NMP}} \left[\underset{}{\overset{}{\longleftarrow}} \!\!\! \underset{O}{\overset{O}{S}} \!\!\! \underset{}{\overset{}{\longrightarrow}} S \right]_n$$

该路线采用硫磺为反应原料，含量稳定，容易精确配料，故稳定性佳；此外，该路线还避免了复杂的脱水步骤，反应周期更短。

与聚苯硫醚相比，聚苯硫醚砜具有更加优异的热稳定性、抗弯曲性以及抗冲击性，一定程度上解决了 PPS 树脂玻璃化转变温度及熔点不高、韧性差等问题，并且还具备了聚苯硫醚优异的力学性能、尺寸稳定性、耐腐蚀等性能。优异的综合性能使聚苯硫醚砜作为高性能的特种工程塑料和高性能树脂复合材料在汽车、机械、航空、军工等领域得到越来越广泛的应用，具有极好的发展潜力和市场前景，其中一个很重要的应用便是以聚芳硫醚砜树脂作为基体材料，制备高强度的纤维增强复合材料。PPSSU 复合材料在高温下的强度保持率远优于 PPS，如 60% 碳纤维增强 PPS 和 60% 碳纤维增强 PPSSU 两种复合材料，在 177℃时的强度保持率分别为室温的40% 以下和 70% 以上；同时，聚苯硫醚砜复合材料的阻燃性能也优于聚苯硫醚。因此，聚苯硫醚砜比聚苯硫醚更适合作为耐高温复合材料。表 2-32 比较了碳纤维增强 PPSSU 和 PPS 两种热塑性树脂复合材料的力学性能。

表 2-32　CF/PPSSU 复合材料与 CF/PPS 复合材料的力学性能比较

力学性能	CF/PPSU	CF/PPS
拉伸强度/MPa	1668～1916	1700
拉伸弹性模量/GPa	121	120
弯曲强度/MPa	1585～1793	1290
弯曲弹性模量/GPa	103～110	121
压缩强度/MPa	813～1103	908
压缩弹性模量/GPa	110～124	104

3. 聚苯硫醚酮（PPSK）

聚苯硫醚酮是在聚苯硫醚的主链上引入了刚性的酮羰基，最早是由日本吴羽化学工业公司于 1987 年开发出来。聚苯硫醚酮是一种新型耐高温、耐腐蚀的高性能树脂，为部分结晶型高分子聚合物。由于分子主链中的刚性芳香环以及强极性的酮羰基,使其熔点较高($T_m > 330℃$),耐热性相对于聚苯硫醚大幅度提高,性能接近于聚醚醚酮,但成本却比聚醚醚酮低;同时,该树脂可采用传统的加工方法进行成型加工,还可制成耐高温、耐溶剂的高强度纤维和薄膜,因而是一种应用前景很好的高性能耐高温树脂。合成聚苯硫醚酮树脂的方法主要包括碱金属硫化物法、二硫酚与双卤代芳酮缩聚及与聚苯硫醚合成工艺相似的硫黄溶液法和含水硫化钠路线等。

(1)碱金属硫化物法。利用 $4,4'$-二卤二苯甲酮与碱金属硫化物在极性有机溶剂中反应,其反应式如下所示:

$$n\,X\!-\!\text{C}_6\text{H}_4\!-\!\overset{\text{O}}{\text{C}}\!-\!\text{C}_6\text{H}_4\!-\!X \;+\; n\,M_2S \xrightarrow[\text{N}_2,\ 加压]{溶剂,\ \text{NaOH}} \left[\!-\!\text{C}_6\text{H}_4\!-\!\overset{\text{O}}{\text{C}}\!-\!\text{C}_6\text{H}_4\!-\!S\!-\!\right]_n$$

其中 X=F、Cl、Br;M_2S 为 Na_2S、Li_2S 等;溶剂可用 NMP、DMF、HMPA 等。合成反应在加压条件下进行 4~6 h,反应温度为 $250 \sim 290℃$,产率高于 90%。

(2)二硫酚与双卤代芳酮缩聚。

$$n\,HS\!-\!\text{C}_6\text{H}_4\!-\!\overset{\text{O}}{\text{C}}\!-\!\text{C}_6\text{H}_4\!-\!SH \;+\; n\,X\!-\!\text{C}_6\text{H}_4\!-\!\overset{\text{O}}{\text{C}}\!-\!\text{C}_6\text{H}_4\!-\!X \xrightarrow[\text{N}_2,\ 加压]{溶剂,\ \text{NaOH}}$$

$$\left[\!-\!\text{C}_6\text{H}_4\!-\!\overset{\text{O}}{\text{C}}\!-\!\text{C}_6\text{H}_4\!-\!S\!-\!\right]_n \;+\; 2n\,Na_2S$$

(3)硫黄溶液法。

$$n\,HS\!-\!\text{C}_6\text{H}_4\!-\!\overset{\text{O}}{\text{C}}\!-\!\text{C}_6\text{H}_4\!-\!SH \;+\; n\,S \xrightarrow[\text{N}_2,\ 加压]{溶剂,\ \text{NaOH}} \left[\!-\!\text{C}_6\text{H}_4\!-\!\overset{\text{O}}{\text{C}}\!-\!\text{C}_6\text{H}_4\!-\!S\!-\!\right]_n \;+\; 2n\,Na_2S$$

聚苯硫醚酮复合材料可以在较宽的温度范围内保持良好的力学性能,其薄膜和纤维材料也具有十分优异的综合性能。

目前,聚芳硫醚类聚合物除上述介绍的树脂外,还有一些含杂环结构的新型树脂,如含二茂铁结构的二茂铁聚芳硫醚酰胺(FC - PASA)、含酰亚胺结构的聚芳硫醚酰亚胺(PASI)、含 N 杂环的(嘧啶、哒嗪等)聚芳硫醚树脂等。可以看出,聚芳硫醚树脂作为耐高温结构材料有着极大的发展前景。随着 PAS 应用领域的不断拓展,设计新型分子结构的 PAS 或通过复合改性使该类树脂向高性能化和功能化方向发展,开发出具有更加突出性能的 PAS 材料具有重要意义。

二、聚醚醚酮(PEEK)

聚醚醚酮(Polyetheretherketone,PEEK)是一种半结晶态的特种高分子材料,其主链结构中的重复单元含有 19 个碳原子、12 个氢原子和 3 个氧原子,链段结构由苯环、醚键、羰基按数

量比 3∶2∶1 组成,分子结构为:

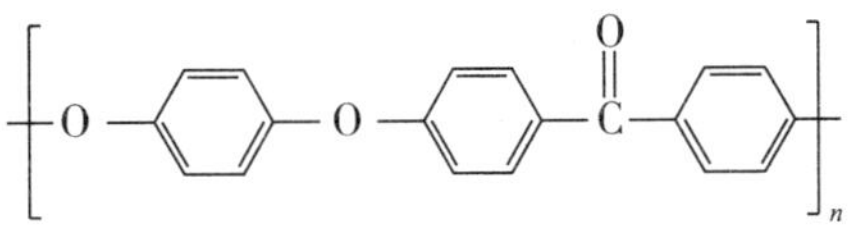

聚醚醚酮树脂的研究最早可追溯到 20 世纪 70 年代,首先由英国的 ICI 公司研发出来,并在 20 世纪 80 年代实现了 PEEK 树脂的产业化,其商品名为"Victrex - PEEK"。作为一种高性能特种塑料,聚醚醚酮已被广泛应用于航空航天、医疗器械、电子信息等尖端技术领域。

PEEK 树脂分子链中存在大量醚键单元,提高了大分子链的柔顺性,同时,链段规整,不包含支链结构,因此,PEEK 树脂易于形成结晶结构,其最大结晶度约为 48%。该类树脂在无定形状态下的密度约为 1.265g/cm³,在结晶状态下密度可达到 1.32g/cm³。此外,大分子链上含有大量的苯环单元,提高了聚合物的刚性和耐热性,其熔点超过 330℃,该类树脂和相应纤维增强的复合材料可在 250℃下长期使用。

1. PEEK 的合成

聚醚醚酮通常采用亲核取代法来制备,是以 4,4′-二氟二苯甲酮、对苯二酚为原料,二苯砜为溶剂,在碱金属碳酸盐的作用下,并且控制无水的条件,于 300~400℃进行溶液缩聚,得到的聚合物经脱溶剂、去盐、水洗,然后于 140℃真空干燥而得,其合成反应式如下:

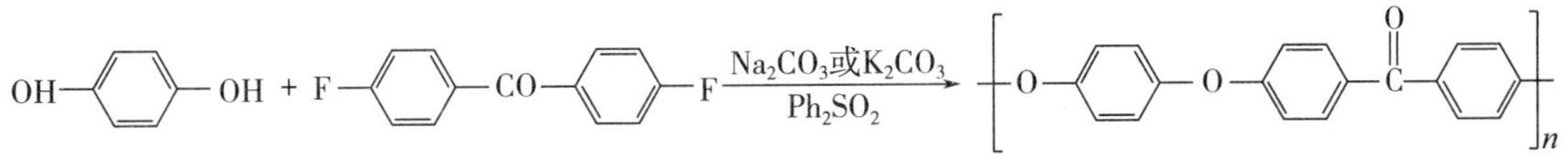

研究发现,在 PEEK 合成中采用无水碳酸钾代替无水碳酸钠,得到的 PEEK 相对黏度可达到 1.55,具有更出色的韧性和色泽。在 PEEK 的合成中,反应原料的纯度尤其重要,高纯度的反应原料可以减少反应体系副反应的发生。过高的副反应产物含量容易导致 PEEK 材料力学性能下降(尤其是冲击性能),而且会降低材料的结晶度,影响其耐化学腐蚀性、耐疲劳性和模量等。

2. PEEK 的性能

比较而言,PEEK 树脂和其他高分子材料相比具有下列显著优势:

(1)耐高温。PEEK 树脂的玻璃化转变温度约为 143℃,熔点接近 340℃,而且其负载热变形温度在 300℃以上,因此,PEEK 树脂可满足很多苛刻环境下的耐热性要求。

(2)化学稳定性好。对于常见的化学试剂,仅有浓 H_2SO_4 能够溶解 PEEK 树脂,即使在较高温度下,PEEK 树脂依然可以保持优异的化学稳定性。

(3)耐疲劳老化。在湿热环境中,PEEK 的性能显得更加出众。可以在 200℃蒸汽环境中长期使用而不出现老化现象,在 300℃高压蒸汽中也可以短期使用。

(4)耐辐射。PEEK 具有极强的耐 γ 射线辐射的能力,在这一方面甚至超过了通用塑料中耐辐射性最好的聚苯乙烯树脂。实验表明,即使 γ 射线剂量达到 1100 Mrad,PEEK 仍能保持优异的电绝缘性。

（5）自润滑和耐磨性好。PEEK 具有出色的自润滑性和耐磨特性。在不同的温度、载荷和滑行速度条件下，PEEK 均能保持良好的耐磨性，尤其是与碳纤维、玻璃纤维和石墨等无机填料复合后，其耐摩擦性能得到显著提升。

（6）易加工性。虽然 PEEK 是一种高耐热的树脂材料，但同时具有优异的高温流动性，可采用常用的高分子材料加工方法加工成型，如注射、挤出、模压、吹塑、粉末喷涂等。

（7）力学性能好。PEEK 是典型的兼具刚性和韧性的树脂材料，尤其是应对交变应力的耐疲劳性，PEEK 是所有树脂中最优异的，甚至可媲美金属合金。由于 PEEK 在结晶型聚合物中具有较高的熔点以及玻璃化转变温度，即使在 200℃ 以上的温度环境下，它仍然能够保持较高的拉伸强度以及弯曲强度。

3. PEEK 改性

近年来，为进一步拓展 PEEK 树脂的应用领域，尤其是满足高温环境中的使用需求，开发更高耐热等级 PEEK 树脂引起了研究者的重视。为了提高 PEEK 的玻璃化转变温度，人们从提高聚合物链刚性角度将一些刚性基团（联苯、萘、芳杂环等）引入 PEEK 的主链结构中，以进一步提高聚合物的耐热性能。例如，以 PEEK 为基础，向主链中引入联苯基团得到 PEEKK（聚醚醚酮酮）/PEBEKK（含联苯聚醚醚酮酮）共聚物，分子结构如下：

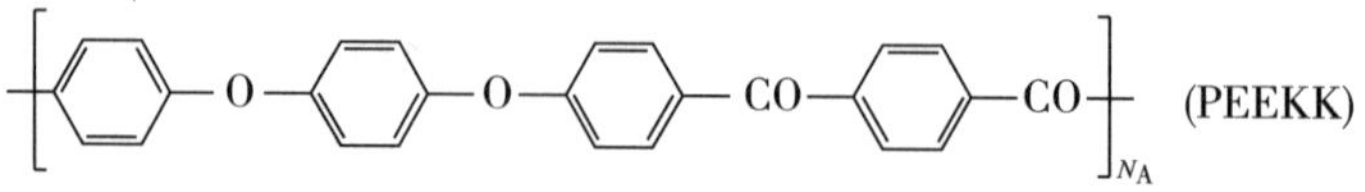

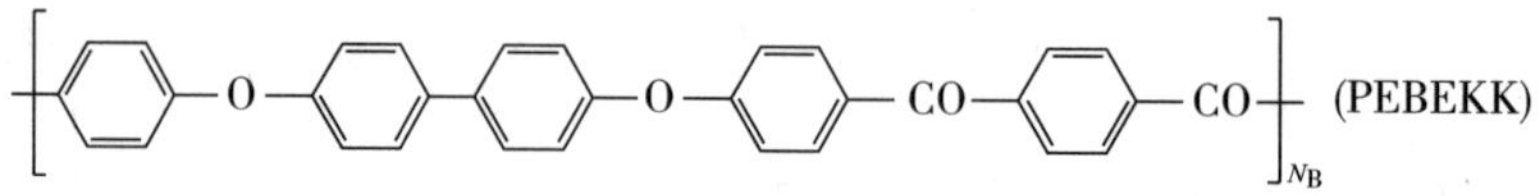

随着联苯含量的增加，共聚物 T_g 会逐渐升高，而 T_m 则有先降低后升高的变化趋势，即当 n_B（$n_B = N_B/[N_A + N_B]$）达到 0.35 时，T_m 达到最小值。其主要原因在于联苯基团的引入会对 PEBEKK 分子链的规整性和紧密堆积产生影响，在 $n_B > 0.35$ 时，共聚物中的 PEBEKK 组分逐渐增加，而 PEBEKK 链段与 PEEKK 链段相比具有更多共轭的 π 电子，有利于增强分子链间相互作用，分子链刚性更强。

4. PEEK 复合材料

聚醚醚酮作为高性能热塑性树脂家族重要的成员之一，由于其突出的综合性能，在诸多领域得到广泛研究和应用。目前使用最多、同时也是研究最广泛的是纤维增强 PEEK 树脂复合材料。碳纤维增强 PEEK 复合材料能够在 250℃ 下连续长期使用，目前已成功应用于机身、卫星部件和其他空间结构。然而，同其他高性能热塑性树脂类似，PEEK 分子链刚性较强，树脂熔融黏度较高，与增强纤维复合时，难以充分浸渍，导致两者界面黏结性不佳。关于这方面的研究多数聚焦于对增强纤维进行表面改性，从而提高两者间的界面黏结。

对于 PEEK 这一类半结晶聚合物来说，其力学性能与结晶结构和形态有重要关系，而结晶结构受材料成型加工条件影响较大，如成型方法、温度、压力等。因此，可以通过改变成型条件调节树脂的晶体结构，从而改变热塑性复合材料的宏观综合性能。

目前,大多数研究主要通过以下几个途径调控热塑性基体树脂的晶态结构和形貌。

(1)成型温度。加工温度对基体树脂的晶粒尺寸大小、结晶度等具有明显影响,从而改变复合材料的力学性能,如表2-33所示。

(2)降温速率。在较高的降温速率下,分子链运动活动能力较低,晶核生长速率较快,复合材料的抗冲击韧性差,而在中等降温速率下,晶粒尺寸较小,材料具有较好的抗冲击韧性。

(3)保温时间。对于半结晶树脂,保温时间对晶粒生长的影响较为重要,因此,对复合材料的宏观力学性能会产生重要的影响。

表 2-33　不同成型温度对 CF/PEEK 复合材料力学性能的影响

热处理温度/℃	拉伸强度/MPa	拉伸模量/GPa	弯曲强度/MPa	层间剪切强度/MPa	冲击强度/ (J/cm^2)
250	1370	105	1087	58.3	26.10
270	1670	107	1210	63.9	23.70

总而言之,对于半结晶聚合物基体而言,温度调控对于结晶形态是十分重要的,对纤维增强的热塑性树脂基体而言,不同方式的热处理,不仅能改善基体自身的力学性能,另外由于纤维诱导结晶的作用,在不同热处理下诱导结晶程度也会发生改变,横穿晶的形成也会受到影响,从而有助于在 CF 和树脂之间形成更稳定的聚集态结构,提高复合材料的力学性能。

三、聚苯醚(PPO)

聚苯醚,又称聚亚苯基氧化物或聚苯撑醚(PPO),是一类典型的热塑性树脂,最早由美国通用电气于 1964 年实现产业化,商品名为"Noryl"。PPO 的分子结构为:

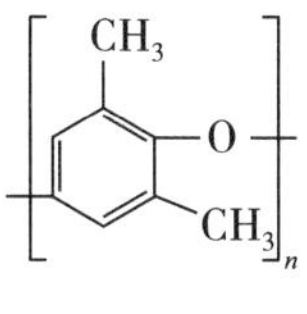

PPO 的分子结构保证了聚苯醚优异的耐高温特性、良好的力学性能、耐水解性和耐蠕变性等特点,因而广泛应用于汽车零部件、屏蔽套、风机叶轮片、轴承等众多行业,已成为欧美等发达国家垄断的核心产品之一。

1. 聚苯醚的合成

1915 年,美国首次以无取代基的苯酚单体为原料,成功合成了相对分子质量较低的 PPO 聚合物。1957 年,美国 GE 公司的 A. S. Hay 利用氧化偶联法制备了高相对分子质量的 PPO。目前,PPO 树脂的工业化生产仍然主要采用 A. S. Hayde 的氧化偶联技术。该技术制备 PPO 的核心原料是 2,6-二甲基苯酚,该单体的合成主要有三种途径:一是从煤焦油中分离提纯获得;二是以二甲苯为原料,经氯化或磺化后碱解;三是以苯酚和甲醇等原料合成。以苯酚和甲醇为原料在 550～570℃进行烷基化反应,以氧化镁等为催化剂,可合成出 2,6-二甲基苯酚。其反应式如下：

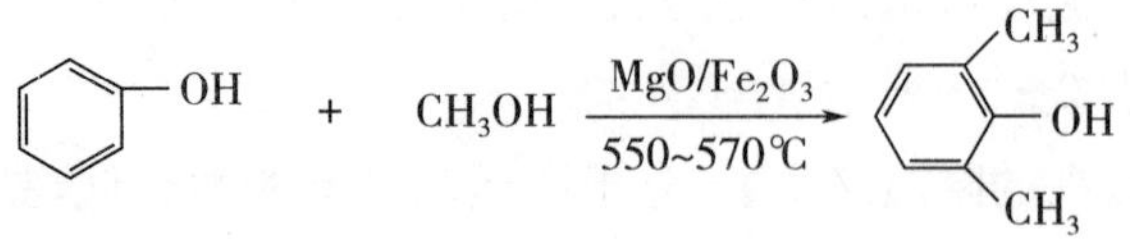

以合成的 2,6 -二甲基苯酚为原料进一步反应，通常利用甲苯为溶剂，在铜−胺络合物催化下，并向 2,6 -二甲基苯酚的甲苯溶液中通入氧气，使 2,6 -二甲基苯酚进行氧化偶联反应合成聚苯醚。其反应式如下：

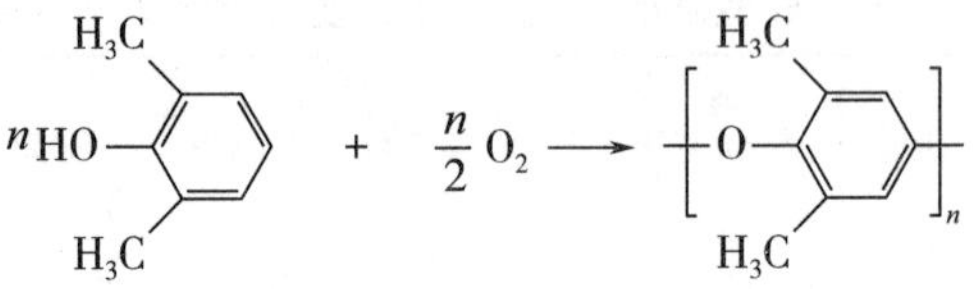

除上述方法外，还可以 4 -溴− 2，6 -二甲基酚氧银盐为原料合成聚苯醚，首先制备银盐，然后使银盐聚合，其反应式如下：

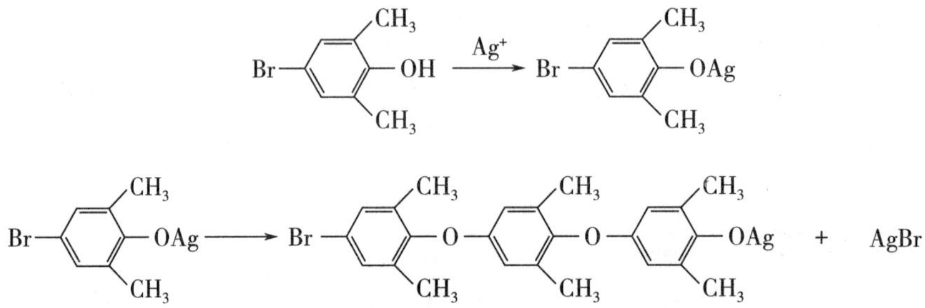

2. 聚苯醚的改性

虽然 PPO 树脂具有优异的综合性能，但 PPO 仍然存在一些缺点，例如，聚苯醚分子链的规整性和对称性使其具有一定的结晶能力，但是由于聚苯醚的玻璃化转变温度和熔融温度相差较小，导致熔体黏度高，加工成型性差等。此外，PPO 的耐溶剂差、成品容易发生应力开裂、缺口冲击强度低等特点严重地限制了聚苯醚的广泛应用。因而，近年来，大多数的研究着重于 PPO 树脂的改性，目前应用于市场上的多为改性聚苯醚，例如，聚苯醚/聚苯乙烯（PPO/PS）、PPO/PA、聚苯醚/聚对苯二甲酸丁二醇酯（PPO/PBT）等。

（1）化学改性。基于 PPO 分子结构的特点，其化学改性技术主要基于 PPO 分子结构中具有反应活性基团来改性。

① PPO 分子的芳环平面均匀分布 π 电子云，容易与缺电子基团（如硝基、磺酸基、羧基等）发生亲电取代反应，如氯化、磺化、溴化和硝化等；此外，与苯环相邻的烷基可以发生自由基取代反应。

②PPO 芳环与有机金属化合物可以发生金属化反应，因而，在己烷、甲苯等溶剂中可以用丁基锂、钠和钾等金属化合物对 PPO 进行直接金属化；

③PPO 分子结构中的端羟基和其相邻的甲基使 PPO 对氧（自由基）非常敏感，易于发生氧化，因而易于发生酰化和醚化反应。

聚苯醚可发生的反应类型如图 2-4 所示。

图 2-4　聚苯醚的基本结构及可发生的反应类型

（2）物理改性。将 PPO 熔体与聚酰胺、聚对苯二甲酸丁二酯及高抗冲击聚苯乙烯以任意比混合或与结晶型尼龙、聚苯硫醚等通过相容剂混合，冷却后获得均相熔体合金。例如，聚苯乙烯（PS）是少数几种能与 PPO 高效相容的高聚物之一，可在较宽的比例范围内共混形成合金，可极大地改善 PPO 的加工性能。除共混改性外，在 PPO 树脂中引入不饱和基团，利用其固化反应与 PPO 形成互穿网络聚合物，也可以明显改善 PPO 树脂的韧性。此外，添加无机填料，在优化填料的分散性并解决填料与 PPO 基体间界面作用的基础上，同样可以改善 PPO 树脂的力学性能，赋予 PPO 树脂增塑和增韧的作用。

PPO 改性后具有优异的电性能、耐热性、尺寸稳定性、阻燃性、耐热水性以及均衡的力学性能和耐候性能，在电子、汽车、办公自动化、医疗设备、纺织机械、航空航天军事方面已有广泛应用。

参考文献

[1]赵玉庭,姚希曾.复合材料聚合物基体[M].武汉:武汉工业大学出版社,1996.

[2]倪礼忠,陈麒.聚合物基复合材料[M].上海:华东理工大学出版社,2007.

[3]王汝敏,郑水蓉,郑亚萍.聚合物基复合材料[M].北京:科学出版社,2011.

[4]陈平,刘胜平,王德中.环氧树脂及其应用[M].北京:化学工业出版社,2011.

[5]刘雄亚,谢怀勤.复合材料工艺及设备[M].武汉:武汉工业大学出版社,1997.

[6]T.G.古托夫斯基.先进复合材料制造技术[M].李宏运,等,译.北京:化学工业出版社,2004.

[7]黄发荣,万里强.酚醛树脂及其应用[M].北京:化学工业出版社,2011.

[8]李小瑞,姚团利,赵艳娜,等.有机化学[M].北京:化学工业出版社,2018.

[9]李玲.万里强.不饱和聚酯树脂及其应用[M].北京:化学工业出版社,2012.

[10]潘祖仁.高分子化学[M].北京:化学工业出版社,2011.

[11]刘全文,陈连喜,田华,等.咪唑类环氧树脂固化剂研究进展[J].国外建材科技,2006,27(3):4-7.

[12]徐文凤.苯酚与甲醛加成反应机理理论研究[D].昆明:云南大学,2012.

[13]黄志雄,王伟,刘坐镇.SMC/BMC 制备中树脂糊的黏度控制[J].纤维复合材料,2007,24

（4）：3－6.

[14]赵大伟,刘义红,张玉军,等. 端异氰酸酯基 PU 增稠端羟基不饱和聚酯 SMC 的研究[J].
纤维复合材料,2003,20(2)：20－22.

[15]张玉军,巩桂芬,陶鑫,等. 不饱和聚酯片状模塑料的研究[J].工程塑料应用,2004,32(5)：
7－9.

[16]PRATT J R, STCLAIR T L, GERBER M K, et al. A study ofthermal transitions in a
new semicrystalline, thermoplastic polyimide[M]. Amsterdam：Elsevier Science Publ B
V,1989.

[17]丁孟贤. 聚酰亚胺：化学、结构与性能的关系及材料[M].北京：科学出版社,2006.

[18]SEARLE N E. Synthesis of N-aryl-maleimides[P]. US 2444536,1948－07－06.

[19]刘思扬. 含氰基和 Cardo 结构双马来酰亚胺的设计合成与复合材料的性能[D].大连：大
连理工大学,2018.

[20]王园英. 新型双马树脂的合成与改性[D].大连：大连理工大学,2018.

[21]任荣,熊需海,刘思扬,等. 双马来酰亚胺树脂固化技术及反应机理研究进展[J].纤维复合
材料,2014,31(2)：10－14.

[22]SERAFINI T T, DELVIGS P, LIGHTSEY G R. Thermally stable polyimides from solu-
tions of monomeric reactants[J]. Journal of Applied Polymer Science, 1972, 16 (4)：
905－915.

[23]MEADOR M A B, JOHNSTON J C, CAVANO P J. Elucidation of the cross-link struc-
ture of nadic-end-capped polyimides using NMR of ^{13}C-labeled polymers[J]. Macromole-
cules,1997,30(3):515－519.

[24]WONG A, RITCHEY W. Nuclear magnetic resonance study of norbornene end-capped
polyimides. 1. Polymerization of N-phenylnadimide[J]. Macromolecules,1981, 14 (3)：
825－831.

[25]赵伟栋,耿东兵,敖明. 耐371℃PMR－Ⅱ型聚酰亚胺树脂化学反应特性的研究[J].宇航
材料工艺,2001,31(5):44－48.

[26]RUSSELL J D, KARDOS J L. Crosslinking characterization of a polyimide：AFR700B
[J]. Polymer composites,1997,18(5):595－612.

[27]HUANG W X, WUNDER S L. FTIR investigation of cross-linking and isomerization re-
actions of acetylene-terminated polyimide and polyisoimide oligomers[J]. Journal of Poly-
mer Science Part B：Polymer Physics,1994,32(12)：2005－2017.

[28]REINHART JR T J. Cure retarding additives for acetylene-terminated polymers[P]. US
4381363,1983－04－26.

[29]HARRIS F, PAMIDIMUKKALA A, GUPTA R, et al. Synthesis and characterization of
reactive end-capped poiymide oligomers[J]. Journal of Macromolecular Science-Chemis-
try,1984,21(8－9):1117－1135.

[30]FANG X M, XIE X Q, SIMONE C D, et al. A solid-state ^{13}C-NMR study of the cure of ^{13}C-labeled phenylethynyl end-capped polyimides[J]. Macromolecules, 2000, 33 (5): 1671 −1681.

[31]HERGENROTHER P, BRYANT R, JENSEN B, et al. Phenylethynyl-terminated imide oligomers and polymers therefrom[J]. Journal of Polymer Science Part A: Polymer Chemistry, 1994, 32(16): 3061 − 3067.

[32]CANO R J, JENSEN B J. Effect of molecular weight on processing and adhesive properties of the phenylethynyl-terminated polyimide LARC™-PETI-5[J]. The Journal of Adhesion, 1997, 60(1 − 4): 113 − 123.

[33]YOKOTA R, YAMAMOTO S, YANO S, et al. Molecular design of heat resistant polyimides having excellent processability and high glass transition temperature[J]. High Performance Polymers, 2001, 13(2): S61 − S72.

[34]HASEGAWA M, SENSUI N, SHINDO Y, et al. Structure and properties of novel asymmetric biphenyl type polyimides. Homo-and copolymers and blends[J]. Macromolecules, 1999, 32(2): 387 − 396.

[35]YE W L, WU W Z, HU X, et al. 3D printing of carbon nanotubes reinforced thermoplastic polyimide composites with controllable mechanical and electrical performance[J]. Composites Science and Technology, 2019, 182: 107671.

[36]LASKOSKI M, DOMINGUEZ D D, KELLER T M. Synthesis and properties of a bisphenol A based phthalonitrile resin[J]. Journal of Polymer Science Part A: Polymer Chemistry, 2005, 43(18): 4136 − 4143.

[37]陈兴刚, 王亚凤, 桑晓明, 等. 耐高温阻燃聚苯腈树脂的制备及性能[J]. 高分子材料科学与工程, 2019, 35(5): 129 − 135.

[38]YU X Y, NAITO K, KANG C, et al. Synthesis and properties of a high-temperature naphthyl - based phthalonitrile polymer[J]. Macromolecular Chemistry and Physics, 2013, 214(3): 361 − 369.

[39]SIEGL W O. Metal ion activation of nitriles. Syntheses of 1, 3-bis (arylimino) isoindolines[J]. The Journal of Organic Chemistry, 1977, 42(11): 1872 − 1878.

[40]SNOW A W, GRIFFITH J R, MARULLO N. Syntheses and characterization of heteroatom-bridged metal-free phthalocyanine network polymers and model compounds[J]. Macromolecules, 1984, 17(8): 1614 − 1624.

[41]BURCHILL P. On the formation and properties of a high-temperature resin from a bisphthalonitrile[J]. Journal of Polymer Science Part A: Polymer Chemistry, 1994, 32(1): 1 −8.

[42]SASTRI S B, ARMISTEAD J P, KELLER T M. Phthalonitrile-carbon fiber composites[J]. Polymer composites, 1996, 17(6): 816 − 822.

[43]SASTRI S B, ARMISTEAD J P, KELLER T M, et al. Phthalonitrile-glass fabric com-

posites[J]. Polymer composites,1997,18(1):48 − 54.

[44]DERRADJI M, WANG J, LIU WB. High performance ceramic-based phthalonitrile micro and nanocomposites[J]. Materials Letters,2016,182:380 − 385.

[45]DERRADJI M, RAMDANI N, ZHANG T, et al. High thermal and thermomechanical properties obtained by reinforcing a bisphenol-A based phthalonitrile resin with silicon nitride nanoparticles[J]. Materials Letters,2015,149:81 − 84.

[46]DERRADJI M, RAMDANI N, ZHANG T, et al. Mechanical and thermal properties of phthalonitrile resin reinforced with silicon carbide particles[J]. Materials and Design, 2015,71:48 − 55.

[47]LIU M, JIA K, LIU X. Effective thermal conductivity and thermal properties of phthalonitrile-terminated poly(arylene ether nitriles) composites with hybrid functionalized alumina[J]. Journal of Applied Polymer Science,2015,132(10):41595.

[48]SHAN S, CHEN X, XI Z, et al. The effect of nitrile-functionalized nano-aluminum oxide on the thermomechanical properties and toughness of phthalonitrile resin[J]. High Performance Polymers,2017,29(1):113 − 123.

[49]DERRADJI M, SONG X, DAYO A Q, et al. Highly filled boron nitride-phthalonitrile nanocomposites for exigent thermally conductive applications[J]. Applied Thermal Engineering,2017,115:630 − 636.

[50]HOLLY F W, COPE A C. Condensation products of aldehydes and ketones with o-aminobenzyl alcohol and o-hydroxybenzylamine[J]. Journal of the American Chemical Society, 1944,66(11):1875 − 1879.

[51]王雨亭. 自催化固化型酰亚胺官能化苯并噁嗪树脂的制备及性能研究[D]. 镇江:江苏大学,2020.

[52]BURKE W J, BISHOP J L, GLENNIE E L M, et al. A New aminoalkylation reaction condensation)of)phenols)with)dihydro-1,3-Aroxazines[J]. Journal of Organic Chemistry,1965,30:3423 − 3428.

[53]RUSSELL V M, KOENIG J L, LOW H Y, et al. Study of the characterization and curing of benzoxazines using ^{13}C solid-state nuclear magnetic resonance[J]. Journal of Applied Polymer Science,1998,70(7):1413 − 1425.

[54]WIRASATE S, DHUMRONGVARAPORN S, ALLEN D J, et al. Molecular origin of unusual physical and mechanical properties in novel phenolic materials based on benzoxazine chemistry[J]. Journal of Applied Polymer Science,1998,70(7):1299 − 1306.

[55]DUNKERS J, ISHIDA H. Reaction of benzoxazine-based phenolic resins with strong and weak carboxylic acids and phenols as catalysts[J]. Journal of Polymer Science Part A: Polymer Chemistry,1999,37(13):1913 − 1921.

[56]WANG Y X, ISHIDA H. Cationic ring-opening polymerization of benzoxazines[J]. Poly-

mer,1999,40(16):4563 – 4570.

[57]ZHANG K, YU X. Catalyst-free and low-temperature terpolymerization in a single-component benzoxazine resin containing both norbornene and acetylene functionalities[J]. Macromolecules,2018,51(16):6524 – 6533.

[58]OHASHI S, KILBANE J, HEYL T, et al. Synthesis and characterization of cyanate ester functional benzoxazine and its polymer[J]. Macromolecules,2015,48(23):8412 – 8417.

[59]ISHIDA H, CHAISUWAN T. Mechanical property improvement of carbon fiber reinforced polybenzoxazine by rubber interlayer[J]. Polymer Composites,2003,24(5):597 – 607.

[60]王鑫. 苯并噁嗪树脂及其碳纤维复合材料增韧改性的研究[D]. 大连:大连理工大学,2018.

[61]沙懿轩. 三官能团氰酸酯树脂的性能及改性研究[D]. 哈尔滨:黑龙江省科学院石油化学研究院,2020.

[62]GRIGAT E, PUTTER R. Synthesis and reactions of cyanic esters[J]. Angewandte Chemie International Edition in English,1967,6(3):206 – 218.

[63]刘敬峰. 高性能氰酸酯树脂合成及改性研究[D]. 长春:长春工业大学,2020.

[64]方芬,颜红侠,张军平,等. 双马来酰亚胺改性氰酸酯树脂的研究[J]. 高分子材料科学与工程,2007,23(4):222 – 225.

[65]欧秋仁,嵇培军,肖军,等. 环氧树脂改性双酚A型氰酸酯树脂的性能研究[J]. 功能材料,2015,46(S2):129 – 134.

[66]FARONA M. Benzocyclobutenes in polymer chemistry[J]. Progress in Polymer Science,1996,21:505 – 555.

[67]ITO Y, NAKATSUKA M, SAEGUSA T. Syntheses of polycyclic ring systems based on thenew generation of o-quinodimethanes[J]. Journal of the American Chemical Society,1982,104:7609 – 7622.

[68]朱海亮,杨海君,杨军校,等. N-(苯并环丁烯-4-基)马来酰亚胺的Diels-Alder反应及聚合物热稳定性[J]. 材料导报,2010,24(2):43 – 46.

[69]王兴刚,于洋,李树茂,等. 先进热塑性树脂基复合材料在航天航空上的应用[J]. 纤维复合材料,2011,28(2):44 – 47.

[70]季绘明. 聚苯硫醚合成工艺优化[D]. 上海:华东理工大学,2012.

[71]陈永荣,伍齐贤,杨杰,等. 硫磺溶液法合成聚苯硫醚的结构研究[J]. 四川大学学报(自然科学版),1988(1):96 – 104.

[72]李华,陶杰武. 长玻璃纤维增强热塑性复合材料研究[J]. 工程塑料应用,2009,37(2):17 – 19.

[73]邱军. 玻璃纤维布增强聚苯硫醚复合材料的性能研究[J]. 中国塑料,2002,16(9):46 – 48.

[74]ZHANG K, ZHANG G, LIU B, et al. Effect of aminated polyphenylene sulfide on the mechanical properties of short carbon fiber reinforced polyphenylene sulfide composites

[J]. Composites Science and Technology,2014,98:57 - 63.

[75]杨杰. 高分子量聚芳硫醚砜的合成及结构与性能研究[D].成都:四川大学,2005.

[76]杨杰,王华东,龙盛如,等. 高性能结构材料:聚芳硫醚[J].工程塑料应用,2003,31(4): 63 -66.

[77]张宏放,莫志深,那辉,等. 聚醚醚酮酮（PEEKK)—含联苯聚醚醚酮酮（PEBEKK)共聚 物的 T_g 和 T_m 转变[J].应用化学,1996,13(2):57 - 60.

[78]黄如注. 聚苯醚的生产与应用[J].化工新型材料,1993(4):30 - 33.

[79]郭雪娇,苑会林,李大鹏. 玻璃纤维增强改性聚苯醚的研究[J].工程塑料应用,2008,36 (9):8 - 11.

第三章　增强材料

增强材料在复合材料中的主要作用是承受外界施加的载荷,显著提高基体材料的力学性能,还可降低制品的收缩率、提高硬度以及赋予制品一些特殊的功能性。增强材料的外观形态主要有纤维状、片状和颗粒状,其中,尤以纤维状增强材料的增强作用最显著,应用最广,常用来制备结构件复合材料。近年来,随着纳米技术以及纳米增强体品种的不断发展,纳米增强体也越来越广泛地应用于复合材料中。

用于复合材料的增强纤维往往都是高性能纤维。高性能纤维是指具有特殊的物理化学结构,具有某些特殊的性能和用途的纤维,如高强度、高模量、耐冲击、耐腐蚀、耐高温、密度小等。高性能纤维早期定义的依据是力学性能,指断裂强度超过15cN/dtex的纤维,比如碳纤维、对位芳纶、超高分子量聚乙烯纤维、高强聚酰亚胺纤维、聚对亚苯基苯并二噁唑(PBO)纤维等,但该定义在实际生产和应用中其内涵也不断丰富和拓展,具有耐高温、耐辐照、耐腐蚀等特性的纤维也可称为高性能纤维,如间位芳纶、聚四氟乙烯纤维、聚苯硫醚纤维等,这些产品主要特点在于耐热性和阻燃性等。复合材料的增强体所用的高性能纤维,往往是指高强高模纤维。

高性能纤维类别品种繁多,已实现工业化生产与应用的高性能纤维有20余种,可根据材料的属性进行分类,主要包括金属纤维、无机纤维和有机纤维。金属纤维因其密度高、比强度低等特点,很少用来作复合材料的增强材料。无机纤维的主要特点是高强高模、耐高温、耐腐蚀等,如玻璃纤维、碳纤维、碳化硅纤维、氧化铝纤维等,常用来作复合材料的增强材料,在航空航天、武器装备等领域应用广泛。无机高性能纤维不仅具有优良的力学性能,而且具有优异的耐热性。同时,无机纤维具有韧性低、密度较高、制备相对复杂等特点,其部分性能见表3-1。

表3-1　部分金属纤维和无机纤维的性能

纤维名称	断裂强度/GPa	初始模量/GPa	断裂延伸率/%	密度/(g/cm³)	软化温度/℃
钢纤维	2.8	200	1.8	7.81	1621
碳纤维 T300	3.5	230	1.5	1.76	—
碳纤维 T700	4.9	230	2.1	1.80	—
E-玻璃纤维	3.5	72	4.8	2.54	约1300
S-玻璃纤维	4.8	85	5.4	2.49	约1650
玄武岩纤维	3.0~4.8	79~100	3.2	约2.8	约960
碳化硅纤维	约3.0	约200	约1	3.2	约1500

数据来源:相关产品说明书。

有机高性能纤维品种较多,根据大分子链的特性可分为柔性链纤维和刚性链纤维。柔性链有机纤维的典型代表有超高分子量聚乙烯(UHMWPE)纤维、高强聚乙烯醇纤维等,其大分子主链由—CH₂—组成,通过冻胶纺等技术使大分子链高度取向,从而实现纤维力学性能的提升。刚性链纤维的典型代表是对位芳纶、聚芳酯纤维、PBO 纤维等,主要采用液晶纺丝方法使大分子高度取向,得到高强高模纤维。具有芳杂环刚性结构的聚酰亚胺纤维则通过分子间很强的相互作用贡献于纤维的力学性能。另外,也可依据纤维的典型特性对有机高性能纤维进行分类,如高强高模纤维(如对位芳纶、高强聚酰亚胺纤维、PBO 纤维、UHMWPE 纤维等)、耐高温纤维(间位芳纶、聚苯并咪唑纤维)等。与无机纤维相比,有机高性能纤维不仅具有优良的力学性能,而且其低密度、高韧性的特点使其在轻质复合材料领域得到广泛应用,部分有机高性能纤维的特性见表 3-2。

表 3-2 有机高性能纤维的特性

纤维名称	断裂强度/GPa	初始模量/GPa	断裂延伸率/%	初始分解温度/℃	极限氧指数/%
对位芳纶	2.8	120	2.8	550	29
杂环芳纶	5.5	140	3.5	约500	32
PBO 纤维	5.8	280	2.5	650	68
UHMWPE 纤维	3.0	95	3.7	约150(熔融)	<28
聚芳酯纤维	3.2	75	3.0	350	>30
高强聚酰亚胺纤维	4.0	120	2.5	550	35

数据来源:相关产品手册。

第一节 玻璃纤维

玻璃纤维(glass fiber,GF)是目前非常重要的一类复合材料增强纤维。玻璃纤维种类很多,而且具有拉伸强度高、耐高温、绝缘、化学惰性等特性以及原料易得、价格低廉等优点,使得该产品广泛应用于纤维增强材料、绝缘材料、保温材料等领域。

与近年来发展起来的有机高性能纤维相比,玻璃是"老"材料,玻璃纤维也算是"老"纤维了。玻璃纤维工艺创立于 1938 年,美国欧文斯科宁公司首先发明了用铂坩埚连续拉制玻璃纤维和用蒸汽喷吹玻璃棉的工艺,标志着玻璃纤维工业的诞生。我国的玻璃纤维工业始于 1958 年,20世纪 80 年代引进了池窑拉丝法的生产新工艺,加快了我国玻璃纤维行业的发展,使产品的质量和产量得到提升。2017 年和 2018 年我国全行业实现玻璃纤维纱总产量 408 万吨和 468 万吨,占全球产量的一半以上。

一、玻璃纤维的化学组成和基本结构

玻璃纤维是纤维状的玻璃,其化学组成和结构与玻璃相同。玻璃主要以二氧化硅(SiO₂)或氧化硼（B_2O_3）等组成，化学组成以 SiO_2 为主的称硅酸盐玻璃，以 B_2O_3 为主的称硼酸盐玻璃。除了主要的组成物质外，还包括 Al_2O_3、CaO、MgO、Na_2O、K_2O 等各种金属氧化物。

玻璃结构是指离子或原子在空间的几何配置以及它们在玻璃中组成的结构形成体，主要决定于玻璃的化学组成。常见的玻璃主要由 SiO_2 四面体、Al_2O_3 三面体或硼氧三面体相互连成不规则三维网络结构。网络空间由 Na、K、Ca、Mg 等金属阳离子所填充。

玻璃纤维的化学组成对玻璃纤维的结构、性能以及制备工艺影响很大。玻璃中的 Na_2O、K_2O 等碱金属氧化物称为助熔氧化物，它可以降低玻璃的融化温度和黏度，使玻璃熔液中的气泡容易排除，主要通过破坏玻璃骨架，使结构疏松，从而达到助熔的目的。因此 Na_2O、K_2O 的含量提高，玻璃纤维的强度、电绝缘性能和化学稳定性都会相应地降低，但是熔融温度低，制备容易且成本低。因此玻璃纤维中碱金属氧化物的含量是一个非常重要的指标，一般把碱金属氧化物含量在 1% 以下的称为无碱玻璃纤维（E 玻璃纤维），含量在 2%～6% 的称为低碱玻璃纤维，含量在 6%～12% 的称为中碱玻璃纤维，含量大于 12% 的称为有碱玻璃纤维。其中，无碱玻璃纤维因具有良好的绝缘性和力学性能，广泛应用于复合材料的增强基材，但其不耐无机酸腐蚀，不适合在酸性环境中使用。除 Na_2O、K_2O 等碱金属氧化物外，玻璃纤维中的其他金属氧化物也对其性能有较大影响，如 CaO、Al_2O_3 能在一定条件下构成玻璃网络的一部分，改善玻璃纤维的性质和工艺性能；加入氧化铍（BeO）可以提高玻璃纤维的模量；加入氧化锆（ZrO_2）可以提高玻璃纤维的耐碱性能，等等。因此，必须按照玻璃纤维的应用场合及性能要求，并且兼顾玻璃纤维拉丝工艺性能，来合理调配玻璃纤维的化学组成。

二、玻璃纤维的制备

玻璃纤维的制造方法主要有坩埚拉丝法和池窑拉丝法两种。坩埚拉丝法是一种二次成型方法，预先将满足纤维质量要求的玻璃配合料混合、熔化、制球，然后将检验合格的玻璃球加入带有漏丝板的坩埚中，将其在电加热的铂坩埚内进行二次加热熔化形成玻璃液，玻璃液从漏丝板中流出并在拉丝机的作用下拉制成玻璃纤维。这种生产工艺流程长、耗能高、成型工艺不稳定，基本上已被淘汰。

池窑拉丝法则是一次成型方法，首先根据产品性能要求将各种原料精细计算、称量、混合后投入池窑内，经高温熔成玻璃液，经澄清和均化后，流入装有铂铑合金漏丝板的成型组件中，玻璃液从漏丝板流出后经高速拉伸，得到直径很细的玻璃纤维。从漏丝板中拉出的每根纤维称为单丝，单丝涂覆浸润剂后经集束和缠绕成为原纱，原纱后续可以经纺织加工制成各种玻璃纤维制品，如图 3-1 所示。

池窑拉丝法对玻璃纤维的原料处理严格，而且玻璃纤维的熔制及成形温度高，玻璃液澄清均化效果明显，所以池窑拉丝法熔制的玻璃熔体品质高。相比于坩埚拉丝法，池窑拉丝法不需要制球以及玻璃球二次熔融等工序，不仅能够降低能源成本，而且减少了玻璃液的二次污染，也保证了拉丝作业工序的稳定性和自动化程度，玻璃纤维质量高，易实现规模化生产，已成为国际上玻璃纤维的主流制备工艺。用这种方法所生产的玻璃纤维，占全球总量的 85%～90%。

刚拉出的玻璃纤维单丝表面要立即涂敷一层浸润剂，这主要是因为刚拉出的纤维易受空气

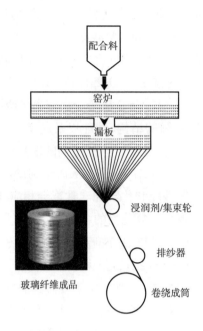

图 3-1　池窑拉丝法生产玻璃纤维工艺示意图

中水蒸气的侵蚀,强度下降,而且性脆,纤维之间的摩擦系数较大,不耐磨,易断裂。因此,浸润剂的主要作用是保护纤维免受大气和水分的侵蚀作用,使多根单丝集束,便于后续的纺织加工等工序,同时增加原纱的耐磨性,以防止纤维表面因磨损而降低强度。

浸润剂主要有两种:

(1)纺织型浸润剂。该浸润剂具有良好的集束性、润滑性和抗静电性,使玻璃纤维具有良好的加捻、合股、整经、织造等纺织加工性能,常用的主要是石蜡型浸润剂。对于纺织型浸润剂,由于浸润剂中的成分影响了玻璃纤维与基体树脂之间的黏合,因此在制备复合材料时需先将 GF 表面的浸润剂除去,再经偶联剂处理后方可使用。

(2)增强型浸润剂。该浸润剂在一定程度上能满足玻璃纤维纺织加工的要求,而且对纤维与树脂黏结影响不大,在制备复合材料时不必除去,可直接使用。增强型浸润剂主要用于制备玻璃纤维无捻粗纱及其纺织制品。

玻璃纤维的制品主要有无捻粗纱、短切纤维毡、表面毡、各种规格的玻璃纤维布和玻璃纤维带、立体编织物等,用于不同的成型工艺方法来制备复合材料。

三、特种玻璃纤维

玻璃纤维的品种繁多,性能各异,主要决定于玻璃纤维的化学组分和拉丝过程。随着复合材料向高性能化与多功能化的不断发展,对增强体玻璃纤维的性能和规格提出了更高的要求,各种普通的玻璃纤维品种已经不能满足需求。通过对玻璃化学组分的优化、纤维制备过程及其结构调控,各种特种玻璃纤维材料相继问世,大致可以分为结构型特种玻璃纤维和功能型特种玻璃纤维。结构型特种玻璃纤维主要强调其力学性能,包括高强度玻璃纤维和高模量玻璃纤维等;功能类玻璃纤维主要利用其某些特殊功能,如石英玻璃纤维、高硅氧玻璃纤维、低介电玻璃纤维、耐化学介质腐蚀玻璃纤维、耐辐照玻璃纤维等。下面介绍几种重要的特种玻璃纤维品种。

1. 高强玻璃纤维

高强玻璃纤维称为 S 或 R 玻璃纤维,S 玻璃纤维由 SiO_2、Al_2O_3、MgO 组成,R 玻璃纤维由 SiO_2、Al_2O_3、MgO、CaO 组成。各种高强度玻璃化学组分的质量分数各不相同,但主要氧化物如 SiO_2、Al_2O_3 的含量均比 E 玻璃纤维高,其中 Al_2O_3 的含量均在 25% 左右。S 或 R 玻璃纤维具有高强度、高模量、耐高温和耐腐蚀等特性。与 E 玻璃纤维相比,其拉伸强度可提高 30%～40%,弹性模量可提高 10%～20%,并具有更高的耐高温、耐腐蚀、耐冲击和耐疲劳性能和化学稳定性。

高强玻璃纤维制备技术的关键是玻璃熔制与纤维成型。因纯的镁铝硅玻璃熔制和析晶上限温度高,析晶速度快,玻璃液黏度大,气泡难以排出,导致连续拉丝性能较差。通过调节 SiO_2、Al_2O_3、MgO 三组分含量的比例,引入 La_2O_3、Li_2O 等改性氧化物,改善玻璃的析晶性能,可形成较适宜的拉伸黏度,有利于纤维的连续化稳定生产。

美国欧文斯科宁公司于 20 世纪 50 年代最早研制了高强玻璃纤维,我国南京玻璃纤维研究设计院于 1968 年也开始了对 S 玻璃纤维的开发,并将其成功实现工业化生产。高强玻璃纤维制品主要有无捻粗纱和机织布等,可与碳纤维、石英纤维混编成织物,也可织造套管、多轴向织物、三维立体织物等产品,在国防军工、航空航天、船舶工业等领域具有重要的应用背景,如防弹材料、飞机雷达罩、直升机机翼等,此外,在化工管道、高压容器等方面也有广泛的应用。

2. 石英玻璃纤维

石英玻璃纤维是一种超纯硅氧纤维,SiO_2 的含量达到 99.9% 以上,由透明的石英玻璃棒熔融后经喷吹、拉制而成。石英玻璃纤维具有很高的耐热性,这是由 SiO_2 固有的耐温性决定的,一般石英玻璃纤维能长期在 1050℃ 环境中使用,瞬时耐温高达 1700℃,同时,石英玻璃纤维具有很低的热膨胀系数和优越的抗温度剧变的能力。石英玻璃纤维的密度较低($2.2g/cm^3$),力学性能优良,拉伸强度达 3.6GPa,拉伸模量大于 78GPa。此外,石英玻璃纤维的电绝缘性能优异,在高温和高频下仍表现出很好的电绝缘性。正是由于石英玻璃纤维以上优异的性能特点,使其广泛应用于结构材料、绝缘材料、耐烧蚀材料、透波材料、隔热保温材料及防护材料等方面。

3. 低介电玻璃纤维

低介电玻璃纤维称为 D 玻璃纤维,是由低介电玻璃拉制而成,由高硼高硅玻璃组成,具有介电常数及介电损耗低、介电性能不受环境和频率的影响等特点,其介电常数和介电损耗均低于 E 玻璃纤维,而且密度较低。因此,低介电玻璃纤维可作为高性能飞机雷达罩的一种增强材料,具有宽频带、高透波和质轻等特点。

第二节　碳纤维

碳纤维是指含碳量在 90%(质量分数)以上的纤维状碳材料,通常是由有机纤维在惰性气

氛中经高温碳化而制得的。碳纤维的结构为乱层石墨结构,层面之间主要是碳原子以共价键相结合,层与层之间主要是由范德瓦耳斯力相连接,因此,碳纤维是一种性能各向异性的材料。碳纤维具有高强度、高模量、热膨胀系数低、摩擦系数小、耐腐蚀、耐高温、导电、导热等突出特性,既可以用来制备承受负载的结构材料,又可以用来制备电化学材料、电磁屏蔽材料、电热材料等功能性材料。

早在 1860 年,英国科学家约瑟夫·威尔森·斯万爵士(Sir Joseph Wilson Swan)发明了以碳纸条为发光体的半真空碳丝电灯,也就是白炽灯的原型。1879 年爱迪生发明了以碳纤维为发光体的白炽灯,他将椴树内皮、黄麻、马尼拉麻或大麻等富含天然聚合物的材料定型成所需要的尺寸和形状,并在高温下对其进行烘烤,受热时这些由连续葡萄糖单元构成的纤维素纤维被碳化成了碳纤维。1892 年爱迪生发明的"白炽灯泡碳纤维长丝灯丝制造技术(Manufacturing of Filaments for Incandescent Electric Lamp)"获得了美国专利(USP470925)。

20 世纪 50 年代,美国出于军用需求,急需新型耐烧蚀材料和轻质结构材料,开始研究碳纤维,从此使碳纤维进入新材料的舞台。1959 年,美国联合碳化物公司最早开发出黏胶基碳纤维并成功工业化;同年日本人近藤昭男发明了 PAN 基碳纤维,推进了碳纤维工业的快速发展,奠定了制造高性能 PAN 基碳纤维的基础,使 PAN 基碳纤维成为用量最大的碳纤维;之后,日本人大谷杉郎于 1965 年成功研制出沥青基碳纤维,使沥青成为制备碳纤维的新材料,并成为仅次于 PAN 的第二大原材料。

我国从 20 世纪 70 年代即开始了 PAN 基碳纤维及原丝的研究工作,70 年代末期中科院山西煤化所成功开发出碳纤维连续化制备技术,80 年代吉林石化公司的硝酸法纺制原丝工艺实现了中试,同期北京化工大学与 621 所合作开始了 PAN 基碳纤维研发及复合材料制备工作;进入 90 年代,T300 级碳纤维、高强中模碳纤维、M40 级高模量碳纤维等课题得到了国家的大力支持,同期东华大学研发生产的黏胶基碳纤维通过应用评价;"十五"期间国家科技部 863 计划设立了"碳纤维关键技术研究"专项,"十二五"期间设立"高性能纤维及复合材料"专项等,使我国的碳纤维研发与生产得到了快速发展。近年来,我国涌现了几十家从事碳纤维研发和生产的企业,威海拓展、中复神鹰、江苏恒神、中简科技等企业已经批量生产并供应市场。

一、碳纤维的分类

碳纤维的种类很多,也有多种分类方法,可按碳纤维原丝的种类、力学性能、丝束大小、功能等方法进行分类。

1. 按碳纤维原丝种类来分

碳纤维不能直接由碳采用熔融法或溶液法纺丝来制造,只能以有机纤维为原料,在惰性气氛中经高温碳化而制得。采用的有机纤维称为碳纤维的原丝,但并不是所有的有机纤维都可以作为碳纤维的原丝,作为碳纤维原丝的有机纤维应满足如下要求:在碳化过程中不熔融、不剧烈分解,能保持纤维的形状(有些纤维不符合此要求,可首先进行预氧化处理);碳化收率高;可牵伸;能获得稳定连续的长丝。

根据以上要求,具有工业化意义的碳纤维原丝主要有三种:黏胶纤维、PAN 纤维和沥青纤维。因此,根据原丝种类来分,碳纤维主要分为黏胶基碳纤维、PAN 基碳纤维和沥青基碳纤维。

三种碳纤维在性能上各有特点。黏胶基碳纤维强度较低,但碱金属含量低,热稳定性、耐烧蚀性能好,特别适用于要求焰流中碱金属含量低的耐烧蚀、防热型复合材料,此外,黏胶基碳纤维导热系数小,是非常理想的隔热材料。PAN 基纤维具有突出的力学性能,通常作为结构复合材料的增强材料,是目前产量最高、品种最多、发展最快、应用领域最广的一类碳纤维。沥青基碳纤维与 PAN 基碳纤维相比,其强度偏低但模量较高,可制得高模量的碳纤维,而且沥青基碳纤维的轴向热传导率高,可用来制备高导热复合材料。由于沥青基碳纤维以上的性能特点及较高的碳收率、较低的生产成本,目前是产量第二的碳纤维,在应用上形成了与 PAN 基碳纤维互补的局面,主要应用于人造卫星、电磁屏蔽、运动器具等领域。黏胶基碳纤维目前是三种碳纤维中产量最小的一类,占比不足世界碳纤维产量的 1%,但由于其在耐烧蚀性能上的突出优势,在碳纤维领域仍占有一席之地。

三类碳纤维的主要性能比较见表 3-3。

表 3-3 黏胶基、PAN 基、沥青基碳纤维主要性能比较

碳纤维种类	拉伸强度 /GPa	弹性模量 /GPa	密度 /(g/cm³)	热导率/[W/(m·K)]	主要用途
黏胶基碳纤维	1.0~1.8	175~700	1.4~1.8	—	耐烧蚀材料
PAN 基碳纤维	3.5~7.0	160~700	1.7~1.9	30~200	结构复合材料
沥青基碳纤维	2.0~4.0	55~900	1.8~2.2	100~900	高导热、导电复合材料

2. 按碳纤维力学性能来分

碳纤维按照力学性能可分为通用型碳纤维和高性能碳纤维,其中,高性能碳纤维包括高强型(HT)碳纤维、超高强型(UHT)碳纤维、高模型(HM)碳纤维和超高模型(UHM)碳纤维。

通用型碳纤维一般指拉伸强度<1.4GPa、拉伸模量<140GPa 的碳纤维,目前已经很少应用。各种高性能碳纤维的力学性能见表 3-4。

表 3-4 各种高性能碳纤维的力学性能

性能	HT	UHT	HM	UHM
拉伸强度/GPa	2.0~2.75	>2.76	>1.7	>1.7
拉伸模量/GPa	>200~250	200~350	300~400	>400
含碳量/%	94.5	96.5	99.0	99.8

3. 按碳纤维丝束大小来分

按照丝束大小碳纤维可分为小丝束碳纤维和大丝束碳纤维,大丝束碳纤维包括 48K、60K、120K、360K 和 480K 等,小丝束碳纤维包括 1K、3K、6K、12K 和 24K。通常来说,小丝束碳纤维主要应用于航空航天等国防军工结构复合材料,而大丝束主要应用于民用方面。而为了进一步降低复合材料的成本,大丝束碳纤维是未来的发展方向。

4. 按碳纤维的功能来分

按碳纤维的功能来分,碳纤维主要分为受力结构用碳纤维、耐焰用碳纤维、导电用碳纤维、润滑用碳纤维、耐磨用碳纤维、耐腐蚀用碳纤维、吸附用碳纤维(活性碳纤维)等。

二、碳纤维的制备

(一) PAN 基碳纤维的制备

PAN 基碳纤维的制备工艺主要包括聚丙烯腈的合成、原丝的制备、预氧化、碳化等过程,通过进一步的高温石墨化,可制得石墨化纤维,其制备过程如图 3-2 所示。

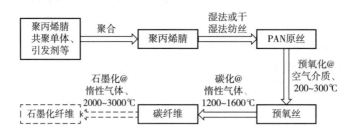

图 3-2 聚丙烯腈基碳纤维生产主要流程图

1. 聚丙烯腈的合成

合成聚丙烯腈的主要单体是丙烯腈($CH_2{=}CH{-}CN$),通常含量在 96% 以上。PAN 原丝对原料丙烯腈的纯度要求较高,各种杂质的总含量应控制在 0.005% 以下。

PAN 大分子链中存在大量的极性基团—CN,大分子间作用力强,使 PAN 链段不容易运动,不利于氧气分子进入 PAN 分子链中,妨碍预氧化过程,因此,在 PAN 合成时,需加入共聚单体。共聚单体的加入,可以降低 PAN 大分子的相互作用力,使原丝预氧化时既能加速链状大分子的环化,又能缓和纤维化学反应的集中放热等问题,使反应易于控制。常用的共聚单体有丙烯酸脂类、丙烯酸衍生物等。虽然添加共聚单体可以改善纤维制备过程中预氧化及后续碳化工艺的可控性,但高性能 PAN 基碳纤维共聚单体含量不宜过高。

丙烯腈单体经自由基聚合反应得到聚丙烯腈聚合物。聚合过程按介质的不同可分为溶液聚合和水相沉淀聚合,二者分别以溶剂和水为反应介质。溶液聚合通常采用偶氮类引发剂,水相聚合则常采用氧化—还原引发体系。

溶液聚合属于均相聚合,得到的聚合物溶液可直接用于纺丝,因此又称为一步法。所使用的溶剂主要有 DMF、DMAc 等。为保证纺丝液可纺性,通常总单体浓度会控制在 $15\%\sim25\%$。溶液聚合所得的聚合液经过脱单、过滤及脱泡后直接用于纺丝。该工艺流程短,但聚合时间长,稳定可控性不足。

水相沉淀聚合属于非均相溶液聚合,在反应过程中,水溶性引发剂受热分解产生离子自由基后,引发水中的丙烯腈单体产生单体自由基,然后进行链增长,当链增长反应进行到一定程度时,PAN 聚合物会以白色絮状沉淀从水相中析出,经洗涤干燥后得到粉末固体 PAN,纺丝前需要将粉末溶于溶剂中以制成纺丝原液,故此种纺丝工艺称为两步法。与溶液聚合的均相聚合相比，水相沉淀聚合得到的 PAN 粉料易储存和运输，还可作为商品销售，而且两步法纺丝工艺具有相对分子质量选择范围广、固含量调节方便、纺丝过程可控等优势，适合大规模批量生产。丙烯腈的聚合过程中，其引发剂的浓度、总单体的浓度、聚合温度、聚合时间、相对分子质量调节剂、溶剂及单体所含的杂质等均对产物的相对分子质量及其分布、聚合速率等有不同程度的影响，因此，要根据 PAN 的性能要求，对上述反应条件进行控制。

2. PAN 纺丝

PAN 原丝纺丝工艺主要有两种：湿法纺丝和干湿法纺丝。这两种工艺的主要区别在于喷丝及凝固阶段，之后的工序（如水洗牵伸、致密化、上油等）基本相似，主要的纺丝流程如图 3－3 所示。

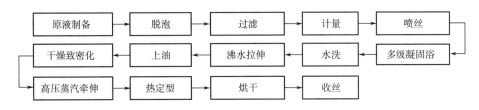

图 3－3　PAN 原丝生产工艺主要流程

（1）喷丝及凝固。湿法纺丝是聚丙烯腈纤维制备的传统纺丝方法。湿法纺丝是指纺丝原液在一定压力下经喷丝板挤出形成聚合物溶液细流，而后直接进入凝固浴，聚合物溶液细流在凝固浴中通过"双扩散"发生相分离，生成固体纤维。该工艺适合于大丝束碳纤维的制备，但由于挤出胀大与表皮凝固作用同时发生，丝条表面及内部缺陷较多，而且丝条承受的是负拉伸，大分子链的取向度较低，因此纤维的强度较低。但湿法纤维表面具有沟槽，与基体树脂结合较好，有利于复合材料性能的提升。

干湿法纺丝又称干喷湿纺，经喷丝孔挤出的纺丝原液形成细流后先经过一段空气层，在空气层往往存在流体拉伸，使大分子链产生一定程度的取向，而后进入凝固浴凝固成形，其纺丝流程如图 3－4 所示。与湿法纺丝相比，干湿法纺丝可以进行高倍的喷丝头拉伸，得到的纤维取向度高，纤维的强度比湿纺制备的纤维要高。干湿法纺丝速度远高于湿法工艺，目前 PAN 基碳纤维原丝干湿法工艺产业化的收丝速度可达到 300m/min 以上，而湿法工艺仅在 100m/min 左右。

图 3－4　干喷湿纺纺丝工艺

（2）水洗与牵伸。在凝固浴中形成的初生纤维凝固还不够充分，丝条里还含有大量的溶剂，水洗的目的是去除纤维中的残余溶剂。水洗的温度对水洗的效果及纤维性能影响较大。水洗温度升高，有利于丝条中的溶剂分子和水分子的双扩散，因此有利于洗净溶剂，但水温过高可能会导致纤维解取向，使纤维强度下降，因此，水温应控制在 70℃ 以下。

初生纤维取向程度较低，通常需要再做进一步牵伸，来提高纤维取向度。工业上主要有干热牵伸和蒸汽牵伸两种方案。其中，蒸汽牵伸的效果更好，除了可以提供更高的牵伸温度，水分子还可以进入纤维中充当增塑剂的作用，有利于高分子链取向。一般蒸汽牵伸的压力控制在 0.3～0.6MPa，温度控制在 130～150℃。为减少原丝毛丝和断丝，提高原丝质量，可设计两段蒸汽牵伸装置，设备前段为预热牵伸区，后段为加热牵伸区，保证纤维进行蒸汽牵伸之前受热充分，降低松弛活化能，实现均匀蒸汽牵伸。

对于不同的碳纤维生产厂家来说，水洗牵伸工艺不尽相同，如牵伸比率、水洗和牵伸次序等。有的先牵后洗，有的先洗后牵，也有的边牵边洗，但基本都能达到水洗和牵伸的目的。

（3）干燥致密化及热定型等。成形纤维经过水洗和牵伸后，还需一系列后续加工处理如上油、干燥致密化、热定型、干燥等过程才能得到原丝。上油的目的是在纤维表面形成一层油膜，既可以防止纤维在致密化或预氧化等高温过程中发生粘连，又可以改善纤维的集束性。

在适当的温度下对纤维进行干燥，纤维中的水分逐渐蒸发，微孔收缩、减少，纤维变得更加致密，致密化后的原丝尺寸稳定性会增加，力学性能变好，可以承受后续高倍蒸汽牵伸。

PAN 纤维经过蒸汽牵伸之后，纤维中还存在较高的热应力，结构和性能还不够稳定，因此需要通过热定型改善纤维的聚集态结构，消除纤维中的内应力，达到提高纤维的形状稳定性和力学性能的目的。一般热定型的温度设置在 120～160℃，热定型时间控制在 0.5～3min。

经过牵伸、热定型处理后的丝束含有一定的水分，需对丝束进行干燥，除去水分，待原丝彻底干燥后，利用收丝机，将聚丙烯腈原丝卷绕成辊，之后进行预氧化、碳化工序。

（4）PAN 原丝的质量控制。PAN 基碳纤维原丝的质量对最终制得的碳纤维的质量影响很大，因此，用于制备碳纤维的 PAN 原丝应具有比一般的 PAN 纤维更高的性能，如高纯度、高取向度、高强度和质量均匀等，以此来保证碳纤维优良的性能。

PAN 原丝对纯度要求较高，因为纤维中的杂质会在纤维的表面和内部造成缺陷，降低原丝的强度，而且这些杂质和缺陷又在后续的预氧化和碳化过程中保留或进一步造成缺陷，使碳纤维强度下降。提高原丝纯度的措施有以下几种：① 丙烯腈单体在聚合前要尽可能地提纯；②纺丝液多次脱泡过滤，除去其中的气泡、粒子等杂质；③纺丝环境应干净、灰尘少，尽量做到无尘纺丝；④ 在纺丝过程中，丝条要充分洗涤。

在纺丝过程中，尽量采用干湿法纺丝，同时提高牵伸度，以此来提高原丝的取向度和强度；进一步使原丝直径细化且直径均匀化是提高原丝强度和生产高强度碳纤维的主要技术途径之一；同时严格控制原丝制备过程中各工艺参数及其稳定性，减少原丝缺陷，生产出质量均匀的PAN 基碳纤维原丝。

除此之外，PAN 的相对分子质量对原丝的性能影响也很大。通常提高 PAN 聚合物的相对分子质量有利于 PAN 纤维力学性能提高，但相对分子质量过高，纺丝液的黏度太大，导致纺丝困难,纤维变脆。因此,在聚合时一般将 PAN 聚合物的相对分子质量控制在 8 万左右。

3. 预氧化

PAN 纤维是线性高分子,其玻璃化转变温度较低,耐热性较差,在高温下会分解,且在分解之前会发生软化,因此不能直接经受高温碳化过程。为了使聚丙烯腈线性大分子链转化为稳定的耐热梯形六元环结构,从而使纤维在高温下碳化不熔不燃、继续保持纤维形态,在原丝丝束碳化前要对其进行预氧化处理。

PAN 原丝的预氧化,一般在 200~300℃的空气中受张力的情况下进行。此过程中发生的化学反应非常复杂,包括氰基环化、脱氢环化、吸氧反应等。经过预氧化后,纤维的主链结构以六元环的梯形结构为主,纤维中氮元素比例基本不变,氢含量比例减少,氧含量增加。预氧化丝中的氧含量是表征预氧化程度的一个重要指标。若氧含量过低(<6%),即预氧化程度不足,分子环化程度低,在碳化过程中分子结构不稳定,未环化的部分易发生分解逸出,会使碳纤维的性能下降;但氧含量过高(>12%),在梯形分子结构中结合的氧较多,这些氧在碳化过程中以 CO、CO_2 或 H_2O 的形式逸出,去掉氧的同时将较多的碳原子从纤维中拉出,因此降低了碳化收率,同时在纤维中留下缺陷,使碳纤维的强度下降。因此,预氧化丝中的氧含量一般控制在8%~10%。

在预氧化过程中,由于高温加热及各种化学反应的发生,PAN 纤维原来的取向被破坏,取向度急剧下降,而且化学反应会使纤维出现空洞,这些因素都会使分子链在长轴方向上发生收缩。在预氧化过程中施加张力,可以限制纤维收缩,同时能使环化结构在较高温度下择优取向,提高环化结构的取向度,最终显著地提高碳纤维的拉伸强度和弹性模量。

预氧化过程中,随着温度的逐渐升高及预氧化程度的加深,原丝颜色由白色开始转变成淡黄色、黄色、棕色、棕黑和黑色。预氧化过程在整个碳纤维制备流程中耗时最长,时间一般为60~120min,碳化时间为几分钟到十几分钟,而石墨化时间则以秒计算,预氧化过程是决定碳纤维生产效率的关键环节。

预氧化过程在预氧化炉中进行,预氧化炉内通流动空气。这是因为预氧化反应是气固双扩散过程,氧由表及里向纤维芯部扩散,同时反应副产物由里向外扩散。预氧化炉内通流动空气的作用一是提供预氧化反应所需要的氧,二是把反应热和反应副产物瞬间排除掉,促进预氧化反应向纤维内部发展。

预氧化的主要工艺参数包括:预氧化温度及其分布梯度、预氧化时间、牵伸张力等,预氧化工艺是否恰当决定了后续碳化过程的稳定性,甚至严重影响最终碳纤维的力学性能。

4. 碳化

碳化是在惰性气体(常用纯度>99.99%的高纯氮气)保护下,将预氧化丝在张力作用下加热至 400~1600℃,发生热解反应,纤维中的非碳原子(N、O、H 等)和结构中不稳定的部分发生裂解,进一步发生环化、缩聚等化学反应,同时梯形大分子间发生脱 N 交联,转化成稠环状,随着碳化的进行,非碳原子逐步脱除,碳原子富集再结晶,最后生成碳含量 90%以上的碳纤维。碳化后,耐热梯形结构的预氧化丝转化为乱层石墨结构的碳纤维。

根据碳化的温度可分为低温碳化和高温碳化两个阶段。低温碳化的温度区间在 300~

800℃,低温碳化炉一般分为5~6个温区,形成由低到高的温度梯度,使热解过程循序渐进,可控可调。在低温碳化阶段,可以使预氧化未反应的PAN进一步环化,分子链间脱水、脱氢交联以及侧链和末端基团热解,并伴有大量气体产物排出。高温碳化阶段温度一般在1000~1600℃,在高温下PAN产生芳构化反应,大分子间进一步发生环化和交联(如脱氮交联),形成具有乱层石墨结构的碳纤维。在高温碳化过程中的主要副产物是N_2,其次是HCN。随着碳化的进行,纤维的拉伸强度和模量逐渐提高,断裂伸长率降低,纤维逐渐转化为脆性材料。

在碳化过程中,牵伸(施加张力)也是非常重要的工艺参数。一般在低温碳化阶段是正牵伸,可以使纤维的取向度得到提高,而且使纤维致密化并避免产生大量孔隙。但在高温碳化阶段通常采用负牵伸,在此阶段,梯形大分子间发生脱N交联,转化成稠环状,小的碳网平面热缩聚为大的碳网平面,合理的化学收缩是结构转化的必然规律,因此,牵伸调控下的负牵伸是高温碳化的重要工艺参数之一。

碳化过程中的非碳元素是以各种气体如CO_2、CO、H_2O、NH_3、H_2、HCN、N_2、CH_4等逸出的,这些气体的瞬间排除是非常重要的。如不及时排除,气体冷凝下来粘于纤维上,将造成纤维表面缺陷,毛丝增多甚至断裂。在碳化过程中,惰性气体既起到防止氧化的作用,又起到排除裂变产物和传递能量的作用。因此,为了及时排除这些裂变产物,必须使高纯氮气畅通,其流向与丝束方向相反。碳化时的另一关键技术是丝束的出入口应严格密封,使炉内压力超过外压,避免将空气中的氧带入炉内,否则会使空气中的氧进入炉内并在高温下与碳发生氧化反应,从而使纤维烧断或造成缺陷。碳化炉的结构、密封程度、牵伸张力、温度分布、碳化时间等碳化工艺参数的选择都对碳纤维的性能有着重要的影响。

5. 石墨化

碳纤维经高温碳化后,如要进一步提高其模量,需要在高纯氩气的保护下,在2000~3000℃的高温下进行石墨化。在石墨化过程中,残留的氮、氢等非碳元素进一步被脱除,层面内的芳构化碳增加,结晶碳含量不断提高,可达99%以上。纤维的结构也不断完善,由紊乱分布的乱层石墨结构转化为类似石墨的层状结晶结构。

在石墨化过程中一般施加张力,使纤维处于正牵伸,可以使纤维中的石墨晶体沿纤维轴向取向,进一步减小石墨晶体与纤维轴方向的夹角,从而显著提高纤维的弹性模量。随石墨化温度的提高,碳纤维的模量线性递增,断裂伸长率变小,但拉伸强度降低。强度降低的原因与高温下纤维表面与内部产生的缺陷有关。

由于经高温碳化后,碳纤维的结构已相对比较规整,因此石墨化的时间不宜过长,数秒至数十秒即可。在国内外工业上普遍采用的碳纤维石墨化设备多为高温管式石墨化电阻炉。

在工业上,经过以上工序制得的碳纤维再经表面处理、上浆烘干、收丝卷绕等工序,可得到碳纤维成品。

(二)沥青基碳纤维的制备

沥青基碳纤维根据性能差异可分为各向同性沥青基碳纤维和各向异性沥青基碳纤维。通常将各向同性沥青基碳纤维称为通用级沥青基碳纤维,其结构无序、取向程度低、难石墨化,力学性能偏低,导热系数极低,一般制成短纤维,是良好的隔热保温材料。而各向异性沥青基碳纤维又叫中间相沥青基碳纤维,属于易石墨化材料,最终纤维制品石墨化程度高,表现出高模量、高强度、高导热等性能。

1. 各向同性沥青基碳纤维

一般在高于350℃的温度下使原料沥青发生脱氢、交联等热缩聚反应除去沥青中的轻组分,提高软化点,同时抑制中间相的产生,制备出各向同性沥青。常用方法有减压搅拌热缩聚法、刮膜蒸发器法、空气吹入氧化法、硫化法、添加剂法及PVC法等。各向同性沥青一般纺制成短纤维,经氧化碳化处理,是良好的隔热保温材料。

2. 各向异性沥青基碳纤维

以煤焦油沥青、石油沥青或芳烃类物质为原料,经过一系列调制过程制成光学各向异性的中间相沥青,再经熔融纺丝、不熔化、炭化、石墨化、表面处理等一系列流程,可制成中间相沥青基碳纤维。

(1)中间相沥青。中间相沥青的相对分子质量一般在500~2000,是重质芳烃类物质在热处理过程中由于分子间发生断键、脱氢、缩聚等一系列化学反应而逐步形成的向列型液晶化合物,其原料可以是煤焦油沥青、石油沥青或纯芳烃类物质及其混合物。中间相沥青是生产中间相沥青基碳纤维的核心前驱体。优质的中间相沥青要求具有中间相含量接近100%、C/H高、合适的分子片层形状、灰分低、纺丝温度区间相对较宽等特点。

(2)纺丝。沥青纤维成型的方法有离心法、喷吹法、涡流法及挤压法等,常用的纺丝方式为挤压法,如单孔纺丝的氮气挤出纺丝,以及多孔的双螺杆挤出纺丝,即中间相沥青加热熔融后,在压力作用下由喷丝孔挤出,同时施加牵伸力形成纤维。在这一过程中,中间相沥青的片层芳烃分子形成沿纤维轴平行排列的取向结构,是中间相沥青基碳纤维具有高模量、高导热性能的结构基础。

中间相沥青熔融纺丝与一般高分子物料纺丝不同,具有纺丝温度高、黏度对温度敏感性高、纤维质脆等特点。沥青加热熔融后,在压力作用下挤出喷丝板,由于中间相沥青的流变温度区间较窄,沥青从喷丝板挤出后很快就会冷却固化形成沥青纤维原丝,因此纺丝参数的精准控制非常重要。喷丝孔结构设计、中间相沥青软化点、纺丝温度、牵伸速度等因素对纤维细度、结构、性能有很大影响。通过对喷丝孔结构的不同设计和纺丝参数的调整,可实现洋葱状、辐射状、无规状等典型纤维截面结构。

(3)不熔化。中间相沥青原丝转化成碳化丝必须经历不熔化过程,不熔化前的中间相沥青原丝在高温下会发生软化熔并,而经历不熔化过程可使沥青原丝的分子交联,形成大的分子网络,使纤维具备耐热结构,在后续高温处理过程中保持不熔不燃,维持纤维形态和力学性能。

沥青的不熔化处理又叫预氧化,方法一般有气相处理法和液相处理法。气相处理法通常利用氧气、臭氧、空气、二氧化碳、二氧化硫等氧化性气氛为氧化剂,液相法可以利用硫酸、硝酸、过氧化氢、高锰酸钾等氧化性液体,其中空气氧化因其成本低和污染少,应用最为普遍。经过预氧化处理的纤维具备一定的力学性能,并且具有适当的交联结构,是后续发展成高取向度石墨结构的基础。

(4)碳化和石墨化。不熔化处理后沥青纤维在惰性气氛中进行碳化和石墨化处理,以提高最终力学性能和导热性能。不熔化纤维在低温碳化时,其含氧官能团以 CO 和 CO_2 形式脱离,单分子间产生缩聚并形成自由基,随温度升高,缩聚反应进一步加剧,纤维中大部分的氧原子被脱除,芳香环状分子间脱氢缩合,形成大片芳环平面分子,纤维结构逐渐转变为多晶石墨结构,层间距下降,晶体尺寸增大。

在接近 3000℃ 的保护性气氛中将沥青基碳纤维石墨化处理,纤维含碳量达到 99% 以上,赋予其更加优异的性能。高温处理后,各向异性片层结构的内部应力使缺陷和错位消失,微晶更易重排,最终形成三维有序的类石墨结构。纤维体现出高强度、高模量、高导热性能。

(三)黏胶基碳纤维的制备

黏胶基碳纤维是以黏胶纤维为原丝制备的碳纤维。黏胶纤维是一种再生纤维素纤维,是工业上最早被用作碳纤维原丝的纤维。黏胶纤维首先在氮气或氩气等惰性气体中进行低温(400℃ 以下)稳定化处理,然后在惰性气体保护下于 1000~1500℃ 的温度范围内进行碳化处理,制成含碳量 ≥90% 的碳纤维。

1. 黏胶纤维的制备

黏胶纤维的生产通常分为原液制备、纺丝成形和纤维的后处理等工序。

黏胶纤维纺丝原液的制备过程包括浸渍、压榨、粉碎、老化、黄化、溶解、熟成、过滤、脱泡等工序。由于纤维素分子间的作用力很强,不能直接溶于普通的溶剂,通常把纤维素转化成酯类,溶解成纺丝溶液,经再生成形为再生纤维素纤维。首先对纤维素进行碱化处理,又称为浸渍,在此过程中发生一系列的化学、物理及结构上的变化,溶出浆粕中的半纤维素并使浆粕膨化,以提高其反应能力。浸渍后的浆粕经压榨、粉碎、老化后,使其发生氧化降解,从而使聚合度达到要求。随后,将碱纤维素与 CS_2 反应生成纤维素黄原酸酯(黄化),由于黄原酸基团的亲水性,使黄原酸酯在稀碱液中的溶解性大为提高。把纤维素黄原酸酯分散在稀碱溶液中,使之形成均一的溶液,制得的溶液称为黏胶。

制得的黏胶经熟成、过滤、脱泡后,由计量泵定量送入纺丝系统,通过烛形过滤器再次过滤除去粒子杂质后由曲管送入喷丝头。在一定压力下黏胶通过喷丝孔形成黏胶细流进入凝固浴,在凝固浴中黏胶细流发生复杂的结构变化,成为初生丝条,丝条经凝固、拉伸、再生后,再经水洗、脱硫、上油和干燥,最后卷绕成品。

2. 黏胶纤维的碳化

黏胶纤维经洗涤和稳定化处理后,再经碳化和石墨化处理,可以得到黏胶基碳纤维。洗涤的目的是除去黏胶纤维表面的油剂,有利于下一步的稳定化处理。稳定化处理又称催化处理,在该工序中加入无机和有机系催化剂,以降低裂解热和活化能,缓和热裂解和脱水反应,便于生产工艺参数的控制,有利于碳纤维强度的提高,催化处理是生产黏胶基碳纤维的核心技术。在催化剂作用下,白色黏胶纤维经过脱水、热裂解和结构的转化,变为黑色的预氧化纤维,提高了耐热性。碳化在高温碳化炉中进行,温度 1400~2400℃,可获得含碳量为 90%~99% 的碳纤维。

黏胶纤维的脱水、热裂解和碳化过程非常复杂,物理化学反应主要发生在 700℃ 之前,可大致归纳为 4 个阶段:

第一阶段：黏胶纤维中物理吸附水的脱除，温度在 90～150℃。

第二阶段：温度 150～240℃，纤维素葡萄糖残基发生分子内脱水化学反应，羟基消除，碳双键生成。

第三阶段：在高温 240～400℃下，残基的糖苷环发生热裂解，纤维素环基深层次裂解成含有双键的碳四残链。

第四阶段：在 400～700℃高温下发生芳构化反应，使碳四残链横向聚集合并、纵向交联缩聚为六碳原子的石墨层结构。如果在张力下进行石墨化处理，可提高层面间的取向，转化为乱层石墨结构，从而提高碳纤维的强度和模量。

三、碳纤维的性能

PAN 基碳纤维、沥青基碳纤维、黏胶基碳纤维在性能上各有特点，应用领域也各不相同，其中广泛作为结构复合材料增强材料的是 PAN 基碳纤维，因此，本节主要介绍 PAN 基碳纤维的性能。

1. 力学性能

PAN 基碳纤维具有突出的力学性能，强度高、模量高，而且密度低，因此，具有较高的比强度和比模量，特别适合作为轻质高强复合材料的增强材料。

碳纤维的密度为 $1.5～2.0g/cm^3$，主要取决于原料的性质以及碳化过程中的热处理温度。通常来说，热处理温度提高，密度增加。如 1000℃下热处理得到的碳纤维密度约为 $1.7g/cm^3$，而 3000℃下热处理得到的碳纤维密度约为 $2.0g/cm^3$。

碳纤维具有高的强度和模量，与它的结构有关。碳纤维的结构属于乱层石墨结构，石墨层片是其最基本的结构单元，其中包括组成六元环的基础碳原子、边缘碳原子和缺陷。由数张到数十张石墨层片层与层平行叠合一起组成石墨微晶，石墨微晶是碳纤维的二级结构单元，许多石墨微晶组成碳纤维的三级结构单元——石墨原纤，最后由原纤组成一根直径为 $6～8\mu m$ 的碳纤维单丝，再由几千根单丝组成一束碳纤维（如 6K，12K，24K 等）。

研究表明，决定碳纤维模量最直接的因素是微晶沿纤维轴向的取向度，取向度越高，碳纤维的模量越高。碳化过程中的热处理温度和张力是影响微晶取向度的主要因素。碳纤维的模量随碳化温度的提高而提高，这是因为随碳化温度升高，石墨微晶尺寸变大，层片间距减小，结构更为紧凑，微晶沿纤维轴向的取向度提高，所以碳纤维模量提高。而碳化过程中施加的张力越大，微晶与纤维轴向的夹角越小，微晶取向度越高，碳纤维的模量越高。

而碳纤维的强度影响因素则复杂得多。碳纤维的强度除了与微晶的取向度有关外，还与微晶的大小、微晶结构的不均匀性以及纤维中的缺陷等因素有关。碳化过程中的热处理温度对强度的影响也很大，一般随着热处理温度的升高，强度出现一个峰值。在 1300～1700℃之前，强度随着热处理温度的提高而提高，这主要是热处理温度提高，使微晶之间或原纤之间的交联数目增加，碳碳键的堆积密度增大，并且石墨层片间距减小，微晶沿纤维轴向的取向度提高，这些都对碳纤维的强度起到有利的作用。但热处理温度继续提高，强度开始逐渐下降，这主要是高温下纤维内部的缺陷增多、增大所造成的。而缺陷是影响碳纤维强度的重要因素。碳纤维在受力时,应力—应变曲线是线性关系,纤维断裂是突然发生的,绝大多数纤维断裂是发生在有缺陷或裂纹的地方。

　　碳纤维的强度除了取决于碳纤维的结构外,还与纤维的直径、纤维的测试长度有关。一般来说,直径越小,强度越高;测试长度越短,强度越高。这主要也是与纤维中的缺陷有关。缺陷在碳纤维内是随机分布的,纤维长度增长,不仅包含的缺陷增多,而且出现大裂纹、大空穴的概率也增大,因此导致强度下降;同样,纤维直径越粗,由于缺陷的存在,不仅承载的有效面积减小,而且易造成应力集中,强度下降。因此,进一步使碳纤维直径细化、均匀化和减少纤维缺陷是提高碳纤维强度的基本途径之一。

　　目前,日本东丽公司是 PAN 基碳纤维最大的生产厂家,其产品主要有 T 系列和 M 系列,其中,T系列主要是高强度碳纤维,M 系列主要是高模量碳纤维。其主要牌号和力学性能见表 3-5。

表 3-5　日本东丽公司生产的部分 PAN 基碳纤维牌号及力学性能

牌号	拉伸强度/GPa	弹性模量/GPa	断裂伸长率/%	密度/(g/cm³)
T300	3.53	230	1.5	1.76
T700SC	4.90	230	2.1	1.80
T800SC	5.88	294	2.0	1.80
T800HB	5.49	294	1.9	1.81
T1000GB	6.37	294	2.2	1.80
T1100GC	6.60	324	2.0	1.79
M35JB	4.70	343	1.4	1.75
M40JB	4.40	377	1.2	1.77
M46JB	4.02	436	0.9	1.84
M50JB	4.12	475	0.9	1.88
M55JB	4.02	540	0.8	1.91
M60JB	3.82	588	0.7	1.93

　　近年来我国的 PAN 基碳纤维生产技术取得了突破性进展,涌现了几十家从事碳纤维研发和生产的企业。国内部分 PAN 基碳纤维的生产厂家、纤维牌号及性能见表 3-6。

表 3-6　国内部分 PAN 基碳纤维的生产厂家、纤维牌号及力学性能

生产厂家	牌号	拉伸强度/GPa	弹性模量/GPa	断裂伸长率/%	密度/(g/cm³)
威海拓展	GQ3522	4.0	240	1.7	1.78
	GQ4522	4.6	255	1.8	1.79
	GQ4922	5.0	260	1.9	1.80
	QZ5026	5.2	270	1.9	1.80
	GZ5526	5.5	300	1.8	1.80
	GM3040	3.2	400	0.8	1.81

续表

生产厂家	牌号	拉伸强度/GPa	弹性模量/GPa	断裂伸长率/%	密度/(g/cm³)
中复神鹰	SYT35	3.5	230	1.5	1.76
	SYT45	4.5	240	1.9	1.78
	SYT49	4.9	240	2.0	1.78
	SYT50	5.0	300	1.8	1.80
江苏恒神	HF10	≥3.53	221~242	1.50~1.95	1.78
	HF20	≥4.0	221~242	1.60~2.10	1.78
	HF30	≥4.9	245~270	1.70~2.20	1.80
	HF30S	≥4.9	245~270	1.70~2.20	1.80
	HF40	≥5.49	284~304	1.70~2.10	1.81
	HF40S	≥5.88	284~304	1.70~2.10	1.81

2. 物理性能

碳纤维的热稳定性好,在不接触空气或氧化气氛时(惰性气体保护下),在高于1500℃下强度才开始下降,2000℃下仍然具有较高的力学强度。另外,碳纤维的耐低温性能也很优良,在液氮下也不脆化。

碳纤维具有良好的导热性能。导热性能具有各向异性,平行于纤维轴向的导热系数要高于垂直于纤维轴向的导热系数,两个方向的导热系数均随温度的升高而减小。不同型号碳纤维的导热系数不同,一般来说,碳纤维的模量越高,导热系数越大,导热性能越好。

碳纤维的热膨胀系数也具有各向异性,平行于纤维轴向是负值,而垂直于纤维轴向是正值。此外,碳纤维沿纤维轴方向的导电性好,其电阻率与纤维的类型有关。碳纤维摩擦系数小,具有良好的自润滑性。

3. 化学性能

碳纤维具有氧化性。在空气中加热,在200~290℃碳纤维就开始发生氧化反应,温度高于400℃时,氧化反应明显,生成的氧化物 CO、CO_2 从碳纤维表面散失,因此,碳纤维在空气中的耐热性比玻璃纤维差。一般碳纤维的模量提高,会有利于纤维的抗氧化性。除了空气中的氧,碳纤维也可以被强氧化剂如浓硝酸、浓硫酸、次氯酸钠、重铬酸钾等氧化。利用碳纤维的氧化性,可以对碳纤维进行表面处理,在纤维表面生成含氧的官能团,从而改善碳纤维与基体树脂的黏结性,提高两者的界面黏结强度。

除了一些强氧化剂对碳纤维具有氧化作用外,一般的酸碱及有机溶剂对碳纤维的作用很小,耐腐蚀性能优于玻璃纤维。而且碳纤维的耐水性比玻璃纤维好,由它制备的碳纤维复合材料的耐水性和耐湿热老化性能优良。此外,碳纤维还具有抗辐射及减速中子运动等特性。

正是由于碳纤维具有以上一系列优异的性能,将它与基体材料(如树脂、碳、金属、陶瓷)复合可制得高性能的碳纤维增强复合材料,广泛用于航空航天、军工、汽车、高铁、风力发电、体育用品、建筑工程等军用民用的各个领域。随着高性能碳纤维制备技术以及复合材料技术的不断发展和进步,碳纤维及其复合材料的应用领域会进一步扩展,对国民经济的发展起到更显著的促进作用。

第三节　芳纶

芳纶是芳香族聚酰胺纤维的简称,分子结构中的酰胺键直接与芳香环或芳香环的衍生物相连。芳纶是有机高性能纤维的典型代表,其种类很多,但按照酰胺键与芳环连接的位置不同,可分为间位芳纶和对位芳纶。酰胺键直接与苯环通过间位连接而成的聚合物为间位芳纶,在我国称为芳纶1313(美国杜邦公司的商品名为Nomex®),具有优良的阻燃性与电绝缘性,在消防服和工业滤材等方面得到广泛应用。对位芳纶的酰胺键直接与苯环通过对位连接,在我国称为芳纶1414(美国杜邦公司的商品名为Kevlar®),是一种高强高模的有机高性能纤维,广泛用作复合材料的增强材料。杂环芳纶是对位芳纶的一种,它是在芳纶1414的分子中通过共聚的方法引入杂环结构,比较有代表性的是俄罗斯科学家开发的 Armos 纤维,我国称为芳纶Ⅲ或F12纤维,Armos 纤维的力学性能、与树脂的复合性能等各方面性能均超越了 Kevlar 纤维。

美国 DuPont 公司于 20 世纪 60 年代相继开发出 Nomex 纤维和 Kevlar 纤维,其中 Kevlar 纤维的问世成为高强高模纤维发展的里程碑。我国的芳纶研制工作开始于 1972 年,并于 1981 年和 1985 年分别通过了芳纶 1313 和芳纶 1414 的鉴定。近年来,我国的间位芳纶技术已达到国际先进水平,形成了上万吨的生产规模,拥有多个品牌和规格,能够稳定供应市场。对位芳纶已由多家公司相继实现了产业化,包括烟台泰和新材料股份有限公司、中蓝晨光化工研究院、中芳特纤股份有限公司、仪征化纤股份有限公司等单位。另外,我国还开展了类似于俄罗斯 Armos 的杂环芳纶方面的研究工作,并有小规模产品满足军需所用。整体而言,我国芳纶市场前景广阔,产品及市场仍处于发展期。

一、对位芳纶

1. 对位芳纶的结构与性能

对位芳纶具有优异的力学性能、良好的耐热性和耐腐蚀性能等,其纤维的比强度为钢丝的 5~6 倍,比模量是钢丝或玻璃纤维的 2~3 倍,韧性是钢丝的 2 倍,密度不到钢丝的 1/5,其比强度是涤纶工业丝和尼龙的 4 倍以上,并且该纤维在 200℃以上依然能保持较高的力学强度。目前,国内外已经工业化的比较重要的对位芳纶有美国杜邦公司的 Kevlar 系列、日本帝人(原来是荷兰 AKZO Nobel 公司)的 Twaron 系列以及我们国家的芳纶 1414(芳纶Ⅱ)产品,如烟台泰和的 Taparan 系列等。对位芳纶几种主要品种与性能见表 3-7,表中对位芳纶的拉伸强度均在 2.8GPa 以上。

表 3-7　工业化生产的对位芳纶主要品种及性能

纤维品种	密度/(g/cm³)	拉伸强度/GPa	拉伸模量/GPa	断裂伸长率/%	LOI/%
Kevlar-29	1.44	2.9	87	3.5	29

纤维品种	密度/(g/cm³)	拉伸强度/GPa	拉伸模量/GPa	断裂伸长率/%	LOI/%
Kevlar—49	1.45	2.8	120	2.4	29
Twaron 1000	1.44	2.8	80	3.7	29
Twaron HM	1.44	2.8	125	2.0	29
Taparan 529	1.44	2.9	90	3.5	29

对位芳纶的优异性能与其分子结构密切相关。其分子结构如下：

$$\left[HN-\bigcirc-NH-\overset{O}{\overset{||}{C}}-\bigcirc-\overset{O}{\overset{||}{C}}\right]_n$$

芳纶分子结构中,酰胺键与亚苯基对位相连,分子链具有良好的规整性和对称性,因此具有很高的结晶度。此外,芳纶分子结构中含有大量的苯环,分子链具有很强的刚性,内旋转困难,分子链属于刚性伸直链构象,分子间缠绕较少,易在纤维的轴向定向排列,而且在液晶纺丝过程中受到流体拉伸作用会使分子链进一步沿纤维轴向排列,使 Kevlar 纤维具有很高的取向度。这种高取向度和高结晶度的结构使得对位芳纶轴向的拉伸强度和拉伸模量很高。

对位芳纶的刚性分子链沿纤维轴向高度取向,一个分子链上的酰胺键上的氢原子与其他分子链上的氧原子之间易形成氢键,而且对位芳纶大分子链构型为反式构型(反式构型位阻效应更小),更有利于形成大量的侧向氢键,从而提高其分子间作用力(图 3-5)。因此,对位芳纶的分子间作用力很强,使对位芳纶很难溶于普通的有机溶剂中。

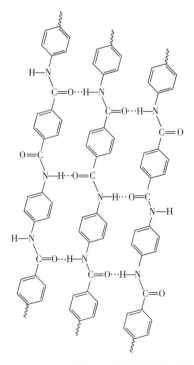

图 3-5 对位芳纶大分子链间氢键示意图

从以上分析可以看出,对位芳纶沿纤维轴向是很强的共价键,而且具有很高的取向度和结晶度。大分子链之间有酰胺键所形成的氢键以及范德瓦耳斯力的相互作用,虽然分子间的相互作用力很强,但相对于轴向的共价键来说仍然较弱,因此,两个方向上的作用力强度不同是导致纤维力学性能各向异性的主要原因。在受外力破坏时,使大分子链容易沿纤维纵向发生开裂形成微纤化,这种微纤化结构和较弱的分子间作用力导致 Kevlar 纤维的压缩强度较低。另外,对位芳纶具有明显的皮芯层结构,皮层的取向度相比芯层更高,但结晶度低。皮层与芯层之间的结合力较弱,在芳纶增强复合材料中,当应力从树脂基体传递到纤维时,纤维很容易发生皮芯层破坏。

对位芳纶结构的高度对称性、刚性以及强的分子间相互作用力使其溶解性、流变性、加工方法与普通柔性链聚合物有很大差异。

2. 对位芳纶的制备

(1)PPTA 的聚合。对位芳纶的化学结构全称是聚对苯二甲酰对苯二胺(PPTA),是由对苯二甲酰氯(TPC)和对苯二胺(PPD)经缩聚反应得到,其化学反应式如下所示:

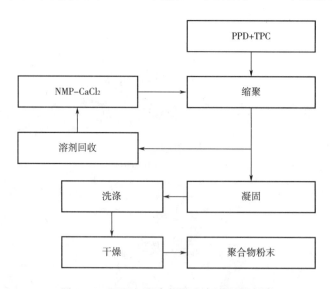

PPTA 的工业化聚合方法主要是低温溶液缩聚法,采用的溶剂是 $N-$甲基吡咯烷酮(NMP)。该缩聚反应是一种非均相反应,当 PPTA 的分子链增长到一定长度时会从溶剂中析出,因此,为了延缓相分离,得到高相对分子质量的 PPTA,常加入增溶剂氯化钙($CaCl_2$)或氯化锂(LiCl)。有时还要加入一定量的吡啶,以吸收缩聚过程中产生的 HCl。缩聚反应结束后经过洗涤、干燥、粉碎后得到淡黄色粉末状 PPTA 树脂。工业合成 PPTA 的流程如图 3-6 所示。

图 3-6 PPTA 聚合物的生产流程示意图

(2)纺丝溶液的特性。由于 PPTA 大分子链较高的刚性和较强的分子间相互作用,使得

PPTA 的熔融温度高于其分解温度,因此 PPTA 无法进行熔融纺丝,只能采用溶液纺丝。然而 PPTA 大分子链之间形成的氢键使得 PPTA 很难溶于普通的有机溶剂中,只能溶于少数强酸性溶剂中,如浓硫酸、氯磺酸等。在工业上,常选择浓硫酸作为 PPTA 的溶剂。研究人员在 PP-TA 的浓硫酸溶液中观察到了液晶现象,即在此溶液中存在一个临界浓度 C^*,当 $C<C^*$ 时,聚合物的浓度越高,溶液的黏度越高,溶液具有各向同性的特点;但当 $C>C^*$ 时,溶液的黏度随浓度的增加反而出现下降,此时,分子链沿流动方向排列,溶液具有各向异性的特性,即出现液晶现象。当浓度继续增加到一定值,黏度达到最低值,之后随溶液浓度的增加,黏度又开始增大。PPTA/浓硫酸溶液的黏度—浓度曲线如图 3-7 所示。若提高温度,曲线整体向右移动,临界浓度值向高浓度一侧移动,有利于高浓度纺丝溶液的配制。但温度高于某一值后,继续升高温度,则黏度将大幅度增加,溶液由各向异性向各向同性转变。因此,液晶的形成具有浓度和温度的依赖性,即 PPTA 溶液在一定的浓度及温度范围内可以形成液晶相溶液。利用 PPTA 可形成液晶的特性,将一定浓度的 PPTA 树脂溶解在浓硫酸中,配制成黏度适宜的液晶纺丝液,然后进行纺丝。

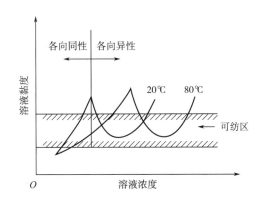

图 3-7 PPTA/浓硫酸溶液的黏度—浓度曲线

通过偏光显微镜可直观地观察到这种液晶现象。将 PPTA 树脂在浓硫酸中进行溶解,在搅拌作用下浓硫酸不断地深入 PPTA 树脂颗粒间,树脂先发生溶胀、再溶解,当加热溶解一定的时间后,PPTA-H_2SO_4 溶液出现液晶现象。图 3-8 是 PPTA 树脂在 90℃下,溶解于浓硫酸中,浓度为 18.5%,分别溶解 8min、30min、45min 时的偏光显微镜图。液晶溶液在偏光显微镜下可以观察到绚丽的彩色条纹,PPTA-H_2SO_4 溶液沿盖玻片滑动产生的剪切作用力使之在该方向上形成了一定的取向,这进一步说明 PPTA 的浓硫酸溶液在剪切力的作用下更易产生液晶相。

(3)液晶纺丝成形。芳纶主要是采用干喷湿法纺丝工艺制备。将一定配比的 PPTA 树脂和浓硫酸加入双螺杆挤出机中,首先在低温下混合,然后加热溶解、脱泡,得到均匀的 PPTA-H_2SO_4 液晶纺丝溶液,然后将液晶纺丝液通过喷丝板喷出,经过空气层及凝固浴后成纤,经水洗、牵伸、干燥、卷绕等一系列处理过程,制得 PPTA 初生纤维。纺丝流程如图 3-9 所示。

在以上纺丝过程中,液晶纺丝液从喷丝孔中喷出时由于喷丝孔的剪切作用使其在流动方向

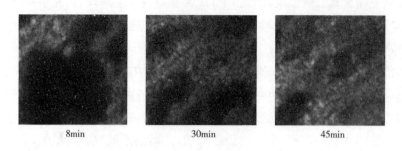

8min   30min   45min

图 3-8   90℃下 PPTA 在浓硫酸中溶解过程的偏光显微镜图(×40)

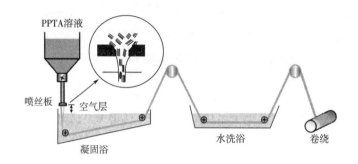

图 3-9   芳纶干喷湿法纺丝过程示意图

上产生取向,虽然在进入空气层后会有少量的分子链产生解取向,但是随着纺丝液在向下流动过程中慢慢变细,解取向的部分又会发生再取向,之后纺丝液进入低温凝固浴中使取向被冻结从而保存下来,因此可得到高取向的纤维,这些高度有序的结构提升了纤维的力学性能。

因此,在芳纶液晶纺丝成形后,得到的 PPTA 原丝本身就具有很高的取向度,不需要后续的牵伸就具有较高的拉伸强度。与此相对比的是,常规纺丝得到的纤维牵伸倍数往往比较大,牵伸过程中的大分子取向对纤维的力学性能产生至关重要的作用。

3. 对位芳纶的应用

(1)防弹领域。用于防弹材料的纤维材料要具有高强度、高模量和一定的韧性,高强度和高模量使纤维具有优异的抗冲击性能,高韧性使纤维在发生形变的过程中可有效地吸收子弹的动能。对位芳纶的性能都满足这些要求,因此该纤维制成的防弹衣与防弹头盔很早就已列装美军。早期的硬质防弹衣是由特种钢板,超硬铝合金等为主体制成的,防弹衣重量大且不具有柔韧性。后期逐渐被由对位芳纶一类的高性能有机纤维编织而成的软体防弹衣所取代。由对位芳纶编制的防弹衣重量轻,穿着舒适、灵活,行动方便,现已经被世界上很多国家的军队列装。我国自行研制的 QGF02 军用芳纶头盔曾亮相 1999 年的国庆 50 周年大阅兵中。与对位芳纶相比,碳纤维虽然也具有很高的强度和模量,但其韧性较差,可编织性差,所以不能用作防弹衣织物。

(2)复合材料领域。具有优异力学性能的对位芳纶是一种非常理想的复合材料增强体。芳纶的密度要低于玻璃纤维和碳纤维,采用芳纶增强复合材料,可比玻璃纤维增强复合材料质量减轻 30%,因此,通常在商用飞机和直升机上大量使用芳纶增强复合材料。如 S-16 商用直升机的外表面,使用芳纶增强复合材料高达 50%;与碳纤维混编,用来制造波音 767、777 的轻量零部件。芳纶增强复合材料还广泛用于导弹发动机壳体、固体火箭发动机壳体、压力容器、宇宙飞船的驾驶舱等航天领域,如苏联的 SS-24,SS-25 导弹的发动机壳体就是用的 Kevlar 纤维增强的环氧树脂复合材料。除航空航天领域外,芳纶增强复合材料制品还广泛用于造船工业、汽车、电子电器、体育用品、建筑材料等。

(3)其他应用。对位芳纶由于具有高的比强度和比模量,同时又具有良好的耐化学腐蚀性(除不耐强酸强碱外),可以应用于近海工程中的各种高端缆绳,如海上油田用支撑绳、舰船用缆绳等;在光纤通信领域,芳纶广泛应用于全非金属自承式光缆,其良好的绝缘性和非磁性不会对信号传输造成干扰,且芳纶的高强度足以承受光缆在使用中的负荷,使用过程中光缆的直径变化小,光缆的使用寿命长、安装容易;对位芳纶还可以应用在电子产品的数据线中,能够提高线缆整体的抗拉强度和抗弯折性能。另外,对位芳纶可加工成长丝、短纤维、浆粕,也可以编织成二维或三维织物,分别应用于不同的领域。

二、杂环芳纶

1. 杂环芳纶的结构与性能

杂环芳纶是指主链上含有芳杂环的一类对位芳纶,其最有代表性的产品是俄罗斯研发成功的 Armos 纤维。Armos 纤维是一种新型的三元共聚型杂环芳纶,其中的芳杂环为苯并咪唑环,其化学结构如下:

我国的杂环芳纶最早由中蓝晨光化工研究院在 2003 年研制成功,并命名为芳纶Ⅲ,其化学结构与 Armos 类似;随后中国航天科工集团六院 46 所也开发出了该类杂环芳纶,命名为 F12。

Armos 纤维和 Kevlar 纤维的主要力学性能比较见表 3-8。其中 Kevlar 纤维的拉伸强度介于 2.7~3.5GPa,弹性模量介于 80~120GPa,Armos 纤维的拉伸强度则介于 4.5~5.5GPa,其弹性模量为 140~160GPa。Armos 纤维的力学性能明显高于 Kevlar 纤维。Leal 等采用单丝压缩法测试的杂环芳纶 Armos 纤维的压缩强度为 390MPa,而 Kevlar 49 纤维的压缩强度仅为 280MPa。这主要是由于 Armos 纤维的大分子链含有苯并咪唑结构,可以形成更多的氢键相互作用,对压缩强度的提高有利。Armos 纤维与环氧树脂复合后界面剪切强度(IFSS)值比 Kevlar 49 纤维与环氧树脂复合后 IFSS 值要高。这说明杂环芳纶本身的力学性能及其与树脂复合的材料性能均高于 Kevlar 纤维。另外,杂环芳纶具有良好的热稳定性与尺寸稳定性,使用温度可达到 300℃,且在 350~400℃几乎不会发生收缩。杂环芳纶不能燃烧,具有自熄性,其限氧指数甚至可达39%~42%,比 Kevlar 纤维高。

表 3-8 杂环芳纶与对位芳纶的力学性能比较

纤维	拉伸强度/GPa	弹性模量/GPa	断裂伸长率/%	IFSS/MPa	压缩强度/MPa
Kevlar	2.7~3.5	80~120	2.5~4.0	28	280
Armos	4.5~5.5	140~160	3.4~4.0	36	390

杂环芳纶结构中的咪唑结构单元是一个不对称二胺结构,这种不对称性打破了大分子链的规整排列,改善了杂环芳纶的溶解性,使其能够溶解在普通的有机溶剂中。杂环芳纶中含有大量的苯环和杂环,酰胺键中 C—N 由于共轭效应也具有一定的双键性质,因而杂环芳纶依然属于刚性链聚合物。但是其结构的不对称性则降低了杂环芳纶的刚性和线性,使之较难形成液晶溶液,只能得到各向同性的溶液。

2. 杂环芳纶的制备

(1)Armos 聚合物的合成。Armos 聚合物由对苯二甲酰氯(TPC)、对苯二胺(PPD)和5(6)-氨基-2-(4-氨基苯)苯并咪唑(PABZ)三种单体聚合而成,所用有机溶剂可为 N,N-二甲基乙酰胺(DMAc)、N-甲基吡咯烷酮(NMP)、二甲亚砜(DMSO)等,同时需要添加无机盐如氯化锂(LiCl)或氯化钙($CaCl_2$)作为助溶剂,其合成反应式如下:

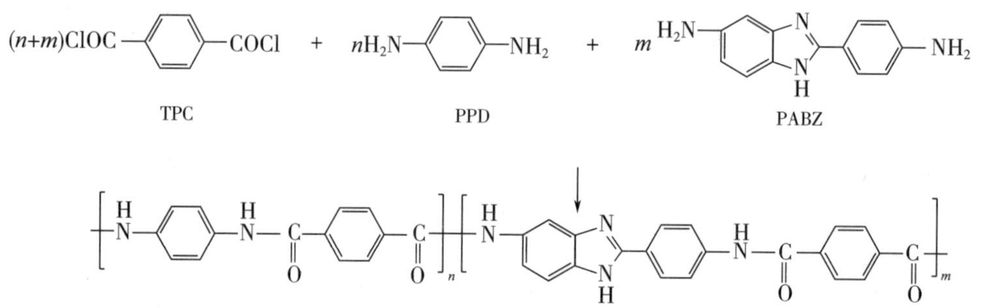

聚合过程中 PPD 和 PABZ 两种二胺单体比例可调,但当 PPD 的摩尔含量超过 70% 时,所得杂环芳纶在上述溶剂体系中的溶解性会下降甚至沉析出来。因而实际聚合过程中 PPD 的摩尔含量在 0~60%,PABZ 的摩尔含量在 40%~100%。聚合所得的杂环芳纶为各向同性溶液,聚合物浓度一般为 4%~6%。

(2)纺丝工艺。杂环芳纶的制备可采用两种纺丝工艺。第一种是传统的湿法纺丝,俄罗斯及中国的生产企业即采用此方法。合成得到的聚合物溶液经脱泡和过滤后直接作为纺丝液,通过计量泵和喷丝头进入有机溶剂/水的凝固浴中进行凝固成型,得到初生纤维,然后再经水洗干燥获得杂环芳纶原丝。所得原丝的有序程度和取向度较低,力学性能较差,必须通过后续热处理来提高纤维的力学性能。常用的热处理方式包括静态热处理和动态热拉伸两种。静态热处理是在真空炉或者氮气保护下的高温炉中对纤维进行热处理,热处理温度一般为 340~400℃,处理过程中不施加张力。动态热拉伸是在氮气保护下将纤维以一定的速率和一定的拉伸倍数通过高温炉,热处理温度一般为 360~450℃。

第二种纺丝方法是干喷湿法纺丝工艺,与制备 Kevlar 纤维类似,美国杜邦公司主要采用该方法生产。在合成的杂环芳纶溶液中加入碱性物质中和掉副产物 HCl,然后析出聚合物,并洗去溶剂和生成的盐,烘干后得到杂环芳纶树脂。然后将树脂溶解于浓硫酸中,脱泡后进行干喷湿法纺丝。由于苯并咪唑结构会络合质子酸,因而后期需要采用大量的碱性水溶液洗涤以除去残留的硫酸,后期再采用两步法高温热拉伸得到杂环芳纶。

3. 杂环芳纶的应用

杂环芳纶以其高抗冲击性、柔顺可编织、轻量化等特点在防弹领域有着广泛的运用。纤维防弹性能的优劣主要决定于纤维拉伸强度和断裂伸长率的高低,相对来说,纤维弹性模量的贡献较小。由于杂环芳纶的拉伸强度远高于对位芳纶,而断裂伸长率则相差不大,因而杂环芳纶的抗弹能力更优异。由杂环芳纶制备的防护服还可以防化学武器和生化武器。

由杂环芳纶制备的复合材料能适应和满足严酷的空间应用条件,是非常理想的现代宇航新型材料。除此之外,杂环芳纶在光缆、高强特种绳索领域有着潜在的应用前景。

三、间位芳纶

1. 间位芳纶的结构与性能

间位芳纶的化学结构全称是聚间苯二甲酰间苯二胺纤维(PMIA),具备优良的耐热性、阻燃性能和绝缘性能,是目前所有耐高温纤维中产量最大、应用面最广的耐高温纤维品种。国外的产品主要有美国杜邦公司的 Nomex 纤维、日本帝人公司的 Conex 纤维、俄罗斯的 Fenilon 纤维等。我国的芳纶 1313 生产技术目前已达到国际先进水平,形成了上万吨的生产规模,拥有多个品牌和规格,如烟台泰和新材股份有限公司 2004 年正式投产,其商品名为 Tametar(泰美达),年产量约 7000 吨,中国圣欧集团芳纶年产量约 3000 吨,等等,这使得我国成为间位芳纶的主要生产国之一。

相比于对位结构,PMIA 中酰胺键与苯环间位连接,不能有效形成分子链内的共轭结构,连接间位苯环基团单元的共价单键的内旋转位能相对较低,可旋转角度大,因此 PMIA 大分子链的柔性较大,这使得其弹性模量与柔性链大分子处于相同数量级水平,其拉伸强度也接近普通的柔性链纤维。而且,这种柔性分子链结构也赋予了 PMIA 更好的溶解性和可加工性能。

间位芳纶的外观呈白色,其具有良好的耐热性和本征阻燃特性,其玻璃化转变温度为270℃,热分解温度为400~430℃,可在 200℃高温长期连续使用。在 400℃的高温下,纤维发生碳化,在表面生成一种隔热层,能阻挡外部的热量传入内部,起到有效的保护作用。间位芳纶的极限氧指数为29%~32%,具有自熄性,而且其在火焰中不会发生熔滴现象。

在力学性能方面,与对位芳纶的高强高模完全不同,间位芳纶的力学性能与常见纤维如涤纶、锦纶、棉纤维等相差不大,虽然不具备高强高模的特性,但力学性能可以满足一般纺织加工的需要,如表 3-9 所示,其阻燃性和耐热性是最大亮点。

表 3-9 间位芳纶的力学性能和耐热、阻燃性能参数与常用纤维比较表

纤维品种	拉伸强度/(cN/dtex)	拉伸模量/(cN/dtex)	断裂伸长率/%	密度/(g/cm³)	极限氧指数/%	碳化温度/℃
间位芳纶	3.5~6.1	53.4~124.2	22~45	1.38	29~32	400~420

续表

纤维品种	拉伸强度/(cN/dtex)	拉伸模量/(cN/dtex)	断裂伸长率/%	密度/(g/cm³)	极限氧指数/%	碳化温度/℃
锦纶	3.96～6.60	8.80～26.4	25～60	1.14	20～22	250（熔化）
涤纶	4.14～5.72	22.0～61.6	20～50	1.38	20～22	255（熔化）
棉纤维	2.64～4.31	61.6～79.2	6～10	1.54	19～21	140～150

间位芳纶具有优异的电绝缘性能,以该纤维为原料做成的绝缘纸的耐击穿电压可达到 100 kV/mm,而且由于该纤维的热稳定性好,其绝缘纸在高温下仍保持良好的电气绝缘性能。

间位芳纶具有优良的耐 γ 和 X 射线辐射的性能,在 50kV 的 X 射线辐射 100h 的情况下,其强度保持率为 73%,而涤纶和锦纶在此条件下则会变成粉末。

2. 间位芳纶的制备

间位芳纶聚合物的聚合工艺主要有低温溶液缩聚和界面聚合工艺,纺丝工艺主要有干法纺丝工艺和湿法纺丝工艺。我国目前最为成熟且采用最多的是低温溶液聚合—湿法纺丝的工艺技术路线。

在该技术路线中,间位芳纶聚合物是由间苯二甲酰氯(IPC)和间苯二胺(MPDA)在极性溶剂中低温缩聚所得,常用的溶剂是二甲基乙酰胺(DMAc),反应中伴有小分子 HCl 生成,为了防止 HCl 对设备的腐蚀,在实际生产中会通入氨气或加入氢氧化钙对 HCl 进行中和。间位芳纶聚合物的合成反应式如下:

上述聚合反应是均相聚合,所得聚合物溶液经过滤后可以直接作为纺丝原液使用。纺丝原液再经湿法纺丝工艺进行纺丝成形,可以得到间位芳纶。

具体工艺如下:低温溶液聚合是在反应器中先加入定量的二甲基乙酰胺溶剂、足量的间苯二胺和部分间苯二甲酰氯,在不加热不加催化剂的条件下进行反应。聚合反应过程中会产生大量的热量,需用低温冷冻液将热量带走。反应一段时间后再缓慢加入剩余的间苯二甲酰氯,为了达到工艺需求的聚合度和相对分子质量,需精确计量间苯二甲酰氯的加入量。待聚合物达到工艺要求黏度后,用氨气或氢氧化钙中和聚合物中的 HCl,经过滤后可得到聚合物纺丝原液。纺丝原液经过滤、脱泡后经计量泵增压送到喷丝组件,原液细流从喷丝孔挤出后进入凝固浴,聚合物溶液细流(丝条)因溶剂—凝固剂的双扩散作用产生相分离,形成初生纤维。为了确保从凝固液引出的初生纤维具有良好的力学性能,必须在凝固液中进行塑化牵伸。然后丝束经水洗涤除去残存的溶剂,洗涤后的丝束进入烘干机烘干,再经热牵伸、上油等工序,得到间位芳纶产品。

3. 间位芳纶的应用

间位芳纶的主要特点在于其耐热稳定性、阻燃性及电绝缘特性,因此在热防护服、滤材和阻燃装饰布等领域具有广泛应用前景。

在热防护领域,间位芳纶具有优异的耐热、阻燃性能,纺织加工性能良好、手感柔软,特别适合用于人体热防护,且其热防护性能不会因为洗涤、磨损或暴露在高温下而受影响,因此间位芳纶一个重要用途便是防护衣料。该防护衣料广泛用作消防服、抗燃服、冶金等高温行业的工作服等,防火效果显著,穿着舒适性好。

在环境保护领域,高温烟道气、粉尘过滤材料是间位芳纶应用的最大领域。以间位芳纶短纤维为原料制成针刺非织造布、毡或毯等,然后加工成袋式过滤器或过滤毡使用。产品除尘特性优异,且200℃下长期使用仍能保持高强度、高耐磨性、尺寸稳定性等,因而被广泛用于钢铁冶金、建材、炼焦、发电、城市垃圾焚烧炉等行业。

在绝缘领域,间位芳纶具有较好的耐热性、耐辐射性,其在高温下仍保持良好的电气绝缘性能,从而广泛应用于电器变压器绝缘、高负载发电机(700V)和高电压高温震动等环境的电机相间绝缘、干液压式变压器及回转机的绝缘、核动力设备的绝缘等方面。间位芳纶所制得的绝缘纸可以加工成各种绝缘材料,用于各种线圈及设备的绝缘,以提高电气设备的绝缘等级(F级、H级),延长其使用寿命。

四、芳纶纸及芳纶蜂窝材料

1. 芳纶纸

芳纶纸是由芳纶短切纤维和芳纶浆粕按一定比例混合抄造而成的特种纤维纸,芳纶纸又有对位芳纶纸和间位芳纶纸之分。以对位芳纶纸为例,它是以对位芳纶的短切纤维和浆粕为原材料,经过纤维解离器解离(打浆),斜网湿法抄造成湿纸,再经压榨、干燥、压光、卷曲等工艺制备而成,如图3-10所示。短切纤维充当骨架材料,提供力学强度,芳纶浆粕起到填充和粘接作用,使纸张形成紧密的力学结构。

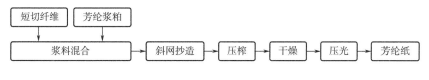

图3-10 传统芳纶纸制备流程图

在芳纶纸中,短切纤维是由芳纶长丝切割而成,长度为几毫米。短切纤维均匀分散在纸张中,起着骨架支撑的作用,决定了纸张的机械强度。短切纤维的长度会影响芳纶纸的力学性能,当短切纤维过长时,不易均匀分散在水中,使得纸的均匀性下降;而短切纤维长度过短,则又起不到物理增强效果。因此工业上造纸时,短切纤维的长度一般为3~8mm。

芳纶浆粕在芳纶纸中起着短切纤维之间的填充和黏结作用,按照制备方法可分为沉析浆粕和原纤化浆粕两类。沉析浆粕是由芳纶溶液经喷嘴流入高速搅拌的凝固浴中分散凝固为二维结构薄状的纤维絮状物,沉析浆粕具有芳纶优异的耐热性及尺寸稳定性,但其形态类似羽毛状。原纤化浆粕,其主要原理是通过化学溶胀和物理处理相结合的方式,利用芳纶的皮芯型结构差异,将纤维主体纵向撕裂剥离成为直径小于微米级别的原微纤,同时表面产生微纤化的羽绒。该方法生产工艺成熟,产品性能较为稳定,是生产对位芳纶浆粕的主要方法,但是生产过程中会用到硫酸作为溶剂,对设备腐蚀性较大,生产成本较高。

从芳纶和浆粕到芳纶纸的制备过程是物理的相互作用,没有化学结构的改变,因而芳纶纸保留了芳纶优异的耐热性、阻燃性、绝缘性和力学性能等,因而能作为高温绝缘材料广泛应用于电器绝缘、变压器绝缘、电机绝缘及回转机的绝缘等。另外,芳纶纸具有较高的耐热性、较低的热膨胀系数和较低的介电常数等优异特性,可满足高性能电子印刷线路板的要求,其在卫星通信线路、轻量化高密度元件以及高速传递回路等高性能电子印刷线路板领域体现出重要的应用前景。使用芳纶纸可以制造芳纶蜂窝结构材料。

2. 芳纶蜂窝材料

芳纶蜂窝材料是以芳纶纸为主要原料,依据仿生学原理制作出结构及外形与蜂窝类似的一种芳纶复合材料,其结构如图 3-11 所示。根据制造的原料不同,分为间位芳纶蜂窝芯材和对位芳纶蜂窝芯材。

图 3-11 芳纶纸蜂窝材料的结构图

因芳纶本身的特性及蜂窝的结构特点使得芳纶蜂窝材料具有较低的密度,其体积密度可低至 25 kg/m³,因此具有较高的比强度、比模量和比刚度。芳纶蜂窝材料具有芳纶一样的优良阻燃性、绝缘性能和化学惰性。此外,芳纶蜂窝材料具有良好的抗压性能、抗冲击性能、独特的回弹性、隔音性及透电磁波性能。耐温性能随浸渍树脂类型的不同而不同,通常聚酯型芳纶蜂窝的耐温性达 80℃,酚醛型芳纶蜂窝的耐温性可达 160℃,聚酰亚胺型芳纶蜂窝的耐温性可达 200℃以上。

正是由于芳纶蜂窝材料具有以上的优异性能,已广泛应用于轻质结构复合材料、功能复合材料以及具有特殊要求的其他领域中。如在民用领域,芳纶纸蜂窝材料可广泛应用于高速列车、地铁、轻轨、游艇、赛艇等的夹层结构,是实现车辆及船艇高强度、轻量化的关键材料之一。在航空航天领域,可用作飞机、导弹、卫星宽频透波材料、刚性次受力结构部件、各种雷达天线罩等。

第四节 聚酰亚胺纤维

聚酰亚胺(PI)是指分子主链中含有酰亚胺环的一类聚合物材料,这种高度共轭的主链结构赋予了聚酰亚胺纤维良好的力学性能、优异的耐热稳定性、耐溶剂腐蚀性能以及极佳的耐光照稳定性等,使得该类纤维在恶劣的工作环境中具有比其他高技术有机纤维更大的优势,在航空航天、环境保护等领域具有广阔的应用前景。

早在 20 世纪 60 年代,美国杜邦公司的纺织前沿实验室和苏联相关研究机构就开始了聚酰亚胺纤维的研究工作,但限于当时聚酰亚胺树脂的合成与纤维成形方面缺乏系统的研究,整体技术水平不高,聚酰亚胺纤维没有像其他高性能聚合物一样得到规模化开发和应用。聚酰亚胺由于其大分子链间的相互作用,很难溶解,更难熔融,导致直接合成聚酰亚胺并加工成型尤为困难。为此,将其他结构单元与之共聚提升聚合物的可加工性成为聚酰亚胺材料应用的重要途径。比如,法国罗纳布朗克公司将酰胺结构单元与亚胺结构共聚,合成的聚酰胺—酰亚胺具有很好的溶解性,以此开发了聚酰亚胺纤维,商品名 Kermel®,持续工作温度达到 220℃,最高承受温度接近 240℃,主要应用于燃煤等锅炉的高温过滤。20 世纪 80 年代中期,奥地利 Lenzing AG 公司以甲苯二异氰酸酯(TDI)、二苯甲烷二异氰酸酯(MDI)和二苯酮四酸二酐(BTDA)为反应单体,合成了可溶性的改性聚酰亚胺,并纺制成聚酰亚胺纤维,商品名为 P84®,这也是聚酰亚胺纤维主要产品之一。该纤维具有不规则的叶片状截面,利用其突出的比表面积对粉尘优异的截留效果,该纤维制备的耐高温袋式除尘器广泛应用于火力发电、金属冶炼、水泥生产等工业领域。

近年来,我国聚酰亚胺纤维产业得到迅猛发展,相关科研机构开始重视聚酰亚胺及其纤维的研究与开发。我国在 20 世纪 60 年代由上海合成纤维研究所率先试行过小批量聚酰亚胺纤维生产,主要用于电缆的防辐射包覆、抗辐射的绳带等,然而,最终没有实现聚酰亚胺纤维的规模化开发。基于聚酰亚胺纤维独特的综合性能和特殊领域发展的需要,21 世纪初东华大学、中国科学院长春应用化学研究所、四川大学、北京化工大学相继开始了聚酰亚胺纤维的研究工作,并部分实现了规模化生产。代表性的聚酰亚胺纤维生产企业主要包括江苏奥神新材料股份有限公司、长春高崎聚酰亚胺材料有限公司和江苏先诺新材料科技有限公司。他们采用不同的生产工艺,形成了耐高温型、高强高模型聚酰亚胺纤维的商品化生产,在环境保护、航空航天、尖端武器装备及个人防护等领域发挥重要作用,也使得我国高性能聚酰亚胺纤维生产技术位居世界前列。

一、聚酰亚胺的合成

聚酰亚胺主要通过两种途径合成,一是利用含有酰亚胺环单元的单体直接合成聚酰亚胺,又称为"一步法";二是先合成前驱体聚酰胺酸,然后通过热环化或化学环化处理形成酰亚胺环单元,故称为"两步法"。其中两步法所涉及的二酐及二胺单体具有来源广、价格低廉、聚合反应易控制等优点,使其得到广泛的应用。

1. 一步法合成

一步法合成工艺是将等物质的量的二胺与二酐单体在高沸点的有机溶剂中(如NMP、多聚磷酸或间甲酚等)或熔融状态下直接聚合得到高相对分子质量的聚酰亚胺。合成过程中二胺和二酐在低温下反应首先生成前驱体聚酰胺酸(PAA),之后升温至200℃以上,PAA在溶液中发生环化反应,生成的小分子水随氮气流或共沸介质不断排出反应体系,从而直接获得高相对分子质量的聚酰亚胺溶液。

一步法聚合多采用间甲酚、对氯苯酚等酚类溶剂,这些溶剂强烈的刺激性气味和较大的毒性,阻碍了该制备工艺的推广和广泛应用;同时,该方法多适用于合成具有优异溶解能力的可溶性聚酰亚胺,而对于溶解性不佳的聚酰亚胺,在高温合成过程中会不断形成沉淀析出,无法合成出高相对分子质量产物,也无法实现材料的进一步加工,因而,该方法对所采用的聚合单体和反应溶剂具有苛刻的要求。针对上述难题,在近期的研究中,诸多有效的改善措施被不断开发出来,主要包括两个方面,即新型特殊单体的设计合成和新型合成溶剂的开发。例如,以多聚磷酸(PPA)为反应溶剂,在高温下可合成高相对分子质量的聚(苯并噁唑—酰亚胺),其产率可达到92%左右,溶剂体系中P_2O_5含量、反应温度及固含量等因素对聚合物特性黏度产生一定的影响。同样在PPA溶剂中采用一步法合成出一系列含苯并噁唑、苯并咪唑结构等的聚酰亚胺。利用该特殊工艺可合成足够高相对分子质量的聚酰亚胺纺丝溶液,并采用干喷湿纺技术制备的一系列聚酰亚胺纤维,其强度和模量最高可分别达到3.12GPa和220GPa。相对于酚类溶剂而言,多聚磷酸更为环保,毒性较低,且在多聚磷酸溶剂中特殊杂环结构的聚酰亚胺可以形成液晶结构,有利于制备高性能的纤维材料。受此启发,东华大学张清华课题组也尝试利用PPA为溶剂高温一步法合成聚酰亚胺,并与传统两步法制备的聚酰亚胺材料的性能进行了对比,结果表明,以PPA为溶剂一步法制备的聚酰亚胺具有更为出色的耐热稳定性和更高的热分解活化能。

一步法合成聚酰亚胺不仅与所采用的溶剂体系有关,更本质的因素在于聚合物本身的化学结构。通常而言,在聚酰亚胺主链中引入醚键、三氟甲基($—CF_3$)、大体积侧基(苯环、联苯环等)及不对称的结构单元时,有利于聚酰亚胺溶解性的提高。一方面,$—CF_3$等侧基大幅提高了溶剂与大分子的相互作用,提高了溶解性;另一方面,大分子链的对称性和规整度受到影响甚至被破坏,从而提高分子链的自由体积并减弱分子链间的相互作用和紧密堆砌,并提高聚酰亚胺的可溶性。含有非对称结构苯并咪唑环和三氟甲基侧基的二胺单体,与一系列的商品化二酐单体在NMP溶剂中190℃下聚合反应,可以一步法合成出高相对分子质量的聚酰亚胺,其在N,N-二甲基乙酰胺(DMAc)、N,N-二甲基甲酰胺(DMF)、二甲基亚砜(DMSO)等极性有机溶剂中显示出很好的溶解性。

东华大学董杰等将聚酰亚胺大分子与杂环结合,在链结构中通过共聚的方式引入非对称的苯并咪唑杂环和三氟甲基侧基,合成了在NMP中可溶的高相对分子质量BTDA(3,3′,4,4′-二苯酮四酸二酐)-TFMB[2,2′-双(三氟甲基)-4,4′-二氨基联苯]-BIA[2-(4-氨基苯基)-5-氨基苯并咪唑]聚酰亚胺溶液,浓度高达20%,其数均分子量M_n为(3.1~4.1)×10^4,具有很好的流动性和可纺性。如图3-12所示,BIA的非对称骨架结构有利于改善聚合物的溶解性,而苯并咪唑环中—NH—单元与亚胺环上羰基可形成氢键,并保持分子链的刚性,有利于提高聚酰亚胺的力学性能。

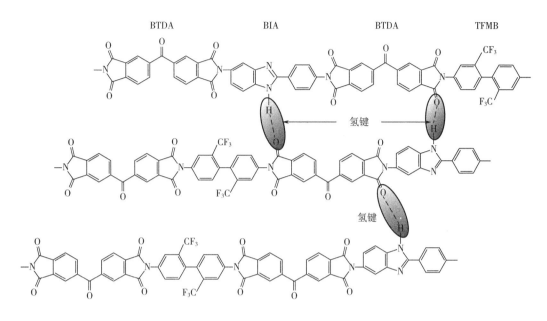

图 3-12 BTDA-TFMB-BIA 聚酰亚胺的结构及其氢键网络

该聚酰亚胺/NMP 体系存在明显的凝胶—溶胶转变。如图 3-13 所示,当聚酰亚胺的质量分数达到 12% 时,溶液体系呈现明显的条带状结构,体系形成各向异性凝胶;升高温度至 65℃,体系逐渐转变为各向同性溶液。研究结果证明,这种凝胶—溶胶转变主要是由溶液内部聚合物分子链聚集诱导取向引起。

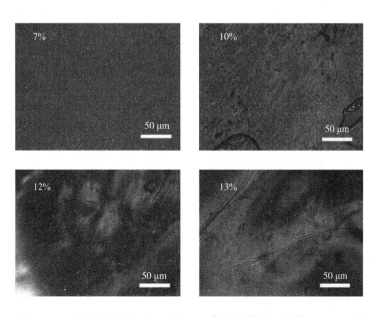

图 3-13 不同浓度的聚酰亚胺/NMP 体系的偏光显微镜(POM)照片

一步法直接合成聚酰亚胺解决了两步法制备聚酰亚胺聚合物储存过程不稳定、相对分子质量分布较宽以及避免了复杂的环化过程等,然而该工艺对于溶剂体系的选择、聚合物分子结构(二胺与二酐单体的选择)以及大分子与溶剂之间的相互作用具有更苛刻的要求。此外,高温一步法合成聚酰亚胺单体特殊,价格昂贵,这也是制约该路线规模化应用的主要因素。

2. 两步法合成

所谓两步法合成,是指等物质的量的酸酐与二胺单体在非质子极性溶剂(如 NMP、DMF、DMAc 等)中,在低温下反应首先合成前驱体聚酰胺酸,再将聚酰胺酸经过化学亚胺化或热酰亚胺化处理制备聚酰亚胺。即先合成可溶性的聚酰胺酸,加工成型(如纤维、薄膜等)后再进行酰亚胺化反应(或环化反应)生成聚酰亚胺产品,故称为"两步法",其反应过程如图 3-14 所示。

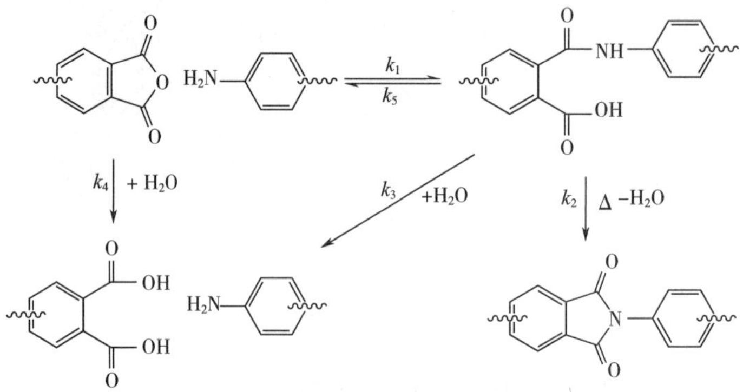

图 3-14　两步法合成聚酰亚胺过程的主要反应

二酐和二胺单体在非质子极性溶剂中合成聚酰胺酸的过程是可逆反应,正向反应被认为是二酐与二胺单体间形成电荷转移络合物,这种反应在非质子极性溶剂中室温下的平衡常数高达 10^5 L/mol,因此很容易合成高相对分子质量的聚酰胺酸。二酐单体的电子亲和性和二胺单体的碱性是影响该反应速率最重要的因素,通常而言,二酐单体中含有吸电子基团,如 C=O、O=S=O 等,有利于提高二酐的酰化能力;而当二胺单体中含有吸电子(如—CF₃、C=O 等)单元时,尤其是这些单元处于氨基的邻、对位时,在低温溶液缩聚中难以获得高相对分子质量的聚酰胺酸。除单体结构外,影响聚酰胺酸合成的因素还包括反应温度、反应体系中的单体浓度、单体摩尔比、共聚单体的比例及加料顺序、溶剂等。

聚酰胺酸的环化反应是两步法制备聚酰亚胺材料中的关键环节,对聚酰亚胺的制备过程以及最终产品性能产生重要影响。环化反应的研究主要涉及环化反应程度的测定、环化动力学方程及环化机理的建立等,其过程受反应温度及温度梯度、反应时间、溶剂含量、外力等多个因素影响。

聚酰胺酸的环化反应过程具有温度—时间依赖性,具体而言,聚酰胺酸的热环化过程通常包括两个阶段:初期的快速环化阶段和末期的慢速阶段,即在一定温度下,环化反应进行到一定程度后环化速率会逐渐减慢,甚至不再进行。提高温度,环化反应又会继续,一定时间后会再次减慢下来,直至温度再次提高或完全环化为止,这种现象称为"动力学中断",如图 3-15 所示。

一种解释是,环化反应导致聚合物分子链刚性增加,分子链段运动受到限制,聚合物的玻璃化转变温度提高,使环化反应速率降低;另一种解释则认为,环化过程中的动力学中断现象是由于热环化导致的络合溶剂辅助作用的减小,这种络合的少量溶剂对分子链的构象调整具有重要意义。

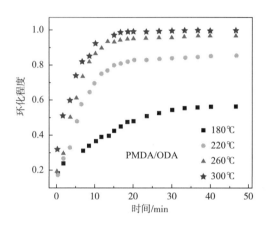

图 3－15 聚酰胺酸热环化反应过程中环化程度随反应时间的变化

二、聚酰亚胺纤维的制备

根据聚酰亚胺的合成方法,可以将该纤维的制备分成一步法纺丝工艺和两步法纺丝工艺两大类。一步法纺丝工艺,顾名思义,通过一步法合成可溶性聚酰亚胺,以此聚合物浆液纺制聚酰亚胺纤维,纤维成形和后处理过程中没有环化反应。两步法工艺则是以聚酰胺酸溶液为纺丝浆液,通过湿法(干湿法)纺丝得到聚酰胺酸纤维,之后进行环化、牵伸和热处理等工序,得到聚酰亚胺纤维;或者通过干法纺丝得到部分环化的前驱体纤维,再进行环化、牵伸和热处理等工序,同样可得到聚酰亚胺纤维,其制备过程如图 3－16 所示。因此,下面分为一步法湿纺、两步法湿纺和两步法干纺 3 个工艺路线介绍聚酰亚胺纤维的制备方法。

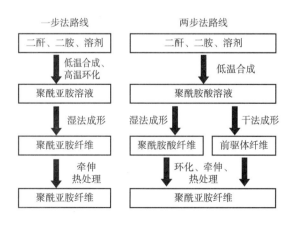

图 3－16 聚酰亚胺纤维制备的工艺路线

1. 一步法湿纺成形路线

可溶性聚酰亚胺的合成为采用一步法直接纺制聚酰亚胺纤维奠定了很好的基础,其湿法纺丝工艺流程如图 3-17 所示。

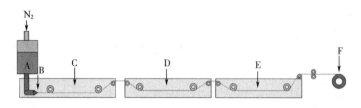

图 3-17　一步法湿法纺丝工艺流程示意图
A—纺丝浆液　B—喷丝板　C—凝固浴　D,E—水洗浴　F—卷绕辊

前面聚合物合成内容中提及的可溶性聚酰亚胺在酚类溶剂中(如间甲酚、对氯苯酚及间氯酚等)的纺丝浆液,以醇类(甲醇、乙醇或乙二醇)或醇与水的混合物为凝固剂,采用湿法或干湿法纺丝制备聚酰亚胺纤维,所得的初生纤维可经过高倍热牵伸处理得到高强高模聚酰亚胺纤维。例如,以对氯苯酚为溶剂,利用不同二胺单体和联苯四酸二酐(BPDA)合成可溶性聚酰亚胺溶液,用乙醇和水的混合物为凝固浴进行一步法湿纺制备聚酰亚胺纤维,强度可达 3.1GPa,对应模量达到 128GPa,与杜邦公司的 Kevlar49 纤维相比,该纤维具有更低的吸水率和较强的耐强酸性。可以看出,一步法工艺有利于制备高强高模聚酰亚胺纤维,然而传统的酚类溶剂不仅毒性大,而且在纤维中易残留,很难去除干净。如果合成出可溶于常规有机溶剂的聚酰亚胺,那么一步法路线制备高性能聚酰亚胺纤维则会更加方便。

将柔性结构单元引入聚酰亚胺分子主链中,不仅可以增加分子链的柔性,还能降低分子链间的作用力,从而增加聚酰亚胺在有机溶剂中的溶解性。法国 Kermel 公司开发了商品名 Kermel® 的聚酰亚胺纤维,这种纤维的主链结构中含有一个单元的亚胺结构和一个单元的酰胺结构,而且在苯环上带有甲基,解决了聚合物在普通有机溶剂中的溶解问题,从而能够纺制成纤维,其结构式如下:

奥地利 Lenzing AG 公司 20 世纪 80 年代中期开发的耐高温聚酰亚胺纤维产品 P84® 纤维,也是通过共聚方式将两种二异氰酸酯 MDI 和 TDI 与酮酐 BTDA 反应生成共聚产物,能够溶解于 DMAc、DMF 等极性溶剂中,可以采用一步法直接纺制聚酰亚胺纤维,与纯正的聚酰亚胺纤维相比,其耐热性有所下降。Kermal 和 P84 纤维的特点在于耐热性,其力学性能与通用纤维相当,无法做到高强高模。P84 纤维的化学结构如下:

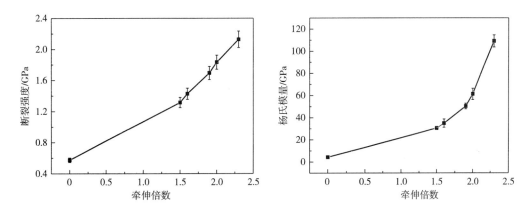

如前所示(图 3-12),从分子结构设计出发,以 TFMB、BIA 和 BTDA 为聚合单体,在 NMP 溶剂中通过高温一步法合成了不同二胺比例的聚酰亚胺,室温下其特性黏度为 1.83~2.32dL/g,数均分子量为 31300~41000。以水和 NMP 的混合物为凝固浴,利用湿纺工艺并经高温热牵伸处理制备了一系列高强度的聚酰亚胺纤维,其拉伸强度、模量和断裂延伸率分别达到 1.37~2.13GPa、29.9~101.9GPa 和 4.57%~2.14%。

纤维制备过程中的牵伸工序对其力学性能的影响是非常显著的,图 3-18 为 BTDA/TFMB/BIA=10/1/9(摩尔比)的聚酰亚胺纤维在不同牵伸倍数下断裂强度和模量与牵伸倍数的变化关系,未牵伸纤维的断裂强度、杨氏模量分别为 0.59GPa、4.5GPa,随牵伸倍数的增加,断裂强度和杨氏模量逐渐提高,当牵伸倍数为 2.3 倍时,其强度和模量分别达到 2.13GPa 和 101GPa。

图 3-18　聚酰亚胺纤维断裂强度和模量与牵伸倍数的关系

2. 两步法湿纺成形路线

两步法湿纺制备聚酰亚胺纤维的过程,是以聚酰胺酸溶液为纺丝浆液纺制聚酰胺酸纤维,再经后续化学环化或热环化及热牵伸处理得到聚酰亚胺纤维。一方面,聚酰胺酸纤维在凝固成形中容易产生微孔缺陷,它是制约最终纤维力学性能的一个关键问题;另一方面,两步法湿纺中涉及复杂的热环化处理,初生纤维内部残留的水分等在热处理过程中迅速挥发,也会在聚酰亚胺纤维内部产生微孔缺陷等,最终影响纤维的力学性能。因此,控制聚酰胺酸纤维成形过程中的缺陷形成,优化初生纤维的成形工艺,调控从聚酰胺酸纤维转化为聚酰亚胺纤维的环化反应过程,是制备高性能聚酰亚胺纤维的关键。

东华大学尹朝青等借助理论和实验三元相图,详细研究了两步法湿纺制备聚酰亚胺纤维工艺路线中前驱体聚酰胺酸在 H_2O、乙醇和乙二醇等凝固剂中的双扩散行为,三种凝固剂对 PAA

的凝固能力为 H$_2$O>乙二醇>乙醇(表 3 - 10)。其中,乙醇/PAA 体系的相互作用参数非常小,仅为 0.28,表明与其他两种凝固剂相比,乙醇的凝固能力最弱,而水则具有最强的凝固能力。所研究的三种凝固体系中,临界点组成对应的聚合物浓度皆低于 5%(质量分数),聚酰胺酸凝固成形主要以成核生长为主,有利于制备结构均匀致密的聚酰胺酸纤维。

表 3 - 10　DMAc/聚酰胺酸和非溶剂/聚酰胺酸体系在 27℃的相互作用参数

组成	DMAc/PAA	水/PAA	乙醇/PAA	乙二醇/PAA
χ_{13} 或 χ_{23}	0.14	0.95	0.28	0.68

注　χ_{13} 为 DMAc/聚酰胺酸的相互作用参数,χ_{23} 为非溶剂/聚酰胺酸的相互作用参数。

湿法纺丝成形过程中的双扩散速率可由 Fick 扩散方程表征。

$$J = -D \frac{dC}{dz}$$

式中:J 为扩散速率[mol/(s·m^2)],D 为扩散系数(m^2/s),dC/dz 为浓度梯度[mol/(m^3·m)]。

不同结构的纺丝液与凝固浴的相互作用不同,导致其扩散系数 D 不同;纺丝液的浓度均超过 10%(质量分数),因此浓度梯度 dC/dz 取决于凝固浴中凝固剂与溶剂的配比。这就意味着在不同的凝固浴条件下会发生不同的相分离过程,直接影响纤维的微观结构和最终性能。

图 3 - 19 给出了 BPDA - BIA/DMAc 纺丝溶液在不同的凝固浴组成条件下所生成的聚酰胺酸初生纤维的断面形态,其中,凝固浴 A、B、C 和 D 所对应的水/DMAc 的体积比分别为 10/0、7/3、5/5 和 3/7。所制备的初生纤维未观察到明显的皮芯结构,在凝固浴 A 和 B 条件下,纤维断面呈腰子形,而在凝固浴 C 和 D 条件下,纤维断面为圆形。联系 Fick 扩散方程可知,在凝

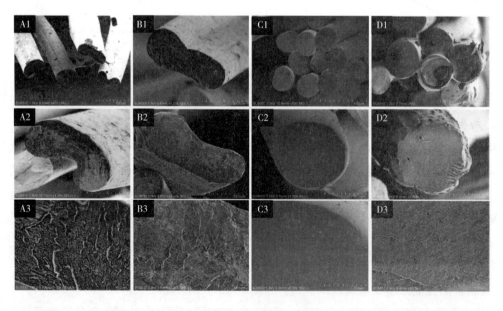

图 3 - 19　不同凝固浴生成的 BPDA - BIA 聚酰胺酸初生纤维的断面扫描电镜照片

固浴纯水(A)或 DMAc 低含量(B)时,凝固浴与溶剂的浓度梯度(dC/dz)大,同等条件下其扩散速率高,使得纤维表面迅速固化生成致密的表面结构,导致纤维内部残留大量的溶剂 DMAc,很难扩散进入凝固浴中,在后续导丝过程中,当纤维内部的海绵状区域无法承受大量溶剂从内部流出时,会引起纤维表面坍塌收缩,形成腰子形结构。相反,在凝固速度较低(C 和 D)时,纤维表面成形较慢,内部的溶剂有充足的时间向凝固浴中扩散,有利于形成较为致密均匀的圆形截面。因此,溶剂/凝固剂交换速率过高,纤维容易形成皮芯结构,内部产生孔洞,而合适的扩散速率则有利于形成致密均匀的结构,进而改善纤维的性能。

3. 两步法干纺成形路线

干法纺丝是纺丝液从喷丝孔流道中挤出进入伴有热吹风的高温纺丝甬道中,溶剂迅速挥发生成固态纤维。干法成形涉及聚合物—溶剂的二元体系,理论上比三元体系的湿法纺丝简单,因此,干法成形具有避免凝固浴、环保、纺速快、溶剂回收容易等优点。但干法成形在封闭的高温甬道中完成,工艺窗口窄、控制较为困难。成功通过干法纺丝而实现工业化生产的有聚氨酯纤维和醋酸纤维素纤维等。

与其他干法纺聚合物纤维相比,聚酰亚胺的干法纺丝有一个明显的不同在于,干法成形过程中纺丝浆液通过喷丝板进入高温甬道中,在溶剂快速挥发使丝条迅速生成固体纤维的同时,聚酰胺酸在高温会发生环化反应,形成聚酰胺酸-聚酰亚胺(PAA - PI)的混合物,这一过程可称为"反应纺丝",如图 3 - 20 所示。也就是说,一般的纤维成形是个物理变化过程,但对于聚酰亚胺的干法纺丝而言,纤维成形过程伴随着环化化学反应。所得产物为部分环化的 PAA - PI 纤维,有利于改善聚酰胺酸的不稳定性。然而,由于干法纺丝速度较快,在高温甬道中停留时间较短,刚性的聚合物分子链来不及调整构象进行充分的环化反应,因而环化程度较低。聚酰亚

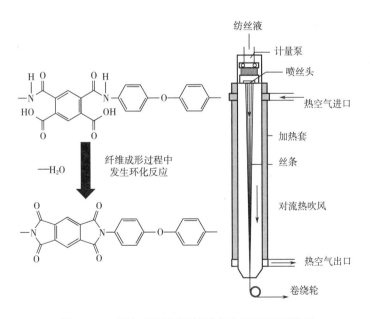

图 3 - 20 干法成形过程及"反应纺丝"原理示意图

胺纤维的干法纺丝制备过程同时涉及溶剂挥发、前驱体 PAA 转化为 PI 的环化反应、小分子水脱除和大分子链取向结晶等复杂的物理化学变化,同时应力、速度梯度及大分子链构象会对聚酰胺酸的环化反应速率造成影响,使得干法纺丝工艺过程尤为复杂。

聚酰亚胺纤维在甬道中发生的环化反应可分成两个阶段(图 3 - 21):第一个阶段从甬道的顶端到约 1/3 纺程处,此阶段内溶剂含量较多,溶剂大量挥发吸热,会抵消热空气的传热而使细流温度经历一个升温、降温再升温的过程,由于在这一阶段前期丝条温度没有明显上升,聚酰胺酸纤维酰亚胺化程度也没有明显改变,即没有发生环化反应。第二个阶段从 1/3 纺程到纺程结束,细流在 1/3 纺程处会固化而成为丝条,而且热空气的传热会使丝条温度迅速上升,从而使酰亚胺化速度明显加快。干法纺丝得到的初生丝是部分环化的聚酰胺酸—聚酰亚胺纤维,与纯的聚酰胺酸纤维相比,其稳定性和力学性能提高,为后续纤维的热环化处理提供了保障。

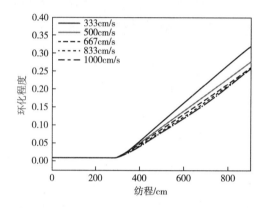

图 3 - 21　干纺 PAA 初生纤维的环化程度随纺程及卷绕速度的变化关系

三、聚酰亚胺纤维的结构与性能

1. 聚酰亚胺纤维的结构

聚酰亚胺纤维具有高强度、高模量、耐高温、耐辐射、耐溶剂等的优异性能,这些优异的性能不仅取决于其化学结构,也决定于其聚集态结构。

化学结构是影响聚酰亚胺纤维性能的主要因素。合成聚酰亚胺的单体主要为二元酐和二元胺,来源广泛、品种繁多,这为聚酰亚胺的分子设计提供了可能,可根据对材料性能的要求灵活地对聚酰亚胺的大分子结构进行设计。以一步法湿纺 BTDA - TFMB - BIA 结构的聚酰亚胺纤维为例,其化学结构中二胺(TFMB/BIA)比例的不同直接影响纤维的力学性能(表 3 - 11),随着咪唑二胺 BIA 含量的提高,因分子中及分子间氢键的生成导致断裂强度和初始模量均有不同程度的提高。

表 3 - 11　BTDA - TFMB - BIA 聚酰亚胺纤维的力学性能

BTDA/TFMB/BIA 摩尔比	断裂强度/GPa	初始模量/GPa	断裂伸长率/%
100/85/15	1.37	30.0	4.6

BTDA/TFMB/BIA 摩尔比	断裂强度/GPa	初始模量/GPa	断裂伸长率/%
100/50/50	1.56	48.7	3.2
100/40/60	1.98	79.2	2.5
100/10/90	2.16	101.9	2.1

再以刚性结构 BPDA-PDA(对苯二胺)聚酰亚胺纤维为例,BIA 的引入明显提高了纤维的力学性能(表3-12)。当引入少量的 BIA,PDA/BIA 摩尔比为 8/2 时,共聚纤维的拉伸强度为 2.51GPa,模量为 107GPa;而 PDA/BIA 摩尔比为 6/4 时,纤维具有最佳的拉伸强度和拉伸模量,分别为 3.76GPa 和 109GPa,主要得益于分子间的强氢键作用。随着 BIA 比例进一步升高,纤维的拉伸强度和模量随之下降,同样归因于化学结构的不同。

表 3-12　BPDA-PDA-BIA 聚酰亚胺纤维的力学性能

BPDA/PDA/BIA 摩尔比	断裂强度/GPa	初始模量/GPa	断裂伸长率/%
10/8/2	2.51	107	2.5
10/6/4	3.76	109	3.7
10/4/6	3.47	96	3.9
10/2/8	2.82	79	3.7
10/0/10	2.64	78	3.7

除化学结构外,聚酰亚胺纤维的性能还与其聚集态结构如分子链沿纤维轴方向的取向度以及结晶度有很大的关系。在有机纤维的制备过程中,除了聚合物合成及纺丝工艺之外,合适的后处理过程如热定型处理和热牵伸处理等,对聚合物纤维的最终性能也会产生重要的影响。各种初生纤维在热牵伸过程中结构和性能变化并不相同,但有一个共同点,即纤维的低序区(对结晶聚合物来说为非晶区)的大分子沿纤维轴向的取向度大幅提高,同时伴有密度、结晶度等其他结构方面的变化。聚酰亚胺纤维属于典型的半结晶型聚合物材料,通过热拉伸处理,其无定形区以及结晶区域都会沿纤维轴方向进行取向,从而提高纤维的结晶度和取向度,有利于提高聚酰亚胺纤维的性能。图 3-22(a)是 BPDA-PDA-PBOA(苯撑苯并二噁唑二胺)摩尔比为 10/9/1的聚酰亚胺纤维在不同热牵伸倍数下的二维广角 X 射线衍射(WAXD)图。可以看出,未经拉伸的纤维,仅在赤道线方向和子午线方向上出现衍射峰,经热牵伸处理后纤维的二维 WAXD 图中出现多重衍射信号。在拉伸倍数 λ 从 1.4 变至 2.1 过程中,纤维的非晶区含量递减,纤维结晶度与晶区取向因子逐渐增大至最高值,表明高倍拉伸有助于纤维内部形成有序区域和取向结构,这个过程中也有利于形成大晶粒尺寸的结晶结构,且在 $\lambda=2.1$ 时对应的纤维具有最高的拉伸强度和模量,如图 3-22(b)和(c)所示。拉伸倍数过低没有受到足够的机械应力诱导分子链发生取向和结晶,而拉伸倍数过高则导致纤维发生拉伸破损,表现为纤维的力学性能、结晶度以及取向度均下降。可以看出,选择合适的拉伸温度和拉伸倍数对最终纤维结构与性能的变化至关重要,PBOA 引入后显著改善了 BPDA-PDA 结构的加工性能。

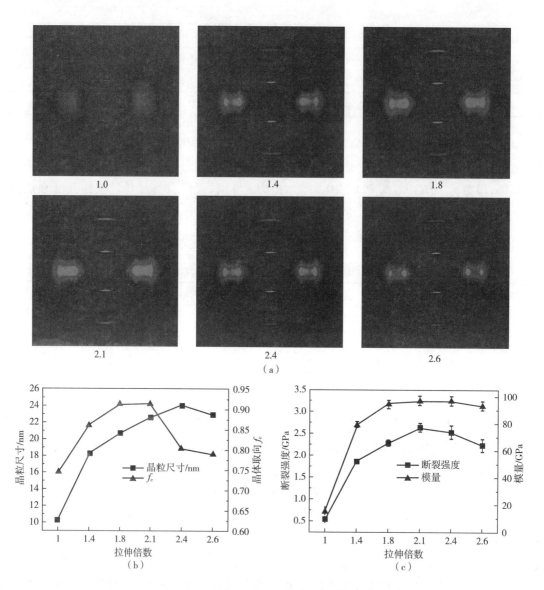

图 3-22　BPDA-PDA-PBOA 结构聚酰亚胺纤维在不同牵伸倍数下的二维 WAXD 图(a)、
晶粒尺寸及晶区取向(b)以及力学性能(c)

2. 聚酰亚胺纤维的性能

(1)力学性能。如前所述,聚酰亚胺纤维的力学性能主要取决于聚酰亚胺的化学结构、相对分子质量、大分子链的取向度和结晶度、纤维的皮芯层结构以及缺陷分布等。根据力学性能大小可简单地将聚酰亚胺纤维分为耐热型纤维和高强高模型纤维,其中耐热型聚酰亚胺纤维的拉伸强度为 $0.5\sim1.0$ GPa,模量为 $10\sim40$ GPa,而高强高模型聚酰亚胺纤维的拉伸强度通常高于 2.5 GPa,模量超过 90 GPa。有研究报道,将嘧啶单元引入聚酰亚胺主链中,得到的聚酰亚胺纤维的强度可高达 5.0 GPa。

(2)耐热稳定性。聚酰亚胺纤维被认为是有机聚合物纤维中耐热稳定性最好的品种之一,其起始热分解温度通常都在 500℃以上,由 BPDA 和 PDA 合成得到的聚酰亚胺纤维,热分解温度可达到 600℃。

(3)阻燃性能。聚酰亚胺纤维具有自熄性,自身具有本质阻燃的特性,在高温下不燃烧、不熔而且没有烟雾放出,可满足大部分应用领域的阻燃要求。不同结构的聚酰亚胺纤维的阻燃性能有很大的不同,如 PMDA(均苯四酸二酐)- ODA(二氨基二苯醚)结构的聚酰亚胺纤维 LOI 值为 38%,而 BPDA - PDA 结构的聚酰亚胺纤维的 LOI 值可高达 66%,因而可根据实际应用需求选择合适的单体来制备不同阻燃性能的聚酰亚胺纤维。

(4)介电性能。聚酰亚胺纤维具有优异介电性能,其介电常数通常约为 3.4,引入大体积侧基或其他特殊结构单元,可使聚酰亚胺纤维的介电常数降低至 2.8~3.0,介电损耗约为 10^{-3},高性能、低介电的聚酰亚胺纤维在透波复合材料领域具有广阔的应用前景。

(5)耐射线辐照性能。聚酰亚胺纤维具有优异的耐射线辐照性能,纤维经 $1×10^8$ Gy 快电子辐射处理后其强度保持率仍高达 90%。优异的耐射线辐照性能使得聚酰亚胺纤维可以应用在航空航天等各种苛刻的环境中。

四、聚酰亚胺纤维的应用

耐热型聚酰亚胺纤维的力学性能虽然较低,与通用纤维无异,但其玻璃化转变温度高达 370℃,起始分解温度 560℃,在应用中主要利用其耐高温、耐辐照、本征阻燃等特性。高强高模纤维主要利用其力学性能,在复合材料增强体、高性能编制物等方面逐步打开应用局面。

1. 高温滤材

我国环境污染严重,尤其是大气污染。大气粉尘主要来自水泥生产、火力发电、金属冶炼、机动车排放等,目前这些行业主要的除尘方式是采用耐高温的袋式除尘器。在高温除尘领域,袋式除尘器由于除尘效率高、工况适应广、不会造成二次污染等优点,在国内外的应用越来越广,占除尘设备的 80%以上,并将逐步取代其他除尘器。聚酰亚胺纤维具有很高的热稳定性和环境稳定性,其纤维和织物可在高温、高湿和高腐蚀性气体等极其恶劣的环境条件下长期使用,是袋式除尘器目前最佳的材料。

2. 特种防护

利用聚酰亚胺纤维的耐高温、耐辐射、阻燃性能好等优良的性能,可将其应用于专业防护服,如消防战斗服、森林防火服以及特殊行业如核工业、火力发电、冶金、地质等的专业防护服装。聚酰亚胺纤维也可制成非织造布,用作高温、放射性和有机气体及液体的过滤网等。

3. 先进复合材料

利用高强型聚酰亚胺纤维的高强度、高模量、低吸水率、与树脂界面黏结性好等特点,可将其作为增强材料来制备先进复合材料。聚酰亚胺纤维增强的复合材料在航空航天、国防军工、空间环境等领域大有用武之地,如火箭的轻质电缆护套、固体火箭发动机内绝热层的耐烧蚀材料、发动机喷管、雷达罩及耐高温特种编织电缆等。

第五节　超高分子量聚乙烯纤维

超高分子量聚乙烯(UHMWPE)纤维是目前所知密度最小的高性能纤维(约为 $0.97g/cm^3$),具有相对分子质量高、取向度高以及结晶度高等特点,赋予 UHMWPE 纤维极为优异的综合性能,包括高模量、高强度、耐磨、抗冲击、耐紫外线、耐化学腐蚀等。UHMWPE 纤维若作为增强材料与树脂复合,可以赋予复合材料优异的比强度、比模量、耐冲击性能及耐磨性。

国外的 UHMWPE 纤维主要形成两大品牌,即荷兰帝斯曼(DSM)公司的 Dyneema® 和美国霍尼韦尔公司的 Spectra®,此外,日本的东洋纺、三井化学也是生产该纤维的企业。帝斯曼和三井化学还拥有 UHMWPE 树脂原料的供应能力,在整个 UHMWPE 产业链中占据重要地位。我国自 20 世纪 80 年代开展冻胶纺丝制备 UHMWPE 纤维的研究工作,是继荷兰、美国、日本后世界上第四个拥有自主知识产权生产 UHMWPE 纤维的国家。在应用领域上,军工领域应用仍占主导地位,主要用于生产坦克装甲车部件、轻型车辆部件、防弹衣、防弹头盔等;针对民用领域的应用市场也正逐步扩大,进一步拉动 UHMWPE 纤维产业需求。

一、UHMWPE 纤维的制备

1. UHMWPE 树脂

与普通聚乙烯纤维相比,高强高模聚乙烯纤维强度高于20cN/dtex,模量高于800cN/dtex,要求聚合物的相对分子质量足够大,其黏均分子量超过 100 万,甚至达到 500 万。

浆液法是目前制备纤维级超高分子量聚乙烯树脂的主要方法之一。与高密度聚乙烯树脂相比,浆液法生产无造粒工序,产品为粉末状,催化剂采用高效负载型齐格勒系催化剂。文献资料表明,目前存在的多种 UHMWPE 树脂生产工艺催化体系主要包括三种:

(1)采用 β-$TiCl_3/Al(C_2H_5)_2Cl$ 或 $TiCl_4/Al(C_2H_5)_2Cl$ 为催化剂,在烷烃类溶剂中常压或接近常压,75～85℃条件下使乙烯聚合得到相对分子质量为 150 万～500 万的 UHMWPE 树脂。

(2)以氯化镁为载体,三乙基铝、三异丁基铝等为助催化剂,通过改变载体的活化温度,在环管反应器中进行乙烯聚合生产 UHMWPE 树脂。

(3)Phillips 法以 CrO_3/硅胶为高效催化剂,在196～294MPa 和 125～175℃条件下聚合,也可以得到相对分子质量 100 万～500 万的 UHMWPE 树脂。

UHMWPE 树脂聚合工艺通常在釜式反应器或环管反应器中进行,以高纯度乙烯为主要原料,选择合适的溶剂(如己烷)和催化剂,控制一定的温度和压力进行浆液聚合。在生产过程中,通过调节聚合压力、温度、催化剂浓度等工艺参数控制产品的相对分子质量。纺丝工艺和纤维的性能表明,UHMWPE 树脂的黏均分子量控制在 450 万～650 万时较为适宜,在此范围内,既保证了树脂具有合适的"线型"长链结构,又避免了由于更高的相对分子质量造成过多缠结点,导致纺丝过程很难进行"解缠"。

树脂的拉伸强度对其成纤后纤维的强度有着非常重要的影响,在微观上主要体现大分子链在受外力作用时的伸直情况及其产生的抵抗外力的强度。树脂的断裂伸长率也对纤维的性能有影响,一定的拉伸断裂伸长率能有效保证树脂的可纺性以及冻胶丝的后续牵伸。树脂颗粒的大小及均匀性、表观密度等直接影响到纺丝冻胶液的溶解性、流动性和均匀性。纤维级 UHM-WPE 树脂颗粒的表面形貌如图 3-23 所示。由图可知,纤维级 UHMWPE 树脂颗粒尺寸大小均匀,表面形貌比较接近,为类球体,并且类球体之间有撕裂状缝隙,这种表面形态使得树脂比表面积增大,在凝胶纺丝溶胀、溶解的过程中,有利于溶剂小分子扩散渗透,树脂易于溶解。

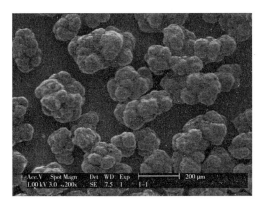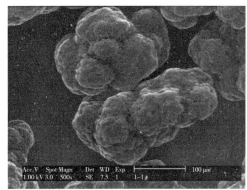

图 3-23　纤维级 UHMWPE 树脂的 SEM 图

2. 湿法纺丝技术制备纤维

UHMWPE 纤维最常用的制备方法为溶液纺丝法,又称冻胶纺丝,主要包括湿法纺丝技术和干法纺丝技术。

湿法纺丝工艺路线是将 UHMWPE 树脂和助剂等加入溶剂中,经过一段时间的升温溶胀,投入双螺杆挤出机中,经过增压、预过滤、精确计量等,从喷丝组件挤出进入凝固浴槽冷却成形,得到含有溶剂的湿态冻胶原丝。利用高挥发性的萃取剂经连续萃取装置进行多级冻胶原丝的萃取,使低挥发性溶剂从冻胶原丝中置换出来。含有萃取剂的冻胶原丝经过多级干燥装置,使萃取剂充分气化逸出,得到干态原丝,最后经过多级高倍热拉伸得到高强高模聚乙烯纤维,流程如图 3-24 所示。湿法纺丝过程中回收的溶剂与萃取剂及少量水等形成混合物,收集后送至精馏装置分离回收,循环利用。

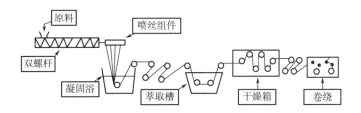

图 3-24　UHMWPE 纤维湿法技术前纺工艺流程

湿法技术所用到的溶剂多为价格低廉、易得的低挥发性矿物油（如白油等），UHMWPE 树脂的浓度一般控制在 $4\%\sim7\%$（质量分数），溶胀一段时间后注入双螺杆挤出机中继续溶解。双螺杆挤出机是溶解 UHMWPE 树脂的主要设备，具有高效混合、高效溶解和高效输送等特点。UHMWPE 树脂在白油中的溶解过程是聚乙烯大分子链与白油溶剂分子之间相互扩散的物理过程，UHMWPE 的溶解温度在 200℃左右，远高于其结晶温度，此时必须借助于双螺杆挤出机强烈的剪切和捏合作用，使其形成均匀溶液，从而避免由于大量凝胶粒子的存在而形成不均匀冻胶体现象。

高黏度 UHMWPE 溶液在高温下被双螺杆挤出机推送至喷丝组件，经喷丝板进入冷水浴中形成冻胶（凝胶），故 UHMWPE 纤维的纺丝过程称为冻胶纺丝（或凝胶纺丝）。该成形过程与常规的湿法纺丝（如 PAN/DMF 体系）的原理有很多区别：PAN/DMF 湿法纺丝过程中，PAN 溶液经喷丝板挤入凝固浴（水或水与溶剂的混合物）中，因聚合物溶液与凝固浴存在混溶性，聚合物溶液丝条在凝固浴中发生双扩散，即溶剂进入凝固浴、凝固剂进入纤维内部，并发生相分离，从而生成固体纤维。与此不同的是，冻胶纺丝过程中，聚合物溶液通过喷丝板后进入冷水，使高温聚合物溶液丝条快速降温，生成冻胶丝；期间，因 UHMWPE 的溶剂（如白油等）与水不混溶，不会发生物质交换，因此溶剂不会扩散在水中；冻胶丝在随后的萃取过程中的物理原理与 PAN/DMF 的凝固过程有相似之处，即冻胶丝中的溶剂与萃取剂混溶，通过萃取后，冻胶丝生成了固体纤维（干态原丝）。通过这一冻胶成形过程，使大分子链的"少缠结"状态得以保持，有利于随后的高倍牵伸。

牵伸采用多级低速高倍热拉伸，每一级牵伸温度逐步升高，但是牵伸倍数逐步降低，保证得到的纤维力学性能优异，毛丝少，合格率高。牵伸的目的在于提高纤维内部晶体总含量及伸直链晶含量，晶体的形成是一个动态渐变的过程，无定形链段向折叠链晶转变、折叠链晶向伸直链晶的转变缓慢，尤其是伸直链晶的形成，所需条件更加苛刻，这也是工业化制备高强高模聚乙烯纤维牵伸速率较慢的原因之一。经过多级牵伸后，纤维内部晶区得到进一步完善，纤维主体内的折叠链晶向高取向的伸直链晶转变。

3. 干法纺丝技术制备纤维

干法纺丝技术也是使用 UHMWPE 的溶液，但其溶剂要求具有高挥发性，如十氢萘等。其溶液的制备过程与湿法纺丝相似，依次经过溶胀、双螺杆挤出机溶解、增压过滤、计量喷丝、风冷干燥等得到干态原丝。与湿法纺丝不同的是，干法纺丝成形是聚合物溶液丝条在侧吹风作用下溶剂快速挥发而生成固体纤维，此过程没有萃取工序，因此纺丝速度相对较快，溶剂的回收相对容易。

UHMWPE 溶液冻胶纺丝制备高强高模聚乙烯纤维的关键在于大分子能否通过溶剂稀释予以解缠，然后通过冷却固化使得分子链解缠状态得到固定，使其具有后续的超倍牵伸性能。过多的缠结点不利于聚合物纺丝，降低聚合物浓度或相对分子质量可以使大分子缠结点减少，有利于提高聚合物的牵伸性能。但是，聚合物缠结数目要有一定的下限值，以维持缠结网络的连接，从而提高聚合物牵伸倍数。目前 UHMWPE 纤维干法纺丝方法物料浓度在 $4\%\sim8\%$（质量分数）。聚乙烯大分子链在高倍率的喷头拉伸和干燥预牵伸过程中，得到有效解缠和"防回

"缠"的状态,赋予干态原丝后续高倍牵伸的性能,从而使干法纺丝得到的成品线密度低于 1.2 dtex,并具有高的强度。

在干法纺丝过程中,为了形成稳定的风场把溶剂带走,其风冷方式采用侧吹风形式,纺丝细流中一部分十氢萘挥发出来,被侧吹风带出,此时的纺丝细流固化形成冻胶丝,剩余十氢萘随冻胶丝进入纺丝甬道中,经过甬道内的惰性气体吹扫后逸出,冻胶丝变成干态原丝。在冷却和干燥的过程中逸出的十氢萘气体随惰性气体进入溶剂回收系统进行冷却回收,得到的十氢萘进入配料系统待用,惰性气体循环利用,此过程无溶剂渗出,具有安全可靠、节能环保等特点。

干态原丝经多级高倍热牵伸,使分子链逐步取向,结晶度提高并发生晶型的转变,由折叠链晶转变为高取向的伸直链晶,从而提高纤维的强度和模量。工业上多采用三级低速高倍热牵伸,每一级牵伸对纤维的力学性能都产生明显的影响,如表 3-13 所示。

表 3-13 不同牵伸工艺条件下纤维的力学性能

纤维名称	断裂强度/(cN/dtex)	初始模量/(cN/dtex)	断裂伸长率/%
干态原丝	4.0	58	13.72
一级牵伸丝	23.1	662	4.17
二级牵伸丝	27.0	922	3.59
三级牵伸丝	32.0	1371	3.07

二、UHMWPE 纤维的结构与性能

1. 聚集态结构

有机高性能纤维的力学性能强烈依赖于纤维的聚集态结构,对于由亚甲基"串联"起来的大分子链,其结晶、取向、内部缺陷等对纤维的性能产生至关重要的影响。纤维结晶状况包括晶型、晶区尺寸和结晶度等参数,取向状况分为晶区取向和非晶区取向。

UHMWPE 树脂具有明显缠结结构,当其在高温下溶解于诸如石蜡油等良溶剂中时,聚合物本体的缠结结构会发生一定程度的解缠,高黏度的聚合物溶液在喷丝孔高速剪切作用下,大分子链发生一定程度的伸展,并在冻胶纺丝工艺条件下,这种少缠结的大分子伸展结构得以保持。在后续的多级高倍热牵伸中,纤维的聚集态结构发生更明显的改变,对纤维的性能产生显著的影响。

干态原丝经多级高倍热牵伸,使分子链逐步取向,结晶度提高并发生晶型的转变,由折叠链晶转变为高取向的伸直链晶。

荷兰学者 Hoogsteen 等认为,UHMWPE 冻胶丝的结构在热拉伸过程中会经历三个阶段的发展。拉伸初期和中期过程中,随着堆砌疏松的折叠链晶逐渐转化为串晶以及伸直链晶,纤维的结晶度和取向度快速提高,强度和模量显著增加,而纤维的断裂伸长率快速下降直至趋于稳定。牵伸后期,在总牵伸倍数趋于稳定的情况下,纤维总的结晶度和取向度不再提高,但聚乙烯大分子链会发生进一步伸展、伸直链结晶结构进一步得到完善、纤维中原纤结构的发展等,这些都使得纤维的力学性能特别是模量得到进一步提高。图 3-25 是 UHMWPE 经过溶液纺丝

及牵伸过程中聚集态结构变化模型。

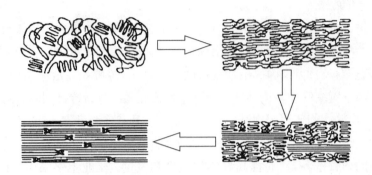

图 3-25　UHMWPE 经过溶液纺丝及牵伸过程中聚集态结构的变化模型

　　东华大学张清华等研究发现，UHMWPE 从二甲苯冻胶溶液析出过程中，在非常小的外力作用下，会出现大量的串晶，形似花生，其长度 0.5 μm 左右，如图 3-26 所示。在拉伸过程中串晶结构转变为光滑的原纤结构，原纤由平均长度 70nm 的伸直链正交晶和长度约 4nm 的不规则区域交替组成。不规则区域的形成可能是由于缠结点的堆积和其他缺陷造成的，如链末端和旋转位错等。

图 3-26　UHMWPE 从二甲苯溶液中析出时形成的串晶结构

　　牵伸对 UHMWPE 纤维的结晶特性影响明显。聚合物溶液从喷丝板挤出成形后得到的冻胶丝没有明显的取向现象。经过一定倍数的牵伸后，二维 WAXD 图中在赤道线等位置出现了衍射弧，这种短而亮的衍射弧表明大分子所产生的结晶结构发生了高度取向，并且从中可以看到三对分别来自正交晶（110）晶面、（200）晶面以及单斜晶（010）晶面的衍射弧，如图 3-27所示。

图 3-27　超高分子量聚乙烯纤维的二维 WAXD 图

2. 基本性质

UHMWPE 是由亚甲基相连、仅含有碳氢元素的大分子，纤维具有高度取向和结晶，表现出非常优异的综合性能。

（1）强度高模量高。UHMWPE 纤维相对分子质量高，分子链充分伸展且高度取向结晶，因此，纤维的强度和模量高。目前，纤维束丝断裂强度最高为 45cN/dtex，初始模量约为 2000cN/dtex，而且由于 UHMWPE 纤维的密度低，仅为 0.97g/cm³，因此，其比强度和比模量是目前已知纤维中最高的，比强度是高强度碳纤维的 2 倍、钢材的 14 倍，具有其他纤维不可比拟的优势。基于分子链断裂机理的假设，UHMWPE 纤维的理论极限强度可达到 279cN/dtex，理论极限模量达 3561cN/dtex，这说明 UHMWPE 纤维的力学性能还有继续提高的空间，随着纤维生产技术水平以及聚集态结构研究的深入，会研发和生产出更高强度和模量的 UHMWPE 纤维。

（2）耐冲击性能好。UHMWPE 纤维是一种脂肪族的柔性长链分子，因此具有很好的耐冲击性能，冲击强度是现有塑料中最高的，即使在 -70℃ 条件下仍保持相当高的冲击强度。

（3）耐疲劳耐弯曲性能好。所制成的缆绳反复加载 7000 次，强力仍然保持 100%。

（4）耐磨性好。其摩擦系数为 0.05~0.11，居塑料首位，是普通塑料的 5~7 倍、钢材的 7~10 倍。

（5）高透波性。该纤维在各种电波频率下均表现出优异的介电性能，介电常数 $\varepsilon \leqslant 3.0$，介电损耗角正切值 $\tan\delta = 10^{-4}$。

（6）化学稳定性好。UHMWPE 纤维无活性官能团，结晶度高，表面能低，化学性质稳定。普通酸、碱、盐条件下，纤维力学性能不发生改变，具有强的耐化学腐蚀性。

除此之外，UHMWPE 纤维还具有优良的耐环境应力开裂性、耐低温性、耐候性、耐γ射线辐照等性能。

正因为 UHMWPE 纤维具有以上优异的综合性能，使其在航空航天、武器装备、安全防护、交通运输、体育休闲等领域发挥着重要作用，是制备防弹衣、防刺服、机动装甲、缆绳、体育器材等的高端材料。作为复合材料的增强材料，在高性能轻质复合材料方面也有着广阔的应用前景。

第六节　纳米材料增强体

除纤维增强聚合物基复合材料外，通过添加纳米材料填充聚合物也是制备高性能聚合物复合材料的重要方法之一，纳米增强材料对大多数聚合物基体除具有增强、增韧效果外，还使复合材料具有一定的功能性，因此，在力学、光学、电学和磁学等方面表现出诸多优异的性质，从而引起研究者的兴趣。

纳米材料增强增韧复合材料的机制通常包括以下几个方面：

（1）在外界载荷下，聚合物基体中的纳米材料会产生应力集中效应，引发基体产生塑性形变，形成银纹、剪切带和空穴等，在此过程中会消耗变形功而达到增韧效果。

（2）聚合基体内部的裂纹在拓展过程中受到纳米填料的阻碍作用，从而发生不同程度的偏转、钉扎或攀越等效应，吸收裂纹尖端能量，从而增强复合材料。

（3）部分纳米材料在受力时发生脱粘，进而使裂纹钝化且不发展为破坏性开裂。

（4）对于比表面积较大的纳米材料，与聚合物基体间的界面面积较大，在外界载荷作用下有更多的微裂纹吸收能量，从而提高复合材料的力学性能。

通常而言，纳米材料增强聚合物基复合材料的性能与纳米材料的粒径、形态和添加量、力学性能及其与基体的界面结合强度有关。从形态上来看，常见的纳米增强体可分为纳米颗粒（如 $CaCO_3$、SiO_2、TiO_2 等）、纳米管（或纤维）（如碳纳米管、芳纶纳米纤维、纤维素纳米晶等）和纳米片（如石墨烯、氮化硼及 Maxene 等）。

一、纳米颗粒增强体

1. 纳米碳酸钙

碳酸钙是一种重要的无机填料，由于其具有价格低廉、无毒、无刺激性、色泽好、白度高等优点，广泛应用于橡胶、塑料、造纸、食品等行业。纳米碳酸钙是 20 世纪 80 年代发展起来的一种新型超细固体材料，其粒径在 1～100nm。由于尺寸的超细微化，其晶体结构及表面电子结构发生了明显改变，具有纳米材料典型的小尺寸效应、量子尺寸效应和表面/界面效应等。传统的碳酸钙填充聚合物主要是降低成本，而纳米碳酸钙与聚合物复合时，既可降本、增白，又可对聚合物基体起到补强作用。

作为增强填料，纳米碳酸钙直接用于聚合物基体中时往往存在两方面缺点：第一，纳米颗粒间静电作用、分子间作用力及氢键作用等会引起碳酸钙粉体团聚；第二，纳米碳酸钙表面含有丰富的亲水性羟基，与传统聚合物的亲和性较差，容易形成聚集体，在基体中分散不均匀，并导致纳米颗粒与聚合物基体间形成界面缺陷，直接影响复合效果。因此，需要对纳米碳酸钙进行表面改性，使其表面能减小，分散性提高，从而增大其与高聚物的亲和性。常见的改性措施是应用表面改性剂，改性剂一方面可以定向吸附在纳米碳酸钙表面，形成电荷排斥，从而使纳米碳酸钙不易团聚，提高其润湿性、分散性和稳定性；另一方面可以改善纳米碳酸钙与有机体的界面相容性及亲和性，从而提高其与橡胶或塑料等复合材料的物理性能。根据改性剂的结构与特性，可以分为表面活性剂、偶联剂等。其中，偶联剂分子中的一部分基团可与纳米碳酸钙表面的活性官能团反应，形成强有力的化学键；另一部分基团可与高分子基体发生化学反应或物理缠绕，从而将碳酸钙颗粒与聚合物基体牢固地结合起来，即借助偶联剂在纳米碳酸钙表面形成分子桥，从而使纳米碳酸钙与高分子材料的相容性得到提高。翟雄伟等采用钛酸酯偶联剂 NDZ - 101、NDZ - 201 和 NDZ - 311 改性纳米碳酸钙填充硬质 PVC，当纳米碳酸钙质量分数为 30% 时，复合材料的缺口冲击强度比未添加偶联剂的试样分别提高了 56%、36% 和 46%。

目前，纳米碳酸钙作为填料在橡胶、塑料、树脂和造纸等领域得到广泛的应用。纳米碳酸钙/橡胶复合可将无机粒子的刚性尺寸稳定性和热稳定性与橡胶的柔韧性及加工性结合起来，从而获得性能优异的纳米复合材料；同时纳米碳酸钙可以部分或者大部分替代价格昂贵的炭黑和白炭黑作补强填料，且具有填充量大、补强和增白效果好等特点，适宜应用于浅色橡胶制品中。在改性聚合物树脂方面,李蕾等发现纳米碳酸钙经表面处理后填充到环氧树脂体系,使环氧树脂拉伸强度提高 39%,弯曲弹性模量增大 52.9%,冲击强度提高 68.6%。冲击断面 SEM 照片分析结果表明,改性纳米碳酸钙在环氧树脂中能够均匀分散,并在纳米碳酸钙和其周围的基体界面相出现大量的银纹,从而提高了复合材料的抗冲击强度。在造纸工业中,添加适量的纳米碳酸钙通常具有如下优势:提高纸制品的白度和蔽光性;大幅度降低生产成本;纳米碳酸钙的吸油特性,能提高彩色纸的颜料牢固性;纳米碳酸钙粒度细且均匀,能使纸张更加均匀平整,制备高质量的纸制品。

2. SiO_2 纳米颗粒

SiO_2 在宏观上是一种白色粉末状固体,其内部为不规则的 Si—O 晶体,表面存在大量的羟基。研究表明,SiO_2 初始粒子的粒径为 $10 \sim 40nm$,但由于颗粒表面存在大量羟基,容易形成较强的相互作用导致 SiO_2 颗粒间的聚集,因此,宏观观察到的白色粉末实际是初始粒子的自聚集体。SiO_2 颗粒的密度为 $2.32 \sim 2.65g/cm^3$,比表面积为 $150 \sim 300m^2/g$。同时,SiO_2 化学性质稳定,耐高温性能良好,具有优异的阻燃性,绝缘性能优异。

将纳米 SiO_2 引入聚合物基体中,一方面,纳米粒子的体积效应和宏观量子隧道效应使其产生逾渗作用,即纳米粒子深入聚合物基体不饱和键附近,与大分子紧密接合(形成共价键作用或物理缠结),因而,能够有效传递外界载荷并消耗大量冲击能;另一方面,纳米 SiO_2 颗粒在基体开始断裂时能够形成桥接裂纹,纳米颗粒通过形成大量的微裂隙和微孔提高聚合物的断裂韧性,并能够有效阻止缺陷形成临界裂纹,在颗粒和基体间形成韧带。不难看出,纳米 SiO_2 颗粒对于聚合物基体具有补强增韧的作用,并能够有效提高基体的热力学性能、光学性能以及化学稳定性等。如前文所述,SiO_2 表面富含羟基等极性基团,表面能较高,在基体内部容易团聚且与聚合物基体相容性较差,从而影响其实际增强效果。

纳米 SiO_2 增强聚合物树脂兼具有机聚合物和无机纳米材料两者的优点,其优异性能不仅取决于两组分的性能,还取决于两者间的界面结构和形态特征。为了提高两者间的界面作用,通常需对 SiO_2 颗粒进行功能化改性。硅烷偶联剂改性 SiO_2 是最常用、最传统的有机改性方法。偶联剂的硅烷氧端基水解后能够与 SiO_2 表面的活性硅羟基反应,从而与 SiO_2 连接在一起,另一端的有机官能基团则可与聚合物基体建立桥接,从而将无机粉体与聚合物基体有效连接在一起,提高两者间的界面结合强度(图 3 - 28)。例如,利用 NaOH - KH570 偶联剂对 SiO_2 进行改性,并将其填充于苎麻纤维/乙烯基酯树脂中,苎麻纤维/乙烯基酯树脂复合材料的拉伸强度比未经处理的复合材料提高了 42.1%,弯曲强度提高了 36.2%,剪切强度提高了 34.5%。

利用聚合物对 SiO_2 进行表面改性也是目前普遍使用的方法,可以根据材料的具体要求选择恰当的聚合物基体对 SiO_2 进行表面改性,以达到改善界面黏合并提高产品性能的目的。该方法是通过控制聚合反应,在纳米 SiO_2 颗粒表面包覆聚合物来实现的,采用聚合物对纳米粒子进行改性有利于提高纳米粒子与聚合物基体的相容性和二者之间的界面结合。采用粒子表面直接引入活性聚合物的改性方法,可以预先设计聚合物,可得到结构明确、相对分子质量分布窄的接枝链。然而,在该反应过程中,已接枝到粒子表面的聚合物链由于空间位阻的原因,会阻碍体系中聚合物向粒子表面扩散,导致接枝率不高。为解决上述问题,近年来逐渐开发了原子转

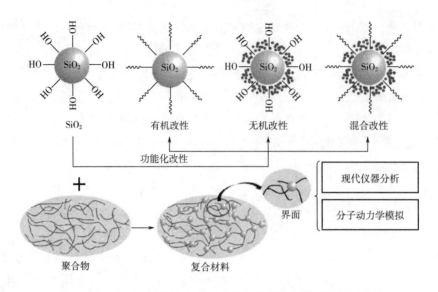

图 3 - 28 表面改性的纳米 SiO_2 及其与聚合物基体间的界面结构

移自由基聚合物改性法（ATRP 法）、稳定自由基聚合改性法、活性阴离子聚合改性法和阳离子聚合改性法等。

经过改性的纳米 SiO_2 粒子的表面与聚合物基体分子链间可形成较强的作用，使得他们之间相互吸附、相互缠绕等，在 SiO_2 纳米粒子周围形成束缚胶和游离胶。以 SiO_2 纳米粒子与橡胶复合为例，在混链过程中，SiO_2 粒子的团聚体经过剪切、挤压、拉伸而破裂，随后形成纳米粒子链，并与橡胶分子链产生缠结和吸附作用，当张力解除时，粒子链会在范德瓦耳斯力的作用下形成次价键，以至于重新无规卷曲成团聚体。新形成的团聚体与原来的不同，而是 SiO_2 粒子链与束缚橡胶分子复合的团聚体，SiO_2 纳米粒子链与聚合物分子链形成互穿网络，结构较为致密。当复合体系受到外力时，可通过复合团聚体将应力分散到束缚橡胶分子链上，传递给游离的橡胶分子链，分解成许多小应力，使得聚合物分子网络不致迅速破坏，这对聚合物基体力学性能调控具有重要意义。

二、一维纳米材料增强体

1. 碳纳米管

碳纳米管，又名巴基管，是一种径向尺寸为纳米级，轴向尺寸为微米级，管子两端基本都封口的一维量子材料。碳纳米管是由呈六边形排列的碳原子构成的数层到数十层的同轴圆管，层与层之间的距离固定，直径 2～20nm 不等。碳纳米管可以看作是石墨烯片层卷曲而成，因此按层数的多少可以分为单壁碳纳米管（Single - walled Carbon nanotubes，SWCNTs）和多壁碳纳米管（Multi - walled Carbon nanotubes，MWCNTs），多壁碳纳米管在形成时，层与层之间容易成为陷阱中心而捕获各种缺陷，因而在多壁碳纳米管的管壁上通常布满了小洞样的缺陷，而单壁碳管直径大小分布范围较小，缺陷较少，具有更高的均匀性，性能也更优异。

1985 年，随着足球烯 C_{60} 进入人们的视野，碳材料因为其独特的结构与性能，逐渐吸引人们的关注。直到 1991 年，一种更加奇特的碳结构——碳纳米管被日本电子公司（NEC）的 S. Iijima 发现。之后，大量的科研工作者加入 CNTs 的研究队伍中，人们发现将微量的 CNTs 与树脂复合后即可显著提高树脂的力学性能和热性能，因此 CNTs 成为一种优异的增强材料。目前，CNTs 已被广泛应用于增强改性多种聚合物基体材料。于广等以聚酰亚胺（PI）作为基体，碳纤维和碳纳米管作为复合增强体，采用热模压工艺制备了不同 CNTs 含量的 PI/CF/CNTs 复合材料。当 CNTs 含量为 PI 质量的 0.2％时，拉伸强度提高了 19.5％，常温弯曲强度提高了 20.6％，层间剪切强度提高了 14.7％，玻璃化转变温度也从 357℃提高到了 451℃。董怀斌等利用高频电场诱导法使碳纳米管定向排列，制备了碳纳米管/碳纤维增强环氧树脂复合材料，使树脂的层间剪切强度提高了 28.9％，压缩强度提高了 28.8％，弯曲强度提高了 15.0％。闫民杰等采用超声共混的方法在碳纤维增强环氧树脂复合材料中引入了碳纳米管，制备了 CNTs 改性碳纤维增强环氧树脂复合材料，研究表明，40℃时复合材料的储能模量 E' 较未改性前提高了 16.1GPa，T_g 值略有降低；复合材料的初始热降解温度略有降低，热稳定性有所下降；然而，其弯曲强度和弯曲模量比未改性前分别提高了 6.3％和 15.9％，经 40000 次弯曲疲劳后，其弯曲强度保持率和弯曲模量保持率分别高达 90.7％和 93.8％，展现出优异的力学性能。

虽然原始的碳纳米管独特的中空紧凑的结构赋予它很多优点，但也存在一些致命的缺陷，如表面能高、容易团聚等，使它优异的性能不能得到充分利用，这阻碍了它的应用。利用碳纳米管先对其改性处理，以增强它的分散性，有利于进一步与其他材料进行复合。通常采用物理方法或化学方法对碳纳米管进行表面修饰，从而将其引入聚合物基体树脂中。杨砚超等通过酸化处理碳纳米管，缓解了碳纳米管容易团聚的问题，并把酸化后的碳纳米管分散在聚醚醚酮-1,3-二氧戊环上浆剂中，并用于碳纤维的上浆处理，在制备碳纤维/聚醚醚酮时，界面剪切强度达到了 101.37MPa，相比未上浆碳纤维复合材料提高了 133.46％。

2. 芳纶纳米纤维

Kotov 研究小组在 2011 年报告了一种简单的剥离 Kevlar 纤维的方法，即使用二甲基亚砜/KOH 体系将高强度、高模量的 Kevlar 纤维化学分解并自组装成高长径比，直径为 3～30nm，且长度最长为 $10\mu m$ 的带负电荷的芳纶纳米纤维（ANF）稳定分散体系。ANF 显示出与碳纳米管相似的形貌特征（图 3-29）。将 ANF 分散体通过逐层自组装法可加工成 ANF 薄膜，所得的薄膜透明且力学性能好和耐高温，可用作保护涂层、制备超强膜、替代碳纳米管或作为与碳纳米管结合的其他高性能材料的基础材料。通过对剥离的纳米纤维进行深入研究，发现 ANF 保留了其宏观芳纶的化学骨架结构、结晶性、耐热性和力学强度；而且由于纳米纤维之间形成更强的多重氢键作用，所制备的芳纶纳米纤维薄膜显示出优异的拉伸强度和韧性，这意味着 ANF 具有作为聚合物纳米增强体的潜力。

由于剥离出的 ANF 具有较大的比表面积并保持了相当大的结晶度、力学强度和耐热性，且 ANF 表面具有丰富的酰胺单元—CONH—，可以与聚合物基体形成强的界面作用，从而显著增强聚合物基体的性能，成为制备聚合物纳米复合材料的理想增强材料。例如，利用 ANF 通过氢键组装来增强聚乙烯醇（PVA），由于 PVA 和 ANFs 之间存在多重氢键作用，纳米复合

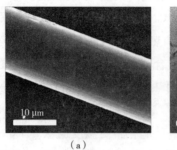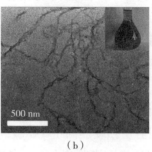

图 3-29 Kevlar 49 纤维的 SEM(a)及 ANF 的 TEM 图(b)

膜的强度和韧性同时得到了较大的提高,当 ANFs 的含量为 5%(质量分数)时,纳米复合膜表现出最佳的拉伸强度和韧性,比纯 PVA 分别提高了 79.2% 和 148.8%,同时,PVA/ANFs 纳米复合材料也表现出良好的热稳定性。此外,早期研究中通过真空辅助过滤方法制备了聚氨酯/芳纶纳米纤维(PU/ANF)复合膜,获得了高达 5.27GPa 的高模量和 98.02MPa 的极限拉伸强度。上述研究结果充分证实了 ANF 作为一维纳米增强体在聚合物纳米复合材料领域具有广阔的应用潜力。

3. 纤维素纳米晶

纤维素是地球上最丰富的天然生物质资源,是自然界中分布最广的生物可降解高分子,它存在于各种动物、植物以及一些细菌中。纳米纤维素主要有三种:纤维素纳米纤维、纤维素纳米晶体、细菌纤维素。其中,纳米纤维素晶体(cellulose nanocrystals,CNC)是从天然纤维中提取出的一种纳米级的纤维素,又称晶须、棒状纤维素晶体,一般是通过化学法去除纤维素中的无定形区得到的。CNC 的直径为 5~20nm,长度在 50~300nm,如图 3-30 所示。它不仅具有纳米颗粒的特征,还具有一些独特的强度和光学性能。其制备方法多样,通常是纤维素经过硫酸水解除去无定形态纤维素,制备纳米棒状结构,结晶度比较高。硫酸水解制备的 CNC 表面会含有羟基和硫酸酯(—OSO₃H)基团,因此,CNC 表面带负电,由于静电排斥作用,CNC 可以很好地分散在水中。

传统的聚合物基体增强材料如碳纤维、芳纶、玻璃纤维等尽管具有较好的力学性能,但是通常不具备生物可降解性。因此,越来越多的研究人员致力于用天然纳米纤维取代玻璃纤维等增强材料来制备复合材料。将棒状纤维素纳米晶体引入聚合物基体中可以显著提高聚合物材料的力学性能,例如,在纸张的制备过程中,通过引入纤维素纳米晶体填充浆粕纤维的间隙,并增强纤维之间、纤维与纤维素纳米晶体之间的氢键相互作用,从而得到致密高强度的复合纸。当 CNC 作为增强填料使用时,在添加量较高的情况下会出现团聚现象,影响复合材料不同组分间的相容性和力学性能。例如,在纤维素纳米晶与聚乙烯醇复合时,当纤维素纳米晶的添加量为 7%(质量分数)时,所得复合膜的表面平整度变差,纤维素纳米晶与聚乙烯醇的相容性变差。

纤维素纳米晶由于来源广泛、价格低廉而具有商业化应用的潜力,并且其刚性棒状结构使其可以作为有效支撑填料对聚合物基体进行增强。此外,纤维素材料表面的多羟基结构使其容

图 3-30 纤维素纳米晶体的 TEM 图

易被改性,提高其与不同聚合物基体的相容性。但是作为常规有机高分子材料,其也有耐热性较差的缺陷,这会限制其在较高温度环境中的应用。

三、二维层状纳米材料增强体

1. 石墨烯

石墨烯(graphene)是一种以 sp^2 杂化连接的碳原子紧密堆积成单层二维蜂窝状晶格结构的新材料。2004 年,英国曼彻斯特大学的物理学家 Geim 和 Novoselov 通过微机械剥离法制得了单层石墨烯,首次验证单层石墨烯可独立稳定存在,两位科学家也因此被授予 2020 年诺贝尔物理学奖。石墨烯具备独特的二维层状结构,同时具备优异的电、光、热和力学等性能:其载流子迁移率为 15000 $cm^2/(V \cdot s)$,是硅材料的 10 倍以上;光吸收率约为 2.3%,几乎透明;热导率可达 5000 $W/(m \cdot K)$,是金刚石的 3 倍;比表面积达到 2630 m^2/g;机械强度和弹性模量分别为 125GPa 和 1100GPa。

将石墨稀与聚合物混合形成复合材料是发挥石墨稀优异性能的重要途径之一,而且石墨烯增强聚合物复合材料应用广泛,且增强效果显著。在制备石墨烯增强聚合物复合材料的过程中,不仅要求石墨烯在基体树脂中能够均匀分散,还要求石墨烯与基体树脂间有良好的界面相互作用。石墨烯/聚合物复合材料的、力学性能受诸多因素的影响,如石墨烯的类型与制备方法(氧化/还原石墨烯、液相插层膨胀剥离石墨烯、CVD 法生长的石墨烯等)、结构形态(径厚比、平均粒径尺寸及分布、片层厚度等)、聚合物基体(如热塑性或热固性树脂、橡胶弹性体等)、界面结合方式(如物理缠结、化学键或非共价键结合)等。通常认为石墨烯尺寸越大、结构越完整、与基体的界面结合力越强、基体树脂的模量越低,石墨烯对复合材料的力学增强效果越显著。

氧化石墨烯(Graphene oxide,GO)作为石墨烯的一种重要含氧衍生物,相比于石墨烯,虽然在结构上存在较多的晶格缺陷,导致其在导电、导热等性能有所降低,但在制备具有优异力学性能、耐磨性能、吸附性能等纳米复合材料方面具有明显的优越性。氧化石墨烯表面及边缘含有大量的羟基、羧基和环氧基等活性含氧官能团,利用这些官能团与其他分子间的相互作用,可实现对氧化石墨烯的共价改性和非共价改性,改善其在聚合物基体中的分散性能,提高界面相互作用,从而提高纳米复合材料的性能或赋予其一定的功能性。

目前,石墨烯/聚合物复合材料通常由溶液法、熔融共混法等途径制备。其中,溶液法是将石墨烯借助超声分散技术均匀地分散在低黏度溶剂或基体中,进而通过溶剂挥发制得石墨烯/聚合物复合材料。该方法有利于获得石墨烯均匀分散的纳米复合材料,有助于充分发挥石墨烯填料的特性,然而,有机溶剂的使用会造成复合材料内部溶剂去除困难、污染环境等难题。相比较而言,熔融共混法直接将石墨烯粉体或浆料加入树脂基体中,通过强剪切作用实现石墨烯的分散,但通常树脂体系黏度高,石墨烯难以在基体中均匀分散,使其优异特性难以发挥。

大量的研究结果显示,石墨烯对复合材料的力学增强效果并不非常突出,尤其是相比于传统连续纤维的增强效果仍有较大差距。究其根本原因,一方面,石墨烯在复合材料内部大多以微/纳米尺度的粉末形态分布,难以实现在复合材料内部形成高效长程的应力传递;另一方面,石墨烯由于具有极高的径厚比(>1000),易于在聚合物基体内发生自发蜷曲并形成褶皱结构,使得石墨烯优异的力学性能难以发挥,严重影响了其在复合材料内部的增强效果。为改善上述现状,近年来的研究聚焦于如何将石墨烯纳米片定向排列与高效堆砌。受自然界天然贝壳珍珠层"砖—泥"结构的启发,提出基于贝壳的仿生设计思想,堆砌构筑具有定向有序层状结构的石墨烯纳米片层可以获得力学性能优异的纳米复合材料。该类独特结构的构筑,可以充分发挥石墨烯的二维片层结构特征、高比表面积、高强度和高模量,以及通过表面修饰形成组元间较强的相互作用等优势,得以实现长程高效的应力传递,获得复合材料显著的力学增强效果。然而,如何通过复合材料传统的加工工艺以获得高度定向的石墨烯纳米片层堆砌结构,是当前发展高性能石墨烯/聚合物复合材料迫切需要解决的关键问题。

2. 蒙脱土

蒙脱土(MMT)属于2:1型硅酸盐,基本结构单元是由一层铝氧八面体夹在两层四面体之间,靠共用氧原子而形成的层状结构。MMT的单片层厚度约1nm,而其横向的尺寸根据蒙脱土来源和制备方式,从30nm到数微米不等。因此,其横向尺寸和厚度比极大,甚至超过了1000。作为典型的层状无机纳米粒子,MMT与绝大部分聚合物相容性较差,且MMT有很强的团聚倾向,将MMT直接与聚合物共混所得材料的性能并不理想。因此,需要对MMT进行改性得到有机改性蒙脱土(OMMT),即通过将MMT片层间的阳离子置换成含有机官能团的阳离子,减弱聚合物与MMT之间的界面张力,从而提高MMT在聚合物基体中的分散性。相比于添加普通无机填料的复合材料,即使是将低添加量的OMMT引入聚合物中,这些聚合物层状纳米复合材料比传统填充系统表现出更好的热、力学、阻隔、阻燃等性能,可制备出具有优异性能的纳米复合材料。

OMMT 对聚合物性能有多方面的影响，其中最显著的变化是对聚合物拉伸性能的影响，表 3-14 为 OMMT 添加至 PA6 树脂基体中制备的纳米复合材料，可以看到，在保证 OMMT 良好分散性能的前提下，OMMT 的添加可显著提高 PA6 的拉伸强度和杨氏模量，且拉伸强度和杨氏模量随 OMMT 添加量的增大而逐渐提高。

表 3-14　PA6 及其 OMMT 改性纳米复合材料的力学性能

OMMT 含量（质量分数）/%	拉伸强度/MPa	杨氏模量/GPa
0	69.7	2.75
3.2	84.9	3.92
7.2	97.6	5.70

除 OMMT 含量外，OMMT 表面功能性基团对其改性效果影响也较为显著。例如，在利用钠基蒙脱土（Na-MMT）、氨基酸改性 MMT（OMMT-A）和 $CH_3(CH_2)_{17}N^+(CH_3)(CH_2CH_2OH)_2$ 改性 MMT（OMMT-B）三种纳米蒙脱土对 PA6-66 进行改性时，其结果表明，Na-MMT 的加入有利于促进复合材料中 γ 晶的形成，提高了复合材料的结晶温度，但加入 OMMT-B 后复合材料的异相成核作用效率会降低；同时，OMMT-B 能更好地改善 PA6-66 的储能模量，提高树脂的流动性。力学性能结果表明，MMT 的加入能够有效提高树脂的力学强度，但对材料的韧性会有一定的损伤。其中，加入 OMMT-B 后复合材料的韧性几乎保持不变，而拉伸和弯曲强度分别提高了 26% 和 28%，表现出优良的力学性能。这主要是由于 OMMT-B 与 PA6-66 分子链之间形成了较强的氢键相互作用，提高了其与聚合物分子链之间的界面强度，在微观上起到了阻止裂纹发展的作用。另外，更均匀的分散有助于提高异相成核作用，细化晶粒，降低了由于团聚体存在而导致的应力集中现象。

目前，利用纳米材料增强聚合物复合材料展现出卓越的性能，基于纳米尺寸效应的界面调控也成为材料设计的重要研究方向。由于纳米相表面能过高，纳米增强体的分散性能、界面改性技术及纳米复合材料加工技术的研究将成为纳米复合材料面临的重要挑战。同时，有别于传统强化途径或方式，由于纳米增强体与聚合物基体间独特的微结构交互作用及超高的界面载荷传递能力，其在提升复合材料的力学性能方面拥有广阔的应用前景，这也是该领域未来主要的发展方向。

参考文献

[1]张清华，张国良，朱波，等．高性能化学纤维生产及应用[M].北京:中国纺织出版社,2018.

[2]王汝敏，郑水蓉，郑亚萍．聚合物基复合材料[M].北京:科学出版社,2011.

[3]成来飞，梅辉，刘永胜，等．复合材料原理及工艺[M].西安:西北工业大学出版社,2018.

[4]王善元，张汝光，等．纤维增强复合材料[M].上海:中国纺织大学出版社,1998.

[5]倪礼忠，陈麒．聚合物基复合材料[M].上海:华东理工大学出版社,2007.

[6]赵彦钊，殷海荣．玻璃工艺学[M].北京:化学工业出版社,2006.

[7]贺福. 碳纤维及石墨纤维[M]. 北京:化学工业出版社,2010.

[8]祖群. 高性能玻璃纤维研究[J]. 玻璃纤维,2012(5):16-23.

[9]徐凤,聂琼,徐红. 玻璃纤维的性能及其产品的开发[J]. 轻纺工业与技术,2011,40(5): 40-41.

[10]凌根华,李雯. 浅谈高强玻璃纤维的发展和应用[J]. 玻璃纤维,2008(5):7-10.

[11]危良才. 我国高强度玻璃纤维的研制与应用[J]. 新材料产业,2013(2):56-58.

[12]韩利雄,赵世斌. 高强度高模量玻璃纤维开发状况[J]. 玻璃纤维,2011(3):34-38.

[13]李刚,欧书方,赵敏健. 石英玻璃纤维的性能和用途[J]. 玻璃纤维,2007(4):9-13,16.

[14]张增浩,赵建盈,邹王刚. 高硅氧玻璃纤维产品的发展和应用[J]. 高技术纤维与应用, 2007,32(6):30-33.

[15]李铖,仇小伟. 高硅氧玻璃纤维研究现状及前景[J]. 玻璃纤维,2004(4):35-37,23.

[16]周宏. 美国高性能碳纤维技术发展史研究[J]. 合成纤维,2017,46(2):16-21.

[17]贺福,李润民. 生产碳纤维的关键设备:碳化炉[J]. 高科技纤维与应用,2006,31(4): 16-24.

[18]陈玉琴,凌立成,刘朗. 气相色谱法研究沥青不熔化纤维的碳化[J]. 新型碳材料,1994(3): 32-34.

[19]LEAL A A, DEITZEL J M, MCKNIGHT S H,et al. Interfacial behavior of high performance organic fibers[J]. Polymer,2009,50(5):1228-1235.

[20]LUO L, WANG Y, HUANG J,et al. Pre-drawing induced evolution of phase, microstructure and property in para-aramid fibres containing benzimidazole moiety[J]. Rsc Advances,2016,6(67):62695-62704.

[21]TENG C, LI H, LIU J,et al. Effect of high molecular weight PPTA on liquid crystalline phase and spinning process of aramid fibers[J]. Polymers,2020,12(5),1206.

[22]刘克杰,高虹,黄继庆,等. 芳纶Ⅲ与芳纶Ⅱ防弹性能研究[J]. 高科技纤维与应用,2014,39 (1):40-44.

[23]KANEDA T, KATSURA T, NAKAGAWA K,et al. High-strength high-modulus polyimide fibers I. One-step synthesis of spinnable polyimides[J]. Journal of applied polymer science,1986,32(1):3133-3149.

[24]PARK J Y, KIM D, HARRIS F W,et al. Phase structure, morphology and phase boundary diagram in an aromatic polyimide (BPDA-PFMB)/m-cresol system[J]. Polymer International, 1995,37(3):207-214.

[25]SAKAGUCHI Y, KATO Y. Synthesis of polyimide and poly (imide-benzoxazole) in polyphosphoric acid[J]. Journal of Polymer Science Part A:Polymer Chemistry,1993,31 (4):1029-1033.

[26]CHEN X, LI Z, LIU F,et al. Synthesis and properties of poly (imide-benzoxazole) fibers from 4, 4'-oxydiphthalic dianhydride in polyphosphoric acid[J]. European Polymer Jour-

nal,2015,64:108 − 117.

[27]JIN L, ZHANG Q, XU Y, et al. Homogenous one-pot synthesis of polyimides in polyphosphoric acid[J]. European Polymer Journal,2009,45(10):2805 − 2811.

[28]DONG J, YIN C, LUO W,et al. Synthesis of organ-soluble copolyimides by one-step polymerization and fabrication of high performance fibers [J]. Journal of Materials Science, 2013,48(21):7594 − 7602.

[29]DONG J, YIN C, ZHANG Z,et al. Hydrogen-bonding interaction and molecular packing in polyimide fibers containing benzimidazole units[J]. Macromolecular Materials and Engineering,2014,299(10):1170 − 1179.

[30]DONG J, YIN C, ZHANG Y,et al. Gel-sol transition for soluble polyimide solution[J]. Journal of Polymer Science Part B:Polymer Physics,2014,52(6):450 − 459.

[31]YIN C, DONG J, LI Z,et al. Ternary phase diagram and fiber morphology for nonsolvent/DMAc/polyamic acid syetems[J]. Polymer Bulletin,2015,72(5):1039 − 1054.

[32]YANG C P, HSIAO S H. Effects of various factors on the formation of high molecular weight polyamic acid[J]. Journal of Applied Polymer Science,1985,30(7):2883 − 2905.

[33]KANEDA T, KATSURA T, NAKAGAWA K,et al. High-strength high-modulus polyimide fibers I. One-step synthesis of spinnable polyimides[J]. Journal of applied polymer science,1986,32(1):3133 − 3149.

[34]KANEDA T, KATSURA T, NAKAGAWA K,et al. High-strength high-modulus polyimide fibers Ⅱ. Spinning and preperties of fibers[J]. Journal of applied polymer science, 1986,32(1):3151 − 3176.

[35]EASHOO M, WU Z, ZHANG A, et al. High performance aromatic polyimide fibers, 3. A polyimide synthesized from 3, 3′, 4,4′-biphenyltetracarboxylic dianhydride and 2,2′-dimethyl-4, 4′diaminobiphenyl[J]. Macromolecular Chemistry and Physics,1994,195(6): 2207 − 2225.

[36]PETROLEO BRASILEIRO S. A. -PETROBRAS. Spherical catalyst, process for preparing a spherical polyethylene of ultra-high molecular weight[P]. US 6384163B1,1995 − 06 − 06.

[37]HOOGSTEEN W, HOOFT R J V D,POSTEMA A R,et al. Gel-spun polyethylene fibers. Part 1 Influence of spinning temperature and spinline stretching on morphology and properties[J]. Journal of Materials Science,1988,23:3459 − 3466.

[38]SMOOK J, PENNINGS A J. Influence of draw ratio on morphological and structural changes in hot-drawing of UHMW polyethylene fibers as revealed by DSC [J]. Colloid & Polymer Science,1984,262:712 − 722.

[39]ZHANG Q, LIPPITS DR, RASTOGI S. Dispersion and rheological aspects of SWNTs in ultra high molecular weight polyethylene[J]. Macromolecules, 2006,39(2):657 −666.

[40]陈功林,李方全,骆强,等. 超高分子量聚乙烯纤维牵伸温度研究[J].高分子通报,2012 (11):58－62.

[41]张安秋,陈克权,鲁平,等. 超高分子量聚乙烯纤维伸直链结晶的研究[J].合成纤维工业, 1988,11(6):23－29.

[42]瞿雄伟,姬荣琴,潘明旺,等. 钛酸酯偶联剂在碳酸钙填充 PVC 中的应用研究[J].河北工 业大学学报,2001(1):84－88.

[43]李蕾,陈建峰,邹海魁,等. 纳米碳酸钙作为环氧树脂增韧材料的研究[J].北京化工大学学 报(自然科学版),2005,32(2):1－4.

[44]公绪强,王雅祺,张利. 改性纳米二氧化硅增强增韧聚对苯二甲酸丁二醇酯[J].材料导报, 2016,30(4):52－56.

[45]董雨菲,马建中,刘超,等. SiO_2 的功能化改性及其与聚合物基体的界面研究进展[J].材料 导报,2019,33(11):1910－1918.

[46]倪爱清,朱坤坤,王继辉. 纳米 SiO_2－NaOH－有机硅烷偶联剂表面改性对苎麻纤维/乙烯 基酯树脂复合材料性能的影响[J].复合材料学报,2019,36(11):2579－2586.

[47]单薇. 纳米 SiO_2 粒子的表面改性及聚丁二烯/SiO_2 纳米复合材料的制备[D].大连:大连理 工大学,2006.

[48]IIJIMA, S. Helical microtubules of graphitic carbon[J]. Nature,1991,354:56－58.

[49]于广,魏化震,李大勇,等. 碳纳米管含量对聚酰亚胺/碳纤维复合材料性能的影响[J].工 程塑料应用,2020,48(5):143－148.

[50]董怀斌,李长青,任攀,等. 碳纳米管定向排列增强碳纤维/环氧树脂复合材料制备及力学 性能[J].玻璃钢/复合材料,2017(7):22－28.

[51]闫民杰,陈莉,梁振江. 碳纳米管基体改性碳纤维增强环氧树脂基复合材料的性能研究 [J].产业用纺织品,2020,38(8):34－39.

[52]杨砚超. 基于结晶性聚醚醚酮的碳纤维上浆剂的研究及复合材料界面构筑 [D].长春:吉 林大学,2020.

[53]YANG M, CAO K, SUI L, et al. Dispersions of aramid nanofibers: a new nanoscale building block[J]. ACS Nano,2011,5(9):6945－6954.

[54]GUAN Y, LI W, ZHANG Y, et al. Aramid nanofibers and poly (vinyl alcohol) nano-composites for ideal combination of strength and toughness *via* hydrogen bonding interac-tions[J]. Composites Science and Technology,2017,144:193－201.

[55]KUANG Q, ZHANG D, YU J C, et al. Toward record-high stiffness in polyurethane nanocomposites using aramid nanofibers[J]. The Journal of Physical Chemistry C,2015, 119(49):27467－27477.

[56]HABIBI Y, LUCIA L A, ROJAS O J. Cellulose nanocrystals: chemistry, self-assembly, and applications[J]. Chemical Reviews,2010,110(6):3479－3500.

[57]HENRIKSSON M, BERGLUND L A, ISAKSSON P, et al. Cellulose nanopaper struc-

tures of high toughness[J]. Biomacromolecules,2008,9(6):1579 - 1585.

[58]唐丽荣. 纳米纤维素晶体的制备、表征及应用研究[D]. 福州:福建农林大学,2010.

[59]KIM H,ABDALA A A,MACOSKO C W. Graphene/polymer nanocomposites[J]. Macromolecules,2010,43(16):6515 - 6530.

[60]WANG H,XIE G,ZHU Z,et al. Enhanced tribological performance of the multi-layer graphene filled poly（vinyl chloride）composites［J］. Composites Part A,2014,67:268 -273.

[61]曾尤,王函,成会明. 石墨烯/聚合物复合材料的研究进展及其应用前景[J]. 新型炭材料,2016,31(6):555 - 567.

[62]易著武,刘跃军,刘小超,等. 表面改性对纳米蒙脱土/聚酰胺6 - 66复合材料性能的影响[J]. 复合材料学报,2020,37(1):57 - 66.

第四章　复合材料的界面

第一节　复合材料的界面组成及界面效应

一、复合材料的界面组成

复合材料是一种多相体系,至少包含两个或两个以上的物理相,相与相之间存在着界面。

复合材料的界面并不是指由增强体和基体相接触的一个单纯的结合面,而是一个多层结构的过渡区域,有一定的厚度和不同的作用区域。界面的厚度呈不均匀分布状态,一般为几个纳米到几个微米。通常认为,界面区是从与增强体内部性质不同的某一点开始,直到与基体内整体性质相一致的点间的区域,也就是说,界面区域包括了增强材料表面区域、相互渗透区域以及树脂基体表面区域,如图 4-1 所示。其中,材料的表面区域是指结构非对称、性能明显与本体有差别的特征薄层,相互渗透区可能是一种化学或物理的作用场,也可能是一种分子相互纠缠的区域。因此,复合材料的界面有其独特的结构和性质,且不同于基体和增强材料中的任何一相,界面相内的化学组分、分子排列、力学性能、热性能等呈现连续梯度性变化。界面相很薄,是准微观的,却有着极其复杂的结构。

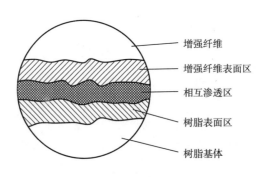

图 4-1　复合材料的界面组成

复合材料的界面对复合材料的性能有着重要的影响。复合材料主要由基体材料和增强材料组成,但复合材料的性能并不是基体材料和增强材料性能的简单加和,而是出现了协同效应,即出现了"1+1>2"的效果。比如,复合材料的断裂能比其组成树脂和纤维要大很多倍。究其原因,在未复合前,基体和增强纤维各自分散,而在复合后,基体和增强材料都未发生变化,只是两者黏结在一起,产生了界面,因此界面是复合材料产生协同效应的根本原因。

二、复合材料的界面效应

界面效应是指复合材料在受物理、化学作用时界面所产生的响应和所呈现的特征,界面效应是任何一种单一材料所没有的特性,它对复合材料具有重要的作用。复合材料界面效应主要有传递效应、阻断效应、不连续效应、散射和吸收效应以及诱导效应。

(1)传递效应。外力施加到复合材料结构件上时,力首先作用到复合材料的连续相即基体上面,然后通过界面将所受外力由基体传递到增强材料上,增强材料是复合材料的实际承力组分。传递效应使得界面在基体和增强材料之间起到桥梁的作用,这也是增强材料能够对基体树脂起到增强作用的根本原因。

(2)阻断效应。结合适当的界面可以阻止裂纹扩展或者改变裂纹发展路径、减缓应力集中、中断材料破坏,增大裂纹扩展所需能量从而提高复合材料的强度。材料的破坏始于裂纹的形成和发展,在裂纹的发展过程中界面的阻断效应使得裂纹停止扩展或者改变发展路径,使得裂纹的发展不在一个平面上,很难贯穿整个断裂面,从而提高复合材料的断裂能。图 4-2 是纤维增强复合材料中界面对裂纹的阻断效应示意图。

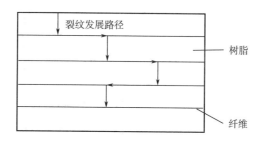

图 4-2　纤维增强复合材料中界面对裂纹的阻断效应示意图

(3)不连续效应。不连续效应是指在界面上产生的很多物理性能都是不连续的,如导热系数、热膨胀系数、电阻、介电特性、磁性、耐热性、尺寸稳定性等。如碳纤维增强树脂基复合材料中,本身碳纤维的热膨胀系数具有各向异性的特点,垂直于纤维方向为正值,平行于纤维方向为负值,而且与基体树脂的热膨胀系数相差较大,因此,在碳纤维和基体树脂形成的界面处的热膨胀系数和两侧材料的热膨胀系数存在差异,即热膨胀系数是不连续的。不连续效应对整体复合材料的性能影响较大。

(4)散射和吸收效应。由于界面区的特殊结构特征,光波、声波、热弹性波、冲击波等在界面处会产生散射和吸收,从而对复合材料的透光性、隔热性、隔音性、耐机械冲击及耐热冲击性等性能产生影响。

(5)诱导效应。在一定条件下,复合材料中的一组分材料(通常是增强材料)的表面结构使另一种与之接触的组分材料(通常是聚合物基体)的结构由于诱导作用而发生改变,从而改变整体复合材料的性能或产生新的效应,如结晶、弹性、膨胀性、耐冲击性和耐热性等结构与性能的变化。例如,在碳纤维增强 PEEK 的热塑性复合材料中,由于碳纤维表面对基体的诱导作用,致使界面上的 PEEK 结晶状态与数量发生了改变,如出现横晶等。

以上界面效应会引起界面微观结构和性能特征的变化，从而对复合材料的宏观性能产生直接的影响。同时，界面效应也与很多影响因素有关，界面两侧材料（基体和增强材料）的浸润性、相容性、扩散性、两者的表面结构以及界面的结合状态等都会对界面效应产生影响。

第二节　复合材料的界面理论

复合材料界面结合的好坏可以用界面黏结强度来表征，而界面黏结强度与界面上两相之间的相互作用直接相关。那么，在复合材料的形成过程中，增强材料和基体两相间是以怎样的机理相互作用的呢？这是长期以来材料科研工作者所关心和持续研究的问题。目前，已经形成了多种复合材料界面理论来解释两相间的相互作用机理，每种理论都有一定的实验依据，也能解释部分的实验现象，但每一种理论又都有其局限性，还没有一种理论能完美地解释所有的界面现象。有时对同一问题两种理论的观点是正好相反的，有时则需要几种理论联合应用才能解释全部的实验事实。随着科学的不断发展和界面表征技术的进步，人们必将更全面、更深入地认识复杂的界面现象，界面理论也会进一步的发展和完善。

虽然目前每一种界面理论都不是很完善，但这并不妨碍我们从界面理论中得到启发，从而找到界面控制的方法，得到最佳界面黏结强度的界面。下列介绍几种主要的界面理论。

一、浸润吸附理论

浸润吸附理论认为，浸润是形成良好固液界面黏结的基本条件之一，若两相浸润得好，液体组分可以紧密地在固体相表面铺展，甚至渗透到固体相的微小凹坑中，两相分子之间紧密接触而发生吸附，则黏结界面形成了巨大分子间作用力，同时排除了固体表面吸附的气体，减少了黏结界面的孔隙率，提高了黏结强度。因此，常把浸润性作为一个量度来预测和判别黏结效果。

在复合材料的制备过程中，一般将基体树脂配制成可流动的胶液，增强材料为固体的状态，因此，基体树脂和增强材料的复合过程符合固液黏结的情况。根据浸润吸附理论，若基体树脂和增强材料浸润不良，基体树脂难以在增强材料表面良好地铺展，将在界面上产生孔隙，由于应力集中使复合材料开裂；若完全浸润，则基体与增强材料间的黏结强度将大于基体的内聚强度。

当一液体浸润另一固体达到平衡时可以用图4-3表示。

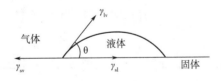

图4-3　固液浸润平衡

图4-3中，γ_{sv}为固体在液体饱和蒸气压下的表面张力（简称固体表面张力），γ_{lv}为液体在其自身饱和蒸气压下的表面张力（简称液体表面张力），γ_{sl}为固液间的界面张力，θ为液固气达到

平衡时的接触角。它们之间有如下的关系式：

$$\gamma_{sv} = \gamma_{sl} + \gamma_{lv}\cos\theta \tag{4-1}$$

式(4-1)称为 Young 方程。此外，Dupre 方程将这些物理量与热力学黏结功 W_A 关联起来〔式(4-2)〕：

$$W_A = \gamma_s^0 + \gamma_{lv} - \gamma_{sl} \tag{4-2}$$

式中：γ_s^0 为固体在真空中的表面张力，W_A 定义为：两个物体黏结在一起，假定接触界面是理想的（不存在任何孔隙，而且分离时黏结点的破坏不存在塑性形变的能耗），则破坏分离 $1cm^2$ 的界面时（产生两个新表面，消失一个界面）自由能的变化量。

将式(4-1)和式(4-2)合并，得到 Young-Dupre 方程：

$$W_A = (\gamma_s^0 - \gamma_{sv}) + \gamma_{lv}(1+\cos\theta) \tag{4-3}$$

式中：$\gamma_s^0 - \gamma_{sv}$ 定义为铺展压，即固体在真空中的表面张力与其在某种液体饱和蒸汽压中的表面张力的差值，通常为正值，用 π 来表示，因此式(4-3)可写成：

$$W_A = \pi + \gamma_{lv}(1+\cos\theta) \tag{4-4}$$

对于低表面能的固体如高聚物材料等来说，π 值很小可以忽略，式(4-4)可写成：

$$W_A = \gamma_{lv}(1+\cos\theta) \tag{4-5}$$

从式(4-5)可以看出，热力学黏结功与液体的表面张力以及接触角 θ 有关，θ 越小，热力学黏结功越大。而 θ 的大小与固液之间的浸润性有关。$\theta=0$ 时，完全浸润，液体在固体表面充分铺展；$0<\theta<90°$ 时，液体可浸润固体，且 θ 越小，浸润性越好；$90°<\theta<180°$ 时，液体不能浸润固体；$\theta=180°$ 时，完全不浸润，液体在固体表面凝聚成小球。因此，θ 越小，固液之间的浸润性越好，热力学黏结功 W_A 越大。

实际的界面黏结强度与热力学黏结功有关，但两者并不相等，因为实际破坏过程是不可逆的，并伴随有大量的黏弹能耗，而且界面存在一定的孔隙和缺陷，但大量的研究结果表明，界面黏结强度与热力学黏结功是正相关，一般来说，热力学黏结功越大，界面黏结强度越大。

以上分析讨论从热力学角度证明了浸润吸附理论的合理性。界面黏结强度和固液之间的浸润性关系很大，通常情况下固液之间的浸润性越好，所形成界面的黏结强度越大。

固液之间的浸润性与很多因素有关系，但最重要的影响因素是固体和液体的表面状况，而表面张力是表征物体表面性能的最重要的物理量，那么，固体和液体之间的表面张力要满足什么条件才能达到最佳的黏结效果？下面根据最大热力学黏结功准则来推导一下。

已知 Zisman 方程为：

$$\cos\theta = 1 + b(\gamma_c - \gamma_{lv}) \tag{4-6}$$

式中：γ_c 为固体浸润临界表面张力（约等于固体的表面张力 γ_{sv}），b 为常数，不同体系 b 值不同，可由实验确定。

将式(4-6)代入式(4-5)中，消去 $\cos\theta$，得到式(4-7)：

$$W_A = (2+b\gamma_c)\gamma_{lv} - b\gamma_{lv}^2 \tag{4-7}$$

式(4-7)可以将 W_A 看成是关于 γ_{lv} 的二元一次方程，W_A 最大时，应满足 $\dfrac{\partial W_A}{\partial \gamma_{lv}} = 0$，因此对 γ_{lv} 进行微分求极大值：

$$\frac{\partial W_A}{\partial \gamma_{lv}} = (2 + b\gamma_c) - 2b\gamma_{lv} = 0 \qquad (4-8)$$

求解得：

$$\gamma_{lv} = \frac{1}{b} + \frac{\gamma_c}{2} \qquad (4-9)$$

因此，要想得到最佳的黏结效果，固体的表面张力(γ_c)和液体的表面张力(γ_{lv})之间应满足式(4-9)的关系。

以上从热力学角度分析了固液之间的浸润性和黏结强度的关系以及得到最佳黏结时固液表面张力应满足的条件。热力学分析的是可能性，但可能性并不等于现实，要想使黏结成为现实，还有一个动力学问题，就是浸润速度的问题。特别对于复合材料的制备过程来说，基体树脂的胶液中添加有固化剂、促进剂等可以与树脂发生反应的物质，树脂在发生凝胶后会失去对增强材料的浸润性，因此，浸润速度应大于基体树脂的凝胶速度，否则不可能得到良好的黏结。

浸润性好无疑有利于两相的界面接触和黏结，浸润吸附理论可以成功地解释一些实验事实，但是浸润性并不是界面黏结的唯一条件。例如，环氧树脂对 E 玻璃纤维表面浸润性好，但黏结性却不好，界面耐水老化性差，但若用硅烷偶联剂处理 E 玻璃纤维后，对环氧树脂的浸润性下降，但界面黏结性却提高。很显然，这些事实仅凭浸润吸附理论是很难解释的，因此，科学家又提出了其他界面理论。

二、化学键理论

化学键理论是应用最广，也是最成功的理论。该理论认为，要使两相之间实现良好的黏结，两相的表面应含有能相互发生化学反应的活性基团，通过活性基团的反应以化学键结合形成强有力的界面，界面的结合力主要是主价键力的作用。化学键理论的作用示意图见图 4-4。

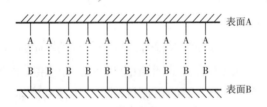

图 4-4　化学键理论的作用示意图

X 射线光电子能谱(XPS)研究证实，确实在很多复合材料界面上生成了化学键。例如，碳纤维经电化学氧化法表面处理后，在其表面引入—COOH、—OH 等含氧活性基团，与环氧树脂的反应能力提高，在界面上形成化学键，可以大幅提高碳纤维增强环氧树脂的界面黏结强度。又如，芳纶结晶度高、表面呈现惰性，与基体树脂的黏结性差，但经硝化及还原处理后，可以在纤维表面引入—NH₂基团，该基团与环氧树脂中的环氧基团发生化学反应，从而提高了芳纶增强环氧树脂的界面黏结强度。

玻璃纤维经硅烷偶联剂处理后能大幅提高其与基体树脂的界面黏结强度，也能用化学键理论很好地解释。硅烷偶联剂分子结构的两端带有不同性质的基团，一端可以与玻璃纤维表面反应形成化学键,另一端可以与基体树脂反应形成化学键。通过硅烷偶联剂的桥梁作用,基体树脂和玻璃纤维在界面上形成了牢固的化学键结合,有效提高了两者的界面黏结强度。化学键理论不仅能很好地解释偶联剂的作用,同时对偶联剂的选择也具有指导意义。

因为化学键力的强度比分子间作用力要高很多,界面一旦有化学键的形成,对黏结界面的抗水和抗介质腐蚀的能力有显著提高,还可提高对抗应力破坏及阻止裂纹扩展的能力。但是化学键的形成除了要求两相表面有可以相互反应的活性官能团外,还要求两相分子的接近达到一定的距离,同时还必须满足一定的量子化学条件。因此,在一个黏结界面中普遍而广泛存在的作用力仍然是分子间作用力。

虽然很多事实证明了化学键理论的正确性,但化学键理论也有其局限性,有些实验现象用化学键理论难以做出合理的解释。例如,在增强纤维表面接枝上柔性的橡胶分子或者涂覆上某些柔性聚合物,虽然这些柔性分子不含有与基体树脂起反应的活性基团,却仍有良好的处理效果。又如,复合材料在成型和固化过程中,由于基体树脂和增强材料之间热膨胀系数的差异以及固化收缩,会产生内应力,那么这种内应力是如何松弛的呢? 化学键理论也难以做出令人信服的解释。

三、过渡层理论

过渡层理论认为,为了消除内应力,基体和增强体的界面区应存在一个过渡层,过渡层起到了应力松弛、抑制裂纹发展的作用,从而提高界面黏结强度。

针对过渡层不同的形态,有两种不同的理论。一种是变形层理论,认为过渡层应是塑性层,塑性层的形变能起到松弛应力的作用。根据变形层理论,有人在纤维表面涂覆一层柔性处理剂,在形成复合材料时,可通过柔性分子的形变松弛内应力,抑制裂纹发展,提高界面黏结。另外一种是抑制层理论,该理论认为过渡层的结构不是柔性的变形层,而是模量介于基体和增强材料之间的界面层,这种中间模量的界面层在增强材料和基体之间形成了一个模量从高到低的梯度减小的过渡区,起到了均匀传递应力、减缓界面应力集中的作用。

四、扩散理论

扩散理论认为高聚物的相互黏结是由表面上的大分子相互扩散所致。相互扩散的结果是在界面区域发生两种大分子链的缠结甚至相互溶解,黏结的两相之间界面消失,变成了一个过渡区域,因此有利于黏结强度的提高,如图4-5所示。扩散过程与高聚物大分子链的相对分子质量、柔性、温度、时间、溶剂等因素有关,还与两种高聚物的溶解度参数有关。当两种高聚物的溶解度参数相近时,便容易发生扩散和互溶,得到较高的界面黏结强度。

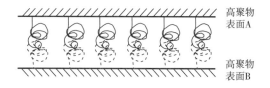

图4-5　扩散理论的相互作用示意图

　　有研究者实验发现,界面黏结强度与两种大分子相接触的时间、高聚物相对分子质量等因素有关,即接触时间越长、相对分子质量越小时,两种大分子所形成的界面的黏结强度越高,这与从扩散理论出发计算得到的结果相符。有学者用荧光分析证明了高聚物界面间有扩散存在,还有学者用标记元素测得了高聚物大分子的扩散系数。

　　但扩散理论的局限性也显而易见。扩散理论在解释部分高聚物—高聚物之间的黏结现象时有一定的合理性,但它不适用于高聚物与非高聚物(如无机物)之间的黏结体系,因为高聚物与无机物之间不会发生界面扩散现象。

五、静电理论

　　静电理论认为,当两相材料相互接触时,会发生电子的转移使两相材料表面带有不同的电荷,从而形成一个类似于电容器的双电层,这种双电层产生的静电引力是界面黏结强度的主要贡献者,如图 4 - 6 所示。

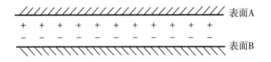

图 4 - 6　界面的静电相互作用示意图

　　静电理论与一些实验结果是吻合的,有一定的道理,但是有很大的局限性。根据模型计算,只有当电荷密度达到 10^{21} 个电子/cm^3 时静电引力才有显著作用,但是实验测到的电荷密度只有 10^{19} 个电子/cm^3,对强度的贡献是有限的,可以忽略不计。此外,静电理论不能解释温度、湿度以及其他因素对界面黏结强度的影响,也不能解释电介质极性相近的聚合物也能牢固黏结的事实。

六、机械黏结理论

　　机械黏结理论认为,被黏结固体的表面是粗糙不平的,存在一定的沟槽和孔隙,因此,当液态的黏结剂与之相接触时,就会渗透到这些沟槽和孔隙内,当黏结剂固化后由于被机械地楔住而滞留在孔隙内,产生黏结,如图 4 - 7 所示。机械黏结的关键是被黏结物体的表面必须有大量的沟槽和孔穴。对于复合材料来说,通常增强体的表面粗糙度越高,所形成的复合材料的界面黏结强度越强。

图 4 - 7　机械黏结理论示意图

以上的界面理论从不同的角度阐述了复合材料界面间的相互作用机理,不同的理论强调了不同的相互作用力的重要性,如浸润吸附理论认为黏结界面主要是分子间作用力的结果,化学键理论则强调了化学键力的重要性,而机械黏结理论认为机械作用是黏结强度的主要贡献者。但实际上,复合材料界面的形成是一个十分复杂的过程,界面上的作用力也不单单只有一种,而是多种作用力协同作用的结果。因此,不应该孤立地去看待每一种界面理论,很多复合材料的界面现象有时需要运用多种理论联合应用才能解释全部的实验事实。

第三节 复合材料常用的界面控制方法
——增强纤维的表面处理

界面黏结的好坏对复合材料的性能起着决定性的作用,因此,在基体树脂和增强纤维的复合过程中,要对两者所形成的界面进行控制,以期得到具有良好黏结界面的复合材料。从上节的界面理论可知,两相之间的界面黏结强度与界面上的相互作用力直接相关,而界面上的相互作用力取决于两相的表面状况,如果改变两相的表面状况,如改变表面张力、在表面引入活性官能团、改变粗糙度或者引入第三种物质等,都会改变界面的结合状态。对复合材料来说,具体可以从以下方面进行界面控制:

(1)基体树脂方面。选用一些化学结构中具有活性基团或极性基团的基体树脂,使之与增强材料之间形成化学键或具有较强的分子间相互作用力,增强两者的界面黏结强度。

(2)增强材料方面。对增强纤维进行表面处理,使纤维表面发生刻蚀形成沟槽,比表面积增加,或者在纤维表面引入一定数量的活性基团,使增强纤维与基体树脂之间形成良好的浸润、机械黏结或化学键合,提高两者之间的界面黏结强度。

(3)引入第三种物质。在增强纤维表面进行涂层,将偶联剂、某种聚合物、表面处理剂等涂覆在增强纤维表面上,使增强纤维与基体材料间产生偶联、减弱增强纤维表面的缺陷或松弛界面应力等,从而提高增强材料与基体树脂之间的界面黏结强度。

在以上方法中,在基体树脂已经选定即其化学结构已经确定的情况下,最主要的改性方法就是对增强纤维进行表面处理和引入第三种物质。在实际操作中,引入第三种物质的实施方法也是将第三种物质涂覆在增强纤维表面,因此,常将对增强纤维的直接表面处理和引入第三种物质都归为增强纤维的表面处理。增强纤维的表面处理是复合材料最常用的界面控制方法,下面将介绍常用增强纤维的表面处理方法。

一、玻璃纤维的表面处理

玻璃纤维的表面光滑,相对粗糙度小,横截面为对称的圆形,不利于与树脂界面黏结;玻璃纤维制备过程中,为了保护纤维免受大气和水分的侵蚀以及有利于后面的纺织加工工序,从坩埚中拉出的玻璃纤维单丝表面会被涂覆一层纺织型浸润剂,该浸润剂通常为一种石蜡乳剂,会妨碍纤维与树脂的界面黏结。因此,在制备复合材料之前,必须对玻璃纤维进行表面处理,以提高其与基体树脂的界面黏结性。

工业上玻璃纤维最常用的表面处理方法是偶联剂处理,除此之外,近年来,一些新的表面处理方法也在研究探索中。

(一)偶联剂处理

1. 偶联剂的结构特点和种类

偶联剂是一种分子两端带有不同性质官能团的化合物,其中一种官能团与玻璃纤维表面发生化学或物理的作用,另一种官能团与基体发生化学或物理的作用。通过偶联剂的"桥接"作用,可以使树脂基体与玻璃纤维紧密连接起来,界面黏结性得以改善,从而使树脂与纤维实现良好的黏结,提高复合材料的性能。

根据化学结构的不同,可将偶联剂分为硅烷偶联剂、有机铬偶联剂、钛酸酯偶联剂等。其中硅烷偶联剂是一类品种多、处理效果好、应用范围广的表面处理剂。

2. 偶联剂的作用机理

(1)硅烷偶联剂的作用机理。硅烷偶联剂的结构通式为 R_nSiX_{4-n},其中有机基团 R 含有反应性官能团 Y,如—NH_2、—SH、—CH——CH—、—CH＝CH—等,X 为易水解的基团,

$$\overset{\displaystyle\quad\,\,\,}{\underset{\displaystyle O}{}}$$

如—Cl、—OCH_3 或—OC_2H_5、—$OCH_2CH_2OCH_3$ 等,n 多数为 1。

偶联剂的作用机理如图 4-8 所示,硅烷偶联剂的 X 基团水解后产生羟基,可与玻璃纤维(GF)表面发生作用,有机基团 R 中的 Y 活性基团可与基体树脂起反应,通过偶联剂的"桥接"作用,把基体树脂和玻璃纤维紧紧地黏结在一起。

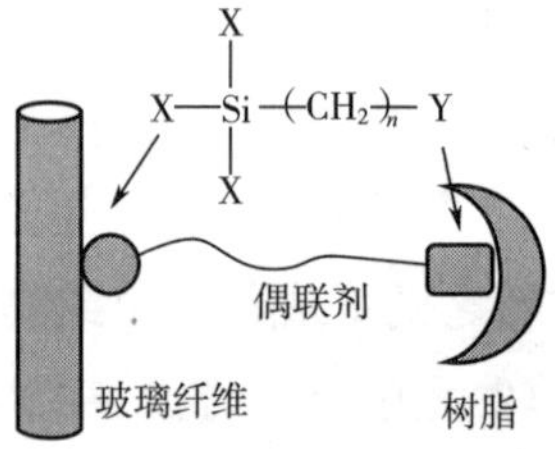

具体的作用机理如下:

硅烷偶联剂中的基团 X 水解后形成三醇基硅烷:

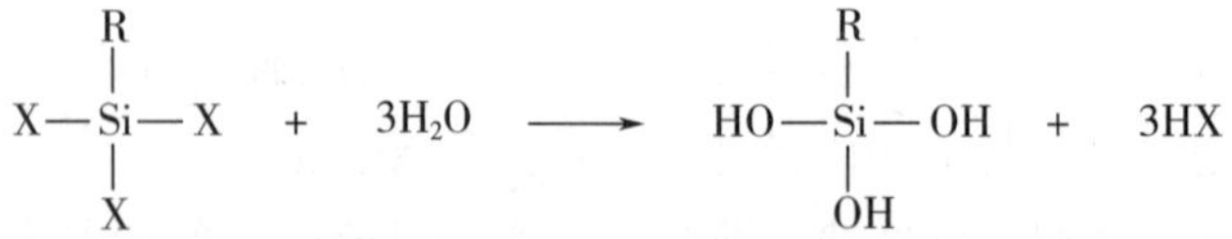

图 4-8 硅烷偶联剂的作用机理

$$X\!-\!\underset{\underset{\textstyle X}{|}}{\overset{\overset{\textstyle R}{|}}{Si}}\!-\!X \;+\; 3H_2O \;\longrightarrow\; HO\!-\!\underset{\underset{\textstyle OH}{|}}{\overset{\overset{\textstyle R}{|}}{Si}}\!-\!OH \;+\; 3HX$$

生成的三醇基硅烷上的硅羟基之间以及硅羟基与玻璃纤维表面上的硅羟基之间形成氢键:

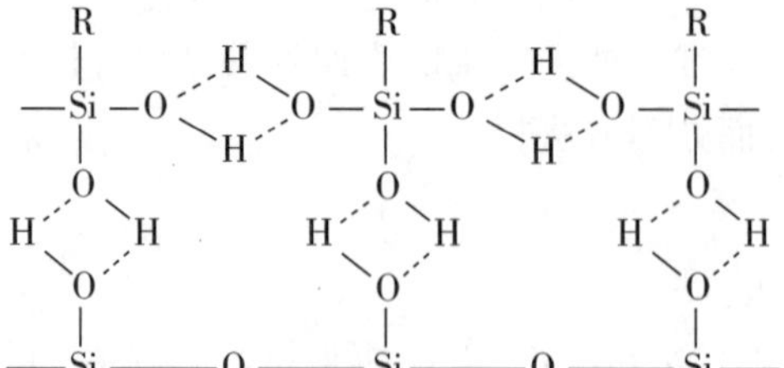

在后续的烘干过程中,硅烷偶联剂与 GF 表面以氢键形式结合的—OH 之间在高温下发生脱水反应,形成共价键结合的—Si—O—Si—键:

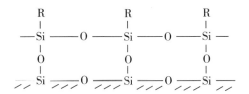

因此，硅烷偶联剂与玻璃纤维表面以化学键—Si—O—Si—结合，同时硅烷偶联剂在玻璃纤维表面定向排列，形成了有机基团 R 朝外的结构。

有机基团 R 中的 Y 活性官能团是与树脂发生偶联作用的活性基团。对于热固性树脂，Y 活性基团可以参与基体树脂的固化反应，如—NH_2、—SH 和 —CH——CH— 可参与环氧树

$$\quad\quad\quad\quad\quad\quad\quad\quad\quad\quad O$$

脂的固化反应，—CH＝CH—可参与不饱和聚酯树脂的固化反应。对于热塑性树脂，在相容性好的基础上，与热塑性树脂分子发生溶解、扩散、缠结或发生化学反应。

这样，通过偶联剂把树脂基体和玻璃纤维紧紧连接起来，使基体与 GF 实现良好的界面结合，从而显著提高复合材料的性能。

Y 活性基团不同，偶联剂种类也不同。对于不同的树脂基体，要选择与之相容性好并能起反应的硅烷偶联剂。因此，不同的偶联剂所适用的基体树脂也不同。常见硅烷偶联剂的结构及其所适用的树脂基体见表 4-1。

表 4-1　常见硅烷偶联剂的结构及其适用的基体树脂

牌号	名称	结构式	适用范围
A-1100 (KH-550)	γ-氨丙基三乙氧基硅烷	$H_2N(CH_2)_3Si(OC_2H_5)_3$	环氧、酚醛、聚酰亚胺、三聚氰胺、PVC、PC
A-187 (KH-560)	γ-缩水甘油醚丙基三甲氧基硅烷	CH_2—$CHCH_2O(CH_2)_3Si(OCH_3)_3$ 　　O	环氧、酚醛、三聚氰胺、尼龙
A-174 (KH-570)	γ-甲基丙烯酸丙酯基三甲氧基硅烷	$CH_2＝C—C—O—(CH_2)_3Si(OCH_3)_3$ 　　$CH_3\ O$	不饱和聚酯、PE、PP、PS、PMMA
KH-580	γ-巯基丙基三乙氧基硅烷	$HS(CH_2)_3Si(OC_2H_5)_3$	环氧、酚醛、PVC、PS、聚氨酯
A-189 (KH-590)	γ-巯基丙基三甲氧基硅烷	$HS(CH_2)_3Si(OCH_3)_3$	环氧、酚醛、PVC、PS、聚氨酯
A-151	乙烯基三乙氧基硅烷	$CH_2＝CHSi(OC_2H_5)_3$	不饱和聚酯、PE、PP、PVC
A-172	乙烯基三(β-甲氧乙氧基)硅烷	$CH_2＝CHSi(OCH_2CH_2OCH_3)_3$	不饱和聚酯、PE、PP、PVC
B201	γ-二乙烯三胺基丙基三乙氧基硅烷	$H_2N(CH_2)_2NH(CH_2)_2NH(CH_2)_3Si(OC_2H_5)_3$	环氧、酚醛、尼龙
B202	γ-乙二胺基丙基三乙氧基硅烷	$H_2N(CH_2)_2NH(CH_2)_3Si(OC_2H_5)_3$	环氧、酚醛、尼龙

（2）有机铬偶联剂的作用机理。有机铬偶联剂的结构通式如下：

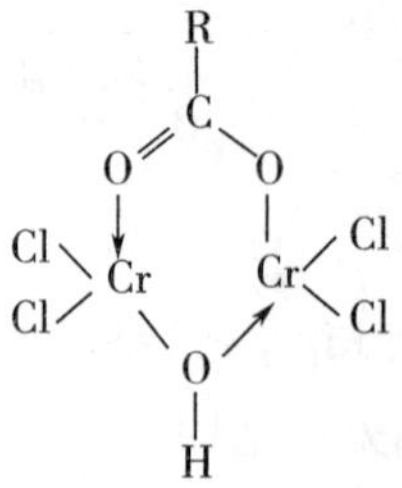

当 R 为 $H_2C=C-CH_3$ 时，即甲基丙烯酸氯化铬络合物，商品名为"沃兰"（Volan），是工业上常用的一种有机铬偶联剂。

沃兰的作用机理如下：

首先沃兰发生水解，—Cl 转化成—OH，同时生成 HCl，因此沃兰的水溶液呈酸性：

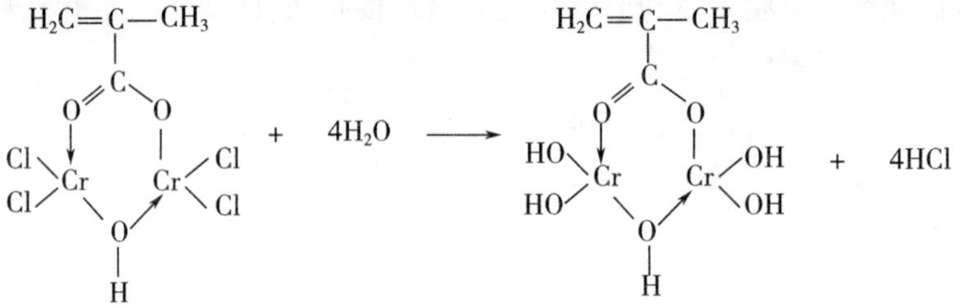

水解后的沃兰吸附于玻璃纤维表面，与玻璃纤维表面的—Si—OH 发生脱水缩合，生成—Si—O—Cr—键，同时沃兰分子之间发生脱水缩合反应形成—Cr—O—Cr—键：

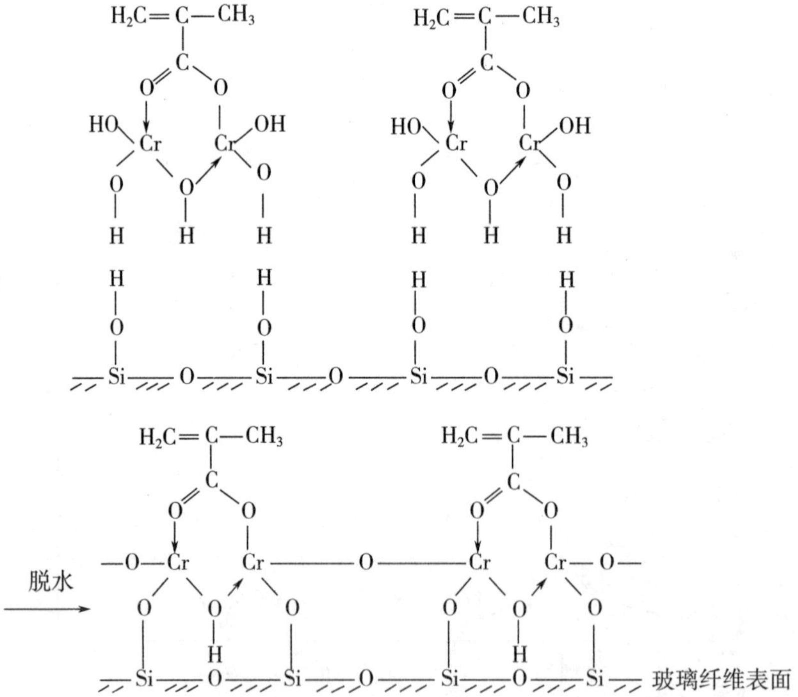

沃兰与树脂的相互作用：

沃兰中的 $H_2C{=}C{-}CH_3$ 可参与不饱和聚酯树脂的固化反应,而—Cr—Cl、—Cr—OH 可参与环氧树脂和酚醛树脂的固化反应,因此,沃兰可适用于不饱和聚酯树脂、环氧树脂和酚醛树脂。对于热塑性树脂来说,与 $H_2C{=}C{-}CH_3$ 结构相似的 PP、PE、PMMA 等均可适用。

3. 玻璃纤维偶联剂表面处理工艺

用偶联剂对玻璃纤维进行表面处理主要有三种方法,即前处理法、后处理法、迁移法。

(1)前处理法。是指在玻璃纤维制备过程中,从坩埚或池窑中拉出的玻璃纤维单丝表面直接涂覆增强型浸润剂的处理方法。这种增强型浸润剂通过改变浸润剂配方,加入偶联剂组分,使得玻璃纤维在拉丝过程中表面就被涂敷了偶联剂,既能满足进一步纺织等其他工序的要求,又能提高玻璃纤维与基体树脂的界面黏结性能。采用前处理法处理的玻璃纤维及其织物在制作复合材料时,不需要再进行任何处理,可以直接使用,避免了后处理过程中对玻璃纤维造成的损伤及强度损失,而且可省去复杂的处理工艺及设备,使用方便,是目前比较先进的玻璃纤维表面处理方法。但该方法对于增强型浸润剂的技术要求较高,因此开发适合前处理法的浸润剂配方已成为一个重要的研究课题。

(2)后处理法。又称普通处理法,主要应用于已经使用纺织型浸润剂的玻璃纤维制品上,由于该浸润剂通常为一种石蜡乳剂,会妨碍纤维与树脂的界面黏结,在制作复合材料之前必须去除掉。因此,后处理法分两步进行,首先除掉玻璃纤维表面的纺织型浸润剂,然后浸渍偶联剂,再经水洗、烘干等工艺,使玻璃纤维表面涂敷一层偶联剂。

除去浸润剂的方法主要有洗涤法和热处理法两种。洗涤法是采用碱液、肥皂水、有机溶剂(如丙酮、二氯甲烷、甲苯等)溶解和洗去纺织型浸润剂。热处理法是利用加热的方式,使浸润剂经挥发、炭化等除去。洗涤法中用到的有机溶剂存在环境污染问题,故热处理法使用相对较多。高温不仅使得玻璃纤维表面的浸润剂发生挥发、分解,同时可除去玻璃纤维表面吸附的水分。玻璃纤维热处理根据温度高低一般分为三种:500～600℃的高温热处理、400～500℃的中温热处理以及低于 400℃的低温热处理。处理时间越长,处理温度越高,浸润剂去除率越高,但玻璃纤维损伤越大,强度下降越严重。因此,不同用途的玻璃纤维应采用合理的热处理方法。

后处理法工序多,各道工序都需要专门设备,初投资较大,而且玻璃纤维强度损失大,但处理效果较好。因此,后处理法是目前应用最多的一种玻璃纤维的表面处理工艺。

(3)迁移法。又称潜处理法,是将偶联剂按一定比例直接加入树脂胶液中,在浸胶的同时将偶联剂涂覆在玻璃纤维上。作用机理是偶联剂在浸胶过程中将发生向玻璃纤维表面的迁移作用,并与玻璃纤维表面发生反应,从而产生偶联作用。此方法操作简单,不需要复杂的处理设备,而且不会对纤维产生损伤,但是处理效果较以上两种方法差。

采用偶联剂对玻璃纤维进行表面处理是目前发展最完善、处理效果最好以及在工业上最主要应用的一种方法。但目前,其他的玻璃纤维表面处理的方法也在研究和探索中,主要有表面刻蚀、表面接枝、等离子体处理等,下面简单介绍。

(二)其他表面处理方法

1. 表面刻蚀

玻璃纤维耐碱性较差,且其组分中的 CaO、Al_2O_3、Na_2O、MgO 等金属氧化物易被酸腐蚀,因此,用适当的酸或碱对玻璃纤维进行表面处理,可以在纤维表面产生微孔、凹槽或沟壑,有助于通过机械嵌合提高纤维与基体的界面黏结强度。同时,酸碱刻蚀能够使纤维表面产生 Si—OH 基团,使纤维表面具有一定的化学反应活性,容易与基体的功能性基团发生化学键合作用,提升纤维与基体的界面黏结强度。酸碱表面处理后纤维表面的粗糙度和比表面积得以提高,但酸碱处理会在一定程度上降低纤维的力学性能。例如,用 0.1mol/L NaOH 水溶液对玻璃纤维进行刻蚀,很容易在纤维表面产生微孔或沟槽等,但其强度会发生严重下降;稀盐酸或稀硫酸可以有效刻蚀玻璃纤维表面,增加其比表面积,改善玻璃纤维的表面润湿性,但也会导致纤维强度的下降。因此,酸碱刻蚀处理需要严格控制酸碱浓度、处理温度和时间,同时综合平衡表面刻蚀对纤维表面特性和力学强度的影响。

2. 表面接枝处理

酸碱刻蚀会破坏纤维结构使其强度下降,而纤维进行表面接枝处理是提高复合材料界面强度的有效办法。玻璃纤维表面进行化学接枝处理一方面可以根据所需性能,在纤维表面接枝具有相应性能的高分子,如改善纤维的疏水性、力学性能、耐腐蚀性以及与基体树脂的相容性和反应活性等;另一方面,表面接枝聚合物可在一定程度上修复并保护纤维表面,提高纤维的强度;此外,表面接枝使得纤维表面形成一层保护膜,降低纤维之间的缠结,有利于短纤维在基体中的分散。

表面接枝是通过氢键或共价键作用将高分子链接到玻璃纤维表面。可以先对玻璃纤维进行表面刻蚀,引入活性基团,利用聚合物的活性基团与玻璃纤维表面的活性基团发生化学键合作用,使聚合物接枝到纤维表面。例如,先通过酸或碱刻蚀使玻璃纤维表面产生羟基活性基团,之后将超支化聚酰胺(HBPA)接枝到玻璃纤维表面。接枝后可明显提高玻璃纤维与环氧树脂的相容性,并形成强的相互作用。在环氧树脂中添加 2%(质量分数)的改性玻璃纤维制成的复合材料,其弯曲强度、拉伸强度和冲击强度比纯环氧树脂固化物分别增加了 17.7%、7.9%、35.9%。也可以先用偶联剂对玻璃纤维进行处理,在其表面形成活性中心或者引入活性基团,然后再引发单体进行聚合反应形成高分子链。例如,采用 KH-550 偶联剂对玻璃纤维进行表面处理,在纤维表面引入活性氨基官能团,然后利用氨基的反应性将设定的聚合物接枝到玻璃纤维的表面,从而改善纤维的表面特性。再如,通过原位固相缩聚反应在纤维表面接枝 PET 大分子,可使纤维增强 PET 复合材料的拉伸强度、弯曲强度以及冲击强度都有一定程度的提高。

3. 等离子体处理

随着物质能量的增加,物质的状态将发生由固到液到气的转变,进一步增加气体能量,则气体原子中的电子可以脱离原子而成为自由电子,原子成为正离子,这种含电子、正离子和中性粒子的混合体,称为等离子体。等离子体是物质存在的第四态,通常由电子、正离子、负离子、激发态原子或分子、基态能级的原子或分子、光子六种类型的基本粒子所构成,具有较高的能量。采用低温等离子体对材料进行表面改性简单安全又不造成环境污染,处理时间短、处理效果好,而且被处理的表面只在几到几十纳米内的薄层起物理或化学变化,对材料的本体性能影响较小,因此近年来发展很快,在纤维表面改性方面的应用越来越广泛,主要用于碳纤维、芳纶、超高分子量聚乙烯、PBO等。

近年来,有很多研究者把等离子体处理应用于玻璃纤维的表面处理,也取得了较好的表面处理效果。等离子体对玻璃纤维进行适当处理后,能够对玻璃纤维表面产生轻度刻蚀,增大比表面积,并形成"锚固作用";同时,等离子体表面改性可增加纤维表面的极性官能团,提高表面能,从而改善基体对玻璃纤维的浸润性。这两方面的共同作用,对于提高复合材料的界面黏结性具有良好的效果。例如,冯媛媛采用介质阻挡放电产生的低温等离子体对玻璃纤维进行不同时间的改性处理,处理后纤维表面出现不同程度的凹陷和凸起,随处理时间的延长,纤维表面的刻蚀程度越来越大,并伴随剥离现象的出现。以空气作为反应气体,成功引入了O—C＝O等新的含氧极性基团,提高了玻璃纤维表面的活性程度和表面自由能,使其容易与环氧树脂之间形成化学键合作用,进而提高纤维表面的黏结性,使复合材料的电气和力学性能提高。

二、碳纤维的表面处理

碳纤维因其特殊的排列规整的石墨微晶结构,其表面极性基团较少,呈化学惰性且表面能、比表面积都较小,因此碳纤维与树脂之间浸润性差,界面结合力较弱,导致碳纤维的优越性能在复合材料中很难发挥出来。为了提高碳纤维与基体树脂的界面黏结性能,可以对碳纤维进行表面处理。碳纤维表面改性的方法主要有表面氧化处理法、等离子体处理法、高能射线处理法、化学接枝处理法、表面涂层法等。随着研究人员对表面改性技术的深入研究,改性方法也越来越丰富,并且均取得了较好的效果。碳纤维表面处理后,一般还要经上浆处理,上浆剂的引入也会对碳纤维和基体树脂的界面性能产生影响。

(一)碳纤维的表面处理方法

1. 表面氧化处理法

表面氧化处理法是采用氧化剂对碳纤维的表面进行氧化处理,可以在纤维表面引入含氧的极性官能团,如羧基、羰基、羟基等,同时对纤维表面进行刻蚀形成沟槽,使碳纤维的比表面积增加,粗糙度增加。因此,碳纤维的表面氧化处理在化学和物理两方面增强了纤维与基体树脂的黏结作用,可以提高复合材料的界面剪切强度。根据氧化剂以及实施方法的不同,表面氧化处理法分为液相氧化法、气相氧化法以及电化学氧化法。

(1)液相氧化法。液相氧化法是将碳纤维置于液态氧化剂中进行氧化处理,如硝酸、硫酸、高锰酸钾、次氯酸钠、双氧水和过硫酸铵等强氧化剂,可以使碳纤维表面产生羟基、羧基等极性官能团,能够显著增强纤维与树脂基体间的浸润性和化学作用,从而提高材料的界面黏结强度。例如,将浓硝酸处理后的碳纤维与聚苯乙烯复合,由于纤维表面活性基团和粗糙度的增加,可使材料的界面性能大幅度提高。但经浓硝酸处理后碳纤维本身的强度损伤较大。又如,用硝酸银/过硫酸钾溶液对碳纤维进行氧化处理,发现纤维表面产生许多含氧基团,纤维的拉伸强度基本没有变化,而复合材料的界面剪切强度提高了63%。液相氧化法相对简单、成熟,但在一定程度上会对纤维的拉伸强度产生影响,所以选用合适的液态氧化剂同时正确控制温度与时间等处理条件对氧化效果以及对纤维强度的影响至关重要。但是由于大量废酸废液的产生,因此环境污染较大,废液治理是一大难题,同时纤维表面吸附的酸也很难清洗干净,而且液相氧化多为间歇操作,所需处理时间较长,与 CF 生产线相匹配有困难。因此,液相氧化法难以实现工业化。

(2)气相氧化法。气相氧化法是将碳纤维在氧化性气体(如空气、氧气、臭氧等)氛围中,在一定的外界条件(如加入催化剂、加热)下,使其表面发生氧化,产生含氧活性基团。

碳纤维的空气氧化一般在管式炉中进行,反应温度控制在 $350\sim600\,℃$,反应时间可根据 CF 种类及所需氧化程度决定。空气氧化处理后,碳纤维的比表面积增大,活性官能团增多,由碳纤维制得的复合材料的界面剪切强度提高。但需严格控制碳纤维的氧化程度,否则易使纤维纵深氧化,使 CF 强度损失严重。

臭氧也是一种常用的氧化气体。臭氧在特定条件下能够分解出活泼的氧原子,这些氧原子与碳纤维表面的不饱和碳原子发生氧化作用,在碳纤维表面生成含氧基团。比如,采用不同浓度的臭氧处理碳纤维,显著提高了纤维增强树脂基复合材料的界面黏结强度,复合材料的界面剪切强度提高了约 60%。

气相氧化法工艺简单、设备造价低、处理时间短、处理效果显著,容易与碳纤维生产线相衔接,可连续化处理。但反应较难控制,易造成纤维过度氧化,使 CF 强度损伤严重。在空气氧化时,可适当加入 SO_2、卤素或卤代烃,能防止纤维发生过度氧化;或者在铜(Cu)、铅(Pb)等过渡金属盐的存在下进行气相氧化,也可防止 CF 过度氧化。

(3)电化学氧化法。电化学氧化法也叫阳极氧化法,该方法是将碳纤维放入电解质溶液中作为阳极,石墨或金属板作为阴极,在电场的作用下,靠电解作用产生的初生态氧对 CF 进行表面处理,如图 4-9 所示。经过电化学氧化处理后的碳纤维表面会发生一定程度的刻蚀,使纤维表面变得粗糙,同时还会在纤维表面产生活性官能团,有利于碳纤维与树脂间的界面黏结。

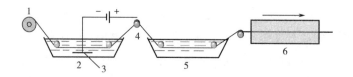

图 4-9 电化学氧化法的实验装置示意图

1—碳纤维卷筒　2—电解槽　3—阴极　4—导电辊　5—水洗槽　6—干燥炉

用于电化学氧化处理的电解质通常有无机酸、有机酸、盐类及碱类等,其中最常用的是酸类或盐类电解质。常用的酸类电解质有硝酸、硫酸、磷酸等,如用硝酸作为电解质,可使纤维表面的含氧官能团增多,明显提高纤维与树脂复合材料的层间剪切强度。常用的盐类电解质有次氯酸钠(NaClO)、氯化钠(NaCl)、硫酸钾(K_2SO_4)、碳酸氢铵(NH_4HCO_3)、硫酸氢铵(NH_4HSO_4)等,用铵盐作电解质除了在碳纤维表面引入含氧官能团外,还可引入含氮官能团。例如,刘杰等将碳纤维置于电解质碳酸氢铵中,对碳纤维进行电化学氧化处理,发现有大量含氮和含氧基团被引入碳纤维表面,使得制备的碳纤维/环氧树脂复合材料的界面性能大幅度提高。如选用草酸铵/碳酸氢铵混合溶液作为电解液氧化碳纤维,则碳纤维的拉伸强度基本没有变化,而复合材料的界面性能得到了提高。

电化学氧化法的优点是操作简便、处理条件缓和、反应易控、处理时间短、处理效果好,可以直接与 CF 生产线相连,是目前工业上碳纤维表面处理普遍采用的方法。但同时也存在着一些缺点,例如,电解液的后续处理烦琐,废液容易对环境造成污染等。

2. 等离子体处理法

等离子体处理碳纤维时,电场中产生的大量等离子体及其高能的自由电子轰击碳纤维的表面,使碳纤维表面产生活性基团,同时也增加碳纤维表面的粗糙度,有利于增强纤维与树脂间的界面黏结,使复合材料的界面剪切强度显著提高。例如,采用二甲苯/空气/氩气的混合气体等离子体处理碳纤维,发现纤维表面生成聚合物薄膜,有效增加了纤维表面的活性且在一定程度上填补了纤维表面的缺陷,使其复合材料的界面性能和力学性能大幅度增强。利用氨气/乙烯混合等离子体处理碳纤维,发现碳纤维增强环氧树脂复合材料的界面剪切强度最高可达146MPa,比未处理的纤维增强复合材料提高了近 3 倍。

3. 高能射线处理法

与等离子体处理方法相似,高能射线处理法是利用高能射线轰击碳纤维表面,使碳纤维表面的碳原子发生断键,不仅在碳纤维表面产生大量活性基团,而且碳纤维表面被刻蚀,增加了碳纤维的粗糙度和比表面积,从而有利于提高复合材料的界面结合强度。Tiwari 等采用不同剂量的 γ 射线处理碳纤维,再将纤维与聚醚酰亚胺复合得到复合材料,其层间剪切强度提高了60%,但射线剂量不宜过大,过大的剂量会损伤纤维的拉伸强度。

4. 化学接枝处理法

化学接枝处理法是通过氧化法或非氧化法对碳纤维表面进行官能化处理,赋予碳纤维表面较多的活性官能团,这些活性基团能与待接枝的分子或粒子进行化学反应,通过化学键合的作用将各种小分子、纳米粒子及聚合物等接枝到碳纤维表面,以此提高纤维/树脂复合材料的界面性能和力学性能。复合材料的界面黏结强度主要取决于接枝后的纤维和树脂之间的相容性,良好的相容性是二者具有良好浸润性的前提。因此,在选择所要接枝的分子或粒子时应充分考虑其与树脂间的相容性。

例如,以多巴胺(PDA)为桥联剂将疏水硬脂胺接枝到纤维表面,与未处理纤维增强的复合材料相比,修饰后碳纤维/环氧树脂复合材料的拉伸强度和层间剪切强度分别提高了 70% 和35%。通过缩聚的方法将末端带有氨基的交联聚磷腈(ACP)接枝到碳纤维表面,这种方法处理条件温和且接枝后能实现均匀分散,使得碳纤维/马来酸酐接枝的聚丙烯复合材料的界面剪切强度提高 223%。以一种偶联剂聚酰胺——胺型树枝状高分子(PAMAM)为媒介,将氧化石墨烯通过化学键合的方式接枝到碳纤维表面,发现氧化石墨烯均匀地分布在纤维表面且表面能提高了 99.6%,增强了纤维/树脂间界面黏结力,界面处的应力传递也更均匀。化学接枝法能够有效提高碳纤维/树脂复合材料的界面黏结力,使二者之间存在较强的化学作用力,但此方法一般需要用强氧化剂对纤维表面进行化学处理,这在一定程度上会破坏纤维表面的结构,同时,过强的界面结合力会恶化热固性树脂基材料的界面韧性。

5. 表面涂层处理法

表面涂层处理法是将某种聚合物、表面处理剂、偶联剂或金属等涂覆在 CF 表面,减弱碳纤维表面的缺陷,缓和界面应力,或者使碳纤维与基体材料间产生偶联等,从而提高复合材料的性能。

表面涂层主要有以下几种方法:

(1)气相沉积法。在高温还原性气氛中,使烃类、金属卤化物等还原成碳或碳化物、硅化物等,在纤维表面形成沉积膜或长出晶须,以改善碳纤维的表面状况。

(2)表面电聚合。以碳纤维为阳极,在电解质溶液中,电解产生的自由基可以引发乙烯基类单体在碳纤维表面进行聚合反应,生成聚合物涂层,从而改进复合材料的界面性能。

(3)偶联剂涂层。采用某些偶联剂对碳纤维进行涂敷,以改善碳纤维和基体树脂的界面黏结性。

(二)碳纤维的上浆处理

1. 上浆剂的作用

在工业上,碳纤维经表面处理后还要在纤维表面涂一层上浆剂。上浆剂的作用主要有以下几个方面:

(1)保护纤维表面的活性基团。碳纤维经表面处理后,表面会产生大量的活性官能团,但碳纤维的表面活性会因放置时间而逐渐下降,这主要是因为活性表面易吸附空气中的灰尘与水分,而上浆剂可以有效地将活性表面与空气隔绝,保持纤维表面活性。

(2)提高碳纤维的集束性。上浆剂将分散的碳纤维聚集起来,有利于纤维以后的纺织加工以及缠绕成型等工艺过程。

(3)保护碳纤维免受损伤。上浆剂在碳纤维表面形成保护膜,减低纤维与纤维、纤维与设备之间的摩擦,减少毛丝的产生,保持碳纤维的力学性能,提高耐磨性能。

(4)增强碳纤维与基体树脂的界面黏结性能。选择合适的上浆剂,可以增强碳纤维的表面活性,改善纤维的浸润性能,增强碳纤维与基体树脂的界面黏结性能,提高复合材料层间剪切强度。

2. 上浆剂的种类

碳纤维上浆剂主要由主体聚合物、溶剂或乳化剂以及各种助剂组成。根据上浆剂中所使用溶剂类型的不同,碳纤维上浆剂通常可以分为三类:溶剂型上浆剂、乳液型上浆剂和水溶性上浆剂。

(1)溶剂型上浆剂。溶剂型上浆剂是将主体聚合物如环氧树脂、聚酰亚胺、聚丙烯酸酯、聚醚砜、聚乙烯醇等完全溶解于有机溶剂中配制而成。经过上浆处理后,上浆剂能够在碳纤维表面形成一层保护涂层。溶剂型上浆剂虽然制备过程简单、操作方便,但在上浆过程中,由于溶剂慢慢挥发而使树脂残留在导辊上,当后续纤维通过时会对纤维造成更大的损伤。同时,大量溶剂的挥发又使车间环境受到污染,从而对人体造成伤害。因此,目前溶剂型上浆剂已经很少使用。

(2)乳液型上浆剂。乳液型上浆剂是以一种树脂为主体,配以一定量的乳化剂,少量或没有交联剂以及为提高界面黏合性的助剂而制成的乳液。乳液型上浆剂一般不易在导辊上残留下树脂,又无溶剂污染环境,对碳纤维的保护性好,同时又可以通过助剂达到提高复合材料层间剪切强度的目的。因此,该类上浆剂目前应用广泛。但乳液型上浆剂也同样存在一些缺点,如乳液中的表面活性剂使碳纤维表面容易吸附水分,而且低相对分子质量的表面活性剂也会影响纤维与树脂之间的黏结性,另外,乳液型上浆剂配制过程较为复杂。

(3)水溶性上浆剂。水溶性上浆剂是乳液型上浆剂的改进,通过向树脂中引入亲水性基团或亲水链段使其具有自乳化能力,不需要再加入乳化剂和其他助剂。上浆剂配制过程简单,但前期需要对树脂进行化学改性引入亲水官能团,而且相对于乳液型上浆剂,其稳定性较差,在上浆过程中可能会发生分层或沉淀。目前在碳纤维上应用较少,还需进一步研究开发。

3. 碳纤维上浆剂中主体聚合物的选择原则

主体聚合物是碳纤维上浆剂的主要成分,其选择的原则首先是要与基体树脂相匹配。对于一定的复合材料基体树脂,必须选用合适的上浆剂,一般采用基体树脂或与之结构相近的树脂作为主体聚合物来配制上浆剂。由其制备成的上浆剂对碳纤维要具有良好的黏着性,并能形成良好的浆膜,同时要求上浆剂的物理、化学性质稳定。此外,还要考虑到碳纤维复合材料使用的环境要求。如航天航空等领域,很多情况下需要碳纤维复合材料在高温环境下使用,但大部分的环氧树脂型上浆剂在200℃以上就会发生降解,从而使上浆剂失效,导致复合材料的整体性能下降。日本东丽公司研发了一种耐高温的T800碳纤维上浆剂,该上浆剂采用一种芳香族聚酰亚胺共聚物作为主体聚合物,在高温下不发生降解,保证了碳纤维复合材料在高温情况下正常使用。目前使用的上浆剂主体聚合物主要有环氧树脂、聚酰亚胺、酚醛树脂、聚丙烯酸酯、聚醚砜、聚氨酯、聚乙烯醇等。

由于环氧树脂是复合材料中应用最广泛的基体树脂,因此目前研究和使用最多的是环氧树脂型上浆剂,开发了多种与环氧树脂相匹配的碳纤维上浆剂。环氧树脂种类繁多,上浆剂多采用双酚A型环氧树脂、芳香族缩水甘油醚及芳香族缩水甘油胺等。环氧树脂型上浆剂配方和工艺都较为成熟,对于碳纤维增强环氧树脂复合材料具有优良的界面相容性。针对其他不同的复合材料用树脂基体,如乙烯基酯树脂、聚酰亚胺、聚醚酮、聚醚砜、聚酰胺、聚乙烯等,目前也开发出了相匹配的碳纤维上浆剂。

大量的研究结果表明,不同的上浆剂对碳纤维复合材料的层间剪切强度影响很大,因此选择合适的上浆剂对提高碳纤维和基体树脂的界面黏结性能非常重要。除了上浆剂的种类外,上浆剂中树脂的相对分子质量、乳液型上浆剂中乳化剂的种类、上浆剂的用量都会对碳纤维和基体树脂的界面黏结性能产生影响,因此在上浆剂的配制和上浆过程中要严格控制。

此外,改善碳纤维与基体树脂间的界面黏结性能只是碳纤维上浆的目的之一,上浆剂还需满足碳纤维集束性、耐磨性等工艺指标的要求。因此,要兼顾上浆剂对碳纤维的集束性和界面黏结性的要求,如何根据不同的复合材料体系以及应用环境的要求来设计合适的上浆剂将是未来研究的重点方向。

三、芳纶的表面处理

芳纶是一种高性能有机纤维,分子排列规整,结晶度高,表面较为光滑,难以与树脂基体产生机械啮合;而且较高的结晶度将酰胺键等极性基团封闭在晶格内部,造成表面惰性,表面反应活性低,难以与树脂基体产生较强的分子间相互作用和化学键合,芳纶与树脂基体间的界面黏结较差,容易发生层间剥离现象,严重影响复合材料的综合性能。因此,通常需要对芳纶进行表面改性。处理方法主要包括物理改性法、化学改性法以及表面涂层法。

(一)物理改性法

物理改性法主要是通过外界能量,如等离子体、高能射线、超声波等作用于芳纶的表面,使纤维表面发生刻蚀,表面自由能增加;此外,外界的物理条件会使纤维的表面发生化学改变,如引入羟基、羧基等极性基团或产生活性中心进一步引发接枝反应。通过改善纤维表面的物理、化学状态来提高芳纶与树脂基体间的界面黏结性,常用的改性方法主要包括等离子体处理、γ射线辐照、超声波浸渍改性等。

1. 等离子体改性

通常利用反应性气体如 NH_3、O_2 的低温等离子体作为高能粒子对芳纶表面进行氧化刻蚀,在纤维表面引入极性基团,增加纤维表面的活性和反应性,同时芳纶表面的粗糙度显著增加,从而增加纤维和树脂的界面黏结强度。

例如,采用低温 O_2 等离子体对芳纶Ⅲ纤维进行表面处理,选择不同的处理时间和处理功率,处理过后发现芳纶的表面发生一定程度的刻蚀,粗糙度增加,扩大了黏结界面机械联结效应;处理过后芳纶表面含氧量增加,改善了对树脂的浸润性和反应性,因此复合材料的层间剪切强度增大。

除直接对芳纶进行等离子体表面处理外,还可以将等离子体处理和接枝聚合改性结合起来。等离子体处理可以在芳纶表面产生活性中心或者活性反应官能团,利用这些活性中心或者反应官能团在纤维表面接枝聚合上新的大分子链,可以根据需要将一定结构性能的聚合物接枝到芳纶表面,使复合材料具有预先设计的界面结构。

2. 高能射线辐照

比较常用的高能射线是γ射线,其主要原理是利用γ射线较高的能量对纤维表面进行轰击,一是高能量的γ射线可以对芳纶表面进行刻蚀,使纤维表面变得粗糙。二是γ射线可以使芳纶表面的某些大分子链产生降解,由此产生一些新的活性基团,或者在芳纶表面产生自由基活性中心,可以引发乙烯基类单体在纤维表面进行接枝聚合,从而使纤维表面产生新的活性基团,与基体树脂形成较强的化学键结合,提高芳纶与基体树脂的界面结合强度。

如 Zhang 等分别在氮气和空气气氛中,利用γ射线辐照 Armos 纤维。通过测试发现,辐照后的纤维表面产生很多凹槽,粗糙度明显提高;同时纤维表面氧元素含量明显增加。在 600 kGy 的辐照强度下效果最佳,纤维/环氧树脂的界面剪切强度由 60.6MPa 分别增加到 70.1MPa(空气气氛)和 71.3MPa(氮气气氛),分别提高了 15.8% 和 17.7%;但是,改性后的纤维单丝拉伸强度有所降低。

3. 超声波浸渍改性

液体在超声波的作用下发生空化作用,会形成气泡,当气泡破裂时产生强烈冲击和发光放电瞬间现象,所产生的能量作用于芳纶表面,使其发生微纤化,从而刻蚀和活化纤维表面,提高复合材料的界面性能。

Liu 等采用超声波浸渍法对芳纶表面进行处理,研究超声条件对芳纶复合材料界面性能的影响。研究结果表明,当超声的振幅达到 $30\mu m$ 时,改性芳纶表面的含氧官能团数提高了 27.2%;纤维的总表面自由能与极性自由能分别提高了 6.3% 和 23.5%。同时,超声波处理在芳纶表面产生了刻蚀,增大了纤维表面粗糙度,有利于增强纤维与基体间的机械互锁作用。因此,改性纤维与环氧树脂的层间剪切强度由 40MPa 提高到 46MPa,提高了 13%。

超声波处理对纤维造成了一定的损伤,增大超声波功率,纤维的强度和模量整体呈下降趋势。

综上所述,物理改性方法工艺简单、耗时短、效率高,对环境污染小,是非常重要且有效的表面改性方法。但是,为了确保使用的安全性,对设备的要求非常严格,成本高,而且物理改性方法在一定程度上破坏了纤维的结构,降低了纤维本身的强度,因此,要严格控制处理条件和改性程度。

(二)化学改性法

化学改性的方法很多,一类是通过化学试剂对纤维表面进行刻蚀,破坏纤维表面形貌的同时引入羧基、胺基、羟基等活性基团;另一类是利用芳纶结构中的苯环和酰胺键进行化学接枝反应,引入新的反应性基团或功能性基团。

1. 酸碱处理法

酸碱处理法是利用强酸强碱等化学试剂处理芳纶,从而在芳纶表面大分子链上产生羧基、羟基、硝基等活性基团,同时破坏表面结晶结构,使纤维表面发生刻蚀并活化,从而增强芳纶与基体树脂的界面黏结性。常用化学试剂有硝酸、磷酸、硫酸、氯磺酸、氢氧化钠以及混合酸等。

Zhao 利用磷酸溶液处理对位芳纶,采用正交实验的方法研究了浓度、温度和反应时间等因素对纤维表面形貌及性能的影响。实验结果表明,磷酸浓度 30%(质量分数)、温度 40℃、时间 5min 的处理条件为最佳,其中温度的影响最明显。纤维经过磷酸溶液处理后,表面引入了—OH、—COOH、—NH$_2$ 等活性官能团,纤维的表面润湿性明显提高。改性纤维/环氧树脂复合材料的层间剪切强度从 37.86MPa 提高到 53.76MPa,提高了 42.07%。

Fu 等利用氢氧化钠溶液对芳纶进行水解处理,提高纤维表面活性和粗糙度,从而增强其与烯烃嵌段共聚物间的界面性能。实验结果表明,经过改性后的芳纶表面粗糙度增大,与烯烃嵌段共聚物间的界面黏结性能显著增强,断裂时从基体树脂中拔出的芳纶数量明显减少。

尽管酸碱处理法可以明显增加芳纶表面活性,提高其表面能,增加其与基体树脂的界面黏结,但是反应程度不易控制,纤维本身的拉伸强度下降较为严重,并且还存在溶剂回收等问题。

2. 直接氟化处理

单质氟是自然界中电负性最高和氧化性最强的元素,具有极高的反应活性,直接氟化处理主要是利用气态单质氟的高反应活性,与聚合物等基材发生快速的氧化还原反应进行表面改性。直接氟化反应不需要溶剂,反应之后,样品无须后处理,克服了液相化学试剂改性后处理烦琐的缺点;而且直接氟化反应较为迅速,反应装置简单,可以进行大规模连续化处理,可适用于工业化生产应用。

四川大学刘向阳课题组对芳纶表面直接氟化处理进行了系统研究。研究发现,直接氟化在纤维表面引入了大量的极性官能团,纤维表面极性大幅提升,氟化后纤维制备的复合材料层间剪切强度最高提升了 33%。而对直接氟化 PPTA 纤维的反应机理和反应历程的研究发现,直接氟化反应主要集中在 PPTA 化学结构上的酰胺键和苯环,在氟化程度较小时,氟气重点进攻酰胺键,使酰胺键被打断,形成羧基等活性基团;提升氟化程度后,氟气主要与苯环发生加成反应,产生 C—F 键。

直接氟化后在芳纶苯环上生成的 C—F 键可进一步与亲核试剂进行衍生接枝反应,利用这一点,可以对芳纶进行表面接枝改性。如 Cheng 等利用直接氟化在芳纶Ⅲ表面得到 C—F 键,然后进行衍生接枝反应,将硅烷偶联剂 γ-氨丙基三乙氧基硅烷(KH550)和 γ-缩水甘油醚丙基三甲氧基硅烷(KH560)接枝到大分子主链上,分别得到表面含氨基和环氧基的纤维。相对于未处理样品,接枝了 KH550 和 KH560 的纤维增强复合材料界面剪切性能分别提升了 46.6% 和 40%,说明在界面形成共价键能有效地提升复合材料界面性能。

3. 表面接枝改性

表面接枝改性可以在芳纶表面接枝上具有反应性官能团的化合物或者聚合物,增加芳纶与基体树脂之间的化学键合或者在界面处形成过渡层,从而提高芳纶与基体树脂的界面黏结。

进行表面接枝的首要任务是在纤维表面引入可以进行接枝反应的活性点,目前采用的主要方法是通过化学试剂处理、高能射线辐照、等离子体处理、紫外线辐照等在纤维表面产生极性基团或者自由基,然后再进行表面接枝反应。

如以二甲基亚砜(DMSO)为溶剂,将 NaH 溶于溶剂中,然后芳纶与 NaH 反应形成离子化合物:

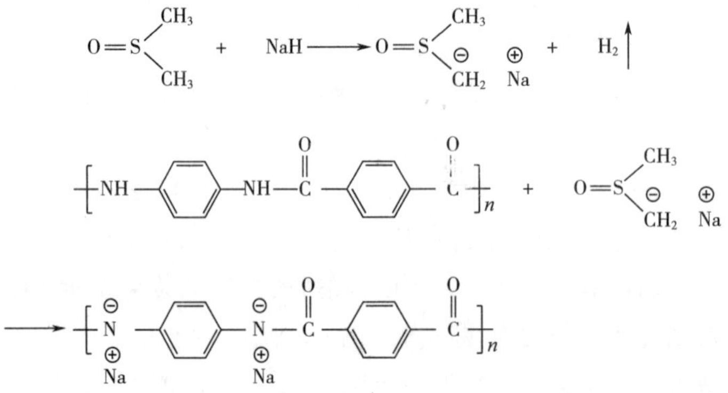

生成的离子化合物再与卤代烃 RX 反应,在芳纶分子链上接枝上烷基或芳烷基 R:

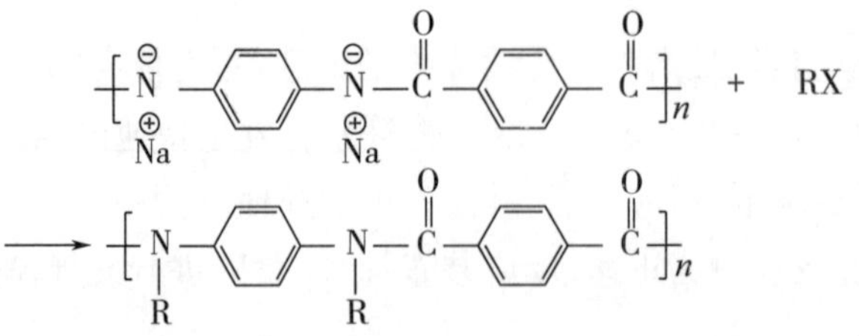

R 中可以含有环氧基团、羟基等活性官能团,可以使芳纶与基体树脂之间形成化学键合。

对 R 中的基团进行结构选择,可以在芳纶表面的分子链上接枝上各种反应性官能团,以适用不同的基体树脂。

表面接枝改性法的最大优势是可以通过反应设计实现纤维表面的多官能团化和多功能化,在提升复合材料界面黏接性的同时,还可以改善或引入其他方面的性能,如抗紫外辐照性、催化性和导电性等,从而扩展芳纶的应用。

芳纶的结构中有大量的苯环和羰基,这种共轭结构会吸收紫外能量从而引起酰胺键的断裂,导致纤维拉伸强度降低,因此,耐紫外性差是芳纶一个主要的缺点。Ma 等提出了一种在杂环芳纶(F3)表面接枝纳米氧化锌的改性方法,首先对芳纶进行水解和酰氯化处理,在纤维表面引入酰氯基团—COCl,然后利用硅烷偶联剂 KH550 将纳米氧化锌以共价键的方式接枝到芳纶表面,其中 KH550 分子结构中一端的—NH_2 与芳纶表面的酰氯基团起反应,另一端水解后的 Si—OH 与纳米氧化锌表面的—OH 起作用。

研究结果表明,将纳米氧化锌接枝到芳纶的表面,可以同时提高芳纶的界面黏结性能和抗紫外辐照性能。一方面,芳纶表面接枝纳米氧化锌可以提高其表面粗糙度,增加了树脂在纤维表面的浸润性以及两者的机械锁合作用,表面接枝 ZnO 纳米颗粒的芳纶(F3 - g - ZnO NP)和表面接枝 ZnO 纳米线的芳纶(F3 - g - ZnO NW)增强环氧树脂复合材料的界面剪切强度分别为 42.9MPa 和 47.8MPa,与未处理芳纶增强环氧树脂的界面强度(31.2MPa)相比,分别提高了 37.5% 和 53.2%。另一方面,芳纶表面接枝的氧化锌能够屏蔽紫外线对纤维结构的破坏,在表面分别接枝 ZnO 纳米颗粒和 ZnO 纳米线的芳纶经过紫外辐照后纤维的强度保持率从 79.1% 分别提高到 95.6% 和 97.7%。而且,纳米氧化锌与芳纶之间是化学键结合,结合强度大,因此纳米氧化锌与芳纶表面的结合牢度高(图 4 - 10),纳米氧化锌不容易脱落,改性效果持久。

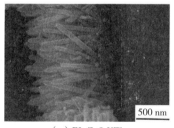

（a）F3-ZnO NW　　　　　　　　　　　（b）F3-g-ZnO NW

图 4 - 10　ZnO 纳米线与杂环芳纶界面破坏处的 SEM 图

图 4 - 10(a)是芳纶水解后(表面生成—COOH)直接在其表面引入氧化锌纳米线,芳纶上的—COOH 与 ZnO 纳米线形成配位络合,相互作用力较弱,因此,从图中可以看出,芳纶表面上引入的 ZnO 纳米线在界面受到破坏时易发生剥离脱落,结合牢度差,而当利用 KH550 把 ZnO 纳米线接枝到芳纶表面,如图 4 - 10(b)所示,ZnO 钠米线能够牢固地黏附在纤维表面上,纳米线根部紧紧扎入纤维表面,界面遭到破坏时依然不会发生脱落现象。

(三)表面涂层法

相比于直接对芳纶的表面进行物理和化学处理,在芳纶表面进行涂层改性的方法具有工艺简单、操作方便而且不损伤纤维的优点。在芳纶表面进行涂层,相当于在芳纶和基体树脂之间引入了一个过渡层,对芳纶增强复合材料的界面性能有着非常重要的影响。过渡层种类繁多,作用也各不相同。过渡层有的可以修复芳纶表面的缺陷,有的可以松弛界面应力,有的可以起到偶联剂的作用,等等。可以在芳纶表面涂敷一层与纤维表面相容性好或者黏附性好的聚合物,或者通过结构设计合成新的上浆剂来对芳纶进行涂层改性,也可以将具有特殊形貌结构的功能性纳米材料引入纤维表面,增大界面黏结的同时赋予改性纤维导电、抗紫外等特殊的功能性。

张晶威等利用 L-3,4-二羟基苯丙氨酸(L-DOPA)的强黏附性和氧化自聚合,在杂环芳纶表面修饰聚 L-3,4-二羟基苯丙氨酸(PDOPA)涂层来提高芳纶的表面活性。结果表明,改性后芳纶表面粗糙度显著提高,同时,PDOPA 涂层大量的羧基、羟基等活性官能团均有利于增强芳纶与环氧树脂的界面黏结。改性后芳纶/环氧树脂复合材料的界面剪切强度提高了32.0%,此外,该改性方法对芳纶本身力学性能影响较小,纤维的拉伸强度保持率可以达到100%,基本实现了无损改性。

Qin 等采用低温溶液缩聚法合成了一种用于提高芳纶黏结性能的上浆剂。该上浆剂是一种含有羟基和乙烯基官能团的芳香族聚酰胺,且分子结构中含有 Cl 原子及柔性的丁腈橡胶链段,该聚合物在 LiCl 存在下,可以溶解在 NMP、DMAc、DMSO、DMF 等有机溶剂中。将该聚合物溶解在 NMP/LiCl 中,配制成不同固含量的上浆剂,然后对芳纶进行上浆涂层处理。研究结果发现,芳纶经上浆涂层处理后,芳纶/乙烯基环氧树脂复合材料的界面剪切强度提高。上浆剂在芳纶和基体树脂之间起到了类似于偶联剂的作用,一方面,上浆剂分子中的酰胺键与芳纶中的酰胺键可以形成较强的分子间氢键相互作用力;另一方面,上浆剂结构中的—CH═CH—键与乙烯基环氧树脂结构中的乙烯基在固化剂的作用下可以发生交联反应,而且上浆剂中的羟基和乙烯基环氧树脂中的羟基可以发生分子间氢键作用,形成较强的化学键合及分子间作用力。同时,上浆剂分子结构中引入了柔性的丁腈橡胶链段,在纤维与树脂基体之间形成一层过渡层,起到松弛界面应力的作用。所以,该上浆剂能有效地提高芳纶与乙烯基环氧树脂的界面黏结性能。

第四节　复合材料的界面表征方法

一、纤维表面形貌及复合材料断面形貌的表征

纤维的表面形貌以及复合材料断面的形貌常直观地用显微镜来进行观察。目前常用的显微镜有扫描电子显微镜(SEM)以及原子力纤维镜(AFM)等。

(一)纤维表面形貌的观察

在复合材料界面控制中,常对增强纤维进行表面处理,处理后纤维表面的形貌会发生变化,这种变化会对纤维与树脂基体的界面结合状态产生重要的影响。因此,常用显微镜来观察和分析纤维的表面形貌。

如采用低温 O_2 等离子体对芳纶Ⅲ进行表面处理,选择不同的处理时间和处理功率,用SEM 观察处理前后纤维的表面形貌,发现处理过后芳纶的表面发生一定程度的刻蚀,纤维表面的沟槽明显增多且加深,粗糙度增加。如图 4-11 所示。

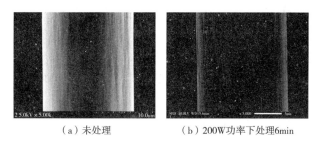

（a）未处理　　　　　　　　　（b）200W功率下处理6min

图 4-11　氧气等离子体处理前后芳纶Ⅲ的 SEM 图

AFM 是 20 世纪 80 年代初问世的扫描探针显微镜（Scanning Probe Microscope，SPM）家族中的一员,具有原子级高分辨率,且放大倍率连续可调,探测过程中对样品表面无损伤,测试速度快,目前已被广泛地应用于材料表面观察、分析与研究的各个领域。

AFM 的工作原理是基于原子间相互作用力的测定,它不受样品导电性的影响,研究对象几乎不受任何局限,用于各种材料的表面测试,可探测到小到单个原子的特征,因此可获得样品表面真实而丰富的三维微观形貌。

马立翔等采用溶胶凝胶法在芳纶Ⅲ表面构筑了 ZnO 纳米颗粒,以提高芳纶的界面黏结性能与抗紫外辐照性能。图 4-12 是 ZnO 纳米颗粒构筑前后纤维表面的 AFM 形貌,从图 4-12(a)中可以看出,芳纶原纤维表面较光滑,在三维图像中仅能看到轻微的沿纤维轴向分布的条纹;而从图 4-12(b)中可以看出,纤维表面被一层纳米颗粒所覆盖,呈现凹凸不平的形貌,表面粗糙度明显增大。表面粗糙度的增大有利于纤维与树脂的界面黏结性能。

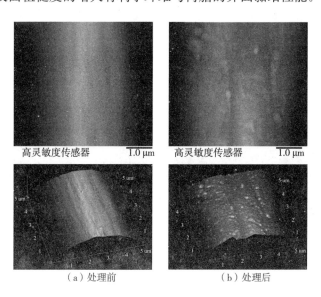

（a）处理前　　　　　　　　　（b）处理后

图 4-12　芳纶Ⅲ表面的 AFM 图

（二）复合材料破坏断面形貌的观察

复合材料破坏断面的形貌可以反映出纤维与基体树脂的界面结合状态。如果观察到在断面有少量纤维拔出，且拔出的纤维上面黏附有许多基体树脂，则表示纤维表面与基体之间有良好的黏结性；若观察到大量纤维从基体树脂中拔出，且纤维表面基本光滑，并在复合材料的断面上留下纤维拔出的孔洞，说明增强纤维与基体树脂形成的界面结合较弱，纤维与树脂发生脱粘；若观察到破坏断面齐整，没有纤维拔出，这说明界面结合过于牢固，界面结合强度大于复合材料的强度，纤维不发生任何界面脱粘就与基体树脂同步被破坏，这种破坏是典型的脆性断裂，这样的界面不能起到吸收冲击能量以及松弛应力的作用。

Zhang 等利用 L-3,4-二羟基苯丙氨酸（L-DOPA）聚合后的黏附性在芳纶表面涂覆聚 L-3,4-二羟基苯丙氨酸（PDOPA）涂层，然后借助 PDOPA 涂层上的羧基和 ZnO 的配位络合作用在纤维表面引入氧化锌纳米颗粒和氧化锌纳米线。改性后，纤维增强环氧树脂的界面黏结性增强，特别是表面引入氧化锌纳米线的纤维，其与环氧树脂复合材料的界面剪切强度增加最为显著。图 4-13 是芳纶/环氧树脂微脱粘破坏处的 SEM 图，从图 4-13(a)可以看出，未改性的纤维/环氧树脂脱粘处纤维表面比较光滑，没有黏附的树脂，说明界面结合很弱；图 4-13(b)显示脱粘处纤维表面只残留了很少量的树脂，说明芳纶表面涂覆 PDOPA 后，与环氧树脂界面结合虽有增强，但仍然较弱；图 4-13(c)中脱粘的纤维表面残留的树脂量明显增多，说明芳纶表面引入 ZnO 纳米颗粒后，与环氧树脂的界面结合较强；而从图 4-13(d)中的脱粘面可以发现，脱粘后纤维上黏附着许多树脂小块，说明芳纶表面引入氧化锌纳米线后，与环氧树脂界面结合强，此时复合材料的界面剪切强度最高。

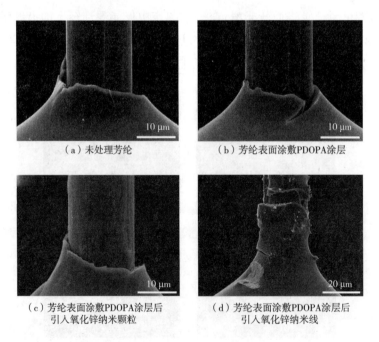

图 4-13　芳纶/环氧树脂微脱粘破坏处的 SEM 图

秦明林采用超临界二氧化碳（SCCO₂）携带异氰酸酯封端的液体丁腈橡胶（ITBN）改性芳纶，不仅能够提高复合材料的界面黏结性能，而且能改善复合材料的抗冲击性能，提高韧性。使用 SEM 观察芳纶增强乙烯基环氧树脂复合材料的冲击断裂面，其形貌如图 4-14 所示。通过图 4-14(a) 发现断裂面上纤维与树脂基本分离，纤维表面比较光滑，只有少量树脂存在。而图 4-14(b) 中，纤维和基体树脂结合紧密，改性后的纤维表面包裹着一层树脂。这些结果表明，使用 SCCO₂ 携带 ITBN 处理后的纤维增强乙烯基环氧树脂复合材料的界面黏结性能得到很大的改善。

 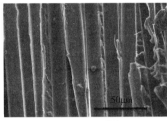

（a）改性前芳纶　　　　　　　　　　　（b）改性后芳纶

图 4-14　SCCO₂ 携带 ITBN 改性芳纶纤维前后增强乙烯基环氧树脂复合材料的断面形貌

二、纤维表面官能团的表征

增强纤维表面的化学组成及官能团的种类和数量对纤维与基体树脂的界面黏结性影响很大。特别是对纤维进行表面处理后，若在纤维的表面引入一定量的活性官能团，使得界面处形成化学键，会极大地提高界面黏结强度。因此，对纤维表面官能团的表征非常重要。

传统的测定表面官能团的方法有化学分析法、热重法、红外光谱法等，但这些分析方法的精度较差。如红外光谱法主要用于表征聚合物主体结构上的官能团，而表面的官能团由于数量少，用红外光谱来表征分析的话，灵敏度非常有限，很难得到有效的结果，但是如果纤维表面发生了聚合物的接枝聚合，红外光谱则能有效地进行表征分析。

X 射线光电子能谱分析法（XPS）是目前测定纤维表面组成及表面官能团最理想的技术，方法灵敏、测试迅速、操作简便，不仅能知道表面上的元素及含量，还可了解表面上存在的基团、种类和浓度。

在 XPS 谱图中，聚合物中常见的 C、O、N、S 等各元素有其特定的电子结合能范围，它们的光电子峰一般很少重合，因此很容易把这些元素鉴别出来。仪器会根据各元素的谱峰自动进行数据分析，计算机可以将表面的各元素组分含量计算出来。

同一种原子，其所处的化学环境不同，电子结合能会有些差别，若差别不大，电子结合能谱会有部分重叠，应用计算机分峰技术可以把重叠的峰分解开来，由此可计算出纤维表面不同官能团的含量。

如采用低温 O₂ 等离子体对芳纶Ⅲ进行表面处理，处理功率为 200W 时，选择不同的处理时间来处理纤维，用 XPS 测定纤维表面的化学组成，结果见表 4-2。从表中数据可以看出，处理过后芳纶表面含氧量增加。

表 4 - 2　氧气等离子体处理前后芳纶Ⅲ表面元素变化

处理时间/ min	表面元素组成/%			原子比	
	C	O	N	O/C	N/C
未处理	77.37	13.34	9.29	0.17	0.12
2	74.82	14.61	10.57	0.20	0.14
4	73.59	17.39	9.02	0.24	0.12
6	73.67	15.09	11.24	0.20	0.15

对测试得到的 C_{1s} 峰进行分峰处理来分析芳纶表面的各基团含量变化,见表 4 - 3。表中数据表明,氧气等离子体处理在纤维表面引入的含氧官能团主要为—COOH。

表 4 - 3　氧气等离子体处理前后芳纶Ⅲ表面官能团含量变化

处理时间/ min	纤维表面各官能团含量/%				
	C—C	C—N	N—C=N	CO—NH	—COOH
未处理	44.95	18.94	16.78	19.33	0
2	35.58	17.11	17.19	15.29	14.83
4	34.12	18.99	15.01	16.77	15.11
6	42.24	15.74	14.01	14.59	13.42

三、复合材料界面黏结强度的表征

复合材料在界面处的脱粘、纤维拔出等破坏大多是剪切破坏,因此,界面剪切强度常用来表征复合材料的界面黏结强度。界面剪切强度的表征方法主要有两种:一种是微观测试法,即单丝模型法,将单根纤维埋在基体树脂中制作单根纤维复合材料(a single fiber composite),然后考察外力作用下界面的破坏过程;另一种是宏观测试法,即将增强纤维和基体树脂制成宏观的复合材料样品,然后测试复合材料的力学性能,来间接反映界面黏结性能的好坏。

微观测试法的优点是能直观反映出纤维与基体的界面黏结情况,但制样比较困难,而且实验得到的数据离散度很大,需要测试很多个样品才能得到比较准确的测试结果,此外,单根纤维复合材料毕竟与实际复合材料存在很大的差别。宏观测试法简单易操作,试验材料与实际材料接近,但样品在制备过程中有很多影响其性能的因素,而且在力学性能试验中材料的破坏并不完全是界面的分离和破坏,而是靠近界面的基体或增强材料的破坏,或者是多种破坏因素的综合结果,因此,并不能非常准确地反映出复合材料的界面黏结情况。

(一)微观测试法

主要有拉拔试验(pull - out test)、微脱粘试验(microdebond test)和临界长度法试验(fragmentation test)三种。

1. 拉拔试验

如图 4-15 所示,将单根纤维的一端垂直埋入树脂基体中,经固化后,测定纤维从基体中拔出来的力 F_{max},根据式(4-10)计算出纤维与基体间的界面剪切强度:

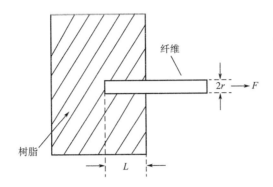

图 4-15　拉拔试验示意图

$$\tau = \frac{F_{max}}{2\pi rL} \tag{4-10}$$

式中:τ 为平均界面剪切强度(MPa),F_{max} 为对纤维施加的最大载荷(N),r 为纤维半径(mm),L 为纤维埋入基体树脂中的长度(mm)。

在拉拔试验中,纤维从基体中拔出来的力 F 随埋入长度 L 的增大而增大。若埋入长度太大,拔出纤维所需的应力大于纤维的极限拉伸强度时,纤维发生断裂,而不能从树脂基体中被拔出,因此,存在一个临界埋入长度 L_c,此时,拔出纤维所需的应力正好等于纤维的极限拉伸强度 σ_{max}。根据式(4-11)可以推导出 L_c:

$$F_{max} = \sigma_{max} \cdot \pi r^2 = 2\pi rL_c \cdot \tau \tag{4-11}$$

推导出:

$$L_c = \frac{\sigma_{max} \cdot r}{2\tau} \tag{4-12}$$

式中:L_c 为临界埋入长度(mm),σ_{max} 为纤维的拉伸强度(MPa),r 为纤维半径(mm),τ 为界面平均剪切强度(MPa)。

当纤维埋入长度小于 L_c 时,纤维将从基体树脂中拔出;而当纤维埋入长度大于 L_c 时,纤维在拔出之前就会发生断裂,并没有发生界面破坏。因此,在制样时,要注意纤维在树脂中的埋入长度不能大于临界埋入长度 L_c。

2. 微脱粘试验

在单根纤维上沾上一滴液体树脂,因表面张力的作用,液滴自动成球状或椭圆球状,树脂小球固化后对其施加载荷,使纤维与树脂小球界面相受到剪切应力的作用,当载荷增大到一定值时,树脂小球发生松动,界面发生脱粘,此时的载荷记为 F_{max}。根据式(4-13)计算出纤维与基体间的界面剪切强度:

$$\tau = \frac{F_{max}}{\pi dl} \tag{4-13}$$

式中:τ 为平均界面剪切强度(MPa),$F_{\max}$ 为小球松动时的外加载荷(N),d 为纤维直径(mm),l 为纤维埋入树脂中的长度(mm)。

图 4-16 为微脱粘试验示意图。

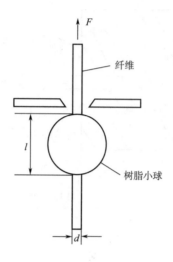

图 4-16　微脱粘试验示意图

3. 临界长度法试验

将单根纤维埋入哑铃形的模具中,充满树脂后固化,制成哑铃型试样。当在试样两端沿纤维轴向施加张力时,首先是树脂产生形变,再将应力通过界面传递给纤维,从而纤维也开始产生形变,直到作用于纤维上的剪应力大于纤维某部位的拉伸断裂应力时,纤维发生断裂,形成一些碎段。载荷继续增加,若界面的黏结作用足够强,纤维所受的应力会继续增大,纤维会继续发生断裂,纤维的断片数也随之增加,直到在界面传递的剪应力下纤维不再继续断裂为止,纤维在基体中成为一段段的碎片,如图 4-17 所示。

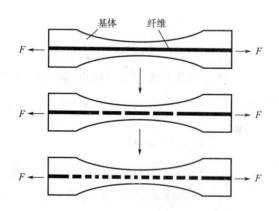

图 4-17　临界长度法试验中纤维断裂过程示意图

碎片的长度不等,测量每段残片的长度,统计计算出碎片的平均长度 L,临界长度 L_c 一般为纤维碎片平均长度 L 的 4/3。临界剪切强度 τ 根据式(4-14)算出:

$$\tau = \frac{\sigma_f \cdot d}{2\,L_c} = \frac{3}{8}\,\frac{\sigma_f \cdot d}{L} \tag{4-14}$$

式中：τ 为临界剪切强度（MPa），σ_f 为纤维的拉伸强度（MPa），d 为纤维直径（mm），L_c 为纤维临界长度（mm），L 为纤维碎片平均长度（mm）。

(二)宏观测试法

界面黏结强度的宏观测试法主要有三点短梁弯曲试验和横向拉伸试验等。

1. 三点短梁弯曲试验

通常采用传统的三点短梁弯曲试验来测定纤维增强聚合物基复合材料的层间剪切强度。一般按 ASTM D2344—2016 标准进行测试，试样的跨厚比要小，通常为 4.0，最小厚度限定为 2.0mm。试验时，以特定的加载速率对试件加载，连续加载至材料破坏，记录最大载荷值及观察试样的破坏形式，其试验示意图如图 4-18 所示，图中 L 为跨距。

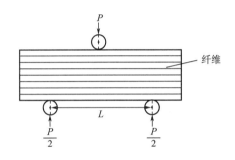

图 4-18　三点短梁弯曲试验示意图

三点短梁弯曲试验中，当跨厚比较小时，材料主要发生剪切破坏，材料的各层面间受到剪切作用力，而各层面内受到的是拉伸或压缩作用。如果纤维与基体的黏结强度在某一层面中不能抵御层间剪切强度时，复合材料就会在该层面中发生剪切破坏形成裂纹，直至层面间发生相对滑移。层间剪切强度按式(4-15)计算：

$$\tau = \frac{3\,P_{max}}{4b\,h} \tag{4-15}$$

式中：τ 为层间剪切强度（MPa）；P_{max} 为试样破坏时的最大载荷（N）；b 为试样的宽度（mm）；h 为试样的厚度（mm）。

2. 横向拉伸(或45°拉伸)试验

横向拉伸简单实用，采用传统的拉伸试验，只是将复合材料试样以垂直于纤维方向或与纤维成 45°夹角方向进行拉伸，非常适合于取向排列的纤维增强复合材料或层合材料的界面黏结性的测定。横向拉伸法示意图如图 4-19 所示。

横向拉伸对于复合材料界面黏结强度很敏感，要使破坏发生在界面上，通常要求界面黏结强度小于基

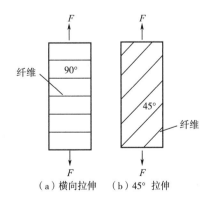

（a）横向拉伸　（b）45° 拉伸

图 4-19　横向拉伸示意图

体的拉伸强度,否则破坏发生在基体上而不是界面上。尽管横向拉伸受许多因素的影响,重现性略差,但目前仍是表征复合材料界面黏结强度的一种有效的宏观测试方法。其最直观的应用是对比90°或45°拉伸强度与基体本身拉伸强度的差异,若横向拉伸强度比基体本身的拉伸强度小太多,说明界面的黏结作用较弱,通常希望横向拉伸强度接近基体的拉伸强度。

参考文献

[1]吴人洁. 高聚物的表面与界面[M]. 北京:科学出版社,1998.

[2]胡福增. 材料表面与界面[M]. 上海:华东理工大学出版社,2008.

[3]王汝敏,郑水蓉,郑亚萍. 聚合物基复合材料[M]. 北京:科学出版社,2011.

[4]成来飞,梅辉,刘永胜,等. 复合材料原理及工艺[M]. 西安:西北工业大学出版社,2018.

[5]王善元,张汝光,等. 纤维增强复合材料[M]. 上海:中国纺织大学出版社,1998.

[6]刘亚兰,申士杰,李龙,等. 偶联剂处理玻璃纤维表面的研究进展[J]. 绝缘材料,2010,43(4):34-39.

[7]杨俊,蔡力锋,林志勇. 增强树脂用玻璃纤维的表面处理方法及其对界面的影响[J]. 塑料,2004,33(1):5-8.

[8]叶英. 酰胺酸乳液的合成及其对玻璃纤维的表面改性研究[D]. 上海:华东理工大学,2018.

[9]赵一兰. 聚酰亚胺表面处理玻璃纤维增强环氧树脂的制备及表征[D]. 绵阳:西南科技大学,2018.

[10]Li S, Lin Q, Hou H, et al. Mechanical characterization of epoxy composites with glass fibers grafted by hyperbranched polymer with amino terminal groups[J]. Polymer Bulletin, 2016,73:2947-2960.

[11]Yan W, Han K, Zhou H, et al. Study on the grafting of PET onto the glass fiber surface during in situ solid-state polycondensation[J]. Journal of Applied Polymer Science,2010, 99(3):775-781.

[12]冯媛媛. 等离子体改性玻璃纤维增强的环氧树脂电气性能研究[D]. 西安:西安理工大学,2017.

[13]刘浏. 碳纤维表面处理及其复合材料性能研究[D]. 长春:长春工业大学,2019.

[14]Yu J L, Meng L H, Fan D P, et al. The oxidation of carbon fibers through $K_2S_2O_8$/AgNO$_3$ system that preserves fiber tensile strength[J]. Composites Part B:Engineering, 2014,60:261-267.

[15]Li J. Interfacial studies on the O_3 modified carbon fiber-reinforced polyamide 6 composites [J]. Applied Surface Science,2008,255(5):2822-2824.

[16]Finegan I C, Tibbetts G G, Glasgow D G, et al. Surface treatments for improving the mechanical properties of carbon nanofiber/thermoplastic composites[J]. Journal of Materials Science,2003,38:3485-3490.

[17]刘杰,白艳霞,田宇黎,等. 电化学表面处理对碳纤维结构及性能的影响[J].复合材料学报,2012,29 (2):16 − 25.

[18]Dilsiz N, Erinç N K, Bayramli E. Surface energy and mechanical properties of plasma odified carbon fibers[J]. Carbon,1995,33 (6):853 − 858.

[19]Lew C, Chowdhury F, Hosur M V, et al. The effect of silica (SiO₂) nanoparticles and ammonia/ethylene plasma treatment on the interfacial and mechanical properties of carbon-fiber-reinforced epoxy composites[J]. Journal of Adhesion Science and Technology,2007,21 (14):1407 − 1424.

[20]Tiwari S, Bijwe J, Panier S. Gamma radiation treatment of carbon fabric to improve the fiber-matrix adhesion and tribo-performance of composites[J]. Wear,2011,271 (9 − 10): 2184 − 2192.

[21]Chen S S, Cao Y W, Feng J C. Polydopamine as an efficient and robust platform to functionalize carbon fiber for high-performance polymer composites[J]. ACS Applied Materials & Interfaces,2014, 6 (1):349 − 356.

[22]Zhang X Q, Xu H B, Fan X Y. Grafting of amine-capped cross-linked polyphosphazenes onto carbon fiber surfaces:a novel coupling agent for fiber reinforced composites[J]. RSC Advances,2014,4(24):12198 − 12205.

[23]Li Y B, Peng Q Y, He X D, et al. Synthesis and characterization of a new hierarchical reinforcement by chemically grafting graphene oxide onto carbon fibers[J]. Journal of Materials Chemistry, 2012,22 (36):18748 − 18752.

[24]齐磊,刘扬涛,高猛,等. 碳纤维表面处理和上浆剂的研究进展[J].纤维复合材料,2016,33 (1):33 − 35.

[25]余奇平,滕翠青,余木火. 国内外碳纤维上浆剂研究现状[J].纤维复合材料,1997(2): 50 −54.

[26]于广,魏化震,李大勇,等. 碳纤维上浆剂及其对复合材料界面性能的影响研究进展[J].工程塑料应用,2019,47(2):143 − 147.

[27]赵康,朱谱新,荆蓉,等. 碳纤维上浆剂的功能和进展[J].纺织科技进展,2015(5):4 −7.

[28]原浩杰,张寿春,吕春祥. 上浆剂对碳纤维复合材料界面结合影响的研究进展[J].化工新型材料,2014,42(10):1 − 3.

[29]代志双,李敏,张佐光,等. 碳纤维上浆剂的研究进展[J].航空制造技术,2012(20): 95 −99.

[30]Chen J L, Wang K, Zhao Y. Enhanced interfacial interactions of carbon fiber reinforced PEEK composites by regulating PEI and graphene oxide complex sizing at the interface [J]. Composites Science and Technology,2017,154:175 − 186.

[31]Zhang Y, Huang Y, Li L, et al. Surface modification of aramid fibers with γ-ray radiation for improving interfacial bonding strength with epoxy resin[J]. Journal of Applied Poly-

mer Science,2010,106(4):2251 − 2262.

[32]Liu L, Huang Y D, Zhang Z Q, et al. Ultrasonic treatment of aramid fiber surface and its effect on the interface of aramid/epoxy composites[J]. Applied Surface Science,2008,254 (9):2594 − 2599.

[33]Zhao J. Effect of surface treatment on the structure and properties of para-aramid fibers by phosphoric acid[J]. Fibers & Polymers,2013,14(1):59 − 64.

[34]Fu S, Yu B, Duan L,et al. Combined effect of interfacial strength and fiber orientation on mechanical performance of short Kevlar fiber reinforced olefin block copolymer[J]. Composites Science and Technology,2015,108:23 − 31.

[35]Peng T, Cai R, Chen C,et al. Surface modification of para-aramid fiber by direct fluorination and its effect on the interface of aramid/epoxy composites[J]. Journal of Macromolecular Science Part B,2012,51(3):538 − 550.

[36]Gao J, Dai Y, Wang X,et al. Effects of different fluorination routes on aramid fiber surface structures and interlaminar shear strength of its composites[J]. Applied Surface Science,2013,270:627 − 633.

[37]Luo L, Wu P, Cheng Z, et al. Direct fluorination of para-aramid fibers 1: Fluorination reaction process of PPTA fiber[J]. Journal of Fluorine Chemistry,2016,186:12 − 18.

[38]Cheng Z, Li B, Huang J, et al. Covalent modification of Aramid fibers' surface via direct fluorination to enhance composite interfacial properties[J]. Materials & Design,2016, 106:216 − 225.

[39]张清华,张国良,朱波,等. 高性能化学纤维生产及应用[M].北京:中国纺织出版社,2018.

[40]Ma L X, Zhang J W, Teng C Q. Covalent functionalization of aramid fibers with zinc oxide nano-interphase for improved UV resistance and interfacial strength in composites[J]. Composites Science and Technology,2020,188:107996.

[41]张晶威,董杰,滕翠青. 左旋多巴胺处理对芳纶表面结构与性能的影响[J]. 合成纤维, 2020,49(4):15 − 22.

[42]Qin M L, Kong H J, Zhang K, et al. Simple Synthesis of Hydroxyl and Ethylene Functionalized Aromatic Polyamides as Sizing Agents to Improve Adhesion Properties of Aramid Fiber/Vinyl Epoxy Composites[J]. Polymers,2017,9:143.

[43]施春陵,蒋建清. 原子力显微镜(AFM)在材料性能分析中的应用[J].江苏冶金,2005,33 (1):7 − 9.

[44]伍媛婷,王秀峰,程冰. 原子力显微镜在材料研究中的应用[J]. 稀有金属快报,2005,24 (4):33 − 37.

[45]马立翔,董杰,张晶威,等. 杂环芳纶表面 ZnO 纳米界面相的构筑及其界面强化作用[J]. 合成纤维,2019,48(2):16 − 22.

[46]Zhang J W, Teng C Q. Nondestructive growing nano-ZnO on aramid fibers to improve

UV resistance and enhance interfacial strength in composites[J]. Materials & Design，2020，196：108774.

［47］秦明林. 芳香族聚酰胺纤维的表面改性及其复合材料性能的研究［D］. 上海：东华大学，2018.

［48］刘政，翟哲，刘东杰，等. 纤维树脂基复合材料微观界面性能表征方法的进展［J］. 纤维复合材料，2014，31（2）：36－40.

第五章 聚合物基复合材料的成型工艺

复合材料的性能除了与增强材料和基体材料的种类、性能、含量和界面性能有关外,还与其制备工艺有密切的关系。即使选择相同的原材料,但采用不同成型工艺制备的复合材料性能也不相同。成型工艺对复合材料产品的综合性能、外观质量、生产效率和成本有着重要的影响。

在聚合物基复合材料、金属基复合材料和无机非金属基复合材料三类复合材料中,聚合物基复合材料占复合材料总量的90%以上,而纤维增强聚合物基复合材料在聚合物基复合材料中占95%左右。本章内容重点介绍纤维增强聚合物基复合材料的成型工艺。

20世纪40年代,美国首次采用玻璃纤维增强不饱和聚酯树脂,以手糊工艺制造了军用雷达罩和远航飞机的油箱,开创了聚合物基复合材料在军工和航空航天领域的应用。随着复合材料工业的不断发展和应用领域的拓宽,新的成型方法不断涌现。目前,聚合物基复合材料的成型工艺方法已有20多种,如手糊成型、树脂传递模塑(RTM)成型、真空辅助树脂灌注成型(VARI)、纤维缠绕成型、热压罐成型、模压成型、拉挤成型等。

与其他单一材料不同,复合材料制品的生产特点是材料和制品的结构是在同一个成型工艺过程中形成的。因此,在选择复合材料成型方法时,必须同时考虑材料性能、产品质量、产品结构外形、产品批量大小、生产周期和经济效益等多种因素,优选出最适合的成型工艺。

第一节 手糊成型

一、概述

手糊成型工艺是复合材料成型中最原始和最简单的成型方法之一。它是利用敞开式模具在接触压力下,常温或适当加热固化成型的一种成型工艺。其主要工艺过程是将脱模剂均匀地涂刷在模具上,静置几分钟待脱模剂干燥后再均匀地涂抹一层胶衣树脂,待胶衣树脂凝胶后将一层增强材料铺放于模具上,然后利用压实辊或毛刷将树脂胶液渗透浸润增强材料,除去气泡并压实,重复上述操作,直至达到产品厚度。

手糊成型的成型设备和操作步骤简单,生产成本低,适用于小批量生产,可制造大型制品和形状复杂产品。但该工艺主要是人工糊制,劳动强度大、作业环境差、生产效率低、产品一致性差。虽然复合材料成型工艺不断发展,但手糊成型工艺却具有其他工艺不可替代的优势,至今仍是应用广泛的成型工艺之一。

二、手糊成型原材料及辅助材料

常规的手糊成型产品一般是热固性树脂基复合材料,所以基体材料一般是由树脂、固化剂及辅助材料组成。辅助材料一般有促进剂、增韧剂、稀释剂、阻聚剂、阻燃剂、光稳定剂及填料等。

(一)树脂基体

手糊工艺的基体树脂需要满足以下要求:

(1)基体树脂在室温下可以配制成黏度适宜的胶液。较低的黏度可以使树脂更容易浸润纤维,利于气泡脱出,但是黏度也不能太小,需要满足垂直面涂刷不流胶的要求。

(2)树脂能在常温下凝胶、固化,且固化时无小分子物质产生。固化后树脂层间黏接性好,整个过程无毒或低毒。

(3)树脂的性价比高,来源广泛。

在手糊成型工艺过程中的树脂基体主要有不饱和聚酯树脂、乙烯基酯树脂、环氧树脂和呋喃树脂等。

(二)增强材料

手糊成型工艺的增强材料主要以玻璃纤维为主。各种成型工艺中增强纤维形态有很大的差别,手糊成型中纤维形态一般有无捻粗纱、无捻粗纱布、加捻布、短切毡、表面毡和针刺毡等。

无捻粗纱[图 5-1(a)]是指拉丝得到的原纱经由无捻粗纱络纱机平行并股,最后收纱成卷。

无捻粗纱布[图 5-1(b)]由无捻粗纱经纬编织而成,在 0°和 90°方向强度较好,具有较好的耐冲击性能和成型性能,是手糊成型的主要增强材料。

加捻布[图 5-1(c)]是由玻璃纤维单丝合股并经加捻,然后经纬编织而成。用加捻布制作的产品具有平整的表面,且气密性好。与无捻布相比,加捻布因其价格较高、不易浸透树脂、增厚效果差,所以在手糊工艺中比无捻布用得少。

短切毡[图 5-1(d)]是将玻璃原丝切割成的 50mm 左右长度的短纤维均匀地铺覆在网带上,然后将聚醋酸乙烯酯(PVAC)的乳液黏结剂均匀涂覆或将聚酯类粉末黏结剂均匀地喷洒在短纤维表面,经加热后黏结而成。树脂在短切毡中具有优良的浸润性,而且残余的气泡容易排除,具有较好的变形能力,施工方便。

表面毡[图 5-1(e)]是用 $10\sim20\ \mu m$ 直径的单丝随机交替铺成,一般应用于产品表面层。最常用的单位面积重量有两种,即 $30\ g/m^2$ 和 $50\ g/m^2$。

针刺毡[图 5-1(f)]是将提前剪裁好的长度为 50mm 左右的玻璃纤维粗纱的短纤维随机铺放在传送带的底材上,用带倒钩的刺针将一些纤维刺进底材中,而钩针又将一些纤维向上拉回形成三维孔结构。

三、手糊成型工艺流程及关键工艺

手糊成型工艺流程如图 5-2 所示。

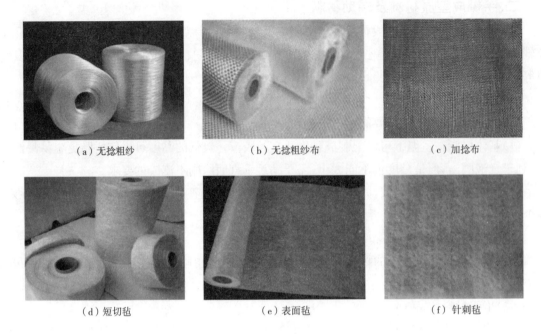

（a）无捻粗纱　　　　　　　（b）无捻粗纱布　　　　　　　（c）加捻布

（d）短切毡　　　　　　　　（e）表面毡　　　　　　　　　（f）针刺毡

图 5-1　六种玻璃纤维形态

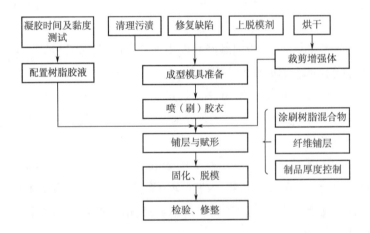

图 5-2　手糊成型工艺流程图

(一)增强材料的准备

增强材料准备时需要特别注意以下几点：

（1）玻璃纤维与树脂间的浸润性或结合力差，必须对纤维表面进行处理，若纤维表面有纺织型浸润剂（一般为含蜡的乳剂），应先进行脱蜡处理，然后再用表面处理剂（常用偶联剂）处理。

（2）由于纤维表面可能存在水分，会影响纤维与树脂的浸润，也会影响复合材料力学性能，因此增强材料使用前需要烘干处理。

（3）增强材料按照样板下料。下料时应注意增强材料的方向性、拼缝方式及材料利用率等。

(二)手糊树脂胶液的准备

按配方比例将固化剂或引发剂及辅助材料与树脂搅拌均匀,配制手糊树脂胶液。在不饱和聚酯树脂胶液配制时,需要特别注意引发剂和促进剂不能同时加入树脂中,应先加入一种搅拌均匀后再加入另外一种,否则会引起剧烈反应产生结块,严重时会发生爆炸。在实际使用过程中,先加入促进剂搅拌均匀,在施工前再加入引发剂。有的不饱和聚酯树脂在合成结束时已经预先加了促进剂,采购与使用时须特别注意。

树脂胶液配制是手糊工艺中的重要步骤之一,其关键是控制合适的树脂胶液黏度和凝胶时间。

如果黏度过高,增强材料不易被涂刷和浸透,此时可用稀释剂进行调节;如果黏度过低,在树脂凝胶前易发生胶液流失,产品会出现缺陷。手糊成型树脂胶液的黏度一般控制在 $0.2\sim0.8$ Pa·s 比较合适。

凝胶时间是指在某温度下,从胶液混合好到树脂发生凝胶所需要的时间。手糊成型工艺要求树脂胶液在完成手糊后 $40\sim60$min 内开始凝胶。如果胶液凝胶时间过短,在成型过程中导致树脂黏度增加过快,会影响纤维在树脂中的浸润性。严重时,会发生局部固化,使手糊工序难以完成。如果树脂胶液的凝胶时间过长,完成手糊后长期不能凝胶,会引起树脂胶液流失和助剂挥发,使产品固化不完全,产品性能下降。

凝胶时间与胶液配方有直接关系,同时还受环境温度与湿度、产品厚度、填料量等多种因素的影响。在每次试验或生产前,一定要做凝胶试验,修正配方后再进行树脂胶液的配制。由于树脂放热的聚集效应,凝胶试验过程中纯树脂胶液的凝胶时间比树脂胶液与纤维复合后的凝胶时间短,测得的凝胶时间一般要比制品的凝胶时间短。在成型中等厚度(5~6mm)复合材料制品的过程中,其凝胶所需要的时间约为凝胶试验时间的 3 倍。不饱和聚酯树脂凝胶时间的控制是通过调节促进剂(如环烷酸钴或异辛酸钴)的用量来实现的,凝胶时间随促进剂用量的增加而缩短。

(三)模具的准备

根据模具的几何结构,手糊成型的模具主要有两种:单模和对模,其中较为常用的是单模。单模一般包括阳模或阴模,如图 5-3 所示。

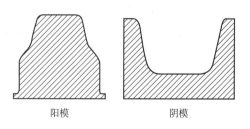

阳模　　　　　　　　阴模

图 5-3　手糊成型模具中的阳模和阴模

阳模产品的内表面尺寸精确、表面光滑。在阳模上施工操作方便、通风条件好,常用来成型浴盆、贮槽等要求内表面光滑的产品。阴模产品外表面尺寸精确、光滑。阴模具有凹陷结构,操作不便且不利于通风,常用于制备成型船壳、机罩及雷达罩等外表要求光滑的产品。

对于形状复杂、脱模较为困难的制品,常选择拼装模制备成型,即将模具分成单独的几块拼装起来进行成型,脱模时将每一块单独取下以便脱模。

为使产品与模具分离,确保产品表面和模具表面完好无损,模具表面需要涂覆一层脱模剂。手糊成型工艺过程中主要使用外脱模剂进行脱模,常用的外脱模剂有薄膜型脱模剂、液体脱模剂及蜡类脱模剂三类。

(四)产品厚度与层数计算

产品厚度可按式(5-1)计算:

$$t = m \times K \tag{5-1}$$

式中:t 为产品厚度(mm);m 为材料面密度(kg/m^2);K 为厚度系数[mm/(kg/m^2)]。

铺层数可按式(5-2)计算:

$$n = \frac{t}{m_f \times (K_f + CK_r)} \tag{5-2}$$

式中:n 为增强材料铺层数;t 为产品厚度(mm);m_f 为增强材料面密度(kg/m^2);k_f 为增强材料厚度系数[mm/(kg/m^2)];K_r 为树脂基体厚度系数[mm/(kg/m^2)];C 为树脂与增强材料的质量比。

表 5-1 所示为常用材料的密度与厚度系数。

表 5-1 常用材料的密度与厚度系数

项目	玻璃纤维			聚酯树脂				环氧树脂		填料(碳酸钙)		
	E 型	S 型	C 型									
密度/(g/cm^3)	2.56	2.49	2.45	1.1	1.2	1.3	1.4	1.1	1.3	2.3	2.5	2.9
K/[mm/(kg·m^{-2})]	0.39	0.40	0.41	0.91	0.84	0.77	0.71	0.91	0.77	0.43	0.4	0.34

(五)表面层

胶衣层、表面毡层和短切毡层构成表面层。表面层的好坏决定了产品的外观与使用寿命,表面层厚度一般为 0.3~2mm。

(1)胶衣层。选择合适的胶衣可以使产品具有耐候性、耐水性和耐化学腐蚀性等,还可以使产品具有不同颜色的外观。胶衣层厚度一般为 0.3~0.6mm,可采用涂刷和喷涂施工。为了保证胶衣的质量,胶衣树脂需要达到合格的固化度。

(2)表面毡层。当胶衣层开始胶凝后要立即铺放一层玻璃纤维表面毡,既能起到增强胶衣层的作用,又有利于胶衣层与结构层的黏合。表面毡层的厚度与铺层一般根据工艺要求而定。

(3)短切毡层。即表面层与结构层之间的过渡层,待表面毡层完全固化后,清理毡刺、气泡等缺损,进行短切毡层的制作。对于产品强度要求较高但表面要求不高的制品可以不要此层。

(六)结构层

结构层糊制是在凝胶后的表面层上,将增强材料和树脂胶液交替铺放,一层一层地紧贴在模具上。增强材料要铺贴平整,并利用毛刷或者压辊压平,避免褶皱和悬空等缺陷的形成。另外,在铺放第一层、第二层时,树脂的含量应高一些,这样利于气泡的排出以及纤维织物的充分浸润。为了确保产品的外观质量和强度,同一铺层纤维尽可能连续,但若需要拼接时,注意每层铺层接缝应错开。

对于大型的具有厚壁结构的产品应该多次糊制,当前面一次糊制的部分基本固化并冷却到室温时,再进行下一次的糊制。若制品中需埋设嵌件,应在埋入前对嵌件进行除锈、除油和烘干等一系列处理。

(七)固化

手糊制品一般在室温下进行固化,所需的环境温度应在15℃以上,湿度不高于80%。制品的固化过程一般包括硬化和熟化两个阶段。制品的固化度达到50%～70%通常需要24h,此为硬化过程,此时制品可达脱模强度,能够完全脱模。当脱模后再将制品置于室温下固化10天左右产品才能具有较好的力学强度,这个过程称为熟化,此时固化度高达85%。也可采用加热的方式促进产品熟化。

(八)脱模

脱模要保证产品不受损伤,脱模方法很多,常用的方法有以下两种。

(1)顶出脱模。通常是在模具上预埋顶出装置,在脱模时直接旋转螺杆即可将产品成功顶出。

(2)压力脱模。通常是在模具上开设可压缩空气或水的注入口,在脱模时将压缩空气或有一定压力的水流注入模具中从而将模具和产品分开,同时用软锤轻轻敲打直至产品从模具上完全脱离。

四、手糊成型工艺发展趋势

随着工业技术的进步,复合材料工业得到迅速发展。手糊成型作为一种古老的复合材料成型方法,随着时代的发展也出现了新的研究思路,特别是手糊成型树脂系统研究较多。如通过一种树脂选配多种固化剂开发多元化手糊环氧树脂体系,可实现产品可操作时间的灵活调整。还可根据使用要求对树脂基体进行增韧改性,解决手糊成型环氧树脂快速固化和韧性差的矛盾。手糊成型工艺是复合材料行业中重要的成型工艺之一,由于其具有的独特而又不可替代的特点,仍在风电、轨道交通、核电、防护用品及玻璃钢模具等领域中不断发展与应用。

第二节　树脂传递模塑成型

一、概述

树脂传递模塑成型(resin transfer molding,RTM)是由手糊工艺衍变和发展而形成的一种复合材料闭模成型方法。RTM 的工艺流程是先将增强材料、芯材和预埋件置于闭合的模腔内，然后用压力将黏度较低的树脂注入模具中，通过树脂流动充分浸渍增强材料，最后在模腔中固化并脱模得到复合材料产品。具体工艺过程如图 5-4 所示。

RTM 法的工艺过程主要包括预成型体的加工以及树脂的注射和固化。与手糊法成型工艺的复合材料产品相比，采用 RTM 法成型的复合材料产品具有诸多的优点，如外观质量高、尺寸精度高、孔隙率低、成型效率高、劳动强度低、生产环境环保、投资低和效益高等。

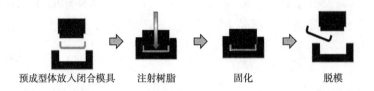

预成型体放入闭合模具　　注射树脂　　　固化　　　脱模

图 5-4　RTM 成型工艺过程示意图

20 世纪 80 年代初期发达国家对生产环境要求的各项法规日趋严格，发布了一系列限制苯乙烯挥发量浓度的要求和法规，如美国、英国规定工作区苯乙烯的限量浓度为 $100 \times 10^{-6}\,mol/L$，北欧和日本的限量浓度为 $50 \times 10^{-6}\,mol/L$ 等。手糊成型工艺由于敞开式的操作，小分子挥发导致操作环境恶劣，因此 RTM 成型工艺技术开始迅速发展。第一代连续化的 RTM 成型工艺是由多个模具在不同工位循环流动的环形生产线（图 5-5），生产周期为 80~150min。

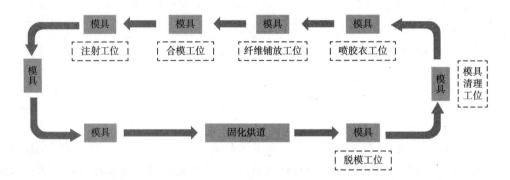

图 5-5　RTM 环形生产线

20 世纪 80 年代后期，为了提高制品的表面质量和稳定性，缩短生产周期，第二代 RTM 得以发展并应用。在制品模具中自带加热系统，与此同时，采用专门的开合模锁紧机构，并且树脂采用中温固化体系，纤维使用预成型的方式，使生产周期可以达到 20~30min。

20 世纪 90 年代中期，以更高生产效率为特点的第三代 RTM 开始得到应用。近年来，由于汽车轻量化对复合材料的批量化应用的需求，第三代 RTM 得到了更大发展，成型效率达到单模生产 5min 以下，配有专门的压机带动实现开模、合模和锁紧，采用高速注射装备。图 5-6 为迪芬巴赫公司的 HP-RTM 成型工艺自动化生产线布局。

国内 RTM 成型工艺于 20 世纪 80 年代起步，但是受到原材料配套体系的不完善和基础工

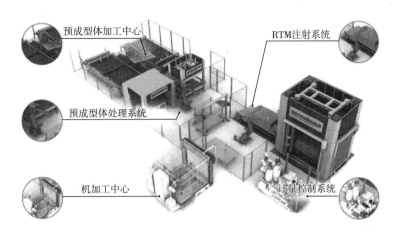

预成型体加工中心 RTM注射系统

预成型体处理系统

机加工中心 计量控制系统

图 5-6 HP-RTM 成型工艺自动化生产线布局

艺理论研究欠缺的影响未能形成规模生产。20 世纪 90 年代以后,国内 RTM 成型工艺技术得到了大范围推广。

与其他成型工艺相比,RTM 成型工艺具有以下优点:

(1)RTM 成型工艺采用闭模成型,可以制造出表面质量好、尺寸精度高、纤维含量高和结构复杂的复合材料产品。闭模成型可以大幅减少树脂和溶剂的挥发,有利于安全生产和环境保护。

(2)RTM 成型复合材料的成本基本上取决于树脂体系和预制件,原材料的价格在很大程度上决定零件的价格,制造成本相对较低,因此 RTM 成型工艺是一种低成本制造技术。近年来,不断发展的各种先进编织预成型体技术,又可以显著减少预成型体的制造所需的时间和人力,从而进一步降低复合材料零部件的制造成本。

(3)RTM 成型零件和模具可以采用 CAD 设计,生产前准备时间较短,可以充分利用数值模拟分析工具进行优化设计。RTM 成型可以制造几乎不需要修剪的复合材料零件,并极大地减少加工的时间和成本。

二、RTM 成型原材料及模具

(一)树脂基体

RTM 成型工艺中,主要使用的树脂包括不饱和聚酯树脂、环氧树脂、酚醛树脂、聚酰亚胺树脂和氰酸树脂等。由于复合材料在 RTM 成型过程中的基体树脂与增强纤维是在注胶过程中复合在一起的,会涉及充分浸润和产生干斑等问题,因此 RTM 成型所用树脂与其他工艺所用的树脂有所不同。

RTM 成型工艺所用树脂一般应满足"一长""一快""两高""四低"的要求:

(1)"一长"。树脂的胶凝时间长,以满足注胶时间,使树脂体系在完成注胶之后仍保持一定的流动性和渗透性。

(2)"一快"。树脂具有较短的固化时间,以提高生产效率。

(3)"两高"。树脂具有高消泡性和高浸润性,减少产品如气泡、空洞、缺胶等的缺陷,同时提高产品性能。

(4)"四低"。

①树脂的黏度低,一般低于800mPa·s,在300mPa·s以下工艺性更佳,树脂的低黏度可大幅提高树脂对纤维的渗透性和浸润性。

②可挥发分低,无小分子析出。由于真空辅助RTM成型工艺技术的应用,目前对挥发性的要求有所降低。

③固化收缩率低,可以减小树脂基体残余应力和开裂倾向,同时保证产品的形状和尺寸的精度。

④固化放热低,降低固化温度,以避免对模具的损伤。

在选择树脂和工艺的时候需要特别关注树脂胶液的黏度和凝胶时间两个参数。这两个参数都是温度的函数,一旦工艺操作温度确定,树脂的初始黏度和适用期也确定了。

(二)增强材料

1. 对增强材料的要求

复合材料中增强材料的影响因素主要有纤维自身基本力学性能、纤维与树脂的界面结合力、纤维含量及纤维排列方向,因此用于RTM成型工艺的增强材料需要满足以下要求:

(1)增强材料与树脂间的接触角小,能够被树脂快速浸渍。增强纤维的每一根单丝必须被树脂完全浸润、包裹,确保纤维与树脂间的界面黏结牢固,可通过增强材料的表面处理实现纤维与树脂间的充分浸润。

(2)增强材料必须能够承受树脂流过时施加的冲刷力,以此确保纤维在渗透过程中不改变排列方向。

2. 增强材料的预制技术

在RTM成型模具中铺放增强材料过程中,如果增强材料的变形不能够与模具的型面变化相适应,需要将织物裁剪。为了保证增强材料在移动和合模过程中不发生错位,采用预先将裁片进行黏结定型、缝合或编织等方法制备净外形或近净外形的预成型体(图5-7)。

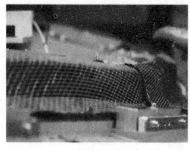

黏结定型　　　　　　　　缝合　　　　　　　　编织

图5-7　常见的几种增强材料的预成型方法

3. 增强材料的孔隙率

孔隙率是指材料中孔隙的体积分数,与纤维织物的尺寸、堆积和排列方式以及纤维体积含量等织物本身的结构参数有关。具体测定公式见式(5-3):

$$\varphi = \left(1 - \frac{\rho_a n}{\rho_f H}\right) \times 100\% \tag{5-3}$$

式中:φ 为纤维织物孔隙率;ρ_a 为纤维面密度(kg/m^2);ρ_f 为纤维实际密度(kg/m^3);n 为纤维铺层数量;H 为纤维铺层厚度(m)。

4. 增强材料的渗透率

为了表征树脂流过增强材料的难易程度,常用渗透率来反映增强材料的渗透特性,渗透率是孔隙率的函数。

渗透率可以采用理论分析方法、数值模拟方法以及实验测量方法三种方法获得。根据液体在多孔介质中的流动机理建立一些分析模型来预测材料的渗透率的方法为理论分析方法,主要包括毛细管模型和规则排列的柱阵模型,但这两种模型都是针对理想的单向纤维。而增强体为二维或三维织物时,理论计算就不能适用。数值模拟方法是通过求解 Navier – Stokes 方程来求解出液体在多孔介质中流动的速度场,然后再由 Darcy 定律计算出渗透率。这种方法仅适用于计算理想排列的预成型体的渗透率。一旦排列方式改变,用来模拟的计算基元就要重新选择才能得出排列方式改变后的渗透率。

渗透率主要取决于增强材料的物理性质如孔隙率、纤维角度、流动路径长度和注胶压力等,而这些因素与纤维结构、定形剂含量、增韧剂含量、产品厚度、铺层顺序等条件有关,因此试验测定渗透率是一种较好的方法。因为它是根据基本理论,以实际材料来进行测定,因此结果比较接近实际情况。可以利用单向法和径向法试验,并通过计算得到增强体在特定工艺下的渗透率。图 5-8 为渗透率测试示意图。

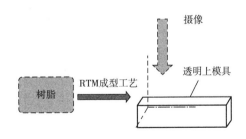

图 5-8　渗透率测试简单示意图

(1)单向法。单向法原理是基于由 Darcy 定律推导出的增强材料一维渗透率公式[式(5-4)]。

$$\nu = -\frac{K}{\mu} \cdot \Delta P \tag{5-4}$$

$$K = -\frac{\mu\varphi}{2\Delta P w^2} \cdot \frac{A^2}{t} \tag{5-5}$$

式中:K 为渗透率,μ 为流体黏度($Pa \cdot s$);ΔP 为流动方向上流体中某时刻两点间的压力差

（Pa）；ν 为流体的流速（m/s）；φ 为纤维增强材料的孔隙率；w 为模具宽度（m）；A 为此两点间的距离（m）；t 为流动时间（s）。

图 5-9 为单向法测试渗透率的树脂流动示意图。

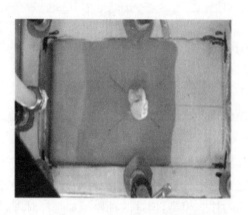

图 5-9　单向法测试渗透率的树脂流动示意图

（2）径向法。径向法是基于由 Darcy 定律推导出来的沿主轴方向的各向异性主渗透率的计算公式[式（5-6）和式（5-7）]。

$$K_1 = \left[x_f^2 \left(2\ln \frac{x_f}{x_0} - 1 \right) + x_0^2 \right] \cdot \frac{1}{t} \cdot \frac{\mu\varphi}{4\Delta P} \tag{5-6}$$

$$K_2 = \left[y_f^2 \left(2\ln \frac{y_f}{y_0} - 1 \right) + y_0^2 \right] \cdot \frac{1}{t} \cdot \frac{\mu\varphi}{4\Delta P} \tag{5-7}$$

式中：μ 为流体黏度（Pa·s）；φ 为纤维增强材料的孔隙率；x_f 和 y_f 为流动前沿半径坐标；x_0 和 y_0 为注入口半径坐标，ΔP 为流动前沿压力和注入口压力的差（Pa）；t 是流动时间（s）。

图 5-10 为径向法测试渗透率的树脂流动示意图。

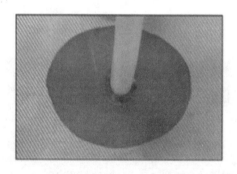

图 5-10　径向法测试渗透率的树脂流动示意图

（三）RTM 成型模具

RTM 成型模具有阳模和阴模两种模具，可以通过树脂流动模拟技术选择合适的注胶口、排气口，注胶口和排气口根据产品的大小、结构形式选择一个或若干个。注胶口一般垂直于模具，而且树脂需要垂直注射进入模腔中。如果不垂直注射，树脂碰到注胶口后会被反射到模腔中,破坏树脂在模腔内的流动规律,并可能造成模腔内聚集大量气泡。注胶口可以选择在产品的几何中心,以保证树脂在模腔中的流动距离较短。此外,注胶口也可以被设计在模具的一端,且在模具上设有树脂分配流道,树脂从边缘流道被注射,并且排气口对称地设置在模具的另一端。注胶口还可以设计在外围周边,排气口设计在中心或中心附近。排气口位置一般选择在离注射口最远端处,以使树脂容易充满模腔,以得到良好的产品外观质量。

通常采用橡胶作为阴模、阳模的密封材料,密封条也要选择合适的位置,以保证模具内密封性和树脂漏损率达到工艺规范要求。另外,模具表面粗糙度和精度必须达到产品设计要求,以确保产品表面粗糙度和外形尺寸精度满足要求。

三、RTM 成型关键工艺及树脂流动模拟技术

(一)RTM 成型关键工艺

1. 树脂脱泡

RTM 树脂在被注入模具之前要进行真空脱泡处理,或者在一定的温度下静置一段时间,消除树脂内的气泡,以保证产品良好的质量。

2. 增强体置于模具中

模腔内的增强体边缘与模具边缘之间的间隙要尽量小,以防止产生流道效应(树脂沿着间隙快速流动),导致纤维浸润不良,从而影响产品性能。

3. 模具气密性检测

模具闭合后要检查气密性,保证树脂注胶过程不渗漏,同时在真空辅助 RTM 成型中,防止气泡在漏气处进入模腔,使产品产生缺陷。

4. 注胶温度

RTM 成型工艺中的注胶温度取决于树脂体系的适用期和最小黏度温度。在保证凝胶时间不缩短太多的前提下,使树脂在最小的注胶压力下与纤维充分浸润,注胶温度应尽量接近树脂黏度最小的温度。注胶温度过高会缩短树脂适用期,温度过低会导致树脂黏度增大,从而使注胶压力升高,同时也使树脂与纤维的浸润性下降。

5. 注胶速度

通常希望注胶速度快,以提高生产效率,但是过高的注胶速度会导致树脂没有充足的时间浸润每一根增强纤维,可能会造成缺胶,因此需要选择合适的注胶速度。

6. 注胶压力

树脂在增强材料中的流动主要有以下两种方式:一是树脂在模具内的纤维束间流动,即宏观流动;二是树脂在纤维束内流动,称为微观流动。

注胶压力过小会由于纤维毛细管作用导致树脂沿纤维束内的纤维快速流动,纤维束间的树脂流动慢,在纤维束间形成不易排出的包络气孔;注胶压力过大,树脂沿纤维束间的流动速度大于纤维束内的流动速度,从而形成纤维束内的孔隙(图 5-11)。采用真空辅助 RTM 成型会降低由于注胶压力引起的树脂流动速度不同而形成的孔隙。注胶压力的高低还与模具材料和结构设计有关。高的注胶压力需要高强度、高刚度模具和大的合模力。在不追求产品高效率的前

提下,希望在较低的注胶压力下完成树脂注射。可以通过降低树脂黏度或注胶速度、选择合适的模具注胶孔以及排气孔设计、优化纤维排布设计等方法降低注胶压力。

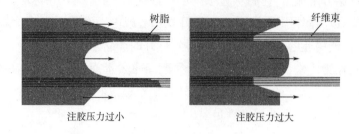

图 5-11　不同注胶压力下的树脂流动过程示意图

(二)树脂流动模拟技术

在 RTM 成型产品开发过程中,需要多种树脂流道设计和注胶压力等工艺组合,采用传统的凭经验进行实质的试错法不仅耗时耗力,而且难以保证产品质量。近年来,树脂流动模拟技术实现了工艺的虚拟仿真,可快速准确低成本地优化设计复合材料 RTM 成型工艺,为工艺方案设计提供依据,达到提高生产效率、降低成本的目的。图 5-12 为航空结构中常见的连杆结构的树脂流动模拟技术应用案例。

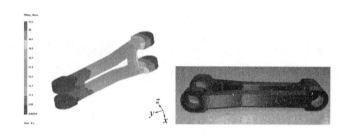

图 5-12　树脂流动模拟技术应用案例

采用 PAM-RTM 软件(ESI 公司的商用软件)对某部件进行 RTM 成型工艺的仿真分析步骤如下:

(1)采用三维软件,根据实际产品尺寸进行建模,并保存为 .stp 文件。

(2)将三维数模导入 ESI Visual Mesh 软件中进行三角形单元网格划分,并将网格文件以 .nas 文件导出。

(3)再将 .nas 网格文件导入 PAM-RTM 软件中,选择分析类型及定义材料属性。将纤维厚度、纤维密度、孔隙率、渗透率和树脂黏度等参数输入软件中。

(4)定义分析时的注胶方案,设置注胶口、排气孔和注胶压力等工艺参数,保存分析文件,最后进行分析。

(5)将分析结果保存并导出树脂充模时间和充模压力等云图,对注胶方案进行分析与评价。

四、RTM 成型工艺发展趋势

复合材料的发展方向是高性能、低成本和整体化,而 RTM 成型技术作为一种适用于整体成型的低成本复合材料制造方法,在航空、轨道交通和汽车等领域得到了广泛的应用。随着工艺水平的提高和完善,RTM 成型技术在各个领域已成功地从非承力部件应用到主承力部件,如飞机螺旋桨叶片、汽车车身部件等。

随着先进树脂基复合材料用量的不断增加和应用要求的不断提高,RTM 成型工艺将继续向集成化、自动化和数字化发展。

(1)进一步的产品集成化设计。通过应用整体模块化结构,将大幅减少复合材料产品和产品之间的连接,提高复合材料产品的结构效率,提升复合材料应用的减重效率。

(2)自动铺放、编织等自动化技术。自动化技术在复合材料预成型体研制中得到了应用,明显提高了制造效率和复合材料产品的质量稳定性,在一定程度上改善复合材料制造的劳动密集型特征。

(3)数字化产品制造过程将以更快的速度向前发展。材料数据体系、设计技术体系、工艺模拟及控制、检测和后加工技术等复合材料数字化技术快速发展。这些体系的形成不但以技术发展为基础,同时也需要有适宜的发展环境。

第三节 真空辅助树脂灌注成型

一、概述

真空辅助树脂灌注(vacuum assited resin infusion,VARI)成型工艺是在真空状态下排除纤维增强体中的气体,通过树脂的流动、渗透,实现对纤维及其织物浸渍,并在室温或加热状态下进行固化,得到产品。图 5-13 为 VARI 工艺示意图。

VARI 同其他成型工艺相比具有诸多优势,目前被广泛应用于复合材料零部件的开发及产品制造。VARI 成型工艺具有如下特点:

(1)生产成本低,产品单面外观光滑,机械化程度低。VARI 成型不需要承受内压和外压的闭合模具,仅需要一个单面模具,且模具刚性要求不高,所以模具成本较低,但是产品只有模具面是光滑的。

在成型过程中,采用柔性的真空袋薄膜实现负压,制造过程成本相对较低,但机械化、自动化程度低,生产周期相对较长。

(2)适合制造大尺寸和大厚度的产品。采用其他复合材料成型工艺制造大型产品时,不仅成型模具的选材和制造有一定的

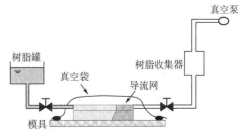

图 5-13 VARI 成型工艺示意图

困难,且成本较高。如果产品分段制造,将增加制造工序,还需要考虑到装配和协调,将增加制造成本。与模压、RTM 成型工艺相比,VARI 成型产品的大小和形状的限制较少,可制造大厚度、大尺寸的结构部件。

(3)产品外观是可控的,产品力学性能好。相较与手糊成型工艺,VARI 成型的产品纤维含量高、孔隙率低、性能较好,且工艺具有很大的灵活性。

(4)作业环境友好。VARI 成型是一种闭模成型技术,树脂灌注和固化过程中挥发性物质和有毒气体不会挥发出来,几乎没有环境污染。

二、VARI 成型原材料和辅助材料及关键工艺

(一)树脂基体

国内外研发了一系列树脂基体用于 VARI 成型工艺,主要有乙烯基酯树脂、不饱和聚酯树脂、环氧树脂、酚醛树脂、双马来酰亚胺树脂和氰酸酯树脂等。其中聚酯树脂、乙烯基酯树脂主要用于船舶工业;低黏度环氧树脂、双马来酰亚胺树脂和氰酸酯树脂等高性能树脂基体广泛用于航空航天领域。

在 VARI 成型中,基体树脂主要有以下特点:

(1)低黏度。仅借助真空环境,树脂即可在纤维增强体中流动、浸润和渗透,因此,树脂必须是低黏度的。

(2)较长的工艺时间。一般对于大型制件成型而言,要求树脂体系的低黏度平台时间不少于 30min。树脂保持低黏度的时间太短会造成树脂在灌注过程中发生剧烈的凝胶反应和固化交联反应。

(二)增强材料

VARI 成型工艺中纤维形式有纤维织物和短切毡等,但性能要求稍高的零部件通常采用纤维织物,如正交织物、双向缝合织物和多轴向无屈曲织物等。

(三)辅助材料

在 VARI 成型过程中需要用到几种辅助材料,如真空袋、导流网、密封胶带、真空管、螺旋管和脱模布等,如图 5-14 所示。

1. 真空袋

真空袋作为重要的辅助材料,保证封闭空腔形成真空状态,一般是具有优异阻隔气密性、延展性和抗穿刺性的耐温尼龙膜或聚乙烯膜。在 100℃ 以下可用聚乙烯薄膜,180℃ 以下可采用改性的尼龙薄膜。

2. 导流网

导流网是高渗透性导流介质,通常是尼龙挤出加工或者尼龙纤维机织加工而成。

3. 密封胶带

密封胶带也叫作真空密封胶带,用于真空袋和模具间的密封,以保证产品在成型过程中保持真空状态,需要具有高弹性、表面黏结性和耐温性等。

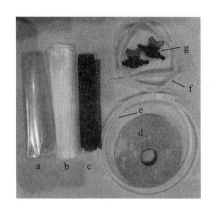

图 5-14 VARI 成型中的辅助材料

a—真空袋 b—脱模布 c—导流网 d—密封胶带 e—真空管 f—螺旋管 g—阀门

4. 真空管

真空管也叫树脂管,用于连接模具、树脂罐、模具与真空泵等。

5. 螺旋管

螺旋管也叫缠绕管,用于将树脂从螺旋形缝隙内导流到模具内,提高树脂灌注的效率。

(四)增强材料渗透率

渗透率是表征增强材料中渗透液体能力的参数,对真空辅助液体成型工艺的仿真以及实验有非常重要的指导意义。在成型过程中,树脂有平面方向的流动,同时也存在厚度方向上的流动。一般 VARI 成型部件为薄壁件,厚度方向的渗透率要远大于平面流动方向,可以忽略不计。实际 VARI 成型工艺中渗透率的测量难度较大,边缘易产生流道,导致实际测量有偏差。

VARI 成型与 RTM 成型中增强材料渗透率的测试原理是类似的,测试步骤如下:

(1)用丙酮将模具清理干净,用真空密封胶带贴于四周,在密封胶带范围内均匀涂抹脱模剂约 3 次。一定注意,脱模剂不要涂在真空密封胶带区域。

(2)根据本章的第二节中关于单向法或径向法的概念,将纤维织物、脱模布、导流网、三通、螺旋管和阀门等放置好,最后用透明的真空袋密封。

(3)将摄像机置于模具上方,保证能够拍摄到整个灌注区域。

(4)真空泵打开,将纤维织物区域的真空袋整理平整。沿灌注方向每隔 30mm 用记号笔画好刻线。

(5)将摄像机打开,同时打开树脂灌注口阀门,进行灌注。

(6)记录好树脂流到每个刻度的时间,得出树脂流动前沿与时间的关系。

(7)通过计算得到所需的增强材料的渗透率。

(五)流道设计

VARI 成型的流道设计是极为关键的工艺,包括树脂流道和真空通路。流道设计的好坏直接关系到产品质量和生产效率。通过合理的流道设计可以有效地提高树脂流动速度,进一步缩短充模时间,提高树脂对纤维的浸润性以及生产效率,减少孔隙和干斑等缺陷的产生,提高产品质量。

1. 流道设计方式

目前 VARI 成型的流道主要包括以下几种设计方式：

(1)在模具表面上设计导流槽。树脂通过模具上的导流槽从制件下表面向上表面进行渗透。通过制品的形状、尺寸以及树脂的黏度并结合实验来确定导流槽的尺寸和数量。

(2)在模具表面设计使用高渗透性介质作为树脂的流动通道。高渗透介质确保在真空灌注期间树脂在纤维中快速流动并渗透，大幅提高树脂的流速。

(3)在泡沫芯上开设孔或凹槽，有助于树脂流动通过。泡沫夹芯复合材料中，泡沫芯材上开孔或制槽，以提高树脂的流动性能。凹槽可以设计为单向的，也可以设计为十字交错的。

(4)模具中的导流槽跟高渗透性介质互相配合。此方式只需设计一个或多个主沟槽作为树脂的流动通道，避免了在模具上设计很多沟槽。也可以用螺旋管替代沟槽，然后与渗透介质配合使用。通过树脂从下往上慢慢渗透，通过高渗透性的介质来实现整个制件表面的树脂流动，此种流道设计方式简单、实用。

合理的流道设计要充分考虑树脂黏度特性、工艺操作窗口、增强体渗透率、注胶口和抽气口设计、导流介质、芯材的孔或槽等相关因素。树脂的真空流道一般需要让树脂的流动距离尽量短，缩短流动时间，保证树脂在凝胶前充分与增强体浸润。树脂在各个流道的流动范围基本相似，流动距离不能相差太大，以免引起缺胶。

2. 流道设计步骤

为设计合理的树脂和真空流道，在 VARI 成型之前需要对流道分布进行详细分析后制订设计方案。树脂和真空流道的设计基本原则是保证树脂在凝胶前充分浸润增强材料，一般设计的步骤如下：

(1)确定树脂工艺操作窗口(低黏度平台时间)。树脂需要在低黏度条件下完成灌注，因此流道设计前需要对树脂的流变性能进行测试和分析，确定树脂工艺操作窗口。

(2)增强材料的渗透性能估计或测试。根据增强材料的种类、形状以及预成型体的铺层结构和厚度等因素，由经验粗略估计增强材料的渗透性。也可以通过渗透率测试进行测定。

(3)设计芯材的开槽和开孔方式。如产品是夹芯结构，需要根据预成型体铺层结构以及芯材结构和位置，设计芯材开槽和开孔的位置、规格和数量。

(4)初步选择树脂流道入口和真空出口位置，以满足设计树脂充分浸润纤维的基本原则，详细分析产品的增强纤维结构和形状特征，同时考虑增强纤维的铺层结构，初步选择树脂流道入口和真空出口位置。

(5)确定导胶管、导气管和导流介质的位置和分布。根据选择的树脂流入口和真空出气口及增强纤维预成型体铺层结构和渗透特性，判断树脂的流动方向和分布，结合树脂的工艺操作窗口和导流介质对树脂的流动速度的影响等确定导胶管、导气管和导流介质的位置和分布。

(6)制订和优化流道设计方案。对初步设计的流道设计方案进行综合评估和修正，确定流道设计方案。

(六)工艺过程的虚拟仿真

树脂流动往往基于实验研究,然而对于尺寸和厚度较大、型面复杂的产品,其流道设计和优化相对较为困难,此时往往结合多种设计方式。通过上节介绍的计算机仿真软件设计和优化流动路径,可以有效地提高研发效率并降低生产成本,这是 VARI 成型工艺的一个重要研究方向。

三、VARI 成型工艺流程及缺陷分析

1. VARI 成型的工艺流程

(1)增强体裁剪形状设计。根据产品的尺寸与形状来设计裁剪形状。

(2)裁剪。将增强材料按样板裁剪成所需的大小和形状。

(3)铺层与封装(图 5-15)。在封装之前,需要在增强体表面铺一层脱模布,有助于成型后将制件和模具顺利分开。再将导流网铺在脱模布之上,注意,导流网不要将所有增强体覆盖,以便于树脂留有充分的浸润时间。最后铺放螺旋管和真空管,完成进胶和真空通路的布置。

进胶和真空通路的布置通过制件的尺寸和形状来确定。

(4)抽真空。封装完成后进行抽真空,可以通过抽真空的方式压实纤维层,有助于控制制品的最终厚度,同时将多余的气体抽出,以减少缺陷并确保层压板的质量。

(5)树脂灌注。确定整个系统无漏气,并达到一定真空度后灌注树脂。注胶结束后,用密封夹具密封注胶管。

(6)固化。若为室温固化,待灌胶完毕后,设置一定的固化时间待其完全固化。若为加热固化,则按固化工艺规程进行固化。

(7)检测。成型后的复合材料产品应当有光滑、平整的外观。如有需要,可对成型后的制件进行无损检测和分析。

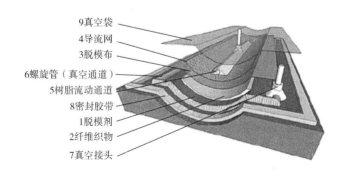

图 5-15　VARI 成型工艺中封装示意图

2. VARI 成型缺陷分析

在 VARI 成型过程中,不可避免地可能会出现各种缺陷,其中主要的缺陷、原因及解决办法如下:

(1)局部表面不光滑且黯淡无光。一般是由产品轻度黏模导致,此时需要及时将模具清理干净。

（2）表面部分缺胶或微孔。主要原因是真空袋漏气。可以多按压密封真空袋的密封胶,并要进行一定时间保压,确保真空袋密封完好后再进行树脂灌注。也可以使用两个真空袋,以保证真空袋不漏气。

（3）出现气泡。这是由于将树脂注入模腔的过程中带入了过多的空气,导致灌注时间内气泡过多无法全部排出;树脂未进行真空脱泡,且黏度过大,在灌注时间内气泡不能全部从产品中溢出。灌注前树脂需要真空脱泡,并选择合适的灌注温度,保证树脂足够低的黏度。

（4）出现干斑。一般与树脂黏度有关,黏度太大,树脂与纤维浸润性差;也可能是流道设置不对,树脂不能充分浸润到所有的纤维。因此,选择合适的黏度和合理的流道设计,可以避免产品出现干斑。

（5）出现皱褶。这是由于树脂在模具中流动时冲挤增强织物导致其变形产生皱褶。应选择合适的注胶口和出胶口,且在抽真空后将真空袋整理好,保持产品表面不出现褶皱。

四、VARI 成型工艺发展趋势

由于 VARI 成型技术成本低、适合制造大型复杂整体结构,近年来受到广泛的重视和研究。在美国实施的低成本复合材料计划(CAI 计划)的第二阶段,验证了真空辅助树脂灌注成型技术在航空航天复合结构中的应用可行性,并将其作为复合材料低成本技术体系中的一项重要技术。在船舶制造工业中,一块长 19.5m、宽 3m 的潜艇壁板在 45min 之内就可以成型。在隐身舰船方面,大多采用 VARI 成型的泡沫夹芯结构作为舰船的壳体,VARI 成型工艺将成为制造未来战舰壳体结构的重要成型技术。此外,目前该工艺在风电、轨道交通、商用汽车和无人机等领域也得到了广泛应用。

近年来,针对高性能 VARI 树脂基体的开发开展了大量研究,尤其是商用飞机的低成本化需求,使得低成本、高性能 VARI 成型技术在商用飞机上的应用潜力越来越大。另外,在风电领域,VARI 是大型风机叶片的主要生产工艺,随着风电行业的爆发式发展,VARI 成型工艺过程中工艺参数的精确控制及工艺过程的自动化制造越来越受到行业内的关注。

第四节　纤维缠绕成型

一、概述

纤维缠绕成型是利用缠绕机将含有树脂的纤维通过一定的缠绕角度、缠绕张力和缠绕速度均匀、有规律地逐层缠绕在芯模或内衬上,最后树脂固化制备复合材料产品。

复合材料产品中纤维角度十分重要,直接决定了复合材料结构的力学性能。缠绕成型中纤维角度是通过缠绕机中的导丝头和芯模做相对运动完成的。导丝头与芯模按照一定的缠绕规律运动,使纤维均匀、稳定和连续地排布在芯模表面,这种缠绕规律也称为缠绕线型。

1. 缠绕成型工艺所用纤维的特点

纤维在芯模上的缠绕规律需要满足以下两点：

(1)纤维既不重合又不相离,均匀连续地排布在芯模表面。

(2)纤维在芯模表面位置稳定,不滑移。

2. 缠绕成型过程中的运动分析

缠绕线型是由芯模的旋转运动与导丝头部分的单坐标(或多坐标)直线和旋转运动的耦合完成的。图5-16所示为典型四轴缠绕机的导丝头与芯模的示意图。在该四轴缠绕机上,由芯模的沿B轴旋转运动、导丝头部的沿A轴旋转运动、导丝头所在小车的沿X和Y轴的直线运动等动作将纤维按照一定的缠绕线型缠绕在芯模上。图5-17所示为四轴缠绕机正在缠绕法国M51导弹复合材料壳体。

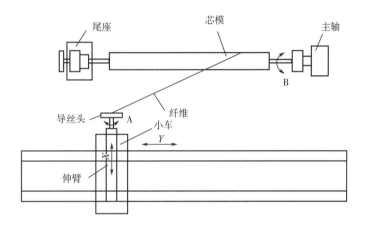

图5-16　典型四轴缠绕机的导丝头与芯模的示意图

图5-17　四轴缠绕机正在缠绕法国M51导弹壳体

3. 缠绕成型工艺的优点

随着高性能纤维的开发和缠绕设备的不断发展,纤维缠绕工艺逐步发展成为一种高度机械化的复合材料制造技术,是目前应用广泛、十分成熟的复合材料成型工艺。缠绕成型工艺作为一种常用的复合材料成型方法,具有以下优点:

(1)易于制备高比强度的产品。由于纤维经拉伸成型,强度高,且产品中纤维含量高,可以使纤维强度较大程度地发挥出来。

(2)自动化程度高,生产高效。连续化缠绕成型工艺与装备成熟,易于实现机械化和自动化,可实现高效率生产。

(3)制造成本低,产品质量重复性好。缠绕成型的增强纤维一般需要连续纤维,不需要编织、人工铺层等过程,减少了工序;同时基体树脂可以选择液体树脂;模具一般相对简单,易于加工。

(4)适于管道和压力容器的制造,产品内表面光滑,外表面可打磨修饰或包覆。

4. 缠绕成型工艺的缺点

虽然缠绕成型已成为应用比较广泛的复合材料成型工艺,但该工艺仍存在一定的局限性:

(1)在湿法缠绕成型过程中易形成气泡,导致产品内孔隙较多,从而使层间剪切强度、压缩强度和抗失稳能力等性能较差。

(2)成型形状有局限,缠绕多为圆柱体、球体等正曲率回转体,不适宜凹曲线表面。

二、缠绕规律及基本原理

缠绕规律是保证缠绕产品性能的重要前提,是实现纤维铺层角度的关键,同时也是导丝头与芯模运动机构设计的参考依据。缠绕成型可分为环向缠绕、平面缠绕和螺旋缠绕三种。

(一)环向缠绕

环向缠绕(图 5-18)是以接近 90°的缠绕角进行缠绕,纤维方向与径向接近平行,芯模自转一周,导丝头近似移动一个纤维束带宽度。纤维束带与芯模轴向之间夹角,即纤维的缠绕角 α 在 70°~85°,如图 5-19 所示。

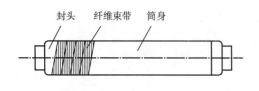

图 5-18　环向缠绕示意图

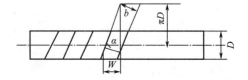

图 5-19　环向缠绕参数示意图

纤维束带紧密贴合布满芯模表面,需要芯模的旋转运动与导丝头的平移运动相互协调。环向缠绕中的主要参数之间的关系为:

$$W = \pi D \tan\alpha \tag{5-8}$$

$$b = W\sin\alpha = \pi D\cos\alpha \tag{5-9}$$

式中:W 为纤维束带距离(mm);b 为纤维束带宽度(mm);D 为芯模直径(mm);α 为缠绕角(°)。

(二)平面缠绕

平面缠绕也称为纵向缠绕(图 5 - 20)。在平面缠绕
过程中,在固定平面内做匀速圆周运动的导丝头与绕自
轴旋转的芯模协调配合,导丝头每转一周,芯模转动近似
一个纤维束宽度的微小角度。平面缠绕的缠绕角度小,
纤维方向接近轴向,适合于球形、扁椭球形和长径比小的
筒形产品。同样适用于缠绕两封头不等极孔容器,在缠
绕过程中,为防止纤维打滑通常采用预浸丝缠绕,通常极
孔直径小于筒体直径的 30%,一般纤维束与芯模纵轴之
间角度保持 5°~25°。

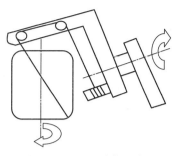

图 5 - 20　平面缠绕示意图

(三)螺旋缠绕

在螺旋缠绕过程中,芯模绕自轴做匀速转动,导丝头按照固定速度围绕芯模轴线方向做周
期性往复运动,纤维以螺旋形式缠绕在芯模上,如图 5 - 21 所示。纤维束带的螺旋缠绕不仅可
以缠绕圆筒段,而且可以缠绕端头(封头)。

一次完整的缠绕循环过程为:由导丝头引入的纤维自芯模某点开始,经过多次往复运动后,
又回到与起始点紧挨一个纤维束宽度的位置(图 5 - 22)。在芯模上所完成的一次完整循环称
为一"标准线"。为了使纤维均匀紧凑地缠满芯模的表面,需要预先设计出若干条由连续缠绕纤
维形成的标准线。

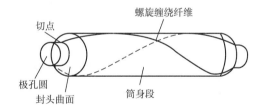

图 5 - 21　螺旋缠绕示意图

图 5 - 22　螺旋缠绕中一个完整循环的"标准线"

螺旋缠绕的两个特点:

(1)在气瓶的缠绕中,纤维束带在每次往或返的过程中都在极孔圆周形成一个切点。

(2)相同方向邻近纤维束之间相接而不相交,不同方向的纤维则相交。因此,当纤维均匀布
满芯模表面时,纤维束形成了正、负两个角度的纤维走向,也就是形成了两层纤维层。

(四)选择缠绕的依据

一般根据产品的使用条件、用途和结构确定采用何种缠绕规律进行纤维缠绕成型,主要从
以下三个方面考虑:

(1)根据产品的结构形状和几何尺寸。对于球形、扁平椭球体、长径比小于 4 的筒形产品以
及两封头不等极孔容器的缠绕可以采用平面缠绕。为了防止纤维滑动,平面缠绕通常通过预浸
纱缠绕,并且极孔直径通常不大于圆筒直径的 30%。长形管状产品一般采用螺旋缠绕。

（2）根据产品的强度要求。螺旋缠绕过程中,交叉点处的纤维处于拉伸状态,在载荷的作用下易被拉直,且纤维交叉程度大,这样会导致分层或纤维断裂等失效模式。此外,纤维交叉会导致孔隙率偏高,而较高的孔隙率则进一步导致制品剪切强度下降。平面缠绕的纤维在筒体上是以完整的缠绕层依次逐层重叠,排列较好。因此,平面缠绕可制得强度高的制品,并且利于减轻产品质量。

（3）载荷特性。平面和环向组合缠绕时,当产品受到内压以外的荷载时,设计灵活性较大。只要改变各方向玻璃纤维的平面和环向组合缠绕数量就能独立和方便地调节轴向和径向强度。

实际应用中,一般采用几种缠绕规律组合,如多循环螺旋缠绕和环向缠绕组合制备高压气瓶。

三、缠绕成型工艺流程及关键工艺

(一)缠绕成型工艺流程

根据树脂基体所处的状态不同,缠绕成型工艺分成湿法缠绕成型、干法缠绕成型和半干法缠绕成型,其中湿法缠绕成型应用最广泛。图5-23所示为三种纤维缠绕成型工艺的流程。

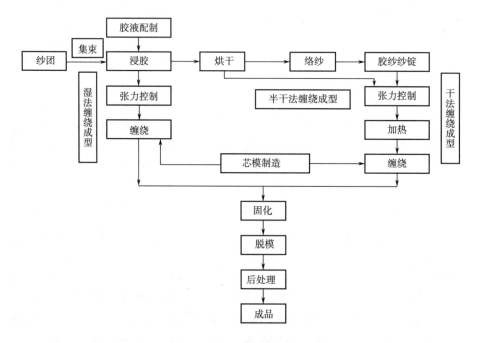

图5-23 纤维缠绕成型工艺流程示意图

1. 湿法缠绕成型

湿法缠绕成型是将增强纤维浸胶后直接在芯模上进行缠绕的成型工艺。湿法缠绕成型工艺生产成本低,效率高。但缠绕过程中胶含量不易控制,且容易产生气泡。工艺流程包括:胶液配制和纤维干燥处理、浸胶、缠绕、固化脱模。纤维干燥处理的目的是去除水分,防止水分影响纤维与树脂基体的浸润,同时减少固化过程中的气泡。湿法缠绕成型中,浸胶含胶量控制十分重要,直接影响产品的厚度和强度。含胶量过高,产品强度降低,孔隙率上升,气密性下降。同时,高含胶量会引起不均匀的应力分布,容易在局部产生破坏。图 5-24 所示为典型湿法缠绕成型的工艺示意图。

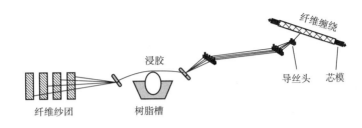

图 5-24　纤维湿法缠绕成型工艺示意图

2. 干法缠绕成型

干法缠绕是将预浸连续纤维加热至具有合适的黏性,并在芯模上进行缠绕的工艺。干法缠绕的制品不仅具有结构稳定、缠绕张力均匀、工艺过程易控制的优点,还容易实现机械化和自动化,生产效率高。但这种工艺方法必须另外配置纤维的预浸胶设备,因此设备投资较大。

3. 半干法缠绕成型

半干法缠绕是将烘干后的浸胶纤维直接缠绕在芯模上的成型工艺。与湿法缠绕成型相比,增加了烘干工序,产品树脂含量易控制,且产品结构稳定。但在实际应用中成本较高,且工艺复杂,使用较少。

(二)缠绕成型工艺参数及控制方法

1. 树脂胶液黏度及温度

在湿法缠绕中,配制好的树脂胶液黏度一般在 $0.3\sim3Pa\cdot s$。树脂胶液黏度越低,纤维与树脂的浸润性越好。树脂黏度与温度密切相关,选择合适的缠绕温度,既可以使树脂与纤维充分浸润,又可以保证足够的缠绕操作时间。图 5-25 为华东理工大学华昌聚合物有限公司生产的 3226 环氧树脂黏度与温度之间的关系,随着温度的升高,树脂黏度逐渐降低,温度继续升高,树脂出现交联,黏度迅速增加。另外,树脂胶液在某个温度下会固化,但不同的温度下固化速度差别很大。图 5-26 为 3226 环氧树脂在 80℃和 100℃下黏度随时间的变化,由图 5-26 可知,树脂在 100℃下迅速交联,黏度提高,而在 80℃条件下树脂黏度变化较小。综上所述,结合树脂黏度随温度的变化曲线和树脂在某温度下的黏度变化曲线,可以确定缠绕温度区间。如按照图 5-25 树脂黏度—温度曲线和图 5-26 树脂黏度—时间曲线,可设置树脂槽的温度为 80℃。在 80℃时,树脂黏度较低,树脂与纤维浸润性好,且具有足够长的操作时间。

2. 纤维表面处理

水分影响纤维与树脂基体间的浸润性和黏结强度,同时也会产生应力腐蚀,并使微裂纹等缺陷进一步扩展,从而使产品的抗疲劳性能和抗老化性能下降,因此纤维在使用前需要烘干处理。一般无捻玻璃纤维在 $60\sim80℃$ 下烘干 24h 左右。如果纤维表面含有的上浆剂或石蜡乳剂型浸润剂影响了纤维与树脂间的充分浸润,则需要在使用前将该上浆剂或浸润剂去除,并对纤维再进行适当的表面处理,从而提高纤维与树脂间的界面黏结性,如玻璃纤维通常采用表面涂覆硅烷偶联剂的方法来进行表面处理。

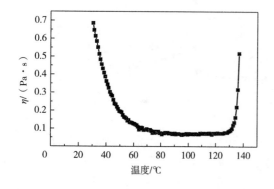

图 5-25　3226 环氧树脂的黏度—温度曲线

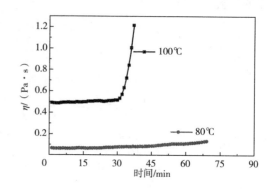

图 5-26　两种温度下 3226 环氧树脂的黏度—时间曲线

3. 树脂含量及纤维浸胶

在缠绕过程中,复合材料中的树脂含量有很多影响因素,如纤维品种及规格、树脂黏度、缠绕张力、缠绕速度、刮胶方式、操作温度和胶槽面高度等,其中树脂黏度、缠绕张力和刮胶方式对树脂含量的控制最为重要。

树脂涂覆在纤维表面,采用合适的刮胶方式对纤维表面的树脂含量进行控制,之后树脂向纤维丝束中不断扩散和渗透,最后在一定的张力下缠绕到芯模上,部分树脂会进一步进入纤维丝束中,气泡和多余的树脂被挤出。如果缠绕过程中树脂挤出较多,可以在缠绕过程中或结束后刮去多余的树脂。

浸胶方式一般有浸胶法、擦胶法和计量浸胶法。

浸胶法(图 5-27)属于下浸式浸胶,操作简单,经过胶槽后的纤维上树脂含量较高,可以通过增加挤胶辊控制纤维上的树脂含量。由于挤胶辊机械力大,纤维弯折明显,纤维强度损失较大,因此玻璃纤维、芳纶等损伤容限较大的纤维可以采用浸胶法。

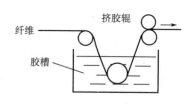

图 5-27　浸胶法示意图

擦胶法(图 5-28)属于上浸润式浸胶,利用刮刀和胶辊间的距离来调整胶辊表面胶层的厚度,并进一步控制含胶量。擦胶法中纤维损伤小,碳纤维等易起毛断裂的纤维建议采用该浸胶方式。

计量浸胶法(图 5-29)是在浸胶法的基础上增加一个树脂含量控制的机构,对树脂挤出量进行准确控制。缺点是缠绕速度不能太快,纤维接头不能通过,不同的树脂含量需要更换不同的控胶机构。

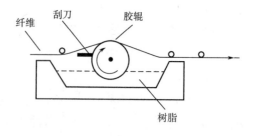

图 5-28　擦胶法示意图

4. 缠绕张力

缠绕张力是缠绕成型工艺中重要的工艺参数。缠绕张力均匀性会对纤维含胶量、丝束间张力均匀性及缠绕各层间的张紧力产生很大影响。张力过小会导致产品孔隙率高、强度低、疲劳性能差；而张力过大会使纤维磨损大，纤维强度降低。随着张力增加含胶量会降低，产品密度降低。缠绕工艺参数优化过程中，通过控制合适的缠绕张力，可以得到孔隙率低、复合材料强度高的产品。

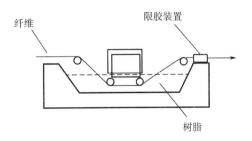

图 5-29　计量浸胶法示意图

另外，缠绕成型的复合材料产品中每束纤维受到均匀张力才能发挥最大的纤维强度，产品性能才能稳定并达到最佳水平。一般厚度较大的产品，在缠绕过程中，缠绕张力应逐层适当递减，否则后续缠绕上的含有张力的纤维会使内层纤维变松，各缠绕层间会出现内松外紧的现象，固化后的产品中纤维不能同时受力，产品静态疲劳性能和动态疲劳性能下降。

5. 缠绕速度

缠绕速度一般指纤维缠绕速度，需要控制在合适的范围。缠绕速度小，生产效率低，而缠绕速度过大会对缠绕过程和产品性能造成一定影响。

湿法缠绕由于受纤维浸胶过程的限制，芯模在高转速下，胶液会由于离心力的作用而向外迁移和甩出。一般湿法缠绕控制线速度小于 0.9 m/s。

干法缠绕需要保证预浸纱或者预浸带在通过加热装置后能达到合适的黏度，同时防止空气杂质等被卷入复合材料产品中。

缠绕速度与芯模旋转速度、导丝头运动速度相关。导丝头因安装在小车上，小车往复运动，在两端加速度增大，惯性冲击较大。当小车运动速度过大，小车会运行不稳造成颠簸振动，影响缠绕过程，使产品性能下降。因此，小车的速度一般不超过 0.75 m/s。

6. 纤维束宽度

在缠绕程序设计时，纤维束宽度是非常重要的参数。如果缠绕程序设计时的纤维束宽度比实际宽度窄，会导致纤维重叠；而比实际宽度宽时会导致缠绕缝隙，缝隙处将会使树脂富集，成为结构的薄弱环节。但是由于缠绕张力、导丝头转向等原因，纤维束的宽度很难控制。在缠绕过程中，导丝头的导丝嘴也可以控制纤维束宽，图 5-30 为几种常用的导丝嘴形式。

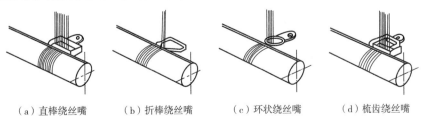

　（a）直棒绕丝嘴　　　（b）折棒绕丝嘴　　　（c）环状绕丝嘴　　　（d）梳齿绕丝嘴

图 5-30　几种常用的丝嘴缠绕方式

7. 固化方法

制品固化主要有常温固化和加热固化两种，主要取决于树脂化学组成。加热固化有外部加热(气氛加热、接触传热、红外加热和激光加热等)和内部加热(电磁感应加热、蒸汽加热等)。固化过程对产品质量影响较大，控制参数多。加热固化时的影响因素有升温速率、保温温度、保温时间和降温速率等。固化方法主要由树脂体系的热性能和流变性能以及制品的物化性能决定。不同树脂体系用不同的固化方法，甚至相同的树脂体系，但产品性能要求不同，其固化方法也不同。

四、缠绕成型工艺发展趋势

(一)缠绕成型技术

热固性树脂基复合材料成型技术的发展逐步趋向于热塑性树脂基复合材料成型。热塑性树脂基复合材料具有良好的力学性能、耐温性能、介电常数以及可回收、可重复利用等特性，十分符合未来材料的发展方向，国内外已开展了大量热塑性树脂基复合材料的缠绕成型技术研究和应用。

(二)缠绕工艺

(1)CAD/CAM技术在预浸带缠绕、预浸带铺放成型工艺及装备上的应用研究。将CAD/CAM技术与缠绕、铺放成型工艺相结合，有利于缩短产品设计周期、降低废品率、提高产品质量，提高自动化水平及灵活性。

(2)基于非测地线的缠绕成型工艺。传统的缠绕线型形式不能同时有效地兼顾工艺可行性与结构力学性能，这是目前制约纤维缠绕技术发展的瓶颈问题之一。非测地线缠绕可以根据结构受力方向布置纤维角度，实现纤维的最佳力学性能。一般通过选择合适的缠绕路径和工艺实现非测地线缠绕，以兼顾工艺性能和更优的结构力学性能。

(3)异型件和异型结构连接件缠绕技术。现实应用中需要特殊的异型结构，如弯头、环形容器、三通等。由于缠绕成型具有诸多的优点，近年来出现了很多异型结构缠绕。采用先进的缠绕轨迹设计和缠绕工艺，实现异型结构的缠绕。

(4)采用将缠绕成型技术与拉挤、铺放、编织和压缩模塑等工艺相结合的方法，提高缠绕成型的工艺适应性。此外，采用预浸带铺放技术可实现纤维任意角度的缠绕，此技术还适用于凹形表面，解决了缠绕工艺的欠缺，若将其与缠绕工艺相结合，可用于解决某些结构类管状产品的缠绕成型问题。

(三)缠绕成型设备

缠绕成型设备的发展经历了机械式、数控式、微机控制以及机器人缠绕技术的更迭。目前缠绕成型设备的研究和发展主要致力于多自由度、多工位、连续缠绕、高速高精度缠绕、复杂异形件缠绕、机器人缠绕和多工艺复合、清洁制造等方向。缠绕成型工艺中的辅助设备如快速浸胶装置、多丝嘴及模块化导丝头、高精度张力控制器和内加热固化模具等也在不断发展和优化。

第五节 热压罐成型

一、概述

热压罐成型工艺主要用来成型树脂基复合材料制品,近年来被广泛应用于制备先进复合材料结构、蜂窝夹芯结构及复合材料胶接结构,已成为制备航空航天领域的主承力和次承力制品的首选成型技术。

热压罐成型工艺的原理是将预浸料铺放好后,利用热压罐内的高温压缩气体对其进行加热加压处理,使材料固化成型,其工艺示意图如图5-31所示。首先将坯料铺放在附有脱模剂的模具表面,然后依次用多孔防粘布(膜)、透气毡覆盖,并密封于真空袋内,再放入热压罐中。加温固化前先将密封的真空袋抽真空,除去空气和挥发物,然后按不同树脂的固化方法升温、加压和固化。

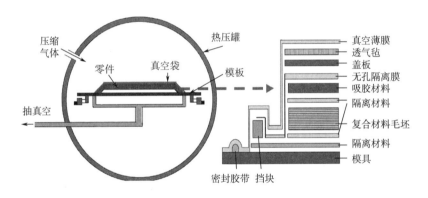

图5-31 热压罐成型工艺示意图

热压罐是一个可以整体加热、加压的大型密闭压力容器,包含真空系统、加热系统、压力系统、鼓风系统、冷却系统和控制系统,如图5-32所示。

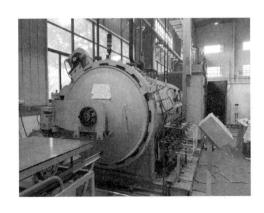

图5-32 复合材料成型用热压罐

1. 热压罐成型工艺的优点

相对其他复合材料成型工艺,热压罐成型工艺具有以下优点:

(1)热压罐中温度和压力的变化较为均匀,可确保产品质量均匀、稳定。

(2)应用范围广泛,单面模具设计相对简单。适用于大面积复杂的蒙皮、壁板和机身成型。

(3)成型工艺稳定可靠。复合材料孔隙率低、树脂含量均匀,产品性能稳定、可靠。

2. 热压罐成型工艺的缺点

热压罐成型工艺也有一定的局限性,主要表现在以下几个方面:

(1)一般的热压罐属于特种压力容器,结构复杂,前期设备投资成本高。

(2)热压罐成型能耗大,设备的运行和维护成本较高。

(3)热压罐固化需要施加较高压力,对模具的材料和制造过程要求很高,尤其是航空部件的生产,模具需要有良好的导热性、热态刚性和气密性。

二、热压罐成型原材料及辅助材料

热压罐成型工艺利用高温压缩气体对复合材料预成型体进行加工以获得高性能复合材料产品,属于复合材料先进制造工艺。热压罐成型工艺主要用来制备热固性复合材料产品,也可用来制备热塑性复合材料产品,本节主要介绍热固性复合材料热压罐成型。

(一)热固性树脂预浸料

热压罐成型通常采用连续纤维增强树脂预浸料作为原材料。热固性树脂预浸料是一种用树脂预先浸渍、可以储存的复合材料的半成品,在需要时可直接用来制造复合材料产品。

热固性树脂预浸料应用的基体树脂一般为环氧树脂、酚醛树脂、双马来酰亚胺和氰酸酯树脂等,还常使用添加剂(如催化剂、抑制剂和阻燃剂等)来获得特定性能或改善储运、加工性能。常用增强纤维包括碳纤维、玻璃纤维、芳纶、超高分子量聚乙烯纤维和玄武岩纤维等。连续纤维预浸料的纤维形式一般为单向纤维或织物。

1. 预浸料的优点

(1)使用方便。直接使用,不再经过制造过程中现场混料和浸润等工序。

(2)复合材料成型过程清洁、可控,生产环境好。

(3)产品孔隙率低,可以提高复合材料产品的质量及一致性。

(4)产品厚度、纤维体积含量可控。

2. 预浸料的性能参数

(1)凝胶时间。凝胶时间是预浸料存放时间的重要参数,对复合材料的成型过程中的压力和温度的制订有着重要的指导作用。测试原理是将一定大小的用不渗透薄膜包裹的预浸料试样放入已预热到测试温度的平板压机中,通过平板压机对试样施加压力,将树脂挤出至平板缺口,记录从开始加压至树脂不再成丝的时间,即为凝胶时间。一般按照 GB/T 32788.1—2016 标准检测。

(2)树脂流动度。在预浸料样品中剪切试样,将其放入吸胶玻璃布和隔离膜的中间,组成试样组件,将试样组件放入规定测试温度和压力下的平板压机中进行固化。固化过程中,部分树脂会流出。计算试验前后试样的质量变化百分比,即为树脂的流动度。一般按照 GB/T 32788.2—2016 标准检测。

(3)挥发物含量。将试样放在鼓风干燥箱中加热至规定的温度,恒温一定时间后去除挥发物,根据加热前后试样质量的变化计算出挥发物含量。一般按照 GB/T 32788.3—2016 标准检测。

(4)拉伸强度。将粘有加强片的单向预浸料试样在试验机上拉伸加载至破坏,记录破坏载荷,计算出预浸料拉伸强度。一般按照 GB/T 32788.4—2016 标准检测。

(5)树脂含量。指预浸料中树脂所占的质量百分比。将试样放入索氏萃取器中,用适当的溶剂进行萃取,使预浸料中的树脂完全溶解。相对于初始质量,试样质量损失的百分数即为树脂含量。一般按照 GB/T 32788.5—2016 标准检测。

(6)单位面积质量。对已知面积的预浸料进行称量,质量与面积比值即为单位面积质量。这是预浸料的一项重要指标,一般按照 GB/T 32788.6—2016 标准检测。

3. 预浸料的制备工艺

热固性连续纤维预浸料的生产工艺主要有热熔法和溶剂浸渍法。

(1)热熔法。热熔法是直接将树脂加热降低黏度后与纤维浸润,并在这个过程中在其上覆盖隔离膜(一般用 PE 膜和离型纸),该工艺是生产预浸料的主流工艺。热熔法又分为一步法和二步法。二步法的第一步是制备树脂膜,第二步是将树脂膜与增强纤维浸润,并覆隔离膜后收卷(图 5-33)。一步热熔法是将树脂涂覆于离型纸后直接与增强纤维浸润,覆隔离膜后收卷(图 5-34)。

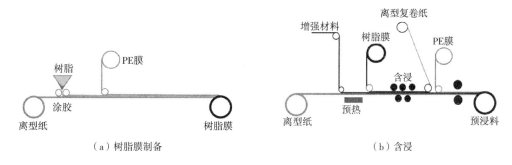

（a）树脂膜制备　　　　　　　　（b）含浸

图 5-33　二步热熔法制备预浸料的工艺示意图

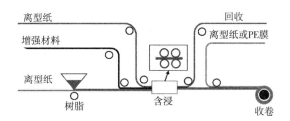

图 5-34　一步热熔法制备预浸料的工艺示意图

(2)溶液浸渍法。溶液浸渍法制备预浸料的工艺流程(图5-35)是预先将树脂溶于合适的溶剂,然后在树脂槽中用含有溶剂的低黏度树脂充分浸润增强纤维,再经过加热将浸润在增强纤维上的树脂里的溶剂挥发,最后覆隔离膜、收卷。

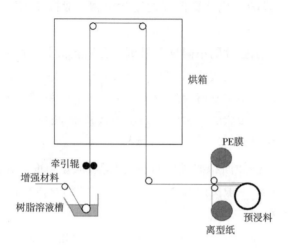

图5-35　溶液浸渍法制备预浸料的工艺示意图

(二)辅助材料及部件

1. 真空袋

真空袋(图5-36中a)与密封胶条共同构成密闭的真空袋系统。在100℃以下使用的真空袋材料可用聚乙烯薄膜,180℃以下可采用各种改性的尼龙薄膜,而对于高温下成型的聚酰亚胺、热塑性树脂基复合材料成型用的真空袋材料需用耐高温的聚酰亚胺、聚苯硫醚或聚醚醚酮等薄膜。有时也用1~2mm厚的橡胶片作为真空袋材料,可以反复多次使用。

2. 透气材料

透气材料(图5-36中b)主要作用是保证真空袋内的气体顺畅导入真空管路,一般是涤纶非织造布或者玻璃纤维布。涤纶非织造布成本较低而且易于操作,但在高温固化时(200℃以上)需要使用玻璃纤维布作为透气材料。

3. 有孔或无孔隔离膜

有孔或无孔隔离膜(图5-36中c和d)主要作用是避免固化后的复合材料与模具、透气毡等介质黏附在一起,一般为聚四氟乙烯或其他改性氟塑料薄膜。

4. 脱模布

脱模布(图5-36中e)与隔离膜的作用一样是避免固化后的复合材料与模具、透气毡等介质黏附在一起,但是脱模布可以使预浸料中多余的树脂和空气及挥发分更加均匀顺畅地通过。通常采用涂覆有聚四氟乙烯的玻璃纤维布作为脱模布。

5. 真空快速接头

在热压罐成型中,真空快速接头(图5-36中f)的作用是连接真空管与真空袋。一般由阳接头和阴接头两部分组成,二者可以快速连接组成一个密封的通道。

6. 真空密封胶带

多为橡胶腻子条(图 5 - 36 中 g),主要以橡胶(如氯化丁基橡胶)为基础胶料,再与适量的高相对分子质量树脂、硫化剂、活化剂、吸水剂、偶联剂等助剂混合而成,在真空袋与模具间起到密封作用。

图 5 - 36　热压罐成型工艺中的主要辅助材料及部件

a—真空袋　b—透气材料　c—有孔隔膜　d—无孔隔膜　e—脱模布　f—真空快速接头　g—真空密封胶带

三、热压罐成型工艺流程及关键工艺

复合材料热压罐成型工艺流程是:首先将模具表面进行清洗,并涂抹脱模剂;将预浸料紧贴于模具表面;根据预浸料的树脂含量,在热固性树脂预浸料表面选择铺放无孔或者有孔隔离膜;隔离膜外铺放一层透气毡,便于空气排出;用真空袋将预浸料及辅助材料进行密封,并抽真空;根据预浸料树脂的成型特性制订相应的温度和压力,最后将模具放入热压罐中进行成型、冷却和脱模。

热压罐工艺制备复合材料产品的具体步骤包括:模具准备、预浸料裁切、预浸料铺贴、预压实、工艺组装、抽真空及真空度检查、加热加压、冷却及出罐脱模、检验和后处理等。

(1)模具准备。模具表面用丙酮或其他有机溶剂擦洗干净,涂覆脱模剂或铺贴脱模布,仔细擦洗,不要用硬物,以免损坏模具表面。如果要涂覆脱模剂多次,则必须等待上一层脱模剂晾干后再次涂覆。根据预浸料的品种、固化温度等因素,选择合适的脱模剂。脱模剂一般至少涂抹 3 次。

(2)预浸料裁切。可以分为自动切割和手动切割。自动切割是将预浸料放置在自动切割设备上,然后由自动切割床生成二维几何模型,进行自动切割、编号和标记。手动切割是将预浸料根据各层样板的纤维方向和尺寸进行切割,预浸料纤维方向应严格符合复合材料产品的设计铺层方向,切好的预浸料逐层进行标记或编号,平面放置。

(3)预浸料铺贴。在实际生产中为了保证预浸料按照设计铺层,预浸料铺贴时需要准确定位,一般采用激光辅助定位、定位线或定位样板定位。激光辅助定位铺贴是根据激光定位系统在模具上形成不同的预浸料铺层方向和铺层轮廓进行铺贴。定位样板铺贴是根据产品图样要求的铺层顺序逐层铺贴,对于铺贴位置不易确定的铺层,采用定位样板。铺贴时需要注意一定要将两层预浸料间的气泡排净，否则容易出现缺陷。如果需要拼接预浸料，则各层间的拼接缝应相互错开。

除了可以手工铺放预成型体以外，还可以以预浸带和预浸丝的形式利用自动铺放技术制备预成型体。目前在航空航天领域已广泛采用自动铺放技术铺贴预浸料，相较于手工铺贴，自动铺放技术使预浸料铺放的角度更加准确。自动铺放技术是一种高效率、低成本、自动化程度高的成型方法，可以完成大尺寸及复杂曲面产品的整体成型，最终复合材料制件的质量稳定性好、可靠性高。自动铺放技术主要有两种，一种是以预浸带为原材料的自动铺带技术（automated tape laying，ATL），另一种是以预浸丝为原材料的自动铺丝技术（automated fiber placement，AFP）。

自动铺带技术一般使用带有隔离衬纸的单向预浸带作为原材料，并且利用自动铺带机实现预浸带位置的自动控制，根据待铺放工件的边界轮廓自动对预浸带特定形状进行切割、定位和铺叠，在压辊的作用下加热后的预浸带逐层铺放到模具表面。

由于自动铺带技术存在"自然路径"的限制，无法对负曲率、大曲率复杂产品进行铺放。一些发达国家在纤维缠绕技术和自动铺带技术的基础上研究开发了自动铺丝技术，也称为纤维铺放技术或窄带铺放技术。自动铺丝技术是将预浸丝按照设计的铺放路径进行预成型体的制备，是近年来发展最快、最有效的自动化成型制造技术之一。

（4）预压实。预压实是在每铺贴5～10层预浸料后，对预成型体抽真空，以减少铺层中裹入的空气。真空度需达-0.095MPa以上，并保持15～20min。

（5）工艺组装。预成型体铺贴完成后，按照要求将热电偶固定在模具上。并通过真空密封胶带和真空袋将铺放的各种辅助材料密封（必要时可使用边条和弓形夹夹持）。在表面阶差较大的地方需要留足够的真空袋余量，以避免真空袋架桥和破裂发生。

（6）抽真空及真空度检查。接通真空管路，抽真空至-0.095MPa以上，保持10min。关闭真空阀5min后，真空度下降不得大于0.01MPa，方可进罐，否则需要仔细检查真空袋的漏气位置，解决漏气问题。

根据成型产品的不同，可在整个工艺过程中保持真空或在某一阶段保持真空。

（7）加热加压。首先确保真空系统无泄漏，其次将模具送入热压罐，同时接通真空管路和热电偶，最后关闭灌门并加热加压。热固性复合材料通过升温发生树脂交联固化定型，而热塑性复合材料中的聚合物熔融，通过后续工艺中的冷却阶段定型。

热压罐成型的技术要点是控制好温度和压力与时间的关系。一般需要进行一系列的工艺性能试验，根据试验得到完整的数据，结合产品的具体要求，制订合理的温度和压力。在实际生产过程中，须严格按照产品制造工艺规范设定温度和压力等固化工艺参数。温度因素主要包括升温速率、固化温度、保温时间和降温速率等，主要取决于树脂的固化特性。压力因素包括加压时机和成型压力。

在热压罐成型过程中，如果施加压力太早，复合材料中挥发分和残留的空气太多，施加的成型压力不足以使残留的溶剂和空气等全部溶解于树脂体系中，将会在复合材料内部形成孔隙，影响复合材料性能。对于热固性复合材料，如果加压时机太晚，树脂已凝胶，此时压力的施加对改善复合材料的质量和性能没有明显的效果。

复合材料产品在成型过程中达到或保持的压力称为成型压力。压力可以使溶剂、空气或水分等溶解于树脂。压力越大,溶解于树脂中的挥发分含量就越高,而未溶解的溶剂、空气或水分将形成孔隙。所以在加压时机确定后,压力越大,复合材料的孔隙率越低,产品性能越好。但过大的压力会将预浸料中的树脂挤出,因此需要根据实际情况,选择合适的压力。

(8)冷却及出罐。冷却速率是指复合材料产品固化结束后恢复到室温的速率,应控制在 $2℃/min$ 以内。冷却速率过快会使得产品产生较大内应力。冷却到合适温度,可以将含有产品的模具从热压罐中取出,并脱模。出罐的温度一般不高于 $70℃$。

(9)检验。使用无损检测手段对固化后的复合材料产品进行检验,评价产品中的缺陷是否在许可范围内。目前除了目视检验产品外,还有超声、X 射线、激光剪切摄影和激光超声等无损检测方法。

(10)后处理。用高压水切割、手提式风动铣刀或计算机数控车床进行机械加工等方法对产品修边、制孔和扩孔等后处理。

四、热压罐成型工艺发展趋势

热压罐成型工艺是航空领域中应用最广泛和最成熟的先进复合材料成型工艺。近年来,热压罐工艺流程中升温环节、加压环节、预浸料下料铺叠和模具等技术都在不断发展。热压罐中的温度场设计与分析已成为热压罐成型工艺中的研究热点。

预浸料下料和铺叠目前多为人工手动操作,但人工操作不仅效率低、产生的废料多、工耗长且劳动强度大。自动铺放技术可减少人工操作的劳动力成本和原材料的浪费。将热压罐成型与自动铺放技术结合起来可以提高产品质量、降低成本、提高热压罐的利用率,是未来重要的发展方向。

第六节　模压成型

一、概述

模压成型具有产品形状尺寸精度高、可批量化生产、生产效率高、产品的固化程度高、收缩率小和原料损耗小等优点,被广泛应用于航空航天、轨道交通、汽车、电气、化工、建筑和机械等领域。然而模压成型的模具制造复杂,且成本较高,还受到模压机限制,该工艺一般生产中小型尺寸的复合材料产品。

模压成型复合材料的树脂基体一般包含热固性树脂和热塑性树脂;增强体有短纤,也有连续纤维织物。由于热固性树脂和热塑性树脂的加工特点存在差异,因此在模压成型过程中两种基体的复合材料的加热、加压过程不同。

二、热固性复合材料模压成型
(一)热固性复合材料模压成型的原材料及模具
热固性复合材料模压成型工艺是首先将增强纤维织物或短纤维与热固性树脂制成模压料

并置于闭合的模具中,在合适的时机施加一定的压力和温度,热固性树脂与增强纤维充分浸润,树脂交联固化成型的一种复合材料成型工艺。

1. 原材料

常用于热固性复合材料模压成型工艺中的热固性树脂基体主要包括不饱和聚酯树脂、环氧树脂、酚醛树脂、乙烯基酯树脂和呋喃树脂等。为了使模压制品达到特定的性能指标,在选定树脂品种和固化剂后,还会添加增稠剂、引发剂、低收缩添加剂、填料、内脱模剂和着色剂等。

常用的热固性复合材料模压成型增强纤维一般是碳纤维、玻璃纤维、高硅氧纤维、芳纶和天然纤维(如麻纤维)等。纤维形式一般有短纤维或长纤维形成的毡、连续纤维织物等。不同形式的纤维形成了短切纤维模压料和连续纤维模压料。

在短切纤维模压预浸料/模塑料的成型过程中,不仅树脂会流动,增强材料也会随之流动,树脂和纤维同时充满模腔的各个部位,树脂在一定的压力和温度下交联固化,最后将产品从模具内取出(图5-37)。

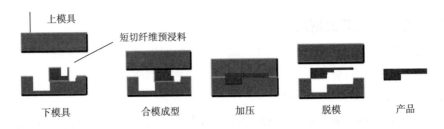

图5-37 短切纤维预浸料模压成型工艺示意图

短切纤维模压预浸料/模塑料的生产工艺一般可分为预混法和预浸法两种。

(1)预混法。首先将纤维切割成30~50mm的短切纤维,然后经过疏松后在预浸机中与树脂充分混合直至树脂完全浸润纤维,最后经烘干至合适黏度制备短切预浸料。这种方法制备的短切预浸料中纤维是松散无定向的,预浸料流动性好,但在制备过程中会在一定程度上造成纤维强度的损失。

(2)预浸法。将纤维束进行预浸,再切短形成短切预浸料,其流动性比预混法预浸料差。

典型的短切纤维模塑料有片状模塑料(sheet molding compound,SMC)、团状模塑料(bulk molding compound,BMC)、厚片状模塑料(thick molding compound,TMC)和高强度模塑料(high molding compound,HMC)等。

SMC是一种典型的预混法模塑料,预先将不饱和聚酯树脂、低收缩添加剂、引发剂、内脱模剂、矿物填料等混合成糊状,加入增稠剂使之混合均匀,对蓬松的短切玻璃纤维进行充分浸渍,形成在特定时间内不粘手的片材(图5-38)。在树脂中加入增稠剂可以增加SMC树脂的黏度以满足模压过程的工艺要求,并保持相对稳定。不饱和聚酯树脂的化学增稠过程是SMC工艺中的关键步骤。增稠速度和程度要适当,若增稠太快,纤维和填料难以被树脂浸透,材料的流动性差。若增稠过慢,容易导致储存运输困难,模压时会造成树脂流失、纤维析出等缺陷。SMC具有在工程设计上自由度大、工艺简单灵活和生产自动化程度高等优点,被广泛应用于电气、汽车以及通信工程等领域。SMC 的发展已成为近50年来纤维增强复合材料领域的最显著成就之一。除最常用的玻璃纤维外,目前已开发出采用碳纤维作为增强体的 SMC,并应用于汽车和电子等领域。

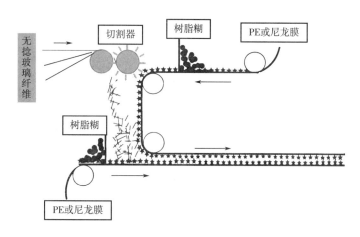

图 5-38　SMC 制备工艺流程

连续纤维增强热固性复合材料预浸料模压成型工艺过程是将预先铺放在模具上的纤维织物预浸料在一定的压力和温度下将树脂固化,待固化完全后将产品从模具内取出。连续纤维预浸料模压成型工艺如图 5-39 所示。连续纤维增强热固性复合材料预浸料与热压罐成型中连续纤维增强热固性复合材料预浸料基本一致,生产工艺不再赘述。

预浸料　　　预热　　　预成型　　　　　合模　　加热、加压　　脱模

图 5-39　连续纤维织物预浸料模压成型工艺示意图

2. 模具

复合材料模压成型模具材料的选择,一般遵循以下基本要求:

(1)刚度要足够高,保证在高温高压模压成型生产过程中模具不变形。

(2)模具材料尽量选用与零件热膨胀系数相差不大的材料,以减少变形和产品内应力。

(3)对于生产效率要求比较高的产品的模压模具,还要有足够的热稳定性,能够满足在热冲击下模具的尺寸稳定性。

(4)为了保证模压过程中多余的树脂排除,模具上还要设计一些排胶孔。

因此,模压成型的模具一般选择耐温耐压的金属对模,制造模具的成本较高。

(二)热固性复合材料模压成型工艺流程及关键工艺

模压成型工艺流程(图 5-40)主要分为模具和材料的准备、材料填充或铺贴、固化成型、脱

模和修边等。具体工艺流程如下:

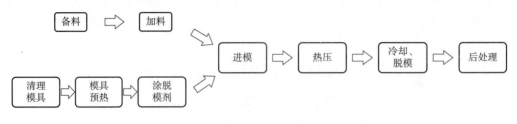

图 5-40　热固性复合材料模压成型工艺流程

1. 模具准备

先用干净的清洁布清洗模具型腔,对模具型腔喷涂或擦拭 3~5 次脱模剂。对模具进行其他必要的处理,如各定位销和螺钉表面涂高温润滑脂,防止出现脱模困难。

2. 材料准备

如果预浸料储存在冷库,使用前需要室温下 5~6h 解冻。目的是防止预浸料与外界环境温度相差太大,在预浸料表面形成冷凝水,影响产品质量。将预浸料称量好合适的重量或者裁切好合适的尺寸。如果处理好的预浸料不及时使用,应放置在干净的密封袋内,并在有效外置时间内完成模压工作。

3. 将预浸料置于模具内

材料填充时应在清洁干净的环境下进行。采用短切纤维预浸料模压时,向模具内装入的材料量需要严格控制,加入量会直接影响产品的质量。加料过多则会使产品产生过厚的毛边,尺寸产生偏差,脱模困难,可能会损坏模具;加料量过少则会导致产品产生孔隙,甚至可能因缺料而产生废品。连续纤维预浸料模压成型加料时,一般将裁切好的预浸料按照铺层设计铺贴在模具上,或者先制备预成型体,再将预成型体置于模具内。

4. 合模固化

模具已装配于模压机上时,模压机合模。模具未装配在模压机上时,合模后的模具置于模压机的正中位置,使模具能受热受压均匀。然后根据模压成型中的加热和加压方式进行加热加压。固化结束后,根据固化工艺以适合的降温速度进行降温,如果降温过快可能会导致产品缺陷。

在模压成型的压制过程中,要有很严格的压制制度,主要包括压力制度和温度制度。

(1)压力制度。压力制度主要包括成型压力的大小、加压时机等。

成型压力的大小一般取决于预浸料的树脂类型、产品的结构和尺寸等。一般形状简单的产品,模压压力相对较低。模压压力的大小与模具结构也有一定关系,一般而言,压制产品时水平分型结构的模具的模压压力高于垂直分型结构的模具。

加压时机对产品质量的影响很大。加压过早,树脂交联程度低,黏度低,在压力下树脂易流失,产生干斑或缺胶等缺陷。加压过迟,树脂反应程度高、黏度大,树脂流动性差,难以充满模腔,形成气孔或干斑等缺陷。

（2）温度制度。在热固性复合材料模压工艺中的加热初期，预浸料的树脂从固态逐渐转变为黏流态。温度升高到一定程度后树脂开始反应，树脂黏度升高，最终树脂固化为交联结构，呈不溶不熔的固态。固化模压工艺的温度制度一般根据树脂系统的固化性能和流变性能确定。温度控制过程主要包括预热保温阶段、升温阶段、恒温阶段以及冷却降温阶段。

①预热保温阶段。随着温度的升高，树脂黏度降低，使纤维与树脂充分浸润，同时对于短切纤维预浸料，物料流动性好，顺利充模。当模具逐渐升温到固化反应开始的温度，树脂开始发生交联反应，黏度升高，某些树脂会产生小分子挥发物。模具到达一定温度时保温一段时间，一方面使树脂与纤维充分浸润，另一方面使物料流动充满整个模腔且有利于赶出低分子物。预热的温度和保温时间主要取决于树脂的品种以及模压料的质量指标，同时还应考虑制品的结构。

②升温阶段。升温速度不宜过快，否则表层树脂固化速度过快使制品固化不均，导致产品内应力过大，产生翘曲变形大；升温过慢则降低生产效率。

③保温阶段。当模压温度达到最大值后保持恒定，保证树脂充分固化。最高模压温度主要取决于模压料中的树脂系统。保温时间与树脂固化特性、产品厚度、最高模压温度等因素相关。在一定的模压压力和温度下，保温时间是决定产品质量的关键因素。若成型过程中保温、保压时间过短，则会导致固化不完全、收缩变大、产品表面光泽性差；若保温、保压时间过长则生产效率下降、产品部分力学性能会降低。

④冷却阶段。当树脂固化后，即可对模具进行降温。此过程应在既定的压力下进行，且冷却速度要控制得当。当模具温度下降至适当温度即可卸压脱模。

5. 脱模修边

模具装配在模压机上时，模压机开模，并采用液压或气压将产品顶出；模具未装配在模压机上时，模具在模压机上取下后，开模、取出产品、修边。

6. 后处理

为了使产品的固化度进一步提高，提升产品的耐热性，消除内应力，保证产品应用性能的稳定性，热固性复合材料产品脱模后通常会进行更高温度的后处理。

三、热塑性复合材料模压成型

(一)热塑性复合材料模压成型的原材料及模具

1. 原材料

目前热塑性复合材料常用的树脂基体包括聚丙烯（PP）、聚碳酸酯（PC）、聚醚醚酮（PEEK）、聚醚酰亚胺（PEI）和聚苯硫醚（PPS）等，纤维增强体有玻璃纤维、玄武岩纤维、碳纤维及芳纶等，纤维形式有短纤维毡、连续纤维织物等。

热塑性复合材料模压成型中一般采用纤维与树脂预先浸润好的热塑性预浸料为原材料。热塑性预浸料有非连续纤维制备成的玻璃纤维毡增强热塑性塑料（glass mat reinforced thermoplastics，GMT）和长纤维增强热塑性塑料（long fiber reinforced thermoplastics，LFT）等，也有连续纤维织物增强的预浸料，如图 5－41 所示。

GMT 是以玻璃纤维毡和热塑性树脂复合而成的一种模塑料。通常将两层玻璃纤维毡跟三层热塑性树脂薄膜层复合得到。

LFT是20世纪90年代开始兴起的一种长纤维增强热塑性塑料,不仅具有高强度、高刚性和高尺寸稳定性等优点,还避免了常规短纤维增强热塑性塑料的很多劣势。欧洲热塑性复合材料联盟(EATC)将10mm以上的纤维定义为长纤维。

　　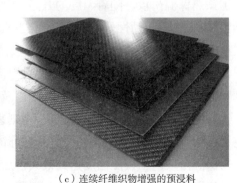

（a）GMT　　　　　　　　　（b）LFT　　　　　　（c）连续纤维织物增强的预浸料

图5-41　典型热塑性预浸料

近年来,长纤维增强热塑性塑料直接在线成型(long fiber reinforced thermoplastics - direct,LFT - D)技术发展十分迅速,常用于长纤维增强热塑性塑料在线直接生产制品。

LFT - D技术与GMT和常规LFT的主要区别是省去了模塑料的搬运和储藏。LFT - D典型的方法是将热塑性树脂颗粒和添加剂输送至重量分析进料单元进行混合,混合料进入双螺杆挤出机,并通过薄膜模具形成热塑性膜。纤维粗纱则通过提前设计好的粗纱架,历经预热、分散等过程后被带入热塑性薄膜的顶端,与薄膜汇合一同推进到第二级双螺杆挤出机中,进行玻璃纤维浸渍、切割、混合,形成连续料块,料块切割成符合制品成型面积的坯料后直接送入模压模具中成型。

连续纤维增强热塑性复合材料预浸料中的增强材料的形态有单向预浸料和织物。单向预浸料一般是连续的单层形式,织物预浸料可以是连续单层,也可以是多层织物制成的预浸板。目前,非连续纤维制备成的GMT和LFT在热塑性复合材料市场中占主导地位,但由于连续纤维增强热塑性复合材料的优良特性,连续纤维增强热塑性复合材料预浸料得到迅速发展。

由于热塑性树脂的相对分子质量较高,熔体的黏度较大,通常高于100 Pa·s,熔体流动困难,使得增强纤维不能充分被浸润,因此,如何解决热塑树脂对连续纤维的浸渍问题成为制备连续纤维增强热塑性复合材料预浸料的关键。连续纤维增强热塑性复合材料预浸料的制备方法主要包括热熔法、溶液浸渍法、粉末法、混编纤维法和薄膜叠层法等。

（1）热熔法。热熔法是将纤维经过熔融状态的树脂区,在浸渍模具中被树脂充分浸渍,然后经过冷却定型后,制得预浸料。目前,热熔法已经被广泛应用于生产制备玻璃纤维增强聚丙烯复合材料预浸料,如图5 - 42所示。

（2）溶液浸渍法。溶液浸渍法是把树脂溶解于低沸点溶剂中,使之成为一定浓度的溶液,然后将纤维束或织物以合适的速度通过树脂基体溶液充分浸润,经过溶剂回收装置使树脂中的溶

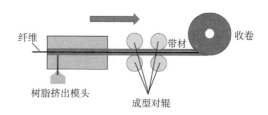

图 5-42　热熔法制备连续纤维增强热塑性预浸料的工艺流程示意图

剂挥发回收,最终制得预浸料,如图 5-43 所示。该工艺与溶液浸渍法制备连续纤维增强热固性复合材料预浸料的工艺路线基本一致,特点是黏度较高的热塑性树脂溶解于溶剂后黏度降低,可以充分与纤维浸渍,但溶剂如果有残留会使复合材料产品性能下降,而且很多相对分子质量较高的热塑性树脂很难找到合适的良溶剂。

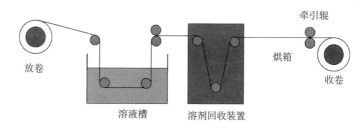

图 5-43　溶液浸渍法制备连续纤维增强热塑性预浸料的工艺流程示意图

(3)粉末法。粉末法是指将带静电的树脂粉末沉积到被吹散的连续纤维上,再经过加热使树脂熔融到纤维中,如图 5-44 所示。粉末法在制备连续纤维增强热塑性复合材料预浸料上应用较为成熟。该方法的工艺过程历时短,热塑性树脂不易分解,且纤维损伤少,但在成型加工时树脂与纤维才能充分浸润。

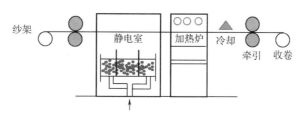

图 5-44　粉末法制备连续纤维增强热塑性预浸料的工艺流程示意图

(4)混编纤维法。混编纤维法是指预先将热塑性树脂加工制备成热塑性树脂纤维,然后再将热塑性树脂纤维与增强纤维混编成为织物,最后直接用于复合材料制品制备。混编纤维法不仅加工性能好,而且树脂含量易于控制,并且对纤维的浸润性好,混合纱可以织成复杂的三维结构,也可以直接缠绕制成性能较好的复合材料。

(5)薄膜叠层法。薄膜叠层法是指将增强纤维层和热塑性树脂薄膜(片)交替叠加,并置于加热、加压的条件下使热塑性树脂熔融并充分浸润增强材料,然后冷却定型得到预浸料。薄膜层叠法常用于制备连续纤维织物增强热塑性复合材料预浸料。该方法需要适当的压力使熔体进入纤维之间,并且可以利用真空辅助以降低预浸料中的孔隙。

2. 模具

热塑性复合材料模压模具设计一般需要考虑以下因素:

(1)模压成型用的模具材料一般为铸钢。固态冲压成型用的模具的成型压力小于1MPa,因此可选用轻金属或复合材料,有些情况下也可选用木材。

(2)模压成型模具设计要点。

①设置导向销,防止模具上下运动时产生横向移动。

②设置安全块,防止原料过少时损伤模具。

③设置进气孔,便于压缩空气脱模。

④模具中设计循环水管,保证模具冷却温度在70℃左右。

(3)对模压产品尺寸要求。

①槽型产品,侧壁应保证有大于1°的倾斜角,便于物料流动和防止翘曲。

②非连续纤维增强的热塑性复合材料带肋产品,肋高(h)和肋宽(W)一般保持以下比例:

当 $W>2mm$ 时,$h:W=4:1$;

当 $W=1.3\sim20mm$ 时,$h:W=3:1$;

当 $W<1.3mm$ 时,$h:W=2:10$。

(4)材料收缩率。模具设计应考虑到成型过程中的材料收缩率。模具的尺寸在考虑材料的收缩率时,按下式设计:

$$M=D+DS \qquad (5-10)$$

式中:D 为产品尺寸;S 为材料收缩率;M 为模具尺寸。

(二)热塑性复合材料模压成型工艺

热塑性复合材料模压成型工艺流程是:将准备好的热塑性预浸料在加热炉内加热至合适的温度,然后快速送入压机上的模具中,快速热压,然后冷却成型,最后裁切、后处理形成产品。成型周期一般控制在几十秒至几分钟,这种成型方法成型周期短、生产效率高,能耗和生产费用低,是目前热塑性复合材料成型加工中最常用的成型方法之一。

根据预浸料加热软化程度和成型时预浸料在模内的运动情况,可以将热塑性模压成型分为固态模压成型和流动态模压成型。

1. 固态模压成型工艺

将预浸料裁剪成产品所需的料片(如果是单层织物预浸料,需要根据设计角度进行铺贴;如果是多层织物预浸料,可以直接用),然后经过加热装置将料片加热到低于熔点10～20℃的温度,将料片移动到成型模具内(有的工艺类似冲压成型,需要经过多次预成型),快速合模加压,将模具冷却至60～70℃后脱模。如果采用冷模具,待保压结束后即可脱模。该成型工艺的特点是,产品结构简单,成型周期短,成型压力小。固态模压成型工艺如图5-45所示。

2. 流动态模压成型工艺

将 GMT 或 LFT 裁剪成与产品重量相当的坯料,经过加热装置加热至高于树脂熔点10～20℃的粘流态,然后移动到模具中,快速合模加压,熔融态的坯料会在压力下流动充满模腔,冷

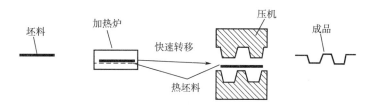

图 5－45　固态模压成型工艺示意图

却定型,经过后加工得到产品。流动态模压成型如图 5－46 所示。该成型工艺适用于厚度和密度变化较大、带有复杂的加强筋结构的产品,也可以实现金属嵌件的预埋。

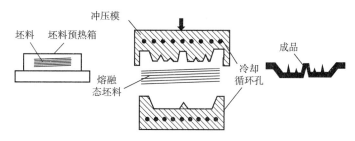

图 5－46　流动态模压成型工艺示意图

　　热塑性复合材料流动态模压成型工艺相对固态模压复杂,流动态模压成型中涉及成型温度、压力和时间等较多工艺参数,这些参数对产品的性能也会有很重要的影响,下面具体介绍流动态模压成型工艺参数。

　　(1)预浸料预热温度。预浸料预热温度一般高于基体树脂熔点 20～30℃。

　　(2)成型温度。在模压成型过程中,成型温度作为一个重要的参数,决定了热塑性预浸料纤维间的滑移速率和摩擦系数,对成型过程有较大的影响。成型温度过低时,树脂流动性差,热塑性预浸料中的树脂与纤维的黏结不够均匀,进而导致纤维与树脂之间的黏结强度较低。随着成型温度的提高,树脂大分子链段逐渐松弛,基体的流动性逐渐增强,树脂与纤维间形成良好的界面黏结,基体树脂能够很好地通过界面将应力传递到纤维上,复合材料将表现出优异的力学性能。当成型温度过高时,树脂长时间处于高温环境中,树脂自身的力学性能就会降低,导致复合材料的力学性能下降。

　　(3)成型压力。成型压力取决于材料的形态(增强纤维的含量、长度等)和产品的复杂程度等,一般为 10～25MPa,合模压力按式(5－11)计算:

$$P=(F_1+F_2/3)\,k \tag{5－11}$$

式中:P 为成型总压力(MPa);F_1 为模具平面部分面积(cm^2);F_2 为模具侧面面积(cm^2);k 为实验常数,一般为 10～20MPa/cm^2。

　　成型压力过高或过低也会导致产品的性能变差,一般复合材料的力学性能是随着成型压力的增大而先增大后减小的。成型压力增大,树脂的流动性提高,利于树脂和纤维间的浸润性和黏结性提高,且孔隙率会降低,因此复合材料的力学性能逐渐提高。但当成型压力过大时,会导致树脂在模具中大量溢出,树脂的含量会大幅降低,导致复合材料力学性能下降。

(4)保压时间。保压时间取决于预浸料预热温度、模具温度、产品厚度和基体树脂的结晶速度等。当保压时间达到最佳时，其弯曲强度和弯曲模量等力学性能达到最大值，树脂已完全熔融，此时处于熔融态的树脂和纤维能够充分接触，随温度降低，树脂与纤维之间形成较强的界面黏结。但如果保压时间太长，则会严重影响树脂基体的性能。

(5)冷却速度。冷却速度的大小对制品的性能有至关重要的影响。以玻璃纤维增强聚丙烯层压板为例，当冷却速度从 0.5℃/min 升高至 10℃/min，板材的弯曲强度和弯曲模量大幅降低，这主要是因为冷却温度为 0.5℃/min 时，聚丙烯树脂充分结晶，容易形成尺寸较大的球晶。随着冷却速度的增加，球晶尺寸减小，球晶间的孔隙减小，同时基体树脂结晶时间缩短，结晶度降低。但冷却速度过快，会导致板材内部树脂结晶不够均匀，层压板材内部产生残余内应力，因此层压板材的部分力学性能会随着冷却速度的增加而明显下降。

四、模压成型工艺发展趋势

在复合材料的生产工艺中，模压成型工艺是应用较早而又富有活力的一种成型方法。模压成型工艺经过几十年的发展已非常完备，制备的复合材料产品在众多领域被广泛应用。在此基础上，人们对模压工艺不断完善、拓展和改进，使模压产品的应用范围更广、性能更优。近年来，湿法模压工艺发展迅速，适用于批量化成型。该工艺流程是将纤维短切毡或纤维织物铺放在模具中，然后将树脂涂覆在织物上，再进行模压成型(图 5 - 47)。树脂涂覆可以采用手工涂覆或自动化的喷涂或浇注(图 5 - 48)。该种工艺不需要预先制备预浸料，具有很好的工艺自由度，已被应用于汽车零部件的批量化制造。

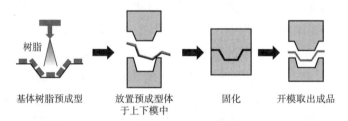

基体树脂预成型　　放置预成型体　　固化　　开模取出成品
　　　　　　　　　于上下模中

图 5 - 47　湿法模压成型工艺示意图

（a）液体喷涂　　　　　　　　（b）液体浇注

图 5 - 48　自动化喷涂或浇注树脂

第七节　拉挤成型

一、概述

拉挤成型是在牵引力的作用下,将浸渍树脂的连续纤维及其织物或毡等通过模具挤压和加热固化成型,再经定长切割,连续生产复合材料制品的一种成型工艺。拉挤成型被广泛应用于制造高性能、低成本复合材料,具有以下特点:

(1)工艺简单、生产效率高。加工时拉挤的线速度可以达到4m/min以上,一模可同时拉挤多件产品。可连续化生产,生产效率高,适合大规模生产。

(2)纤维体积含量高、产品性能好。在拉挤成型中,拉挤产品中纤维含量高,且在拉挤过程中由于拉伸张力的作用,纤维的力学性能可以充分发挥出来。

(3)质量稳定性好、废品率低。拉挤成型过程中自动化程度高、工序少,且环境影响小,所以产品质量稳定性好。拉挤成型的原材料利用率可以达到90%以上。

(4)产品截面设计性强、长度方向不受限制。拉挤产品的截面形状尺寸与模具相匹配,具有较强的可设计性,可以很好地满足产品的截面形状需求,如方管、圆管、工字梁及其他异形结构。由于原材料可以被牵引着连续在模具中拉出,所以产品在长度上几乎没有限制,可以切割成各种长度的产品。

一般按照树脂对纤维的浸渍,可以将拉挤成型分为湿法拉挤成型和干法拉挤成型。

湿法拉挤成型较为成熟,也是发展最早的传统拉挤成型工艺。湿法拉挤成型是将连续纤维及其织物或毡类增强材料在外力牵引力(拉拔和挤压)作用下,经过浸胶、预成型、挤压固化和定向切割等工序,连续生产等截面型材的复合材料成型方法,工艺流程如图5-49所示。

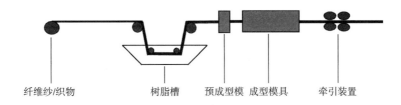

纤维纱/织物　　　　树脂槽　预成型模　成型模具　牵引装置

图5-49　湿法拉挤成型工艺流程示意图

干法拉挤成型是以预浸料为加工原材料,将预浸料铺叠工艺和传统拉挤成型工艺结合在一起,形成的一种先进复合材料自动化制造技术。干法拉挤成型制备的复合材料产品工艺稳定,材料利用率高,生产环境好。

其基本工艺流程是在牵引力作用下,预浸料经过自动叠层和预成型后,被牵引至可加热和施压的模具中固化,最后切割和修边(图5-50)。干法拉挤成型的原材料通常为高性能的单向或织物预浸料,可用于制备性能优异的复合材料产品。

热固性复合材料的湿法拉挤成型发展时间较长,技术也相对比较成熟,在规模化生产和应

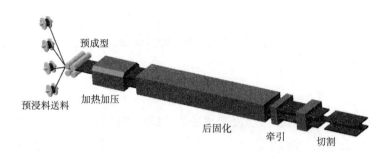

图 5-50　干法拉挤成型的工艺流程示意图

用中最常见。本节重点阐述湿法拉挤成型。

二、湿法拉挤成型原材料及模具

(一)树脂基体

在实际应用中,根据拉挤成型工艺的特点和最终产品的使用要求来设计树脂配方。树脂基体对于拉挤成型过程以及最终产品的质量影响较大,一般需要考虑以下因素。

1. 性能设计要求

需要根据产品的性能,确定基体的基本性能要求,如静态力学性能、抗冲击性、耐老化性、耐腐蚀性及其他环境适用性等,然后根据树脂的性能设计要求,选择合适的树脂配方。

2. 工艺要求

树脂不仅要满足产品的性能要求,还要满足工艺要求。根据拉挤成型工艺特点和生产效率,确定树脂体系的黏度、凝胶时间、固化温度和固化速度等。

拉挤成型要求树脂基体的基本特点如下:

(1)树脂基体应具有适当的黏度(一般是 2 Pa·s 以下),流动性和浸润性良好,以便树脂基体能够充分浸润增强纤维,有利于提高产品性能。

(2)树脂的固化收缩率较低。固化收缩率一般要求低于 4%,对于收缩率较高的不饱和聚酯树脂(一般为 4%~6%),可通过在树脂配方中加入适量的低收缩添加剂,降低产品的固化收缩率,改善产品的性能,同时可降低成本。

(3)树脂的凝胶时间长、固化时间短。足够长的凝胶时间可以满足拉挤成型的连续生产,一般要求室温下的凝胶时间大于 8h。固化时间短可以保证合适的生产效率。

3. 经济可行性

在满足产品性能和工艺的前提下,选择成本低的树脂体系可以使产品具有更强的市场竞争力。

传统拉挤成型中选用的树脂主要包括不饱和聚酯树脂、乙烯基酯树脂和环氧树脂等热固性树脂,其中不饱和聚酯树脂的应用最广泛。

(二)增强材料

拉挤成型的增强材料通常为玻璃纤维、碳纤维和芳纶等。其中,应用最为广泛的是玻璃纤维,常用的玻璃纤维品种主要包括无捻粗纱(占比最大)、玻璃纤维毡、玻璃布带和二维织物等。

(三)拉挤模具

拉挤成型模具(图5-51)对复合材料产品具有决定性的作用,一般有预成型模具和成型模具两部分。

图5-51　典型拉挤模具实物图

1.预成型模具

在拉挤成型过程中,增强材料被树脂浸渍后(或被浸渍的同时),必须经过一组导丝元件组成的预成型模具。预成型模具主要是根据型材断面形状配置导向装置,可以将浸胶后的增强材料预成型为近似成型模腔形状和尺寸的预成型体,然后导入成型模具。预成型模具还可以使浸渍了树脂的增强材料除去多余的树脂,并在压实的过程中排除气泡,可以保证产品断面的纤维含量均匀。预成型模一般为冷模。

2.成型模具

成型模具一般由钢材制成,模腔的形状与产品截面形状相匹配。在拉挤成型过程中,成型模具的质量对拉挤过程中牵引力的大小具有重要的影响。若牵引阻力过大,容易造成机械故障。一旦模具的某一部分被拉毛,致使模具表面变粗糙,牵引阻力增大从而造成牵引机履带与轮之间打滑,最终牵引机拉不动产品。

为了保证产品拉出时达到脱模固化程度,拉挤模具的长度往往是根据成型过程中牵引速度和树脂凝胶固化速度来确定。为降低拉挤时的摩擦阻力和提高模具的使用寿命,拉挤模具的材料多采用钢镀铬,且模腔表面要光洁、平整、耐磨。模具硬度不低于50 HRC,模腔尺寸应比产品尺寸大1.5%～3.5%,模腔进出口两端有倒角,圆角半径为1.5～6mm。

三、湿法拉挤成型工艺流程及关键工艺

连续湿法拉挤成型包括送纱、浸胶、预成型、固化成型、牵引、切割和后固化等工序。增强材料自纱架引出后,在拉挤设备牵引力的作用下,经过导纱装置进入浸胶槽,在浸胶槽里得到树脂胶液的充分浸渍,然后进入预成型模具。最后进入被加热的金属成型模具,多余树脂被挤出。在一定温度作用下树脂基体发生反应,凝胶固化,从而连续得到表面光滑、尺寸稳定的复合材料

型材。利用牵引机将固化产品从模具中连续拉出，使用切割机将其切割成不同长度。

(一)送纱

送纱过程是指从纱架中的纱团上导出纤维，通过一系列导纱装置将纤维导入浸胶槽中的过程。

拉挤成型使用的连续纤维纱一般有内抽纱和外抽纱两种类型。内抽纱是指纱筒固定，纤维从纱筒内壁引出的，纤维会发生扭转；外抽纱是指纤维从纱筒外壁引出。外抽纱一般是将纤维纱筒固定在纱架上，并采用旋转芯轴，附加张力器，使纤维不扭转但有一定张力。

送纱过程中的张力可以使纤维浸胶后保持紧密，张力的大小不仅与调胶辊到模具入口的距离有关，还与产品的形状以及树脂含量有关。

(二)浸胶

一般在树脂低黏度条件下进行纤维浸胶，可以采用直接浸渍法或压注浸渍法。浸渍装置需要移动和清理方便。浸胶时间的长短是由增强体材料与树脂的浸润性决定的，与增强材料的数量和树脂黏度有关。玻璃纤维拉挤过程中浸胶时间一般控制在 15～20s。

纤维含量决定了产品性能，因此在浸胶过程中，控制浸胶含量对于拉挤产品的性能具有重要影响。一般可以通过设计合适的模孔控制树脂含量。

(三)预成型

预成型是根据产品所要求的截面形状和配置的导向装置，经过一系列预成型模具的合理导向初步定型，在预成型模具中多余树脂和气泡被排出。预成型模具可以使浸渍的纤维准确地按既定的位置顺利进入成型模具，同时挤掉多余胶液，并提高浸渍效果。

(四)固化成型

通过模具的加热实现产品的固化，模具的温度也就是产品的固化温度是由树脂系统的固化反应特性决定的，此工序是决定拉挤成型产品性能优劣的关键环节。

在拉挤过程中，热固性树脂首先受热，黏度降低，随着温度的升高，树脂开始发生交联反应，黏度增加，逐渐发生凝胶直至最后的固化。因此根据热固性树脂的固化特点，热固性拉挤模具一般用三段加热区域控制模具温度。第 1 区为预热区，主要是使物料黏度降低，提高树脂流动性，促进树脂与增强材料间的浸润。第 2 区为凝胶区，在该温度下树脂发生交联反应，逐渐凝胶。第 3 区为固化区，此区域树脂进一步交联固化，树脂逐渐变硬、收缩并与模具脱离。当树脂固化为固体时，因固化收缩而压力下降，制品从模具表面脱离下来，该点称为"脱离点"。拉挤过程应使凝胶点、放热峰及脱离点靠近而且集中在凝胶区，否则可能出现产品力学性能差以及粘模等现象。三段的温度差不宜过大，控制在 20～30℃，还应考虑固化的反应热影响，并使温度、凝胶时间和牵引速度相匹配。

若预热区温度过高，则会使凝胶点前移，脱离点离模具末端较远，导致牵引力增加，此外还可能发生局部粘膜，致使产品表面变粗糙；预热区温度过低，会使树脂与纤维浸润差，影响产品质量。模具中凝胶区的温度必须控制在适当的范围内，若该区温度太高，并且树脂固化时会放出大量热量可能会导致树脂基体因局部温度过高而裂解，进而使复合材料性能降低；若凝胶区温度过低，则树脂在凝胶区交联反应程度低，这样会导致粘膜，进而牵引力增加，最终导致制品表面质量差。固化区的温度控制应保证树脂充分固化,温度过低树脂不能完全固化;温度过高,既浪费能源,又可能致使产品的内应力增大,影响产品的尺寸稳定性及力学性能,甚至可能使树脂基体裂解从而影响产品性能。

(五)牵引

牵引速度不仅与树脂的固化特性、模具温度分布有关,还与模具的长度有十分重要的关系。在确定拉挤速度时,应当根据树脂体系的固化放热曲线确定模具的温度,在一定的温度下,树脂体系的凝胶时间对拉挤速度的影响很大。拉挤速度过快,可能导致制品固化不完全,影响产品质量;若拉挤速度过慢,产品在模具中滞留时间过长,会降低生产效率和产品力学性能。

牵引力是保证产品能否顺利出模的关键,牵引力一般包括启动牵引力和正常牵引力,正常牵引力往往小于启动牵引力。牵引力的变化反映了产品在模具中的反应状态,并与纤维含量、产品形状和尺寸、脱模剂、模具内温度、牵引速度等因素有关。

在拉挤过程中,通过牵引设备提供所需的拉挤速度与牵引力,是拉挤设备中的重要组成部分。常用的牵引方式主要有上下履带式牵引系统、交替往复式牵引系统。

上、下履带式牵引系统由上、下两个对置的连续转动的传动带组成,上、下传动带紧紧夹住并牵引固化的产品(图5-52)。

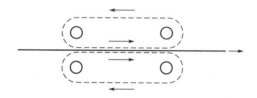

图5-52　上下履带式牵引系统示意图

交替往复式夹持/牵引系统利用一对固定垫片和一对运动垫片交替夹持着产品前进(图5-53)。履带式牵引系统的造价低于交替往复式,而交替往复式牵引系统可以提供较大的牵引力。

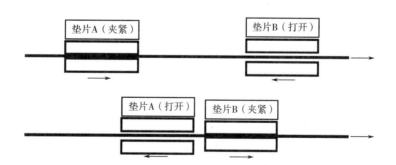

图5-53　交替往复式牵引系统示意图

(六)后固化

固化度是检验复合材料固化质量和产品性能的一个很重要的指标,对于控制拉挤成型产品质量非常重要。当出模后的产品达不到设计的固化度时,需要对产品进行后固化。一般将切割后的产品放入恒温烘箱中进行后固化处理。

四、拉挤成型工艺发展趋势

复合材料拉挤成型已然成为目前应用和研究的重要成型工艺之一。传统拉挤成型产品的用量不断增长的同时,人们也一直在对拉挤成型技术进行改进与革新,目的是增加拉挤成型工艺的灵活性和适应性,拓展其应用领域。近年来,随着新工艺技术的应用以及新树脂体系的发展,拉挤成型工艺取得了较快的发展,进一步扩大了拉挤成型复合材料产品的应用领域。新型拉挤成型技术发展的典型代表有高性能预浸料拉挤成型、热塑性复合材料拉挤成型、缠绕拉挤成型、编织拉挤成型和三维拉挤成型等。

☞ 参考文献

[1] 汪泽霖. 树脂基复合材料成型工艺读本[M]. 北京:化学工业出版社,2015.

[2] 黄家康. 复合材料成型技术及应用[M]. 北京:化学工业出版社,2011.

[3] 邢丽英. 先进树脂基复合材料自动化制造技术[M]. 北京:航空工业出版社,2014.

[4] 潘利剑. 先进复合材料成型工艺图解[M]. 北京:化学工业出版社,2016.

[5] 益小苏. 航空复合材料科学与技术[M]. 北京:航空工业出版社,2013.

[6] 汪泽霖. 玻璃钢原材料手册[M]. 北京:化学工业出版社,2017.

[7] 朱和国,张爱文. 复合材料原理[M]. 北京:国防工业出版社,2013.

[8] 陈宇飞,郭艳宏,戴亚杰. 聚合物基复合材料[M]. 北京:化学工业出版社,2010.

[9] 倪礼忠,周权. 高性能树脂基复合材料[M]. 上海:华东理工大学出版社,2010.

[10] 益小苏,杜善义,张立同. 复合材料手册[M]. 北京:化学工业出版社,2009.

[11] 黄发荣,周燕. 先进树脂基复合材料[M]. 北京:化学工业出版社,2008.

[12] 贾立军,朱虹. 复合材料加工工艺[M]. 天津:天津大学出版社,2007.

[13] 姜振华. 先进聚合物基复合材料技术[M]. 北京:科学出版社,2007.

[14] 益小苏. 先进复合材料技术研究与发展[M]. 北京:国防工业出版社,2006.

[15] 王萍,李文可,刘鲜红. 风电叶片手糊成型环氧树脂体系的研究[J]. 天津科技,2019,46 (7):50 - 53,56.

[16] MICHAEL CHUN - YUNG NIU. Composite Airframe Structures[M]. Hong Kong:Comilit Press Ltd. ,1992.

[17] 梅启林,冀运东,陈小成,等. 复合材料液体模塑成型工艺与装备进展[J]. 玻璃钢/复合材料,2014(9):52 - 62.

[18] 刘兆麟,程灿灿. 复合材料液体模塑成型工艺研究现状[J]. 山东纺织科技,2011(2):55 -58.

[19] 胡美些,郭小东,王宁. 国内树脂传递模塑技术的研究进展[J]. 高科技纤维与应用,2006,31(2):29 - 33.

[20]张治菁,曹运红.树脂传递模塑工艺的发展及其在飞行器上的应用[J].飞航导弹,2002 (11):55－62.

[21]沃西源.RTM成型工艺技术进展[J].航天返回与遥感,2000(1):51－55.

[22]LEHMANN U. Cores lead to an automated production of hollow composite parts in resin transfer moulding[J]. Composites Part A,1998(29):803.

[23]高国强.RTM成型工艺渗透性和应用技术研究[D].武汉:武汉理工大学材料学院,2001.

[24]刘井红,吴晓青.径向法测量经编双轴向织物渗透率[J].宇航材料工艺,2007,37(1): 55－57.

[25]江顺亮.RTM加工工艺充模过程的计算机模拟[J].复合材料学报,2002,19(2):13－17.

[26]马金瑞,黄峰,赵龙,等.树脂传递模塑技术研究进展及在航空领域的应用[J].航空制造技 术,2015,483(14):56－59.

[27]刘强,赵龙,黄峰.商用大涵道比发动机复合材料风扇叶片应用现状与展望.航空制造技 术,2014(15):58－62.

[28]刘洪政.VARTM在风电外壳夹芯复合材料中的研究和应用[D].上海:东华大学纺织学 院,2007.

[29]李婧.复合材料液体模塑成型设备与工艺开发[D].长春:吉林大学材料学院,2007.

[30]包建文,钟翔屿,李晔,等.树脂基复合材料热压罐成型加压工艺模拟[J].热固性树脂, 2014,29(1):33－36.

[31]MEYERN,SCHöTTLL,BRETZL,et al. Direct Bundle Simulation approach for the com- pression molding process of Sheet Molding Compound[J]. Composites Part A:Applied Science & Manufacturing,2020,132,105809.

[32]曾铮,郭兵兵,孙天舒,等.连续玻纤增强聚丙烯混纤纱织物层压成型工艺研究[J].玻璃 钢/复合材料,2018(1):79－84.

[33]徐连强.基于复合材料(SMC)浴缸的模具设计[J].纤维复合材料,2010,27(1):24－26.

[34]李忠恒,李军,宦胜民,等.汽车用高性能SMC复合材料[J].纤维复合材料,2009,26(2): 26－29.

[35]王在富.LFT－D长纤维增强热塑性复合材料模压成型工艺研究[D].南京:南京理工大 学,2015.

[36]赵晨辉,张广成,张悦周.真空辅助树脂注射成型(VARI)研究进展[J].玻璃钢/复合材料, 2000(1):80－84.

[37]祝颖丹,李新华,王继辉,等.高渗透介质型真空注射成型工艺的研究[J].复合材料学报, 2003(4):136－140.

[38]李新华,祝颖丹,王继辉,等.沟槽型真空注射成型工艺的研究[J].复合材料学报,2003 (4):111－116.

[39]方文.DAP树脂的高温制备技术及其玻璃纤维复合材料的研究[D].武汉:武汉理工大 学,2008.

[40]徐国平,韩建．纺织复合材料成型过程中树脂的流动分析[J].纺织学报,2007,28(9)：61 -64.

[41]徐东明,刘兴宇,杨慧．低成本真空辅助成型技术在民用飞机复合材料结构上的应用[J].航空制造技术,2014(23):78 - 80.

[42]汤扬阁,周红丽,王红,等．1.5MW 风机叶片 VARI 工艺模拟分析及验证[J].玻璃钢/复合材料,2000(8):94 - 98,89.

[43]李威,郭权锋．碳纤维复合材料在航天领域的应用[J].中国光学,2011,4(3):201 -212.

[44]罗鹏,齐俊伟,肖军,等．预浸料拉挤成型装备技术研究[J].玻璃钢/复合材料,2011(2):43 -47.

[45]齐俊伟,肖健,邓磊明,等．基于先进拉挤工艺的 C 型梁预成型变形分析[J].航空制造技术,2012(19):88 - 91.

[46]窦冲,齐俊伟,肖军,等．帽型梁先进拉挤热压装置研究[J].航空制造技术,2013(7):74 -82.

[47]邓磊明．先进拉挤 Π 型梁工艺参数控制与性能研究[D].南京:南京航空航天大学,2012.

[48]魏晗兴．碳纤维复合材料导线芯的制备及其特性研究[D].济南:山东大学,2010.

[49]刘刚,罗楚养,李雪芹,张代军,蔺绍玲,益小苏．复合材料厚壁连杆 RTM 成型工艺模拟及制造验证[J].复合材料学报,2012,29(4):105 - 112.